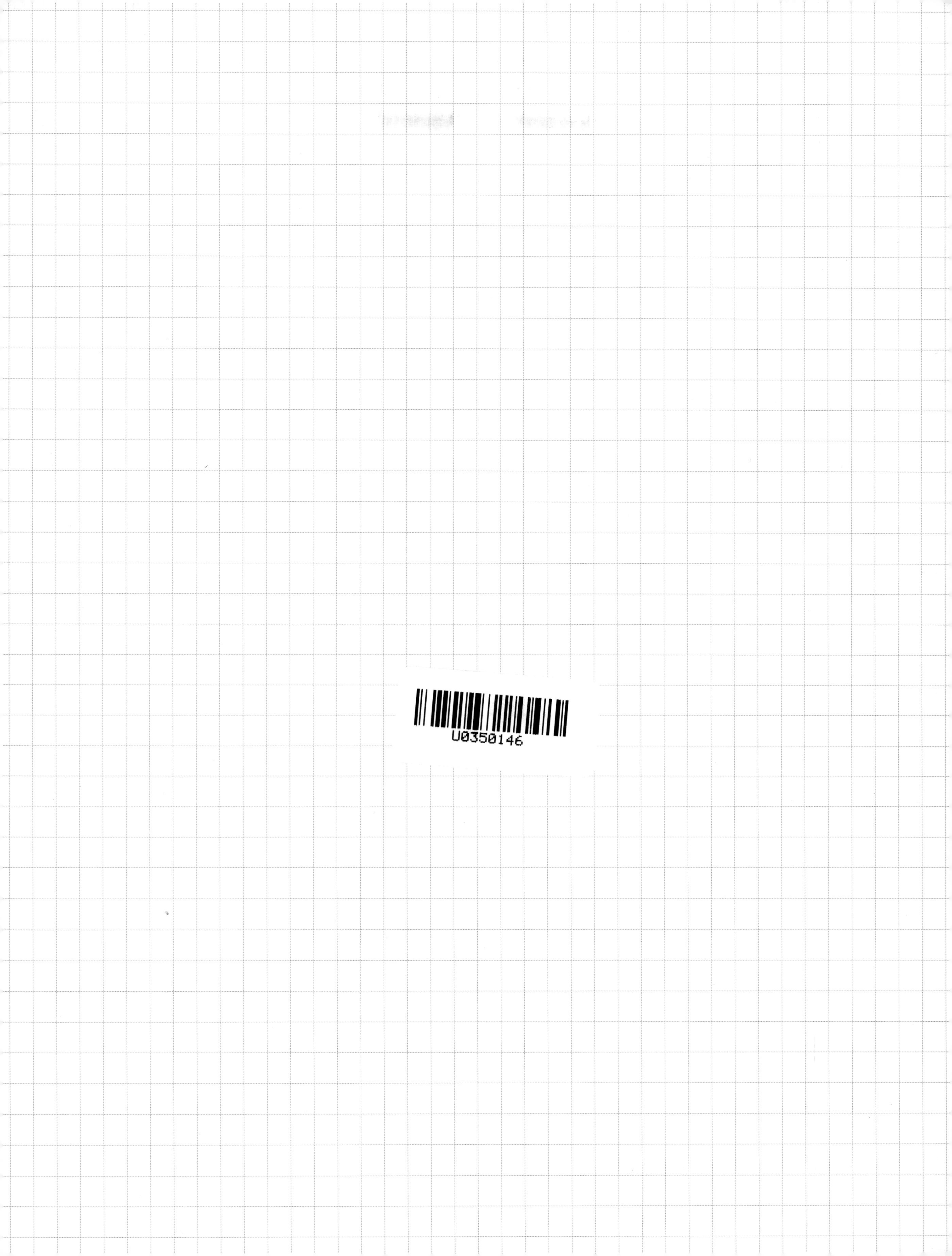

世界建筑 4

World Architecture

Urban Complex

城市综合体

佳图文化 编

华南理工大学出版社
SOUTH CHINA UNIVERSITY OF TECHNOLOGY PRESS
·广州·

图书在版编目（CIP）数据

世界建筑 4：城市综合体 / 佳图文化编．—广州：华南理工大学出版社，2012.11
ISBN 978-7-5623-3774-4

Ⅰ．①世… Ⅱ．①佳… Ⅲ．①城市规划－建筑设计－作品集－世界 Ⅳ．①TU206

中国版本图书馆 CIP 数据核字（2012）第 220178 号

世界建筑 4: 城市综合体
佳图文化 编

出 版 人：韩中伟
出版发行：华南理工大学出版社
（广州五山华南理工大学 17 号楼，邮编 510640）
http://www.scutpress.com.cn E-mail: scutc13@scut.edu.cn
营销部电话：020-87113487 87111048（传真）
策划编辑：赖淑华
责任编辑：张京亭 赖淑华
印 刷 者：利丰雅高印刷（深圳）有限公司
开 本：1016mm×1370mm 1/16 印张：22.5
成品尺寸：245mm×325mm
版 次：2012 年 11 月第 1 版 2012 年 11 月第 1 次印刷
定 价：358.00 元

Preface
前言

城市综合体是随着城市规模扩张、城市化进程加快、城市人口增加、城市空间范围增大、城市经济发展和消费水平等达到一定层次并有明确需求之后，自然而然诞生与发展起来的一种新的城市形态。在这个阶段，城市信息、资金、商务沟通为主题的现代服务功能占有重要位置，商业、商务活动日益活跃，各类功能的叠加和复合成为必然的趋势。

本书挑选了全球范围内近年建成的 40 多个城市综合体案例进行集中展示，涉及城市综合体中大型购物中心、主题型综合体以及商业综合体等多种形态，涵盖了城市综合体中商务、办公、购物、文化、娱乐、居住、游憩等多方面的内容。书中案例均通过大量的实景图、技术图、效果图等来表现当今世界城市综合体的前沿设计理念，图文并茂的介绍形式将给广大的读者带来详尽、舒畅的阅读感受。

本书的出版得到了众多国际知名设计公司的大力支持和参与，在此也诚挚地感谢为我们提供全套文本的设计公司及相关单位。我们也希望精选的这些优秀的城市综合体项目能被大家所喜爱，能给读者以启迪。相信广大读者定能从中收获良多。

编 者

Contents 目录

Shopping Mall

大 型 购 物 中 心

Public space
Convenience
One-stop
Eisure environment

大众空间 便利性 一站式 休闲环境

TARSU 购物娱乐中心

项目地点：土耳其大数市
业　　主：科里奥
建筑设计：Yazgan Design Architecture
总建筑面积：63 000 m²
摄 影 师：Yunus Özkazanç，Kerem Yazgan

Tarsu 是一个建筑面积为 63 000 m² 的购物和娱乐中心，坐落在土耳其大数市。含一个地下室的两层楼建筑，拥有大型购物和娱乐设备，如大型综合超市、技术厅、娱乐中心和电影院，它拥有 75 家店铺是大数市最大的购物中心。该建筑一楼延伸到地下，这使它在传统的大数街道上体形突出。超大的体形和灯箱以独特的三维相互重叠，与该市不同的历史、文化和社会环境，一道丰富了这座城市。项目采用了不同的材料，它们有玻璃、砂岩、玛瑙、铝复合板和铝板等。在夜间莹光灯的照射下，随时间变化着颜色，辉映着这座多彩的城市。

在大数市水显得十分重要，影响着大数的历史进程。该城始建于港口城市的交汇点，处于倾斜的托罗斯山脉与河流之间。水孕育着生命、生活和城市的一切；自然、文化和水与整个城市的历史交织在一起。命名为“Tarsu”是因为它的发音中有“水”，土耳其语里“su”的意思是“水”。 “Tarsu”表示河水在这里相遇的意思。因此，水元素是无处不在，建筑物的外侧和内侧有九个池子和三个喷泉。在二楼的美食广场有一个巨大的水族馆，接待游客。

该建筑的设计，既使用技术手段，也利用自然通风。根据自然通风和采光标准要求而设计的屋顶的流线型窗户。白天，自然通风时风门自动关闭，室内感应探头感应到氧气减少。到了晚上，这些风门会自动打开，以提供室内及店内冷气。商店的业主，当他们早上来，并不需要使用额外的能量用于通风。这就能保证室内凉爽，节省能源。

没有安装过滤设备和管道系统的池子，需要每周补给。Tarsu 采用电子过滤和循环水补充系统，一个循环需要3个月，而不是每周。这使得水消耗能够大大减少。池外建筑安装有热和风量感应探头，使水的流失减少到最低。

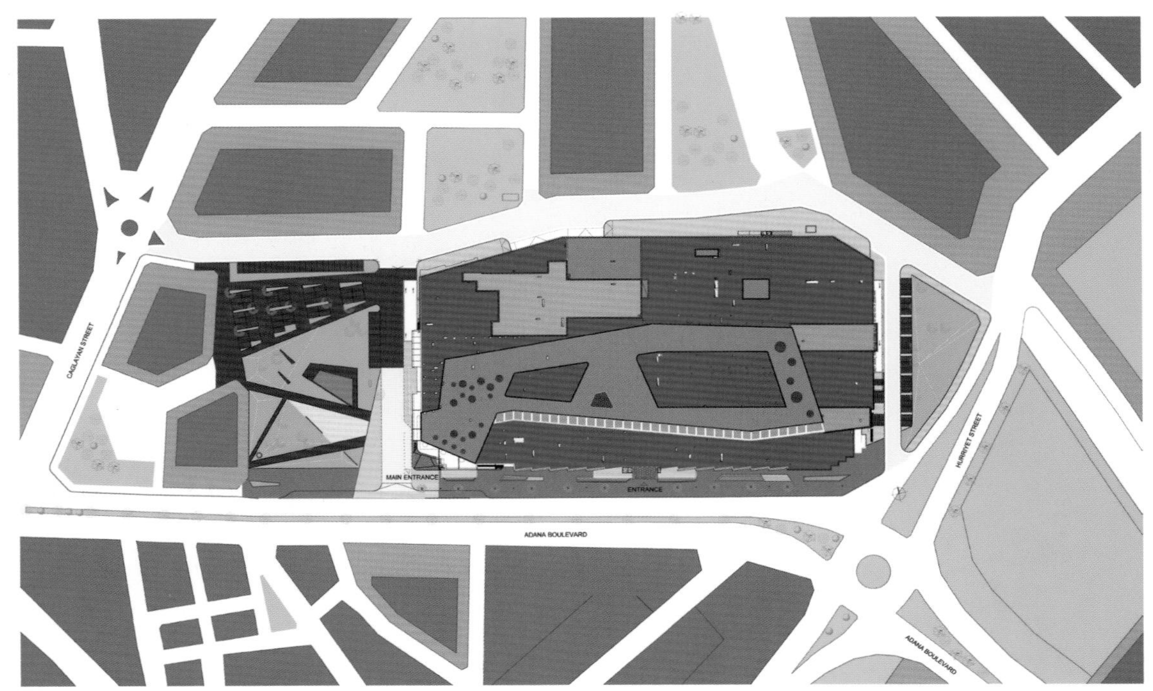

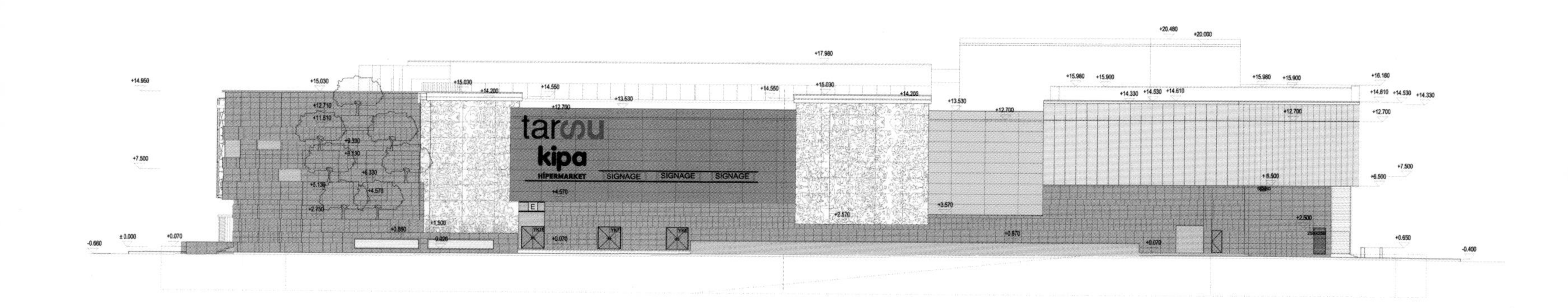
tarsu
kipa
HİPERMARKET
SIGNAGE
SIGNAGE
SIGNAGE

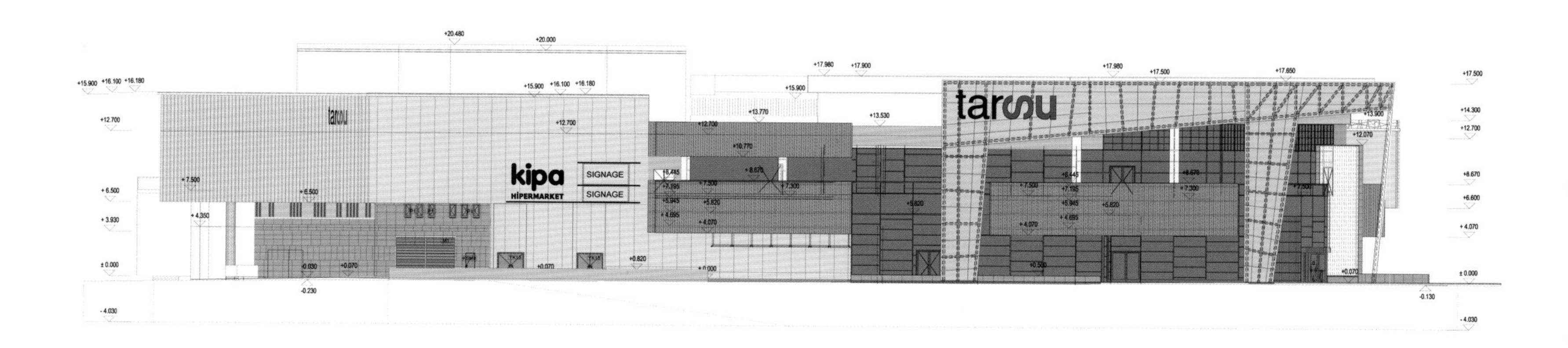
tarsu
kipa
HİPERMARKET
SIGNAGE
SIGNAGE
tarsu

tarsu
kipa

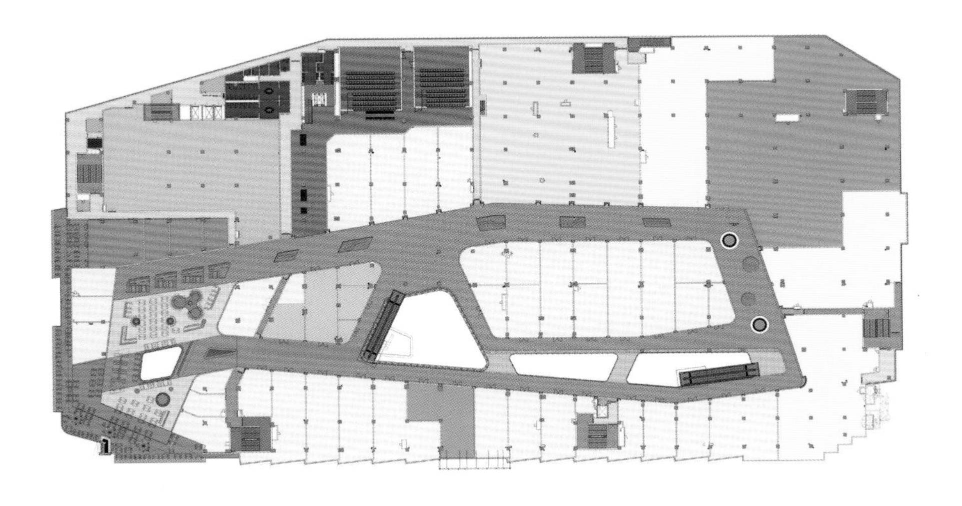

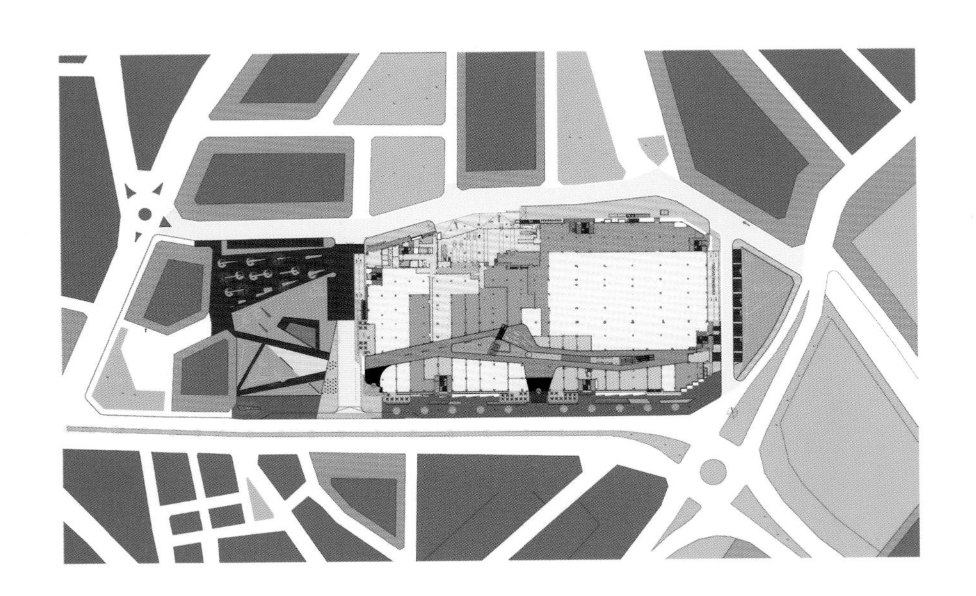

tarƨou

tarƨou

tarƨou
tarƨou

kipa
extra

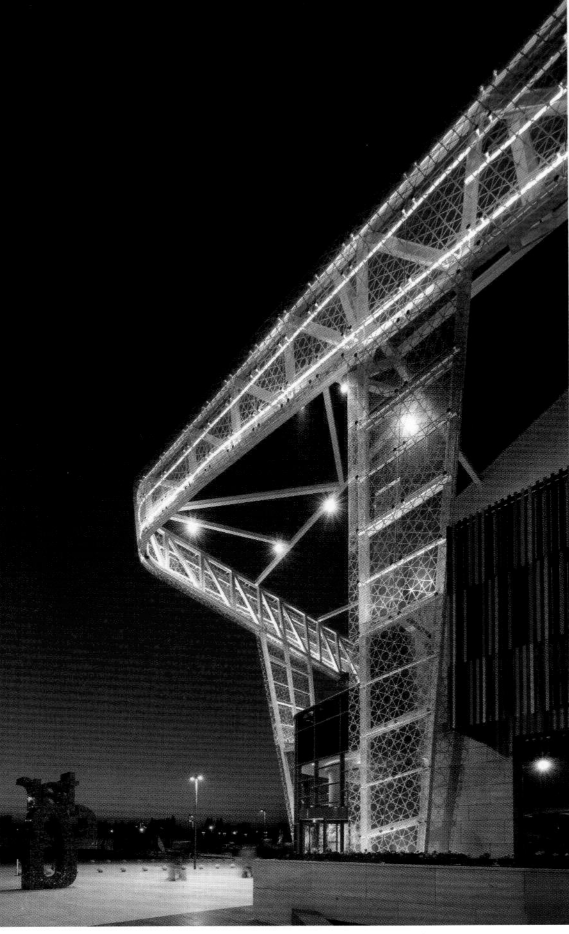

Loja's
ATASAY
D

AURA 购物娱乐中心

МедиаМаркт
О'КЕЙ
гипермаркет
Снежная
Королева
ZARA
спортмастер
ИЛЬ ДЕ БОТЭ

项目地点：俄罗斯新西伯利亚
客　　户：Renaissance 建筑公司
总建筑面积：170 000m^2
方案设计：5+ Design
建筑设计：Yazgan Design Architecture
景观设计：Yazgan Design Architecture
摄　　影：Yunus Özkazanç

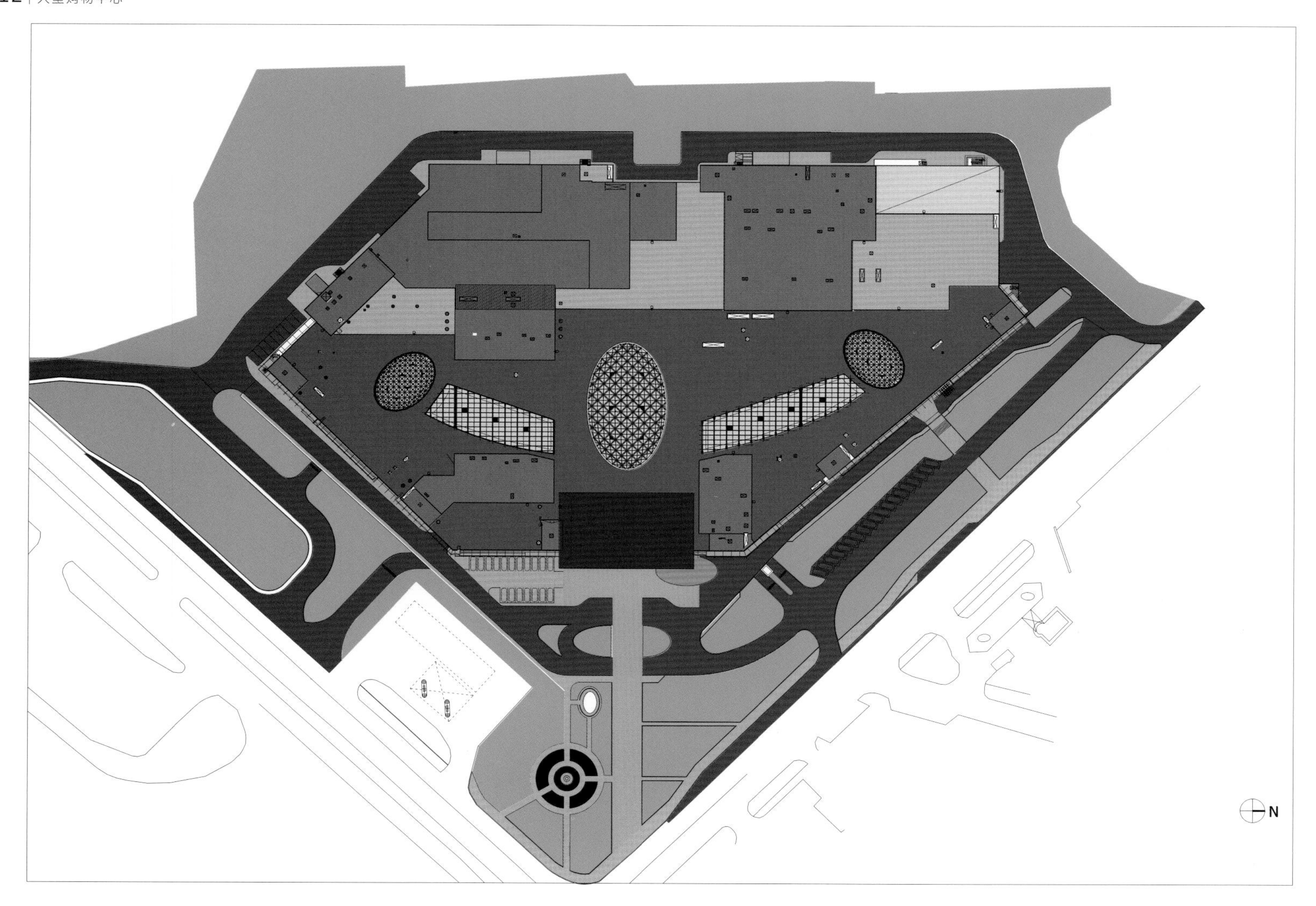
N

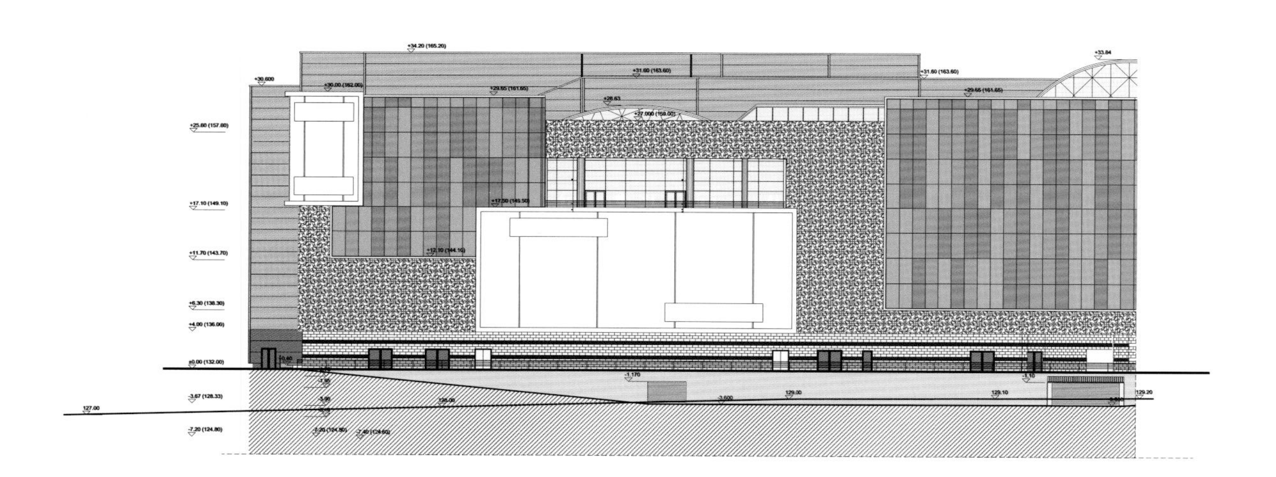

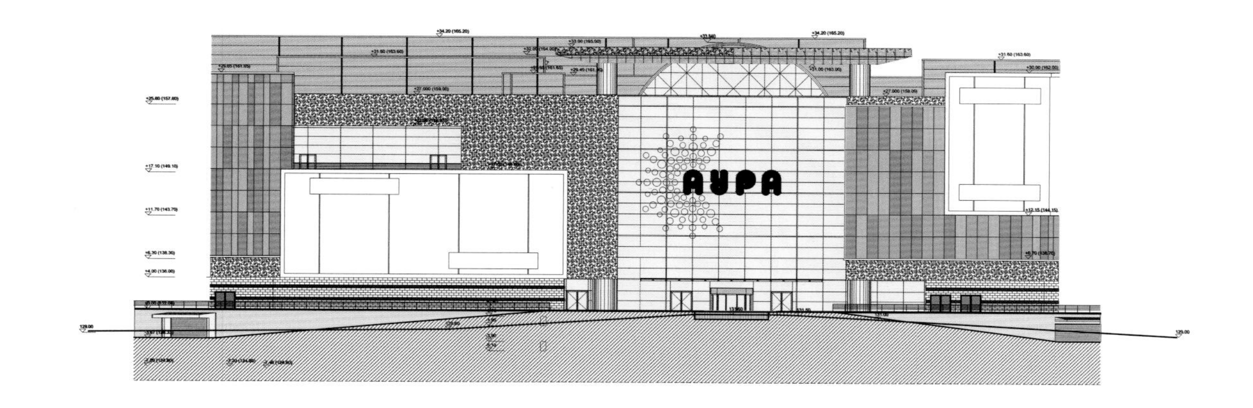
AYPA

AURA 是一个建筑面积达 17 万 m^2 的购物和娱乐中心，坐落在俄罗斯新西伯利亚。四层楼共有 170 家店面，并包括一家超市、一个工艺店、一个娱乐厅、及一个电影院，它是俄罗斯新西伯利亚最大的购物中心。楼体由造釉彩绘玻璃、印花纹式金属板和灯箱构成。玻璃中印有不同色调的橙色，运用于不同的角度方向，使楼面更有立体感。金属板印上一个特定的橙色花图案。室内柱覆盖有相同的橙色花形图案的表面，使内部设计与外部结构相协调。玻璃墙体和广告标识在莹光灯的作用下，使 AURA 成为晚间的一处靓丽风景。

大楼有三个大厅和两个中厅，透过顶部的五个天窗来采光。天窗是钢制结构，三个大厅顶部的三个半球形的钢段天窗，是根据其形状实际跨度而设计制造，而不是流水线式标准化的产品。

每一个大厅区域内的装饰都是专门设计的。位于中间的大厅，命名为“天空之城”，坐落在入口处门厅。采用天空的颜色：深蓝色、金色和淡褐色。厅角的玻璃电梯把游客带入厅内。其主架结构为镀金彩绘钢截面。木材装饰从厅的天窗徐徐垂下。地板上铺着深蓝色、白色和棕黄色水磨石砖，每块地板样式是根据大厅的设计而特制的。

第二个大厅即“水厅”，装饰元素为绿松石色、浅褐色和奶油色。绿色寓意水，而奶油和淡褐色代表沙子。随电梯进入该厅便能看到一个 16 m 高的喷泉。喷泉为喷砂玻璃结构，经过喷出来的水的冲刷而呈出其天然的绿色。喷砂玻璃上镀着淡褐色的金属片。地板上铺着棕色、绿色和白色水磨石砖，每块地板样式同样是根据该大厅的设计而特制的。

第三个大厅，命名为“水晶阁”，水晶体形图案沿伸到钢制天窗。冰蓝色和浅灰色的元素，代表水晶颜色。地板上铺着白色，灰色和冰蓝色水磨石砖，每块地板样式同样是根据该大厅的设计而特制的。

位于四楼的两个中厅中，有许多木制小阁。它们是这两个美食厅中的主物件，和它们相搭配的是透明橙色和绿色的家具。两厅都由木条、柱子和分隔板等物件来搭配。栽种着 sanseveria 和 zammia 的大木花盆与隔板一起用来界定美食厅内空间。美食厅天花板上深浅不一的棕色木制装饰，与主厅“天空之城”的木制装饰连为一体。

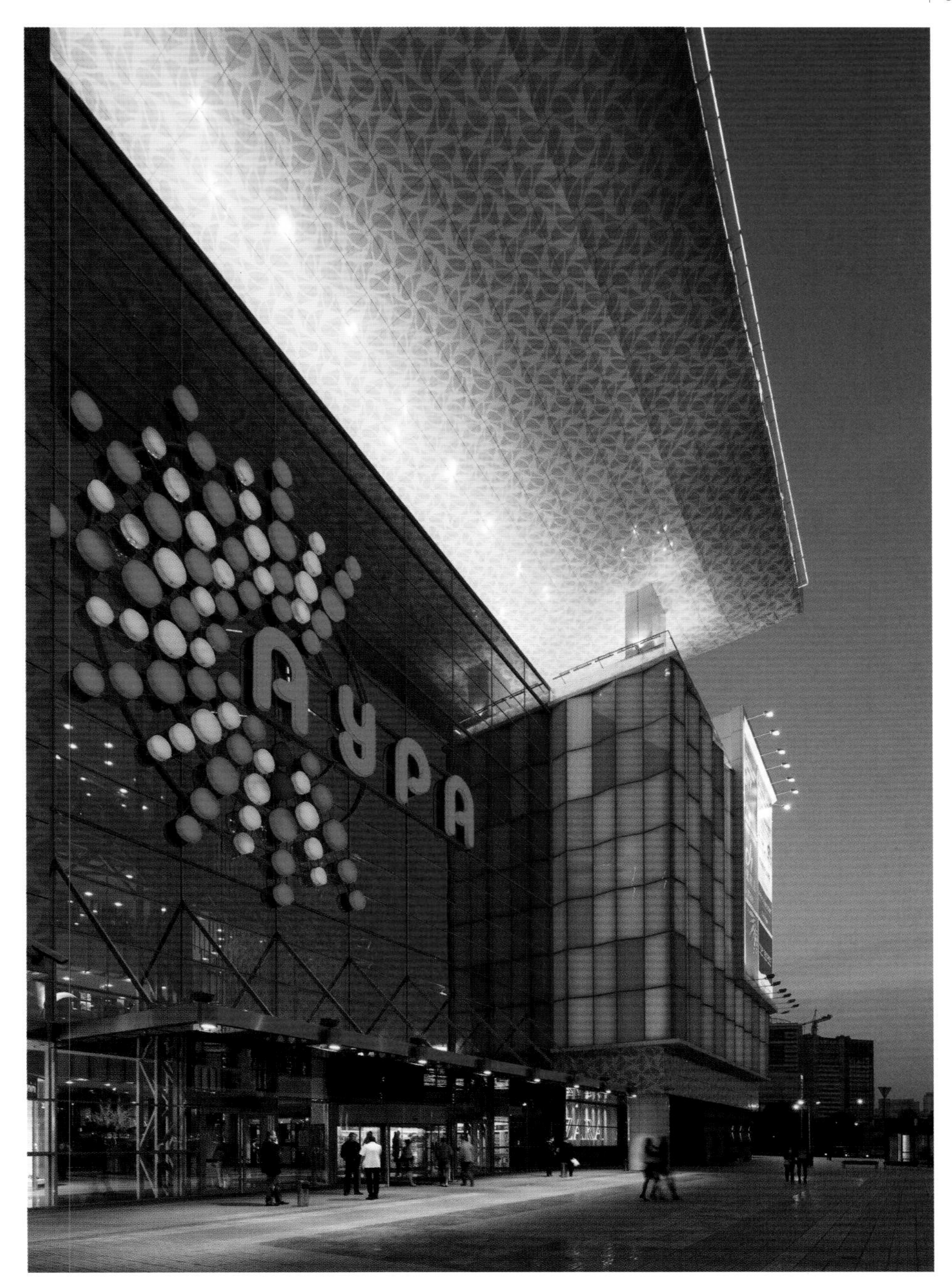

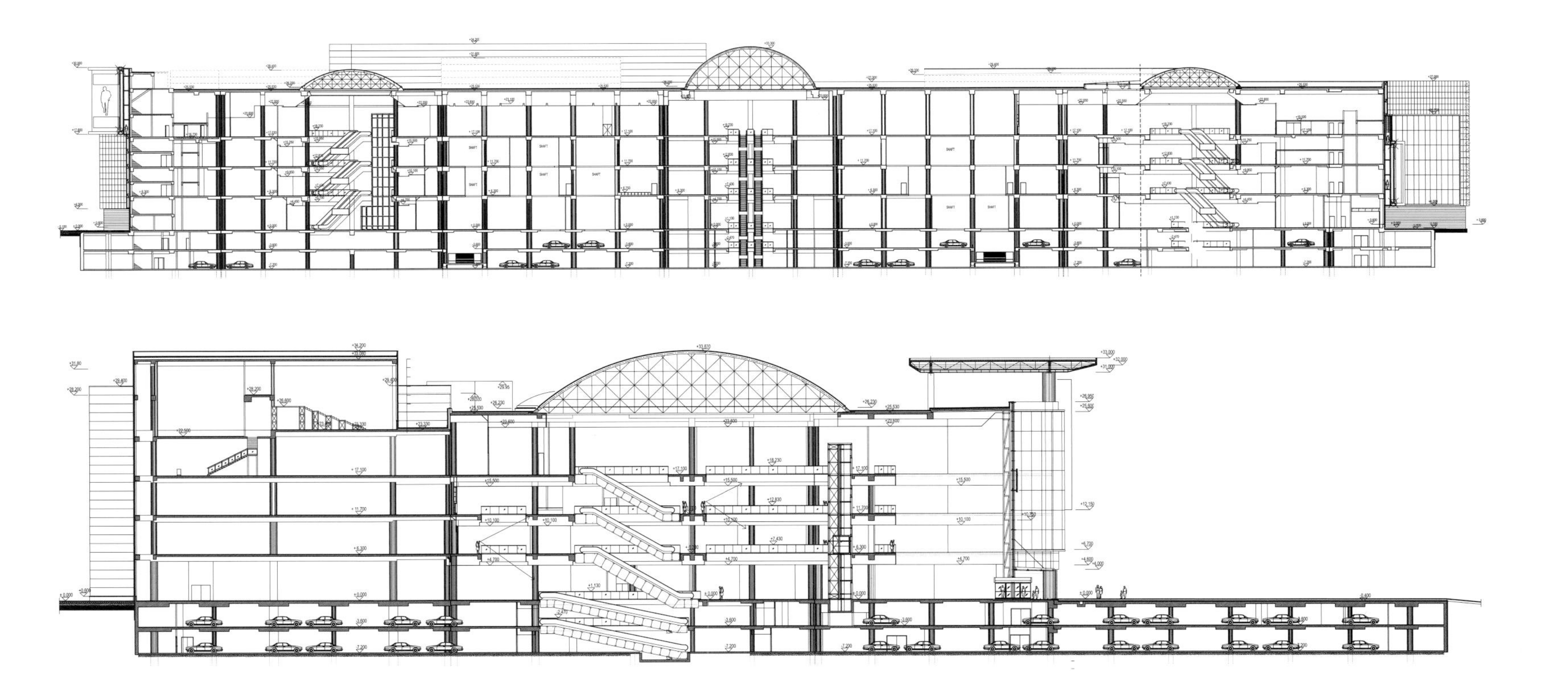

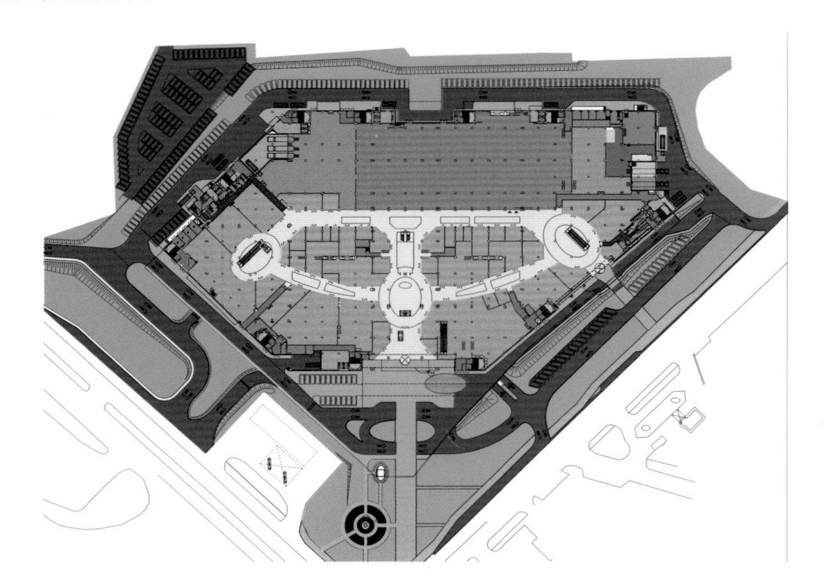

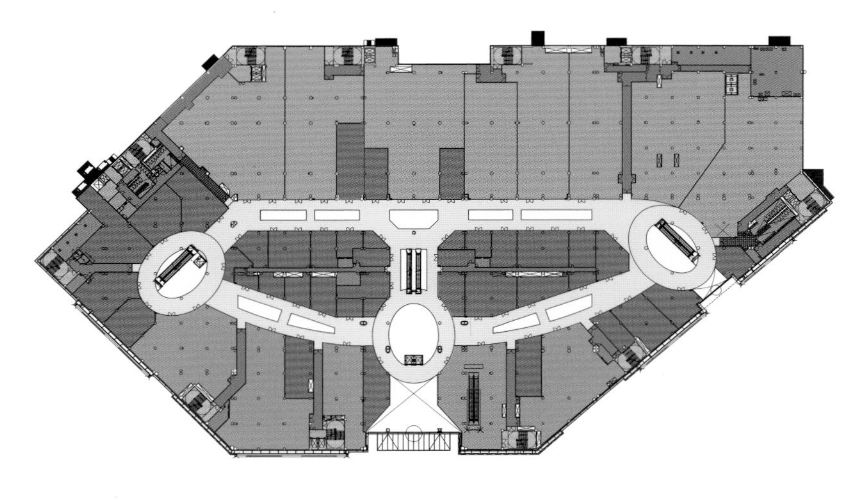

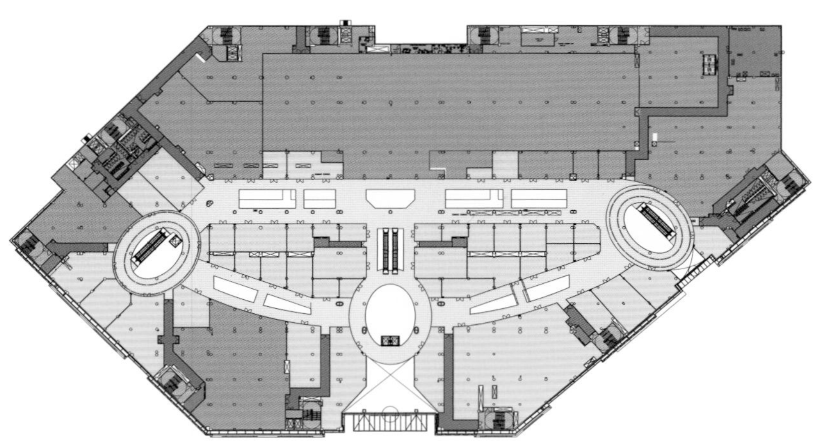

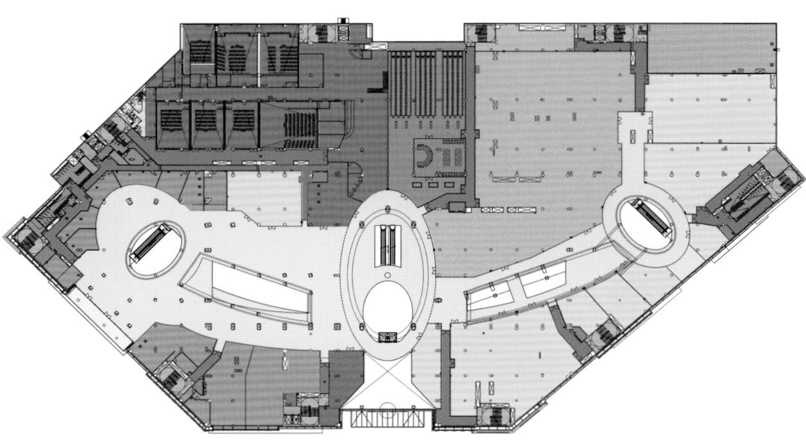

O'КЕЙ
juice master

ИНФОРМАЦИЯ

SWAROVSKI

山西天美新天地

项目地点：中国山西省太原市
客　　户：山西天美新天地购物中心有限公司
建筑 / 室内设计：RTKL
建筑面积：50 000 m^2
摄　　影：© RTKL/David Whitcomb

天美新天地位于山西太原城南第一大街长风街的核心地段，三面临街，在太原市“南迁西进“的城市发展战略下已形成集中央商务区、高档住宅区、市政文化区为一体的城市中心地带。交通极为便利，相邻的五星级酒店、高端写字楼、山西煤炭进出口集团都将为天美新天地带来高端而稳定的客流。

在建筑设计上，RTKL 的建筑师面对的挑战是要将已有的三栋大楼连接起来，而室内团队的挑战则是怎样实现从商场到男性时尚百货商店的无痕开放过渡。项目整体的设计思路是：将城市的文化历史与其现在和未来的成功连在一起。 为此，设计师规划了一个 50 000 m^2 的流动空间，6 楼高的中庭； 一个综合图形和标志规划，吸引着购物中心的富裕顾客。

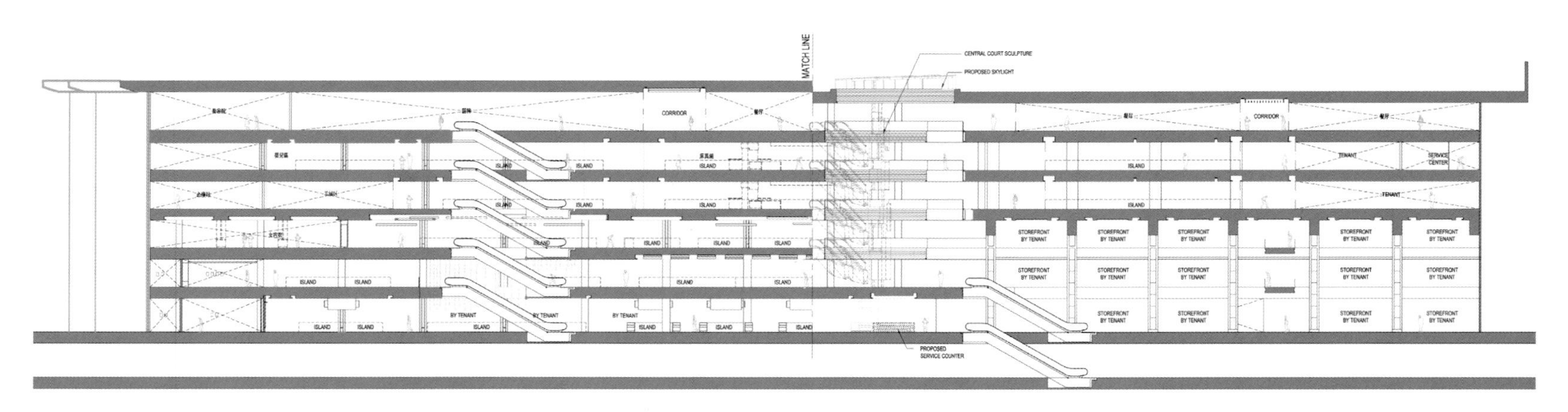
MATCH LINE
CENTRAL COURT SCULPTURE
PROPOSED SKYLIGHT
CORRIDOR
ISLAND
BY TENANT
SERVICE CENTER
STOREFRONT BY TENANT
PROPOSED SERVICE COUNTER

剖面图 A

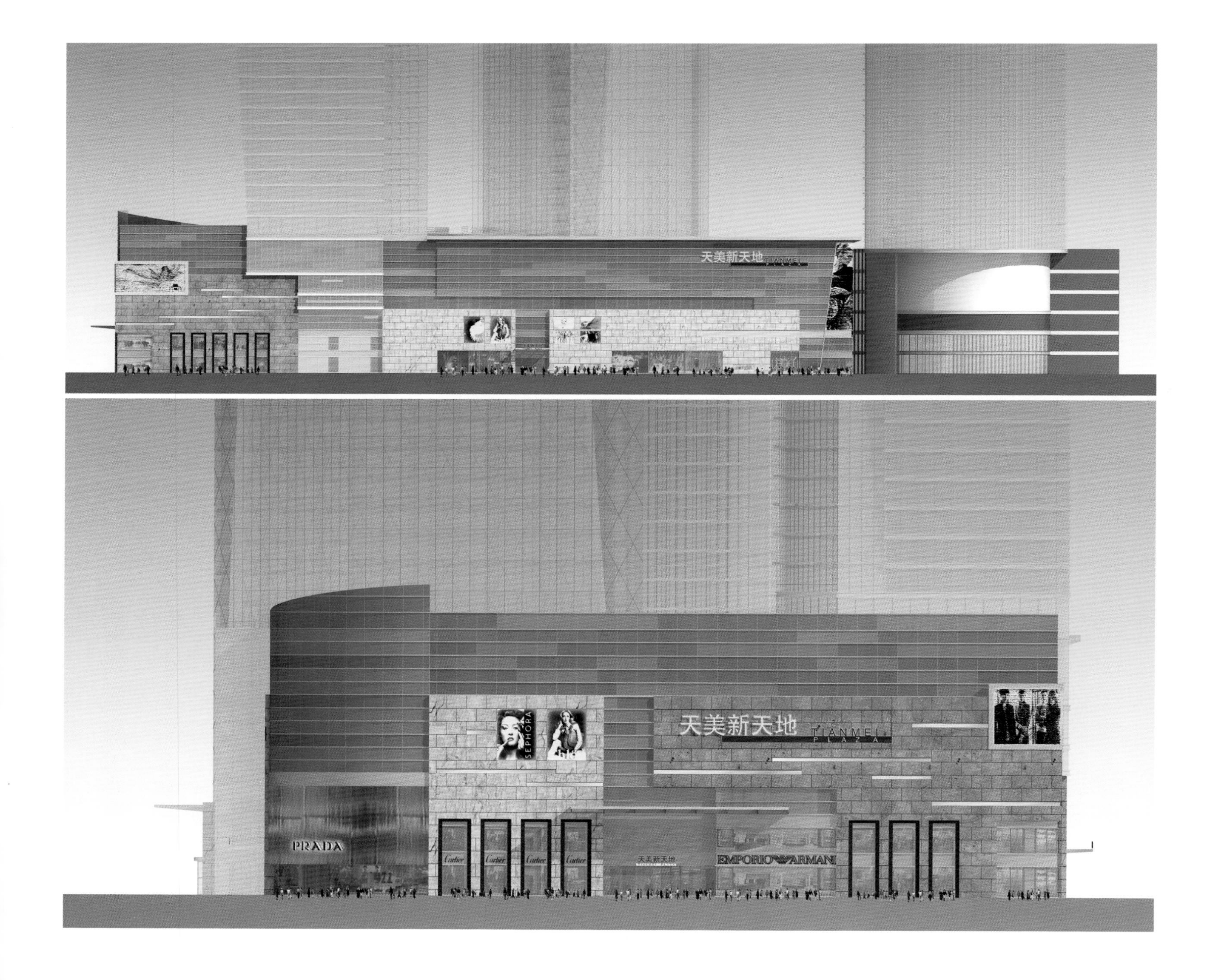
天美新天地
TIANMEI
SEPHORA
天美新天地
TIANMEI PLAZA
PRADA
Cartier
Cartier
Cartier
Cartier
天美新天地
EMPORIO ARMANI

CANALI
BOSS SELECTION
天美新天地
TIANMEI PLAZA
GIEVES & HAWKES
JAEGER-LECOULTRE
積家
PIAGET
Zegna Sport
MONT BLANC

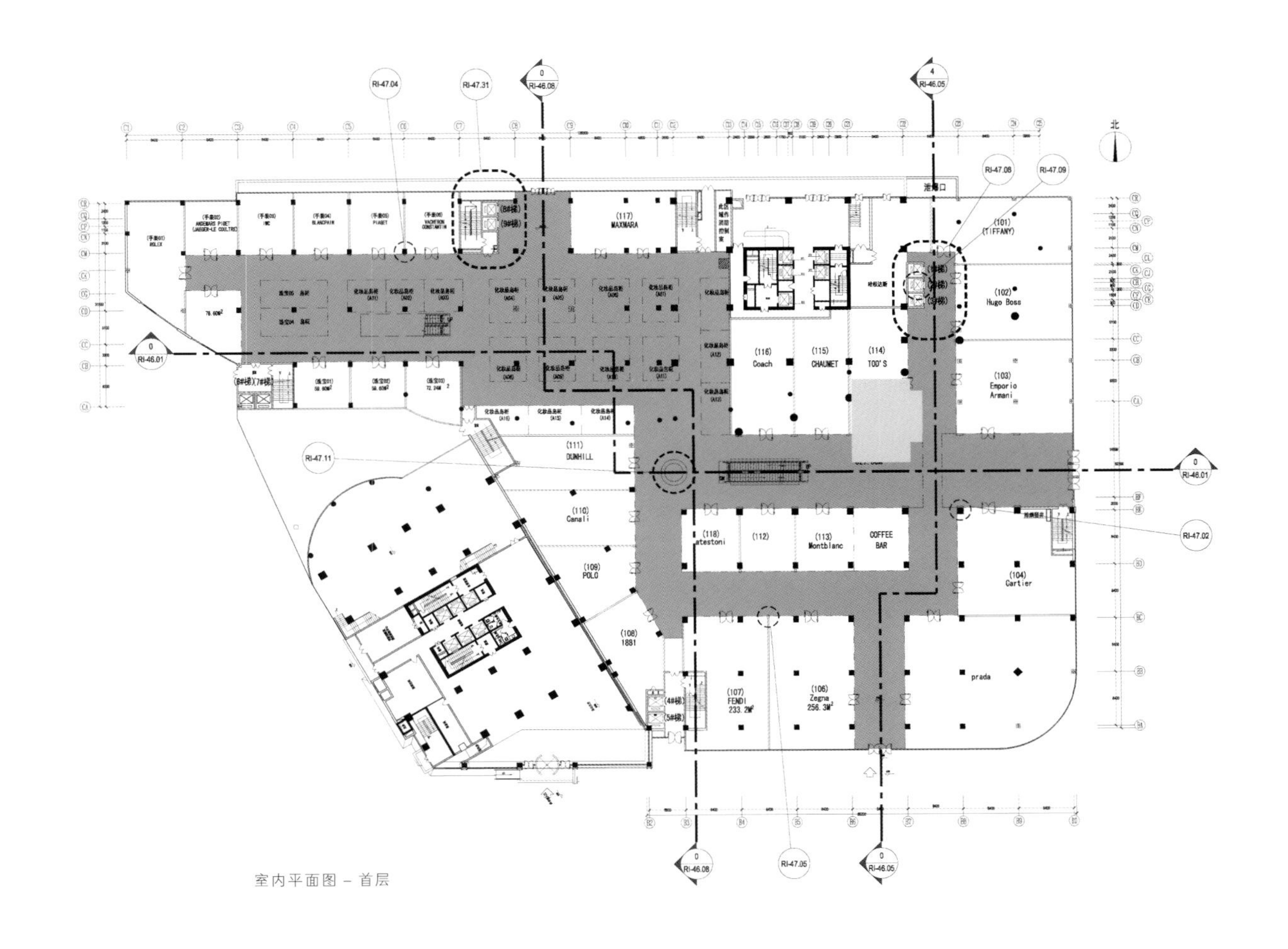
(117) MAXMARA
(101) TIFFANY
(102) Hugo Boss
(116) Coach
(115) CHAUMET
(114) TOD'S
(103) Emporio Armani
(111) DUNHILL
(110) Canali
(109) POLO
(108) 1881
(118) atestoni
(112)
(113) Montblanc
COFFEE BAR
(104) Cartier
(107) FENDI
(106) Zegna
prada

室内平面图 - 首层

BOSS
HUGO BOSS
BOSS

Aquascutum
LONDON
Aquascutum
dunhill
LONDON

Kozzy 购物中心

Kozzy
ALIŞVERİŞ VE KÜLTÜR MERKEZİ
K KADIKÖY BELEDİYESİ
KOZYATAĞI KÜLTÜR MERKEZ
KADIKÖY BELEDİYE MECLİSİ

项目地点：土耳其伊斯坦布尔
客　　户：Renaissance Development
建筑设计：5+Design
占地面积：14 600 m²

位于伊斯坦布尔安娜托利亚地区高密度住宅区的 Kozzy 购物中心是一个曾获得奖项的项目。它交通便利，距离 Ataturk 机场 40km， 而离 Sabiha Gokcen 机场 30km。

这个新的社区购物中心设有丰富多样、高品质的 65 种国内外零售品牌，满足了人们日常生活所需。

Kozzy 还标榜有着足够宽敞的公共空间， 包括一间九个屏幕的电影院，多个室内外餐厅和咖啡店，一个户外露台和 260 个地下停车位。 购物中心内还有一间 400 座的剧院和一个艺术展览中心，这里也是一个文化中心，各种文化和艺术活动经常在这里举行。

Kozzy
ALIŞVERİŞ VE KÜLTÜR MERKEZİ
KADIKÖY
BELEDİYESİ
KOZYATAĞI KÜLTÜR MERKEZİ
KADIKÖY BELEDİYE MECLİSİ

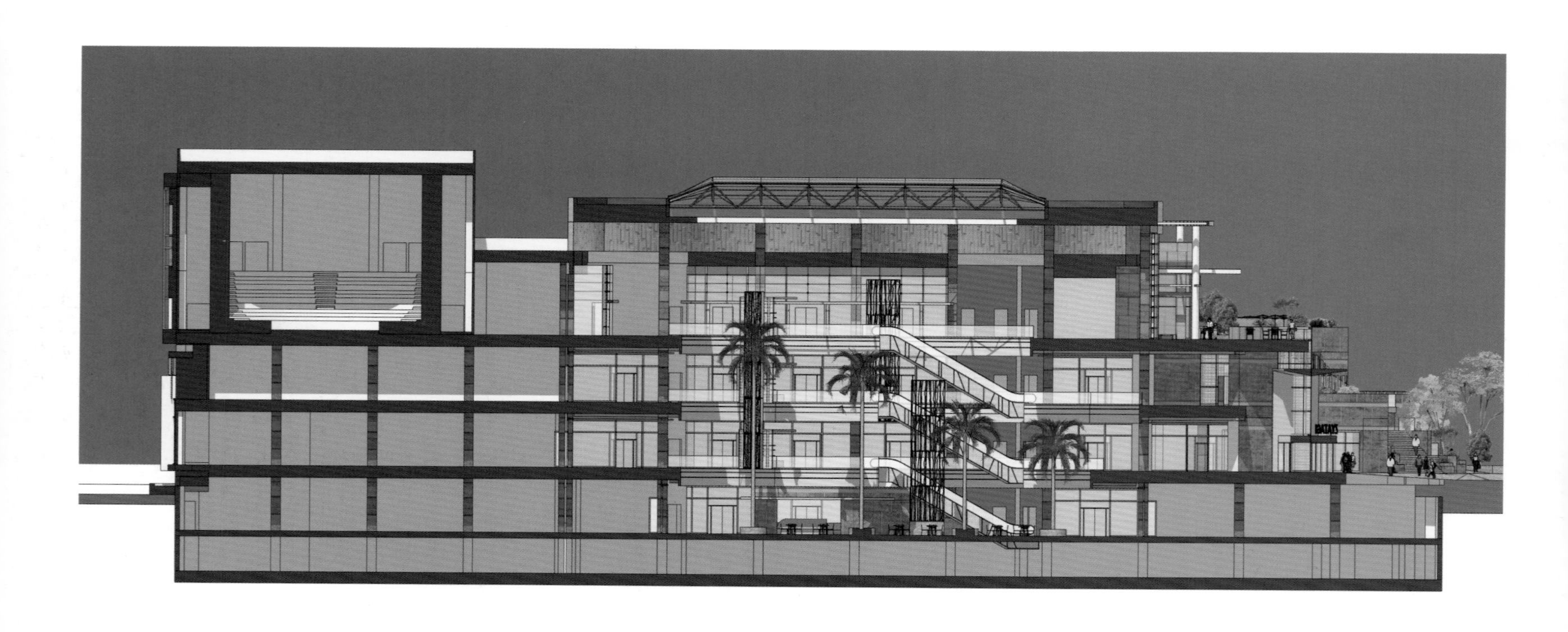

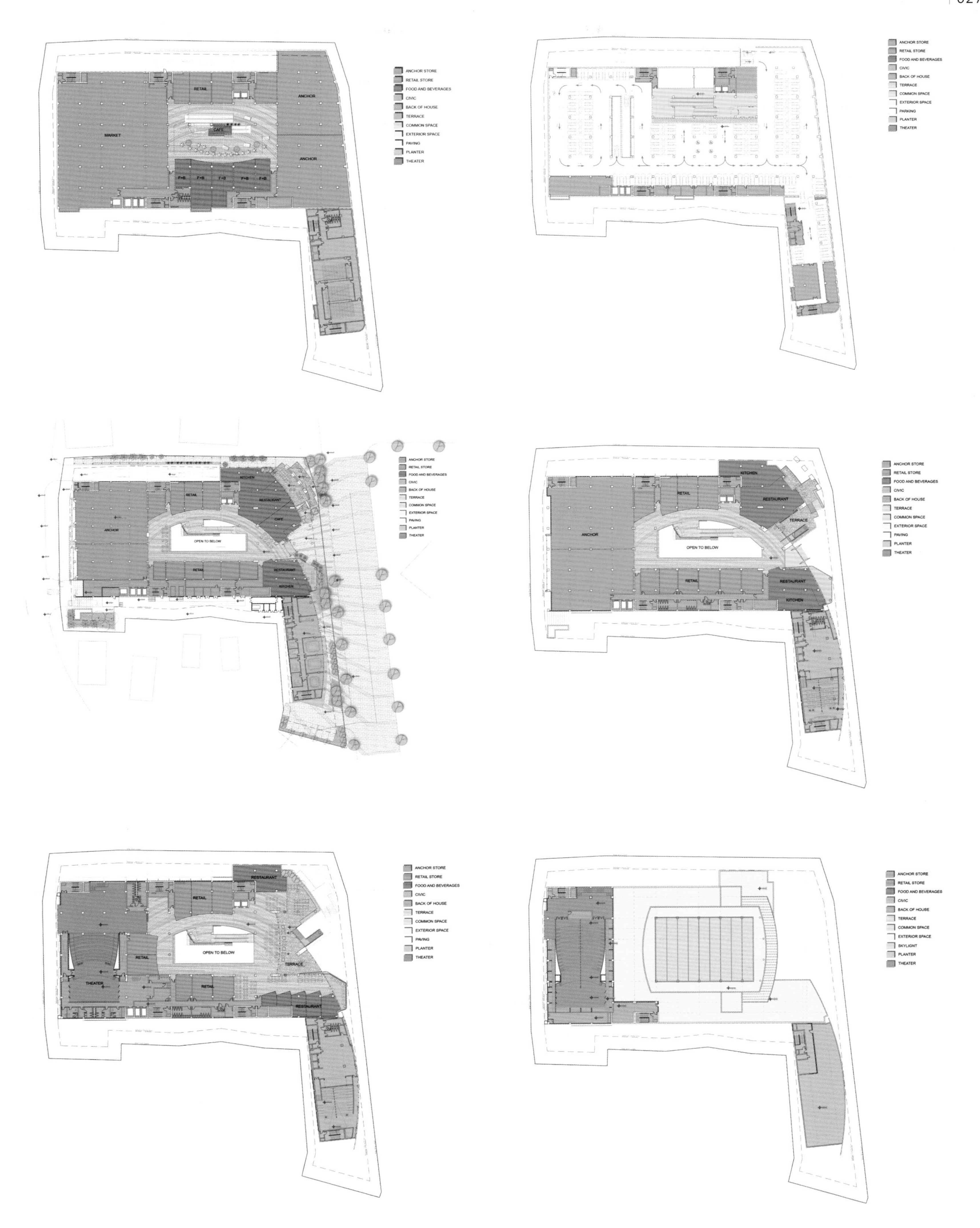
MARKET
RETAIL
ANCHOR
CAFE
ANCHOR
F+B
ANCHOR STORE
RETAIL STORE
FOOD AND BEVERAGES
CIVIC
BACK OF HOUSE
TERRACE
COMMON SPACE
EXTERIOR SPACE
PAVING
PLANTER
THEATER
PARKING
KITCHEN
RESTAURANT
ANCHOR
OPEN TO BELOW
CAFE
RETAIL
TERRACE
THEATER
SKYLIGHT

Kozzy
FRACASSETTI
FRACASSETTI
MANGO
MANGO

Kozzy
big mamma's
FRACASSETTI

Kozzy

ATASAY
İPEKYOL

Kozzy
KOTON

D'S
damat
flormar

马里博 Mercator 购物中心

项目地点：斯洛文尼亚马里博
客　　户：Mercator d.d.
建筑设计：Andrej Kalamar
设 计 师：Andrej Kalamar
建筑面积：41 000 m²
摄　　影：Miran Kambič

不同于一般的郊区购物中心，马里博 Mercator 中心位于马里博市人口稠密的地区，因此在设计上更加开放，有多个通道可供游客进出，同时也可供汽车和行人通过。

入口都设立在远离主要支柱的明显位置，连接着内部购物中心和广场，营造出一种现实城市中的都市环境。当游客的视线游移于左右两边的商店时，会不自觉地被地板和天花板的设计所吸引，因此建筑设计也是这个多元化空间的一个特色环节。

地板总体采用沙色的瓷砖，用深色瓷砖铺成对角路径贯穿全场。整个空间以黑色为分界线，中间不规则地分布着各种商店。

天花板的设计体现了丛林间运动的活力，每一束灯光都有成人大小，以随意的姿态引领游客穿梭于整栋大楼。

建筑内部并不是把灯直接固定在天花板上，而是采用管形结构，在高度上将光源降低了 1.8m，这样能够减少 20% 的光源损耗。购物中心的周围都是一些高层建筑，因此它的第五面——屋顶在整体环境中也起着非常重要的作用。屋顶采用绿色设计，能够有效降低热岛效应的影响，同时也能为附近的居民提供公园式的景色。

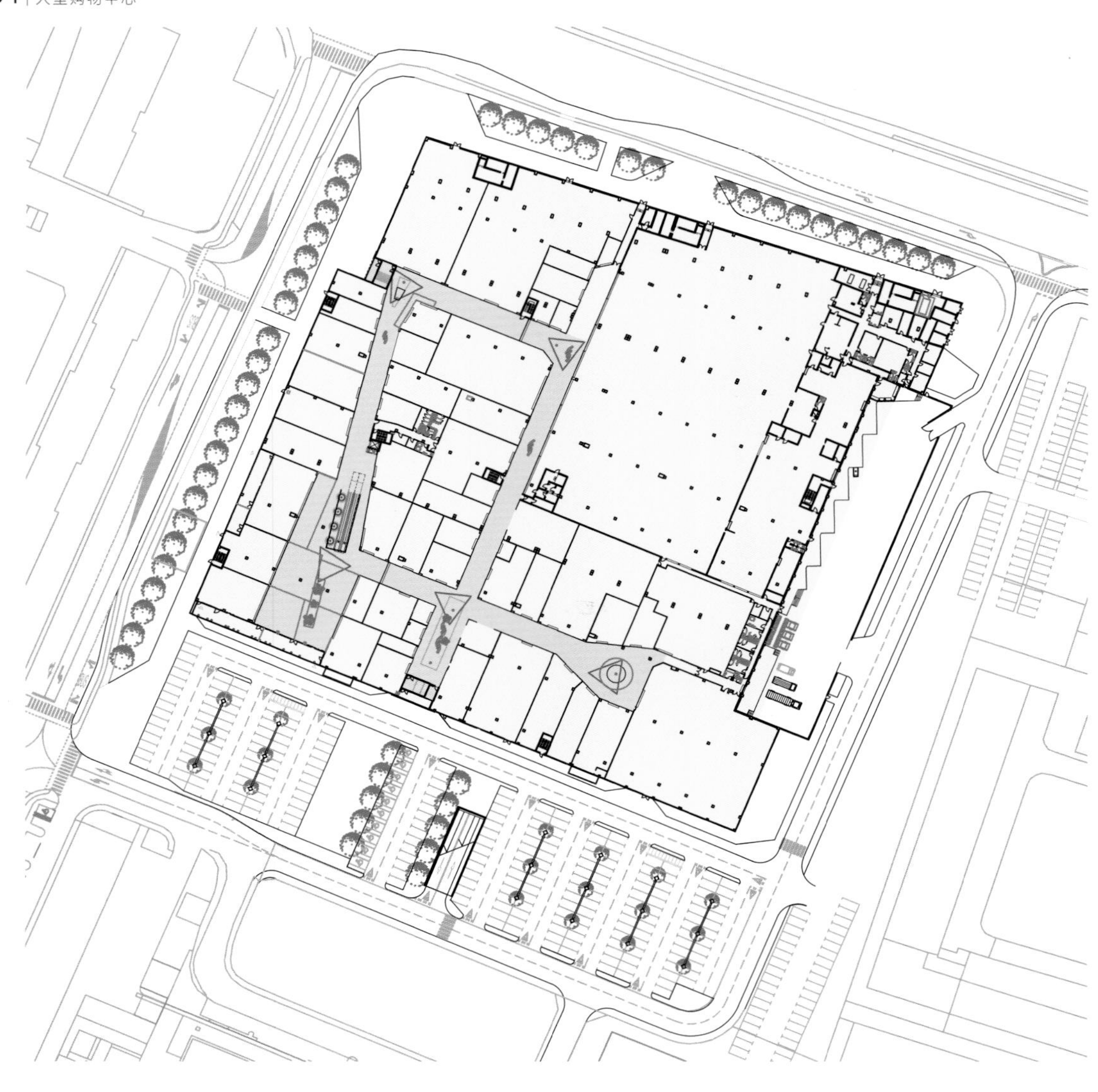

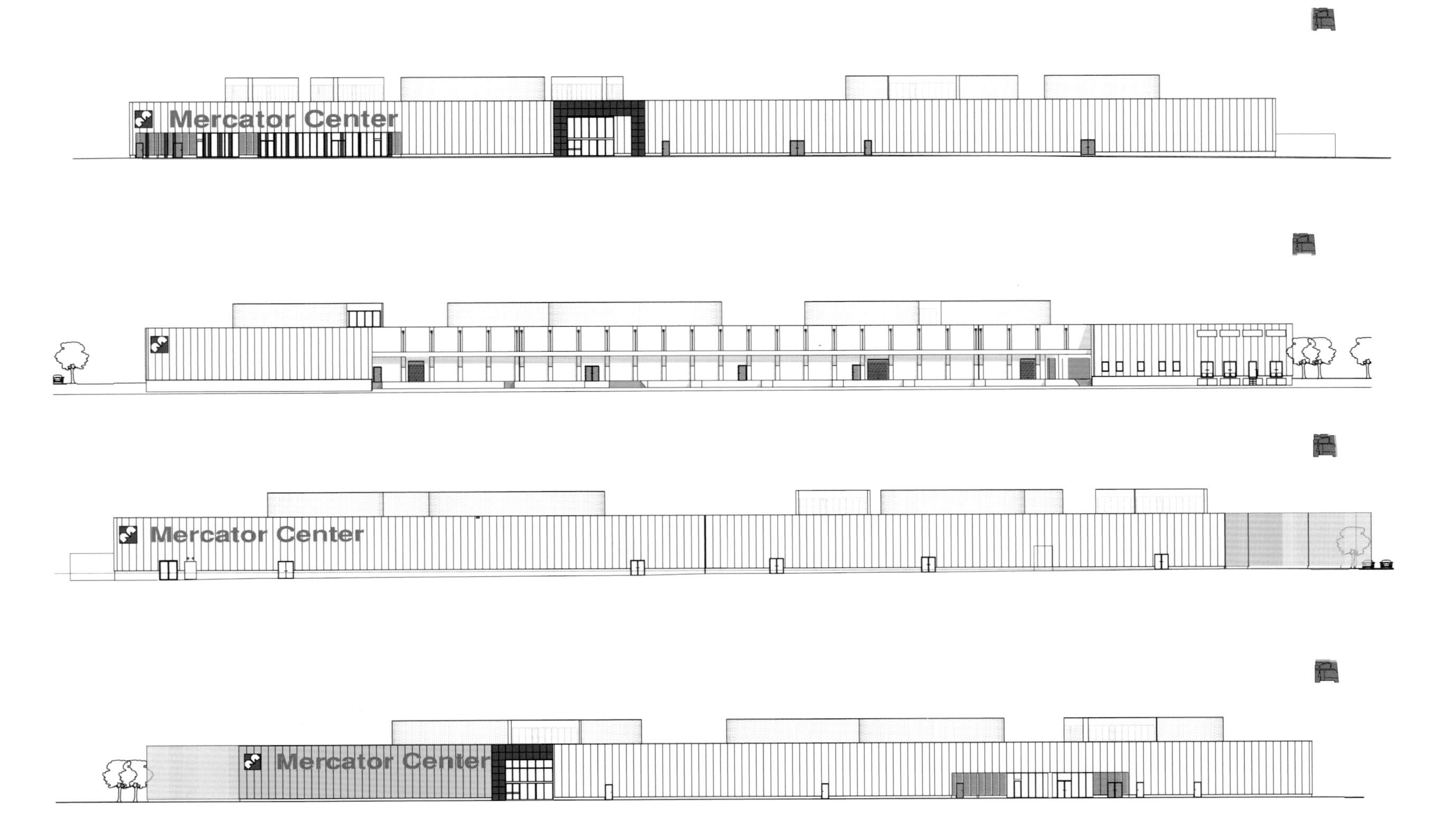
Mercator Center
Mercator Center
Mercator Center

Mercator Center

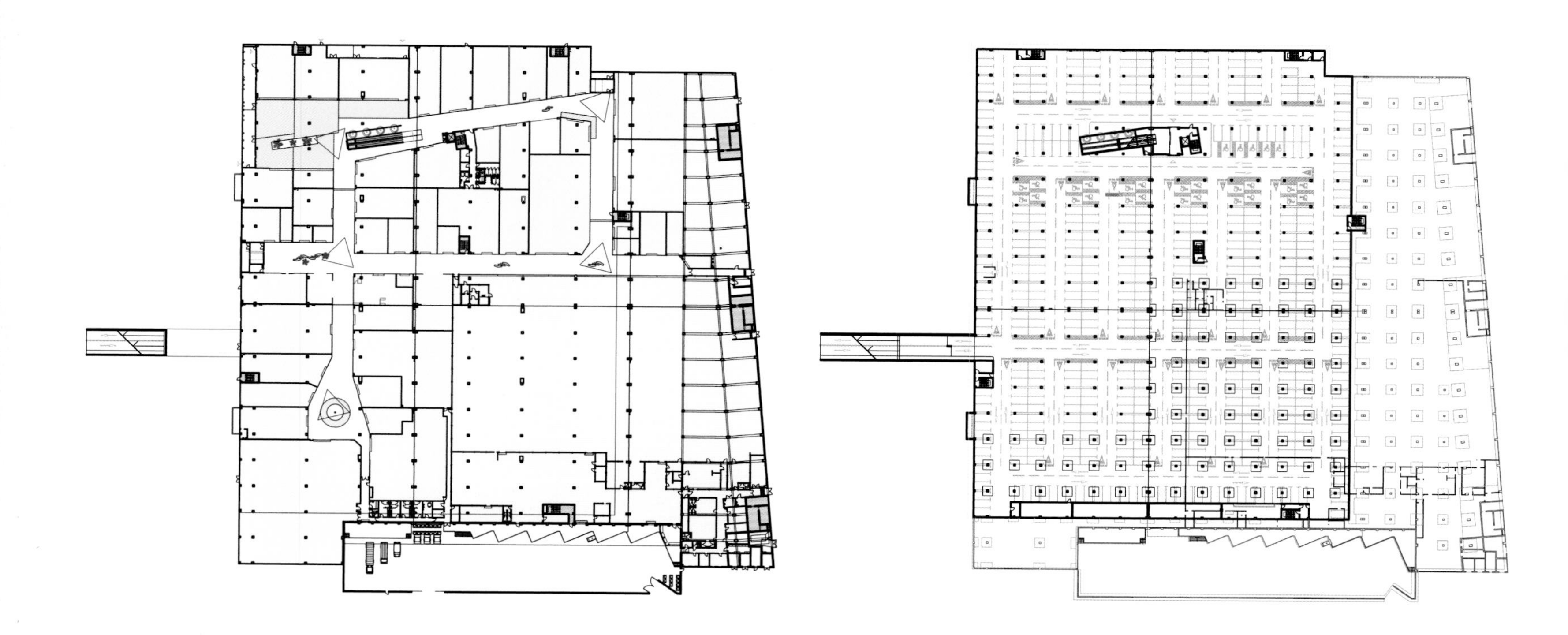

SHANGHAI CITY
MODIANA

925
srebrnina
925
srebrnina

TALLY WEiJL
TALLY WEiJL

BAR 2000
caffeterija

Mercator Hipermarket
Tik Tak
samopostrežna blagajna
Tik Tak
Mercator Hipermarket

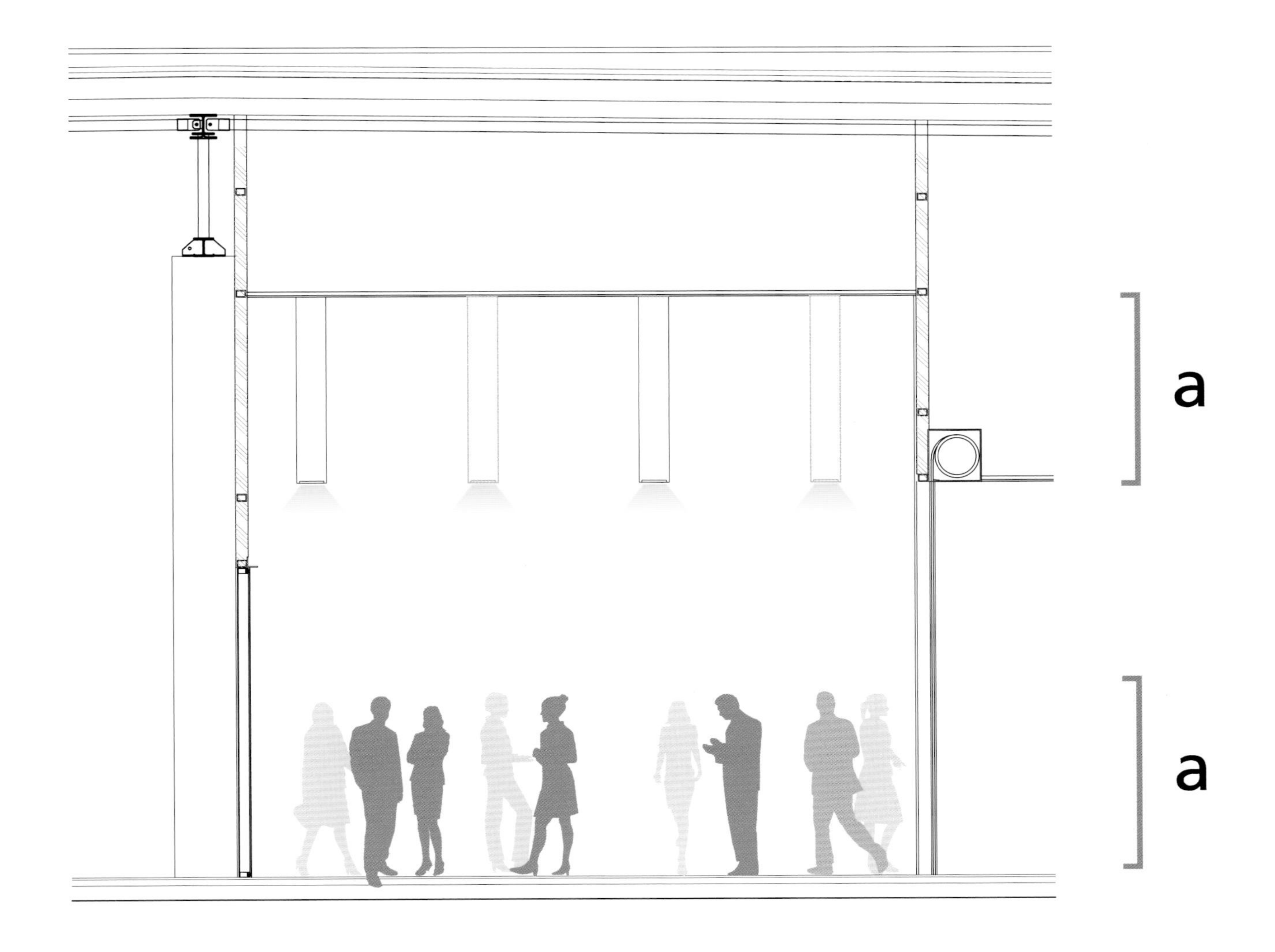
a
a

SIX

caffeterija

Optimum Adana 购物中心

项目地点：土耳其阿达纳
客　　户：Renaissance Development
建筑设计：5+ design
占地面积：31 125 m^2
建筑面积：81 500 m^2

Optimum Adana 购物中心位于土耳其的国际都会阿达纳，是地中海东部海岸内最大和最热闹的商业城市之一。建筑面积 81 500 m^2，是一个运用间接的建筑语汇和当代设计的新一代购物中心。此项目设有 4 层的商业、餐馆和娱乐用途，坐落在水岸边的理想位置。游客们可以在此俯视 Seyhan 河以及在巴尔干和中东最大、最具有标志性的 Sabanci 清真寺。

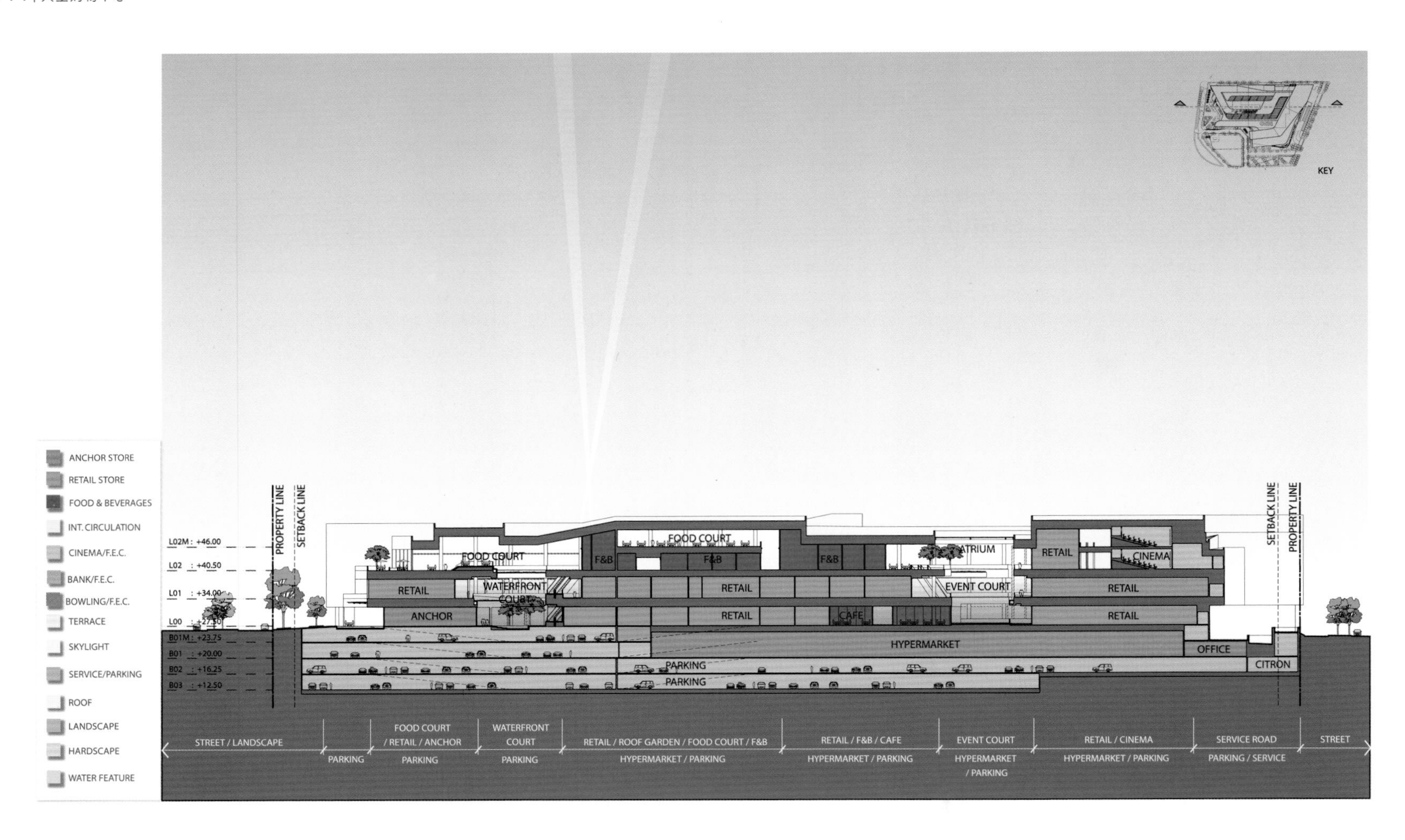
KEY
ANCHOR STORE
RETAIL STORE
FOOD & BEVERAGES
INT. CIRCULATION
CINEMA/F.E.C.
BANK/F.E.C.
BOWLING/F.E.C.
TERRACE
SKYLIGHT
SERVICE/PARKING
ROOF
LANDSCAPE
HARDSCAPE
WATER FEATURE
PROPERTY LINE
SETBACK LINE
L02M : +46.00
L02 : +40.50
L01 : +34.00
B01M : +23.75
B01 : +20.00
B02 : +16.25
B03 : +12.50
FOOD COURT
F&B
ATRIUM
RETAIL
CINEMA
WATERFRONT COURT
EVENT COURT
ANCHOR
CAFE
HYPERMARKET
OFFICE
CITRON
PARKING
STREET / LANDSCAPE
FOOD COURT / RETAIL / ANCHOR
WATERFRONT COURT
RETAIL / ROOF GARDEN / FOOD COURT / F&B
HYPERMARKET / PARKING
RETAIL / F&B / CAFE
EVENT COURT
HYPERMARKET / PARKING
RETAIL / CINEMA
SERVICE ROAD
PARKING / SERVICE
STREET
0 10 20 30 60

OPTIMUM
ADANA
WATERFRONT TERRACE

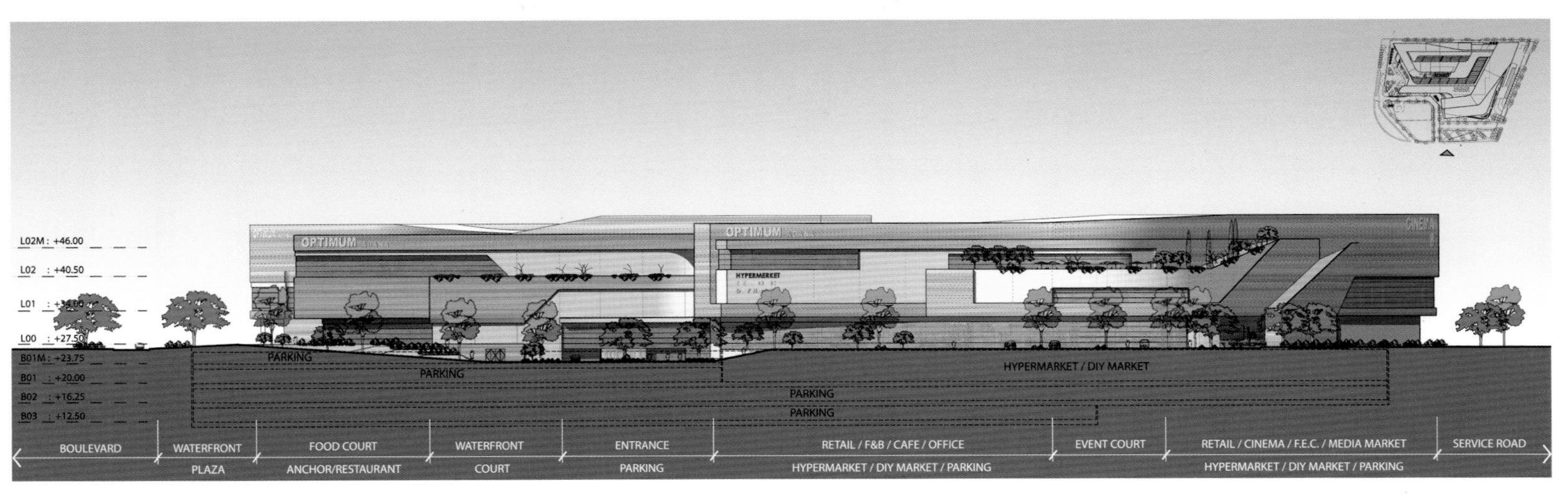
L02M : +46.00
L02 : +40.50
L01 : +34.00
L00 : +27.50
B01M : +23.75
B01 : +20.00
B02 : +16.25
B03 : +12.50
PARKING
PARKING
HYPERMARKET / DIY MARKET
PARKING
PARKING
BOULEVARD
WATERFRONT
PLAZA
FOOD COURT
ANCHOR/RESTAURANT
WATERFRONT
COURT
ENTRANCE
PARKING
RETAIL / F&B / CAFE / OFFICE
HYPERMARKET / DIY MARKET / PARKING
EVENT COURT
RETAIL / CINEMA / F.E.C. / MEDIA MARKET
HYPERMARKET / DIY MARKET / PARKING
SERVICE ROAD

L02M : +46.00
L02 : +40.50
L01 : +34.00
L00 : +27.50
B01M : +23.75
B01 : +20.00
B02 : +16.25
B03 : +12.50
PARKING
PARKING
PARKING
PARKING
STREET / LANDSCAPE
PARKING
RETAIL / RESTAURANT
WATERFRONT TERRACE
2-STORY ENTRY
RESTAURANT
MEDIA MARKET / F.E.C.
SURFACE PARKING
HOTEL
STREET
0 10 20 30 60

OPTIMUM

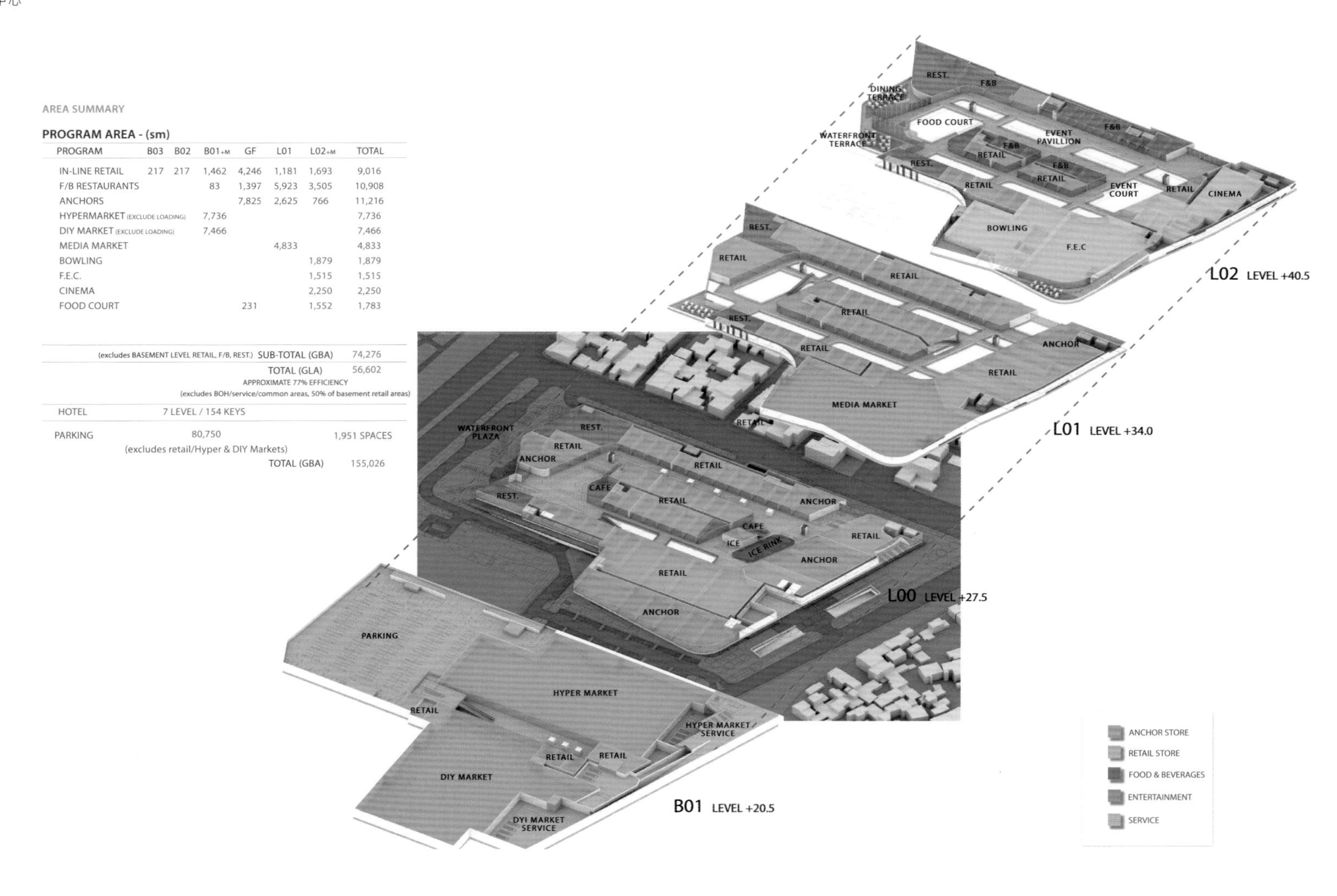

AREA SUMMARY

PROGRAM AREA - (sm)

PROGRAM	B03	B02	B01+M	GF	L01	L02+M	TOTAL
IN-LINE RETAIL	217	217	1,462	4,246	1,181	1,693	9,016
F/B RESTAURANTS			83	1,397	5,923	3,505	10,908
ANCHORS				7,825	2,625	766	11,216
HYPERMARKET (EXCLUDE LOADING)			7,736				7,736
DIY MARKET (EXCLUDE LOADING)			7,466				7,466
MEDIA MARKET					4,833		4,833
BOWLING						1,879	1,879
F.E.C.						1,515	1,515
CINEMA						2,250	2,250
FOOD COURT				231		1,552	1,783

(excludes BASEMENT LEVEL RETAIL, F/B, REST.) SUB-TOTAL (GBA) 74,276

TOTAL (GLA) 56,602

APPROXIMATE 77% EFFICIENCY

(excludes BOH/service/common areas, 50% of basement retail areas)

HOTEL 7 LEVEL / 154 KEYS

PARKING 80,750 1,951 SPACES

(excludes retail/Hyper & DIY Markets)

TOTAL (GBA) 155,026

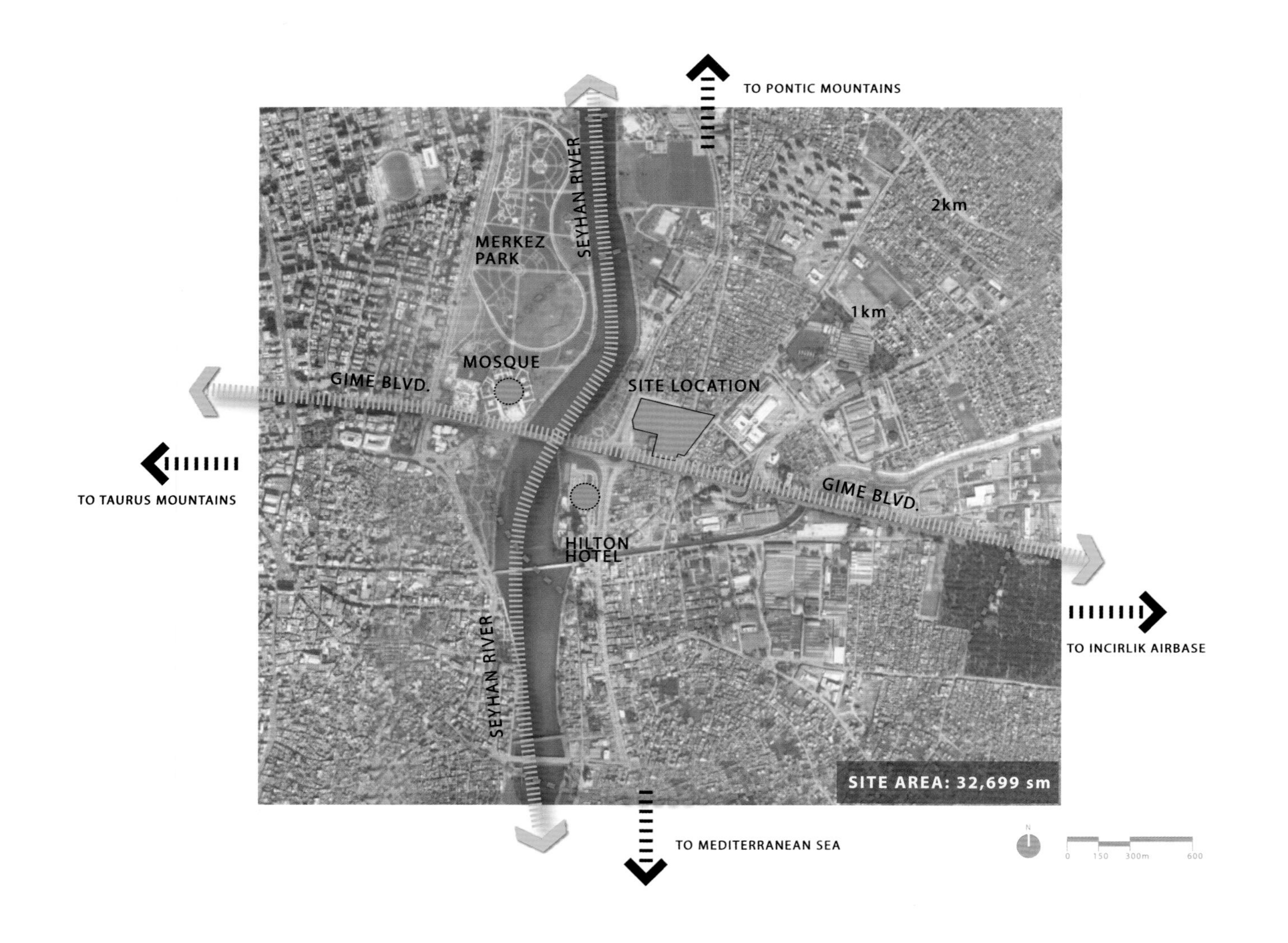

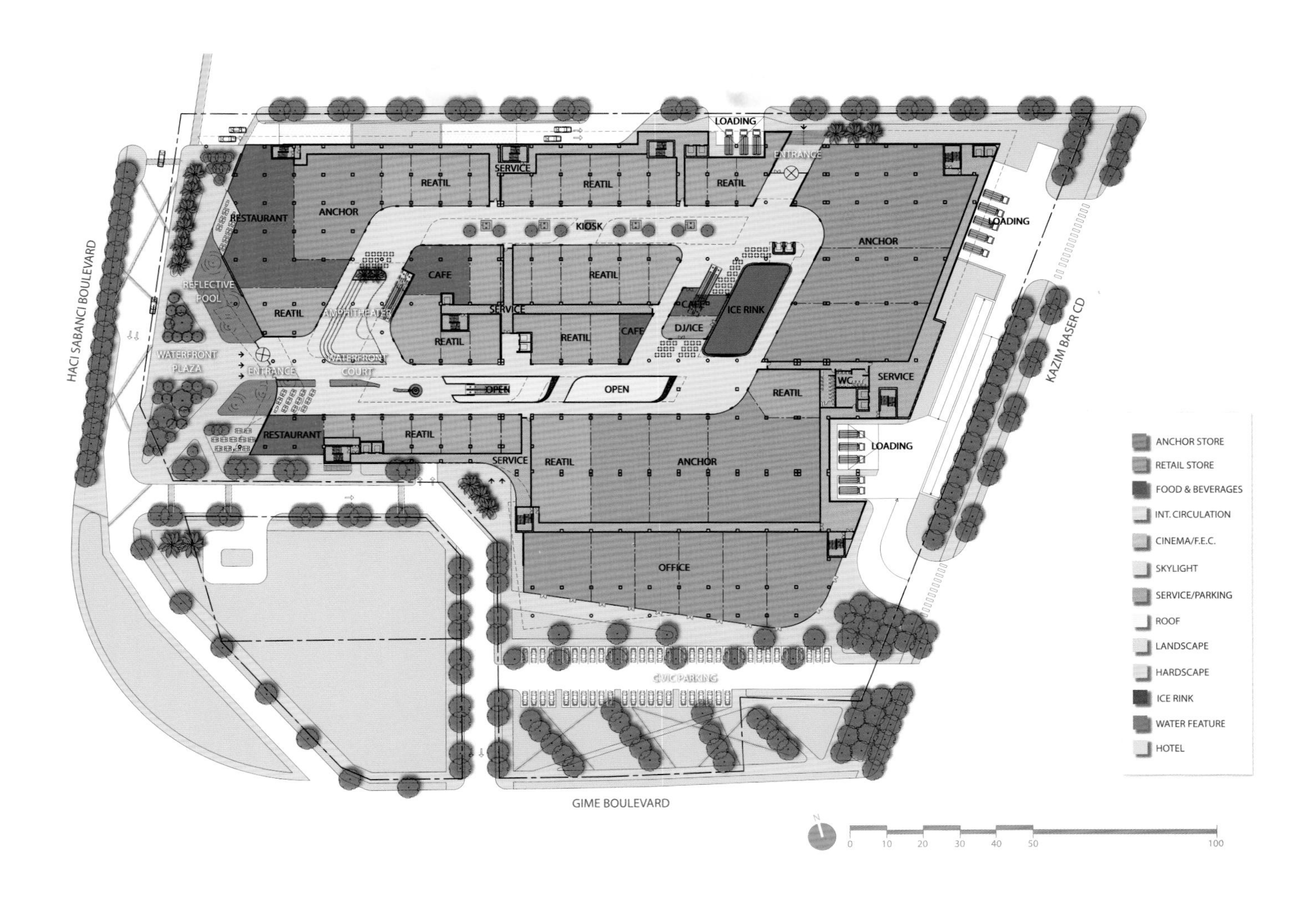
LOADING
ENTRANCE
SERVICE
REATIL
ANCHOR
RESTAURANT
KIOSK
LOADING
REFLECTIVE POOL
CAFE
ICE RINK
DJ/ICE
AMPHITHEATER
WATERFRONT PLAZA
ENTRANCE
WATERFRONT COURT
OPEN
WC
RESTAURANT
LOADING
OFFICE
CIVIC PARKING
HACI SABANCI BOULEVARD
KAZIM BASER CD
GIME BOULEVARD
ANCHOR STORE
RETAIL STORE
FOOD & BEVERAGES
INT. CIRCULATION
CINEMA/F.E.C.
SKYLIGHT
SERVICE/PARKING
ROOF
LANDSCAPE
HARDSCAPE
ICE RINK
WATER FEATURE
HOTEL
0 10 20 30 40 50 100

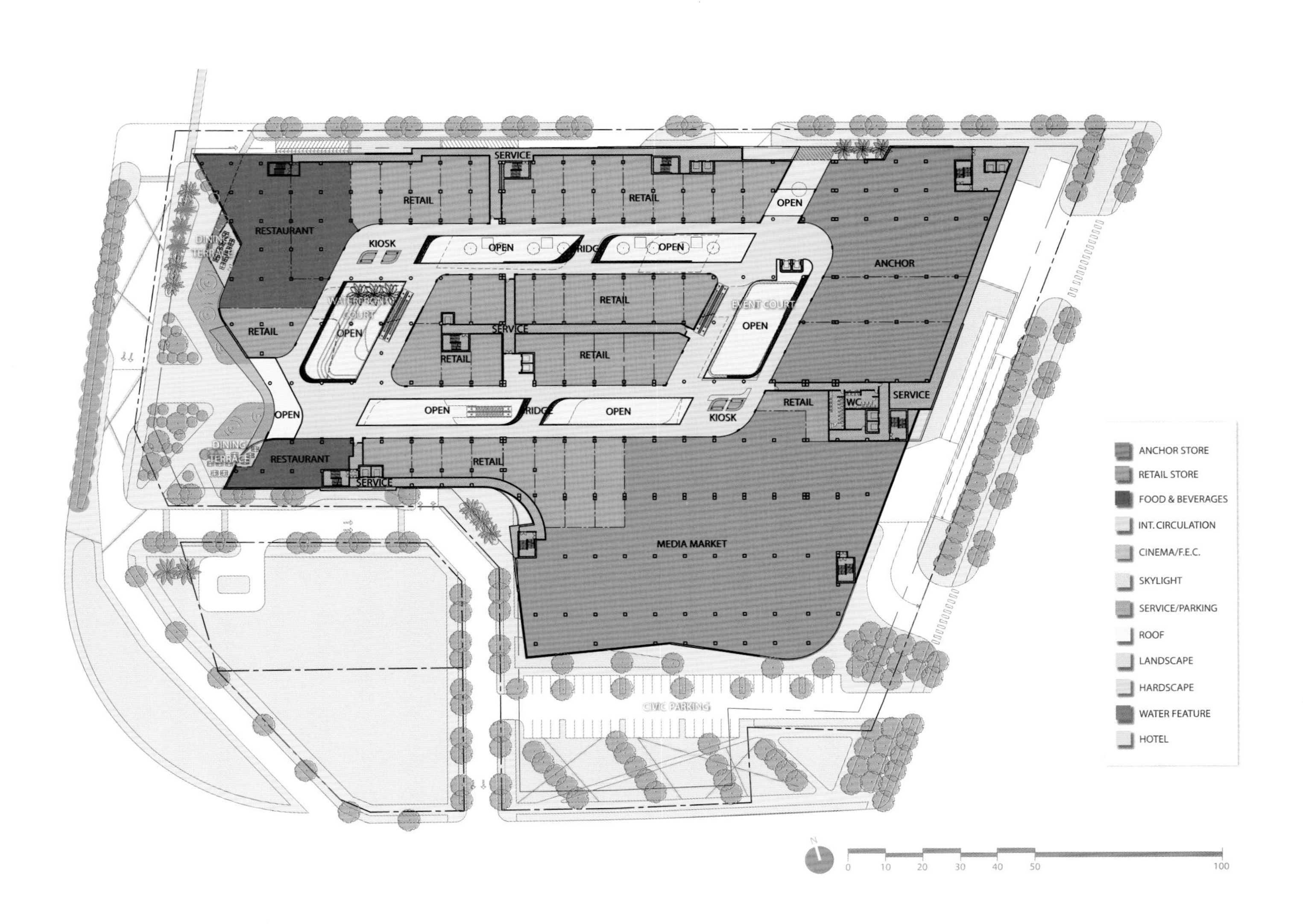
SERVICE
RETAIL
OPEN
RESTAURANT
KIOSK
BRIDGE
ANCHOR
DINING TERRACE
WATERFRONT COURT
EVENT COURT
RETAIL
WC
SERVICE
RESTAURANT
MEDIA MARKET
CIVIC PARKING
ANCHOR STORE
RETAIL STORE
FOOD & BEVERAGES
INT. CIRCULATION
CINEMA/F.E.C.
SKYLIGHT
SERVICE/PARKING
ROOF
LANDSCAPE
HARDSCAPE
WATER FEATURE
HOTEL
0 10 20 30 40 50 100

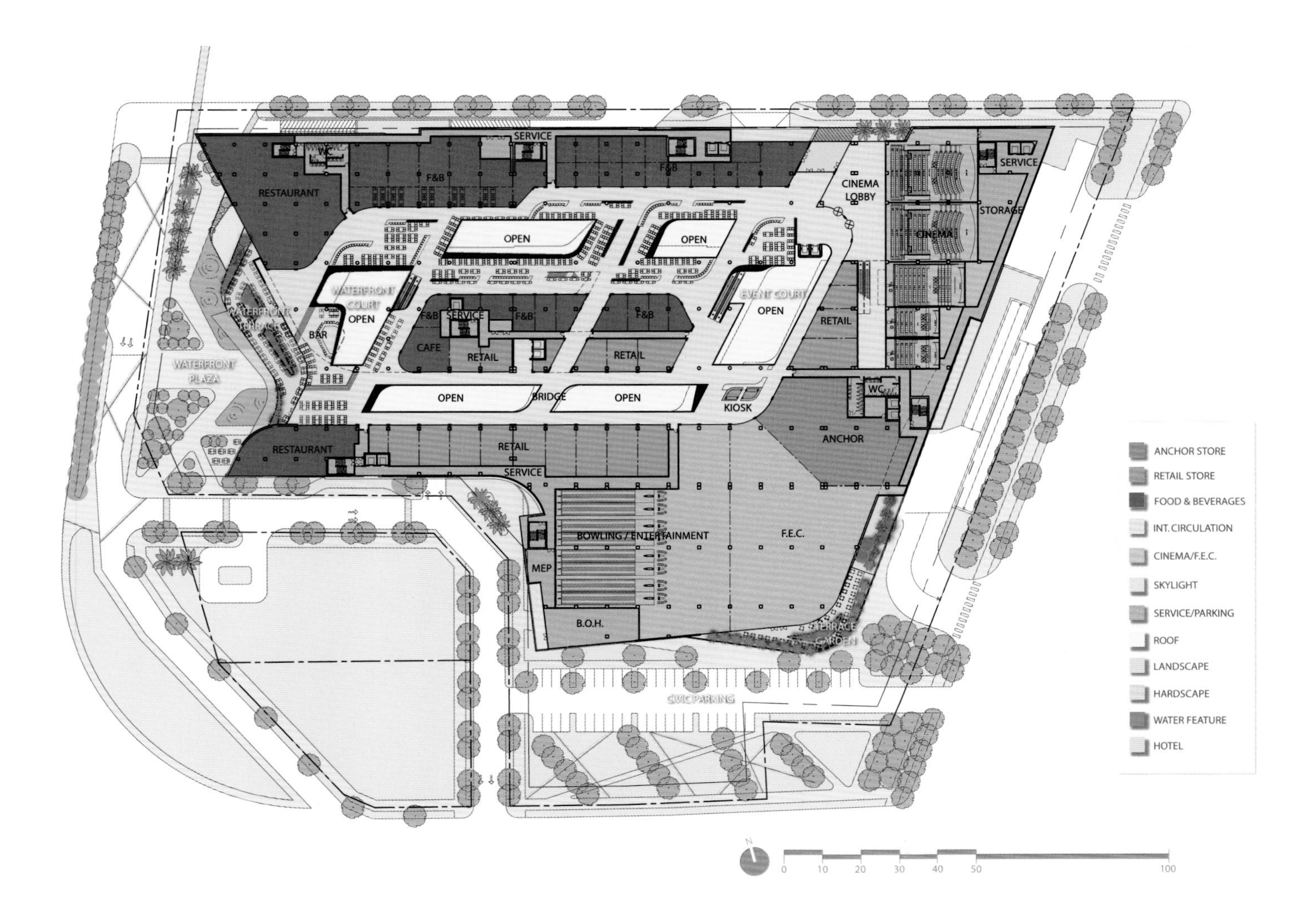
SERVICE
F&B
F&B
RESTAURANT
CINEMA LOBBY
SERVICE
STORAGE
CINEMA
OPEN
OPEN
WATERFRONT COURT
OPEN
WATERFRONT TERRACE
F&B
SERVICE
F&B
F&B
EVENT COURT
OPEN
RETAIL
BAR
CAFE
RETAIL
RETAIL
WATERFRONT PLAZA
OPEN
BRIDGE
OPEN
KIOSK
WC
ANCHOR
RESTAURANT
RETAIL
SERVICE
BOWLING / ENTERTAINMENT
F.E.C.
MEP
B.O.H.
TERRACE GARDEN
CIVIC PARKING
ANCHOR STORE
RETAIL STORE
FOOD & BEVERAGES
INT. CIRCULATION
CINEMA/F.E.C.
SKYLIGHT
SERVICE/PARKING
ROOF
LANDSCAPE
HARDSCAPE
WATER FEATURE
HOTEL
N
0
10
20
30
40
50
100

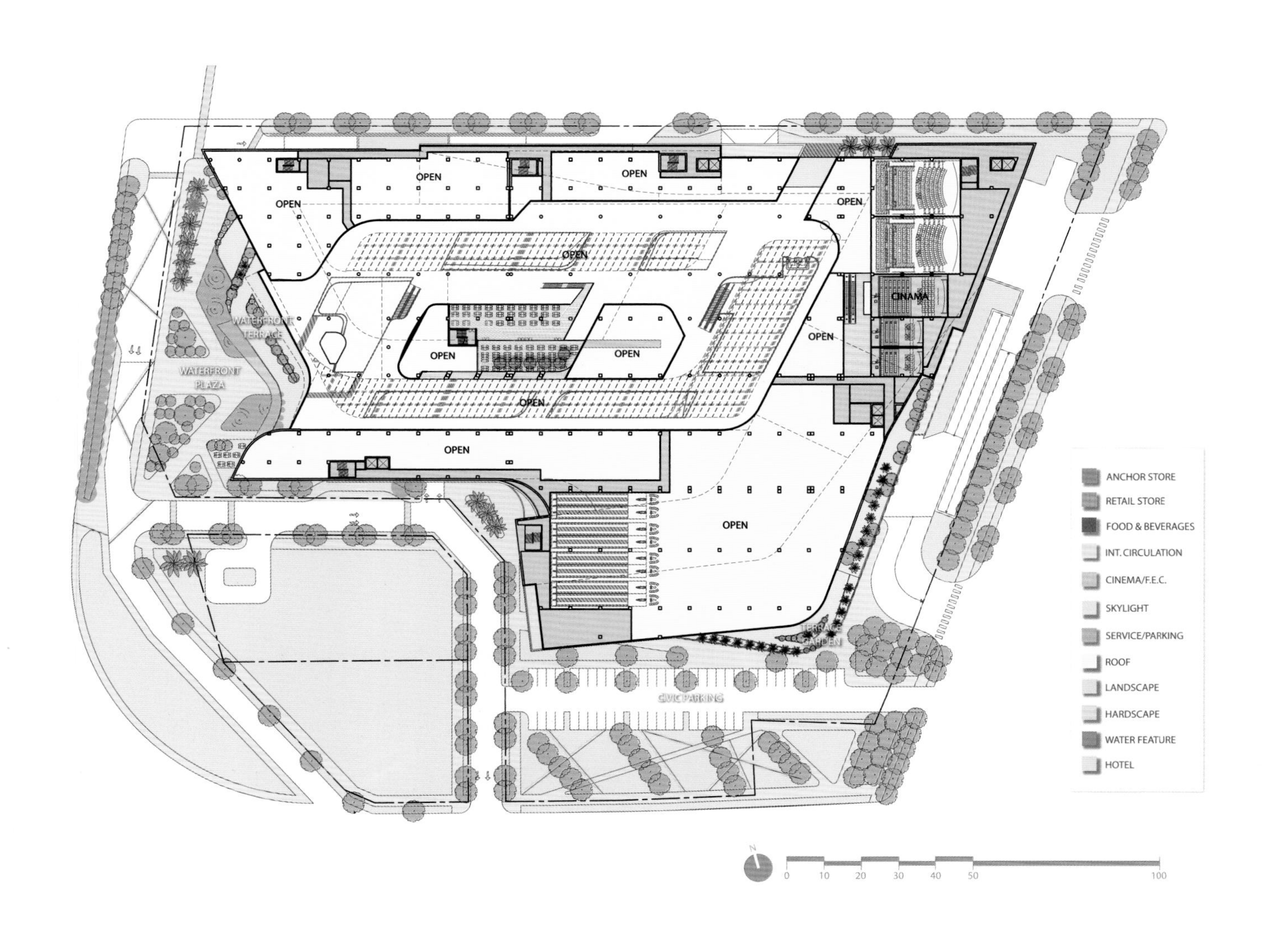
OPEN
OPEN
OPEN
OPEN
OPEN
CINAMA
WATERFRONT TERRACE
OPEN
OPEN
OPEN
WATERFRONT PLAZA
OPEN
OPEN
OPEN
TERRACE GARDEN
CIVIC PARKING
ANCHOR STORE
RETAIL STORE
FOOD & BEVERAGES
INT. CIRCULATION
CINEMA/F.E.C.
SKYLIGHT
SERVICE/PARKING
ROOF
LANDSCAPE
HARDSCAPE
WATER FEATURE
HOTEL
N
0
10
20
30
40
50
100

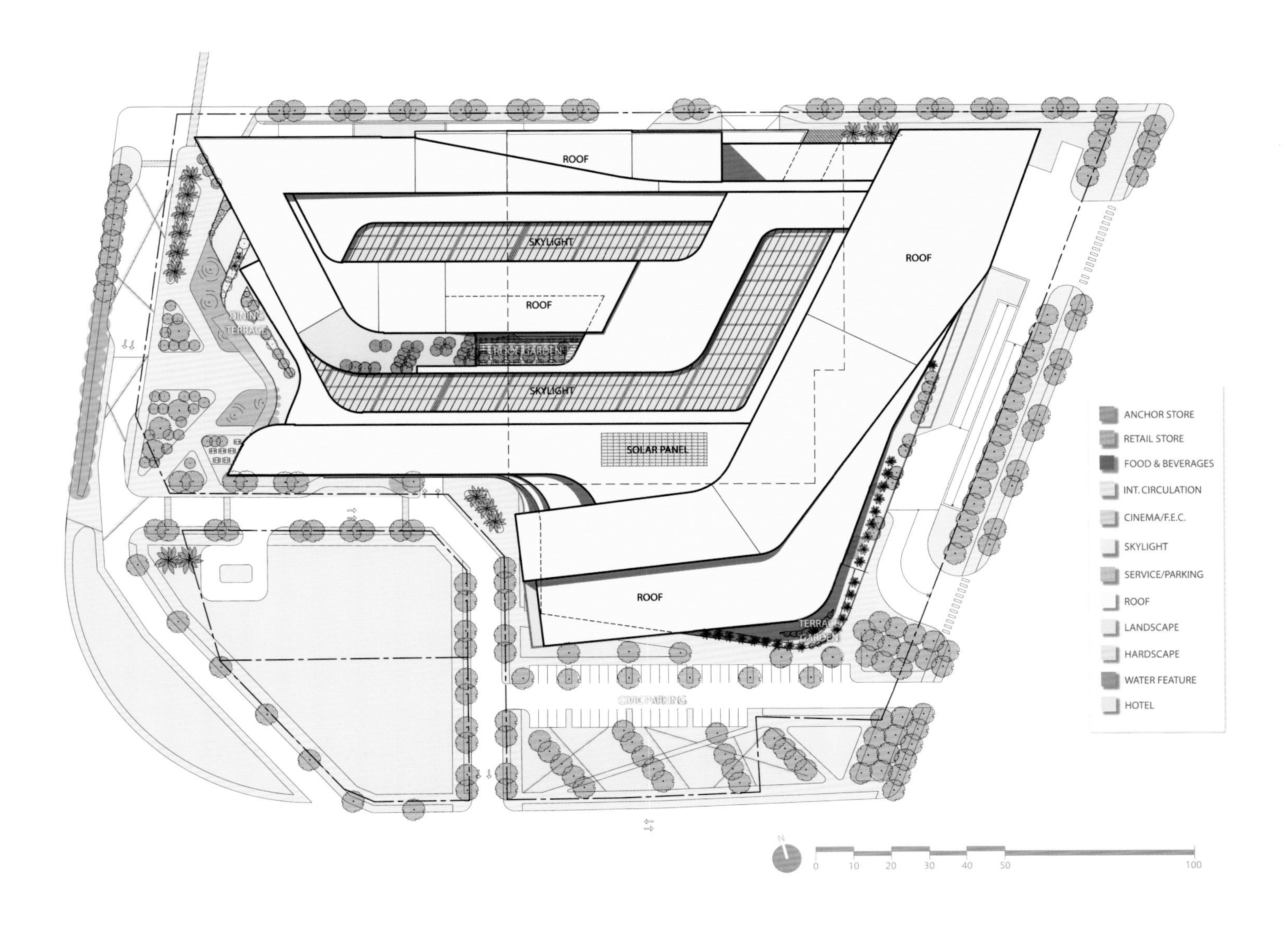
ROOF
SKYLIGHT
ROOF
ROOF
SKYLIGHT
SOLAR PANEL
ROOF
DINING TERRACE
TERRACE GARDEN
CIVIC PARKING
ANCHOR STORE
RETAIL STORE
FOOD & BEVERAGES
INT. CIRCULATION
CINEMA/F.E.C.
SKYLIGHT
SERVICE/PARKING
ROOF
LANDSCAPE
HARDSCAPE
WATER FEATURE
HOTEL
0
10
20
30
40
50
100

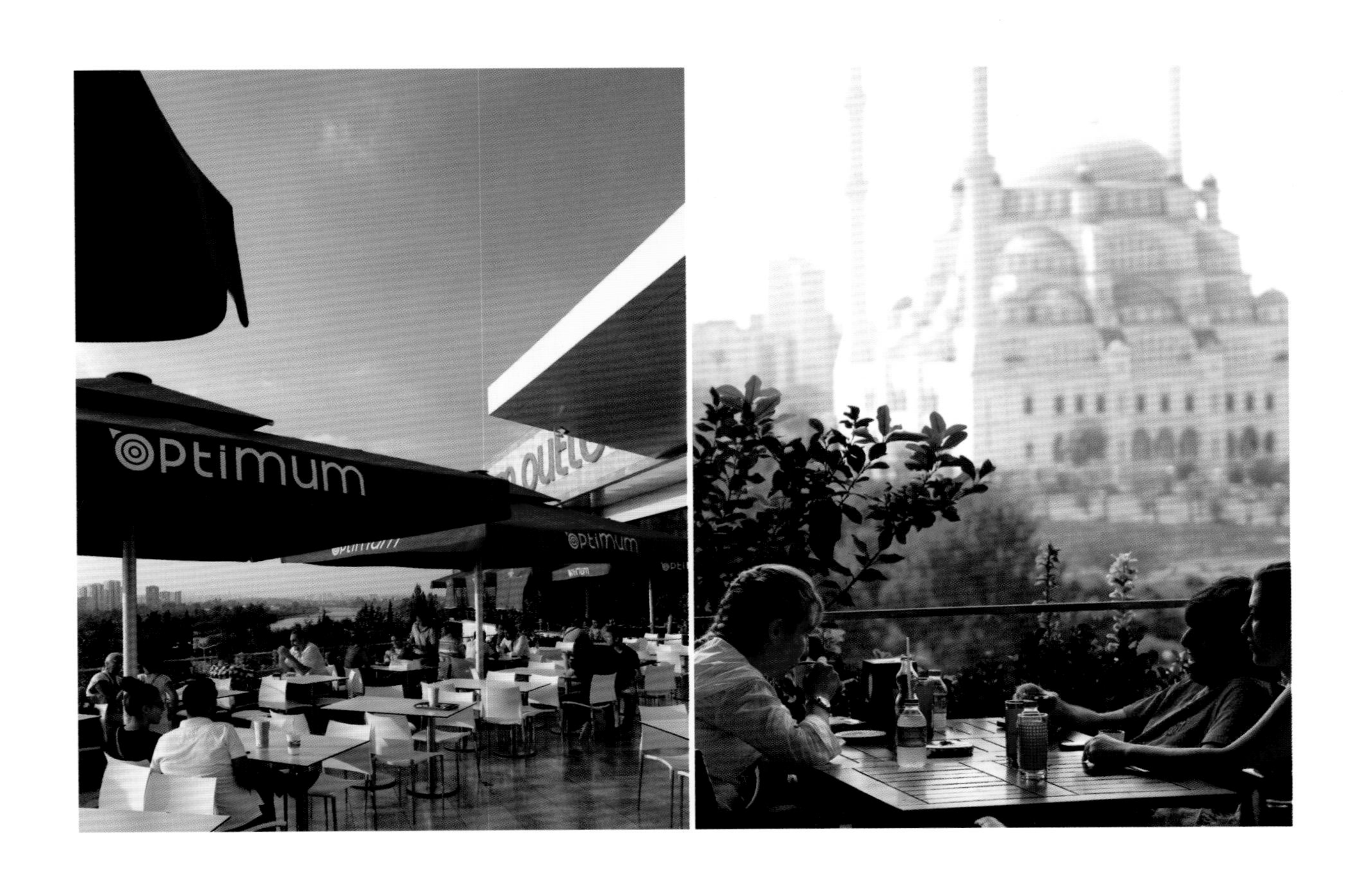
optimum

optimum outlet
GEZER

D'S damat
HERRY
ROAD TRIP

POLOGARA
SON FIRSAT
SON
İNDİRİM
İNDİRİM
AYAKKABI
CEKET
JEAN PANTALON

YORI CAFE
malco
WAVES
Eternity

Suwen
TURKCELL
mavi

鲁尔蒙德购物中心

项目地点：荷兰鲁尔蒙德
建筑设计：荷兰 NIO 建筑设计事务所

该项目的特殊性不仅仅体现在巨额投资，更重要的是建筑本身别具一格的特点。设计师的任务是将该项目打造成荷兰地区独一无二的商业型综合建筑。模块式系统通常导致不言而喻的外形，但是设计师成功地处理了这一难题，通过循环利用外观元素来提升整个项目的开放空间，安置更多的橱窗以及出口达到了很好的效果。

建筑造型及色调变幻多姿，建筑线条有时是直线、有时是弧线，颜色从一头到另一头由紫色转变成蓝色。建筑内部充满异域情调。尽管采用 8 至 10m 的无方向模式没有导致楼群的断层，但是人们对设计的期待与现实还是存在偏差，同人们理想中认为的模块化系统能够促成建筑独一无二的特点也是有区别的。

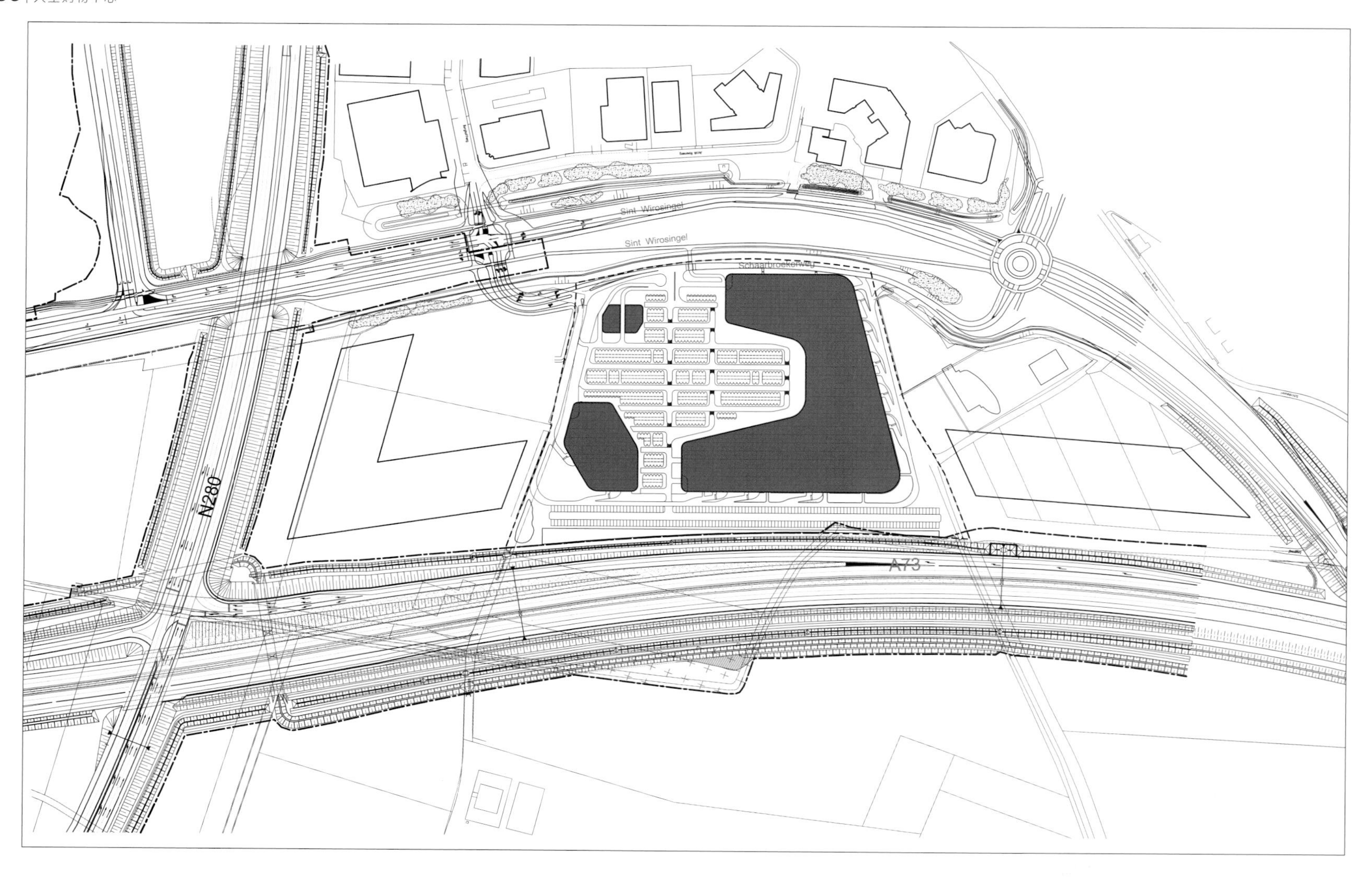
Sint Wirosingel
Sint Wirosingel
N280
A73

bart
Beter Bed
Beter Bed
ROFRA
Home

Beter
10

Media Markt
Albert Heijn XL
BLOKKER
JYSK
xenos
Albert Heijn
53-LPS-5

MediaMarkt
Albert Heijn XL
Xenos
Albert Heijn XL

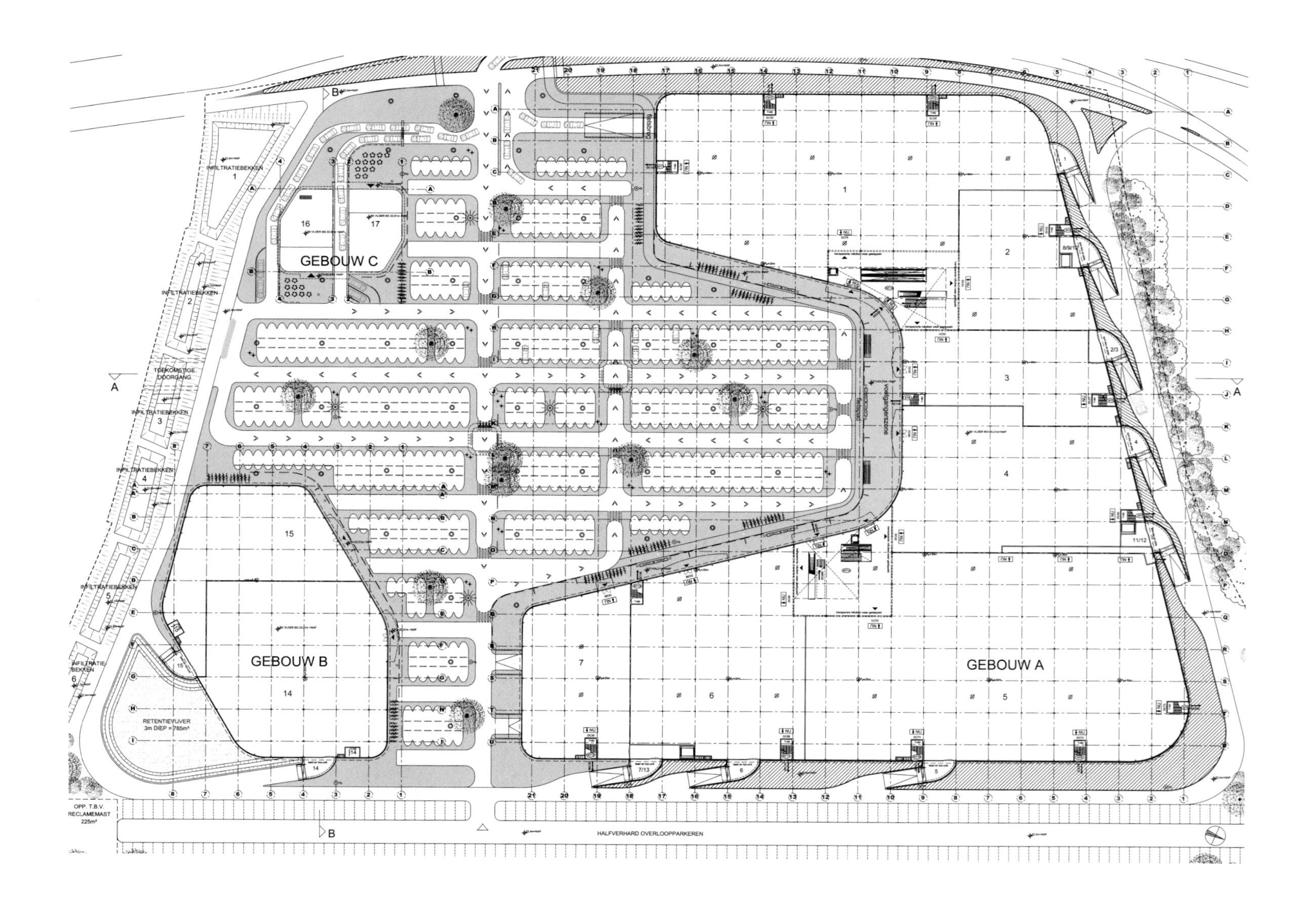
GEBOUW C
GEBOUW B
GEBOUW A
INFILTRATIEBEKKEN
RETENTIEVIJVER
HALFVERHARD OVERLOOPPARKEREN
OPP. T.B.V. RECLAMEMAST

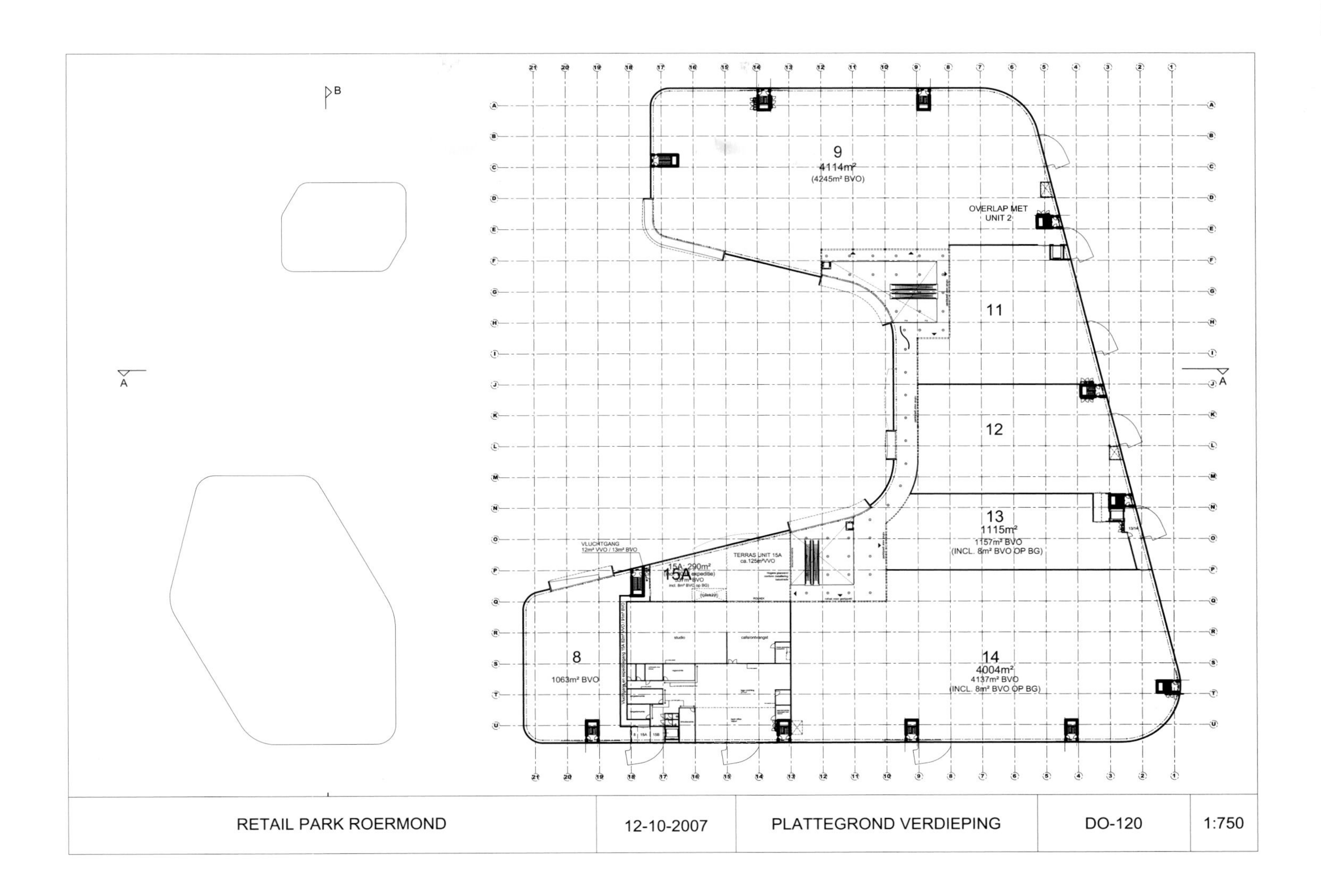

9
4114m²
(4245m² BVO)
OVERLAP MET UNIT 2
11
12
13
1115m²
1157m² BVO
(INCL. 8m² BVO OP BG)
15A
8
1063m² BVO
14
4004m²
4137m² BVO
(INCL. 8m² BVO OP BG)
RETAIL PARK ROERMOND
12-10-2007
PLATTEGROND VERDIEPING
DO-120
1:750

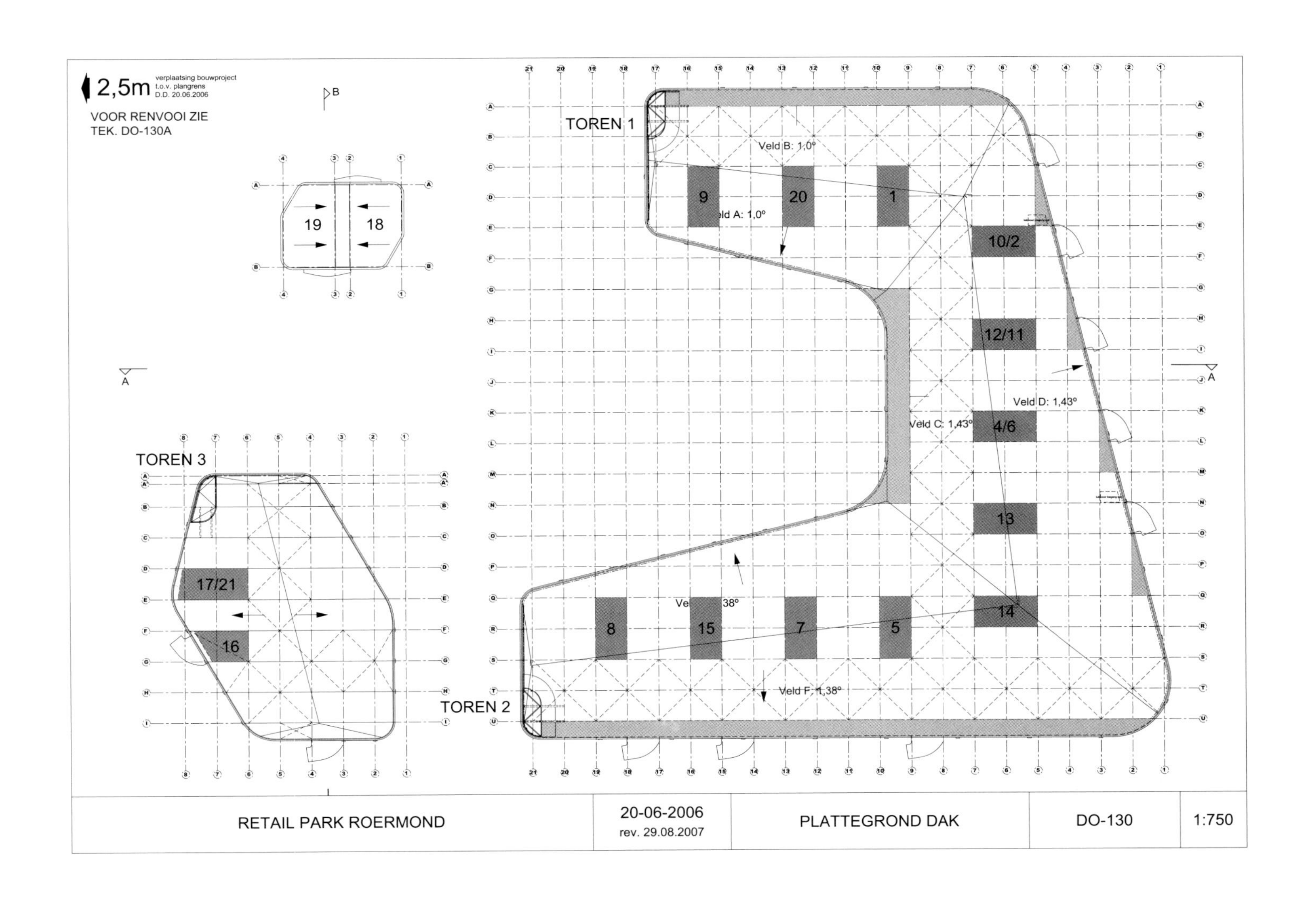

2,5m
VOOR RENVOOI ZIE
TEK. DO-130A
TOREN 1
Veld B: 1,0°
9
20
1
10/2
12/11
Veld D: 1,43°
Veld C: 1,43°
4/6
13
14
8
15
7
5
Veld F: 1,38°
TOREN 2
TOREN 3
19
18
17/21
16
RETAIL PARK ROERMOND
20-06-2006
rev. 29.08.2007
PLATTEGROND DAK
DO-130
1:750

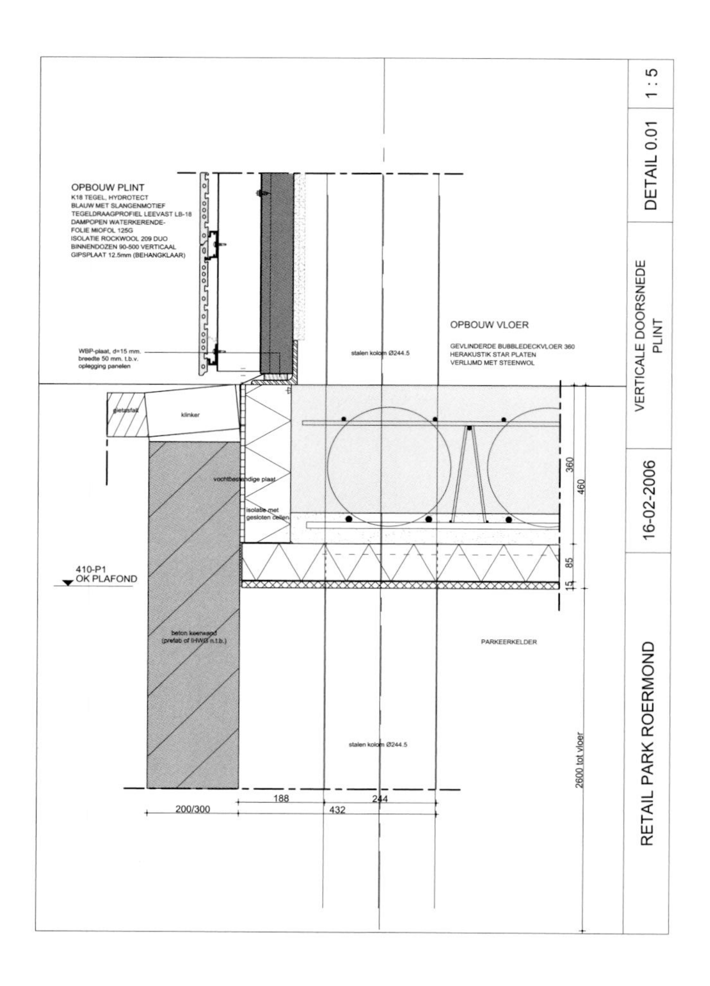

OPBOUW PLINT
OPBOUW VLOER
410-P1
OK PLAFOND
DETAIL 0.01
1 : 5
VERTICALE DOORSNEDE
PLINT
16-02-2006
RETAIL PARK ROERMOND

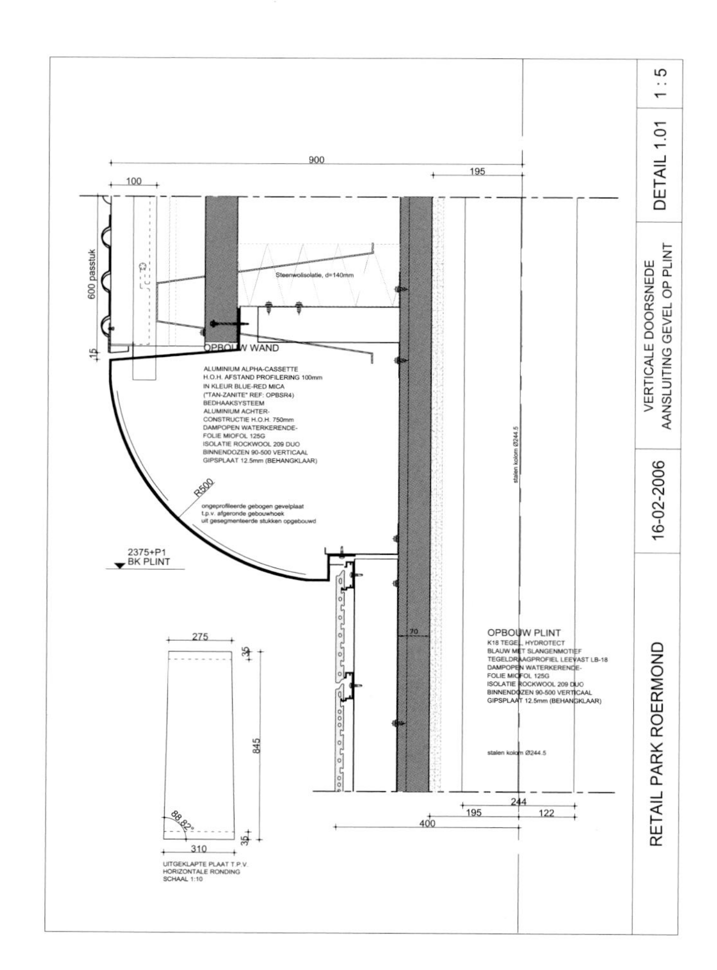

OPBOUW WAND
OPBOUW PLINT
2375+P1
BK PLINT
DETAIL 1.01
1 : 5
VERTICALE DOORSNEDE
AANSLUITING GEVEL OP PLINT
16-02-2006
RETAIL PARK ROERMOND

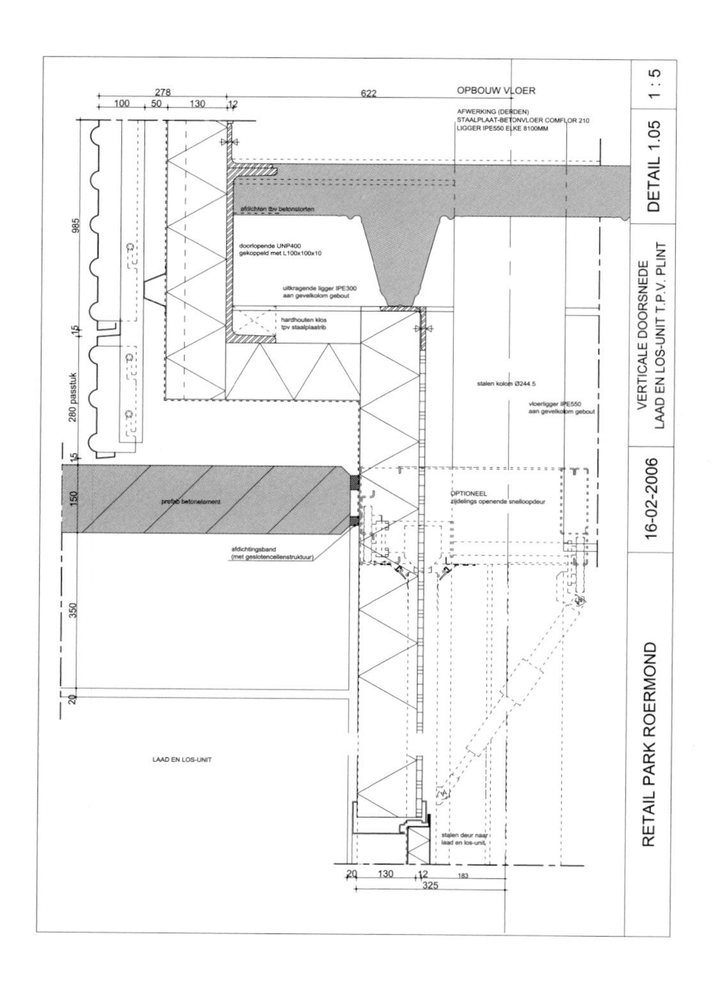

OPBOUW VLOER
DETAIL 1.05
1 : 5
VERTICALE DOORSNEDE
LAAD EN LOS-UNIT T.P.V. PLINT
16-02-2006
RETAIL PARK ROERMOND

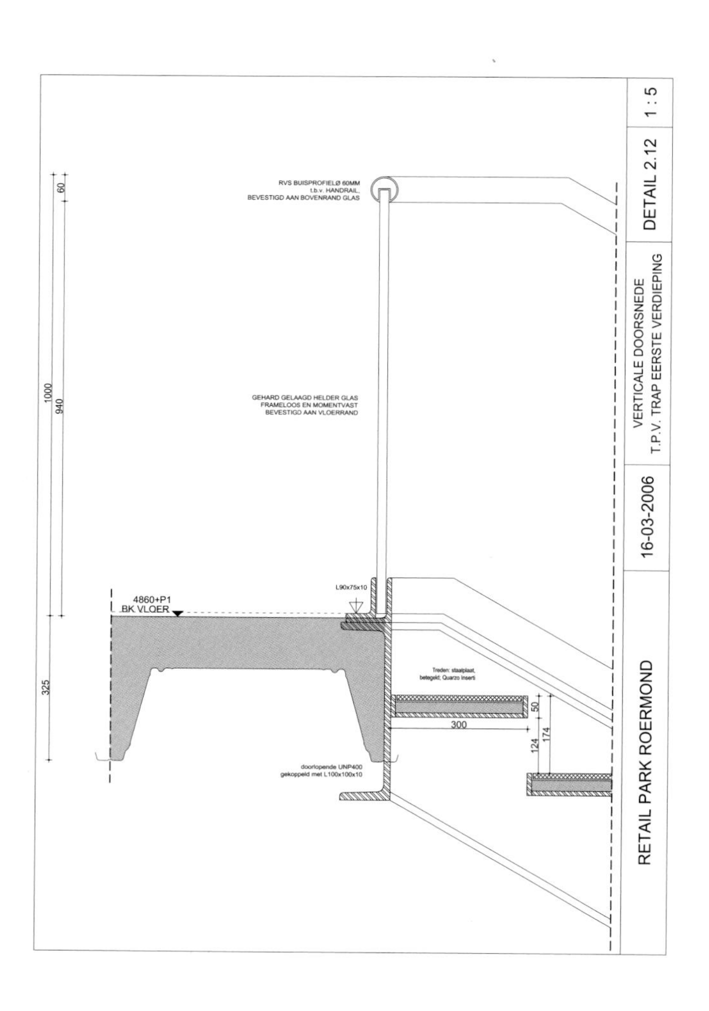

4860+P1
BK VLOER
DETAIL 2.12
1 : 5
VERTICALE DOORSNEDE
T.P.V. TRAP EERSTE VERDIEPING
16-03-2006
RETAIL PARK ROERMOND

xenos
INTERSPORT MEGASTORE
BLOKKER

RETAIL PARK
roermond

xenos
MediaMarkt
COMPUTER · FOTO · CD · TELECOM
INTERSPORT MEGAStore
BLOKKER
INTERSPORT

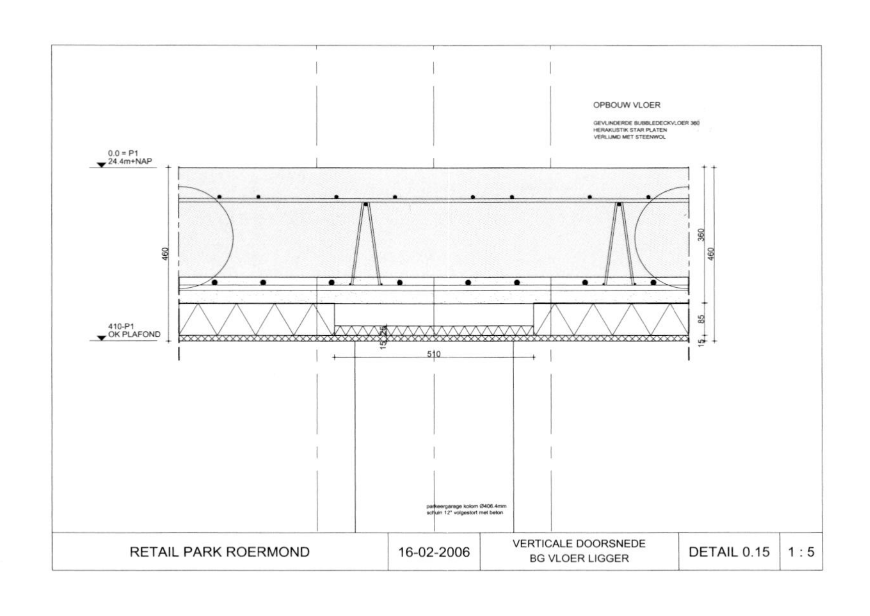
OPBOUW VLOER
GEVLINDERDE BUBBLEDECKVLOER 360
HERAKUSTIK STAR PLATEN
VERLIJMD MET STEENWOL
0.0 = P1
24.4m+NAP
410-P1
OK PLAFOND
460
360
460
85
15
510
RETAIL PARK ROERMOND
16-02-2006
VERTICALE DOORSNEDE
BG VLOER LIGGER
DETAIL 0.15
1 : 5

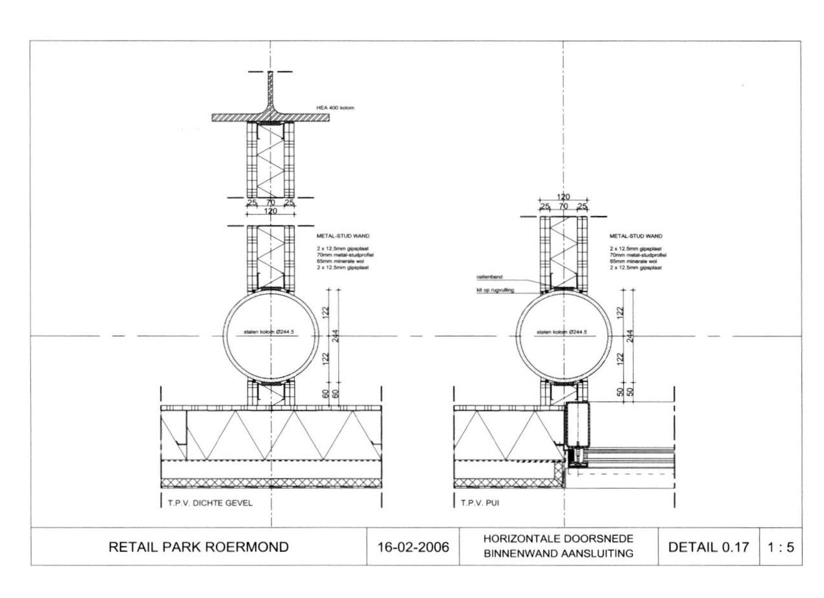
HEA 400 kolom
METAL-STUD WAND
2 x 12.5mm gipsplaat
70mm metal-studprofiel
65mm minerale wol
2 x 12.5mm gipsplaat
cellenband
kit op rugvulling
stalen kolom Ø244.5
T.P.V. DICHTE GEVEL
T.P.V. PUI
RETAIL PARK ROERMOND
16-02-2006
HORIZONTALE DOORSNEDE
BINNENWAND AANSLUITING
DETAIL 0.17
1 : 5

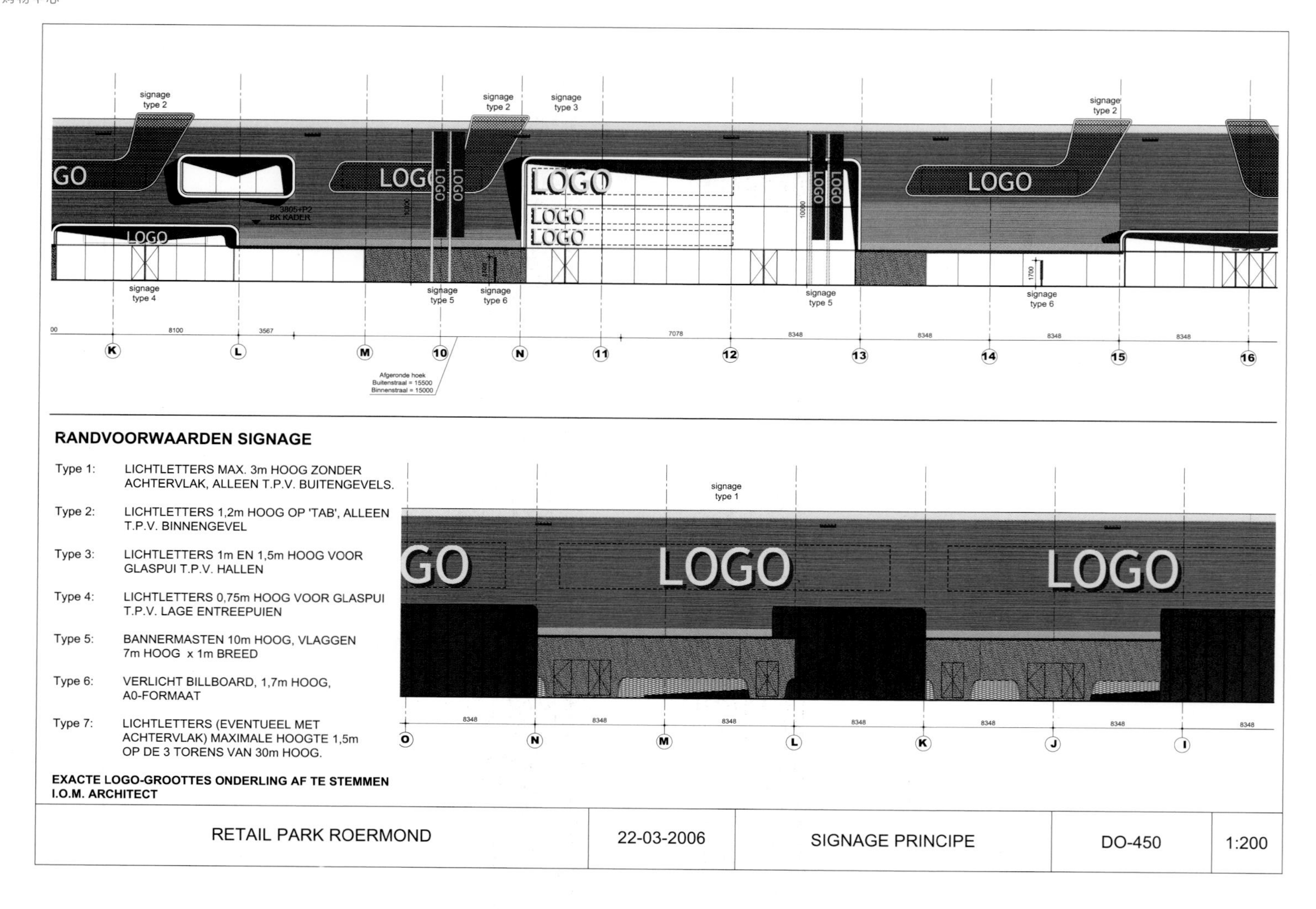

RANDVOORWAARDEN SIGNAGE
Type 1: LICHTLETTERS MAX. 3m HOOG ZONDER ACHTERVLAK, ALLEEN T.P.V. BUITENGEVELS.
Type 2: LICHTLETTERS 1,2m HOOG OP 'TAB', ALLEEN T.P.V. BINNENGEVEL
Type 3: LICHTLETTERS 1m EN 1,5m HOOG VOOR GLASPUI T.P.V. HALLEN
Type 4: LICHTLETTERS 0,75m HOOG VOOR GLASPUI T.P.V. LAGE ENTREEPUIEN
Type 5: BANNERMASTEN 10m HOOG, VLAGGEN 7m HOOG x 1m BREED
Type 6: VERLICHT BILLBOARD, 1,7m HOOG, A0-FORMAAT
Type 7: LICHTLETTERS (EVENTUEEL MET ACHTERVLAK) MAXIMALE HOOGTE 1,5m OP DE 3 TORENS VAN 30m HOOG.
EXACTE LOGO-GROOTTES ONDERLING AF TE STEMMEN I.O.M. ARCHITECT
RETAIL PARK ROERMOND
22-03-2006
SIGNAGE PRINCIPE
DO-450
1:200

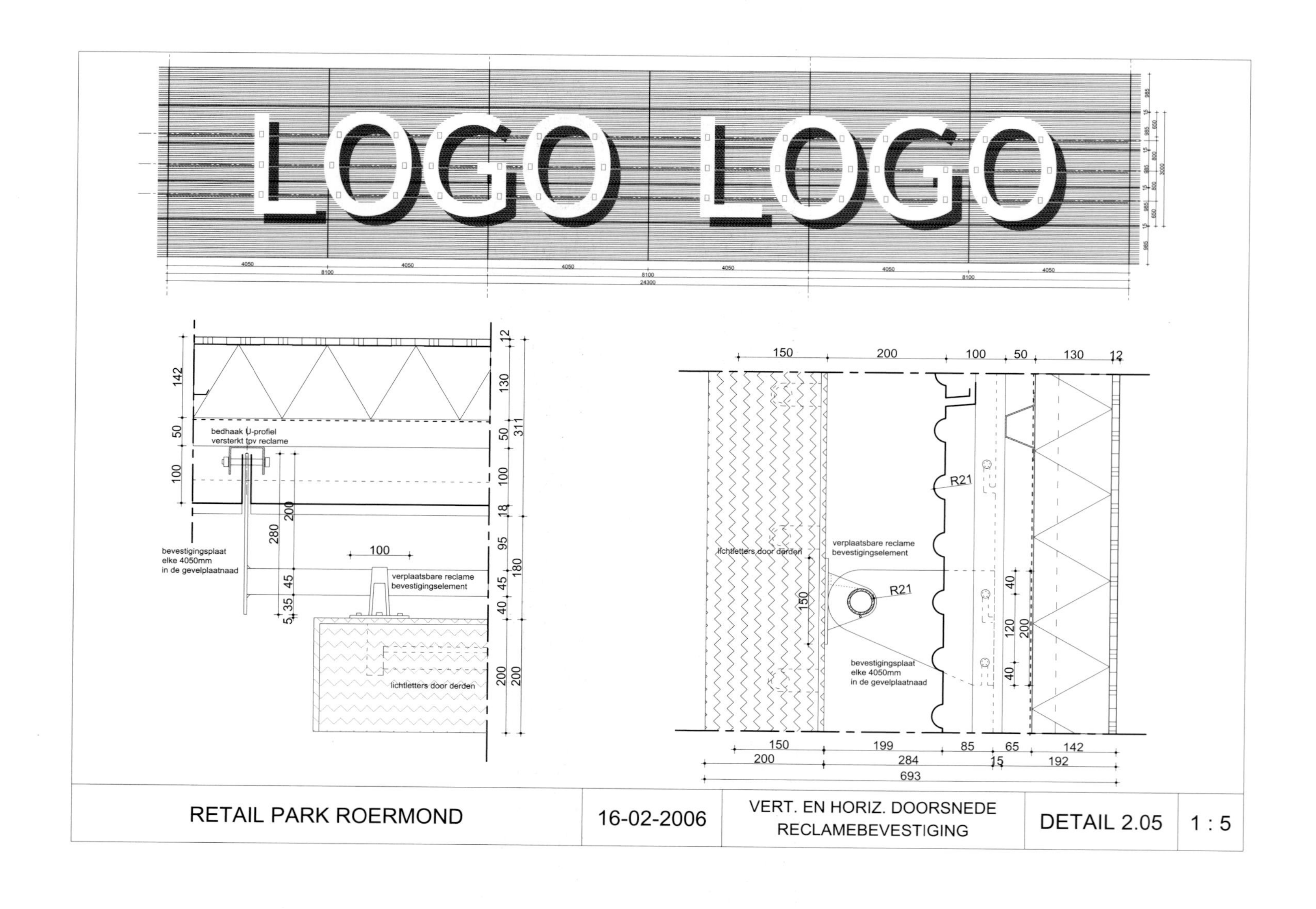

bedhaak U-profiel versterkt tpv reclame
bevestigingsplaat elke 4050mm in de gevelplaatnaad
verplaatsbare reclame bevestigingselement
lichtletters door derden
R21
RETAIL PARK ROERMOND
16-02-2006
VERT. EN HORIZ. DOORSNEDE RECLAMEBEVESTIGING
DETAIL 2.05
1 : 5

Albert Heijn
XL
trends
JYSK

LEEF
LEEF
LEEF

LEEF

TVL

E5 购物中心

İSTANBUL
SHOPPINGFEST
40 GÜN 40 GECE
HEM ALIŞVERİŞ HEM EĞLENCE
DeFacto
PELICAN
MALL
ALIŞVERİŞ VE YAŞAM MERKEZİ
DARTY
D
VALE

项目地点：土耳其伊斯坦布尔市
客　　户：KKG İnşaat - Gül Keleşoğlu Kameroğlu İnşaat A.Ş.
建筑设计：土耳其 Tabanlioglu 建筑师事务所
建筑面积：94 840 m²
摄　　影：Thomas Mayer

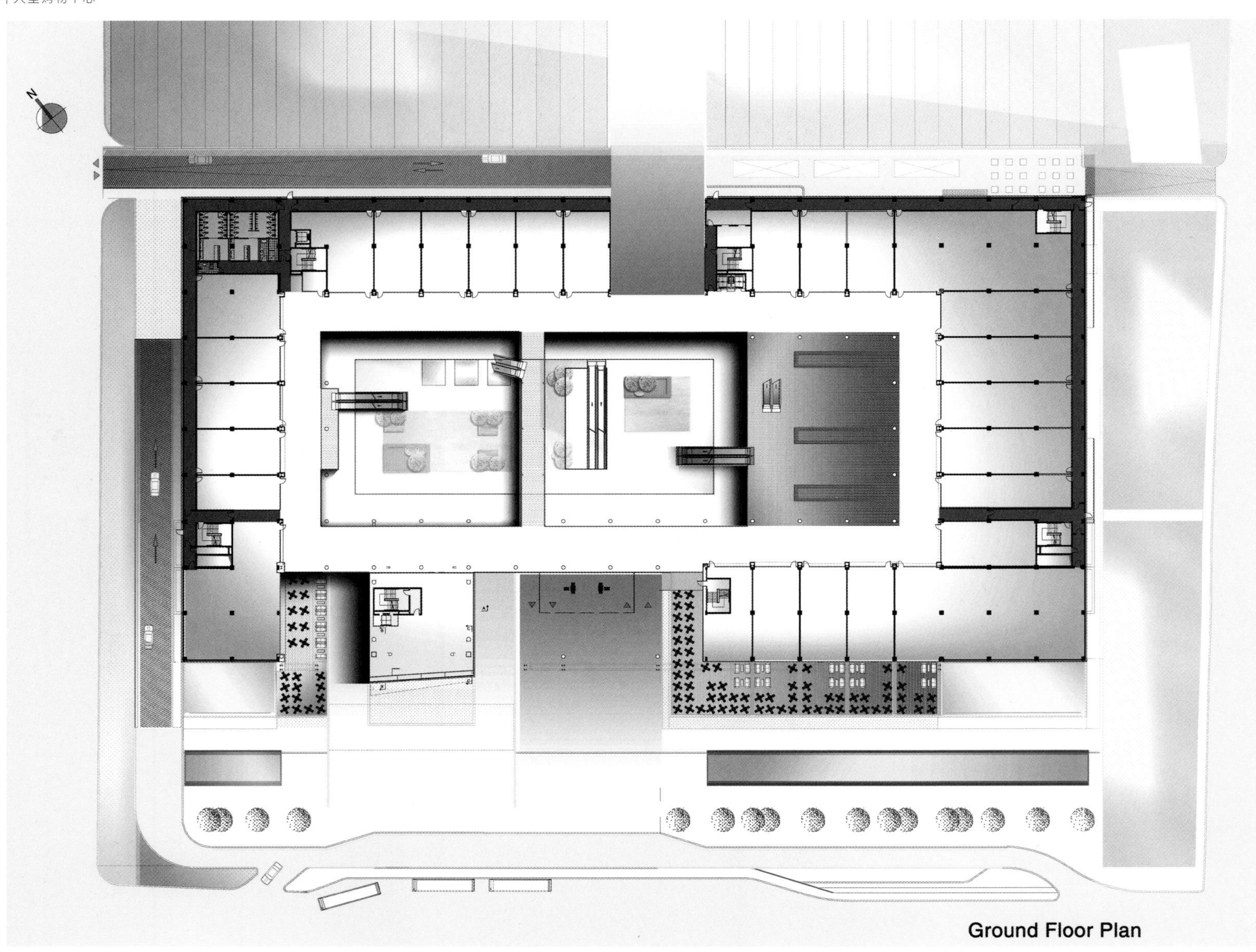

Ground Floor Plan

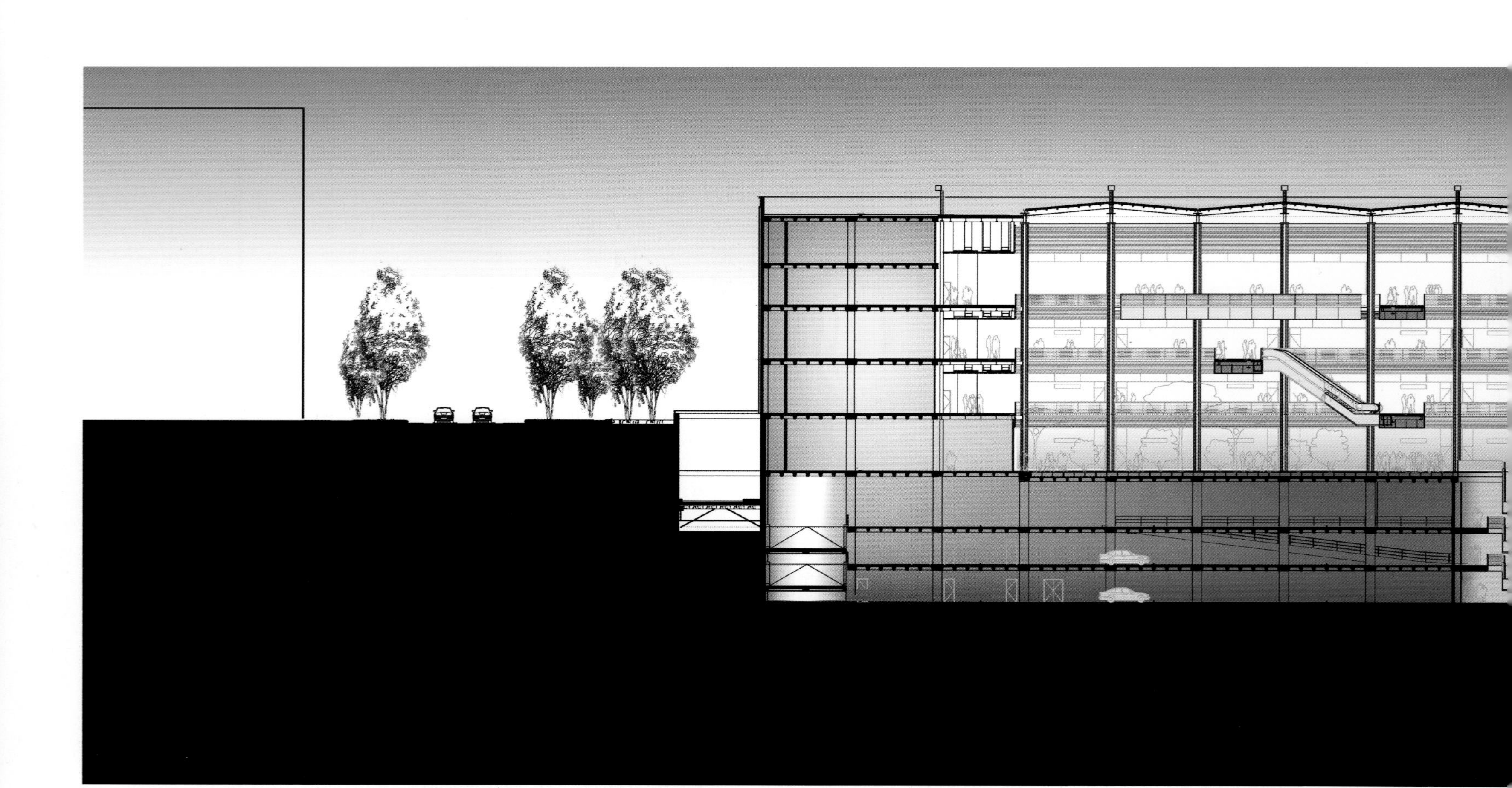

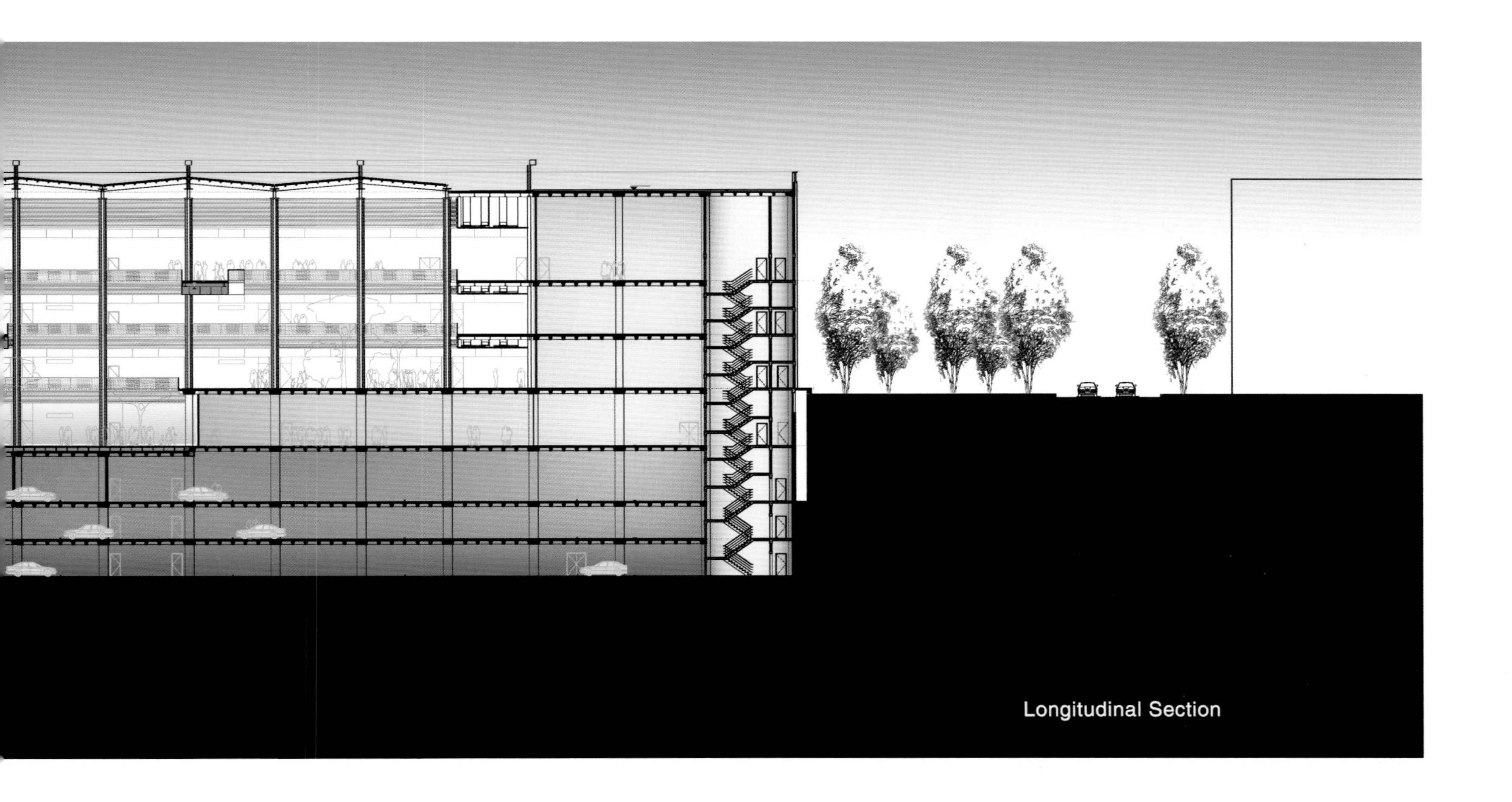

Longitudinal Section

E5 购物中心位于 Avcilar 的一个住宅区，这里地势平坦、视野开阔，主要人群为伊斯坦布尔的中产阶级，非常适合建购物中心和商业区。E5 购物中心是都市购物中心的进一步延伸和发展，它将内在整体与外部城市在视觉上和整体形象上良好地结合了起来。

E5 购物中心的设计理念为一个高雅的 U 形五层盒子，主要建筑材料为钢铁和玻璃。该建筑的形象是一个光滑的、面向高速公路的中央心房，外部的行人可以直接看到内部的商业活动。这样的设计颠覆了早期商业中心内向的设计理念。商业中心的上部还建有突出于主体的阳台式空间，里面设有咖啡馆和餐厅，人们在里面可以俯瞰城市的景观以及整个 E5 大街。

与以往人们频繁光顾的购物中心和已有的贸易区不同的是，E5 购物中心更像是一个独特的、紧凑的节日市场。这里不仅供应日常用品，溜冰场等娱乐设施还使这里成为一个新型的公共娱乐场所。E5 购物中心的独特之处还在于它符合社会各阶层的不同标准，尤其适合家庭成员集体出行。购物中心的内部也布置了多彩的景观，周围还设有多家咖啡馆和饭店，足以吸引全家人到此继续他们的快乐购物之旅。

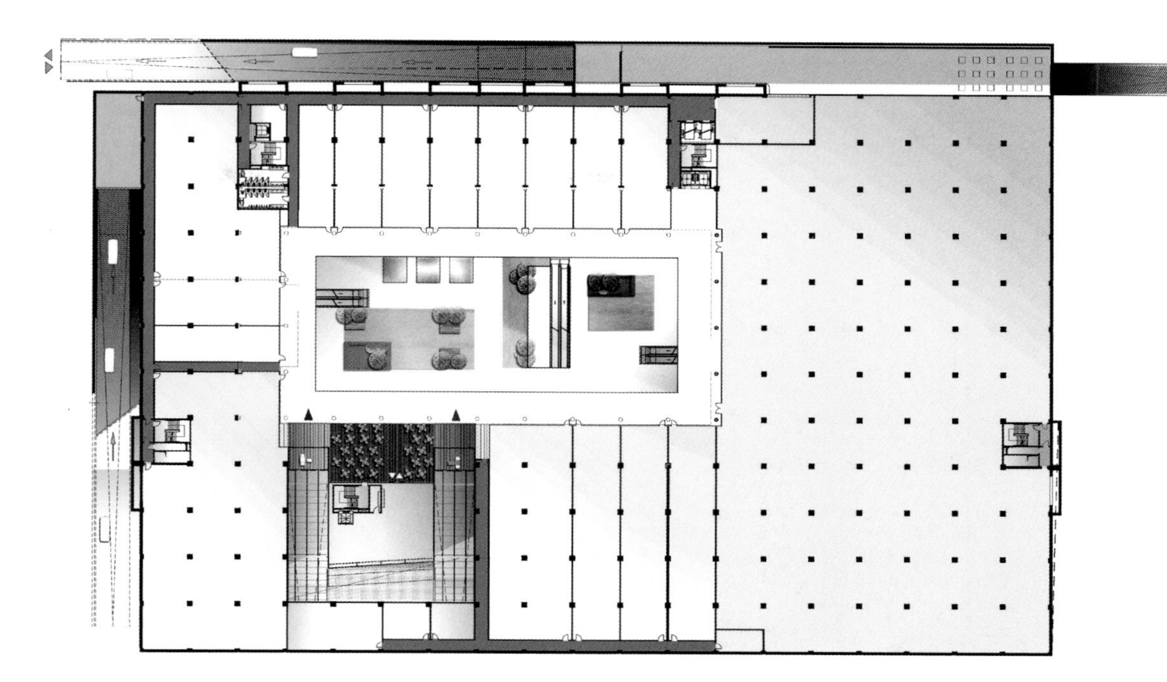

Lower Ground Floor Plan

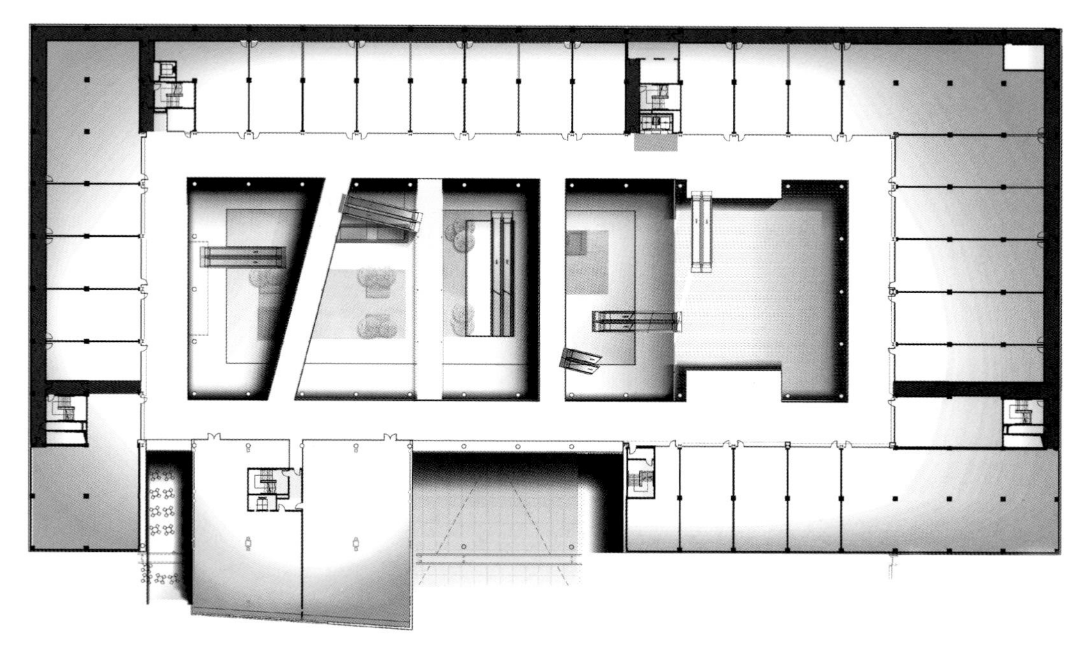

First Floor Plan

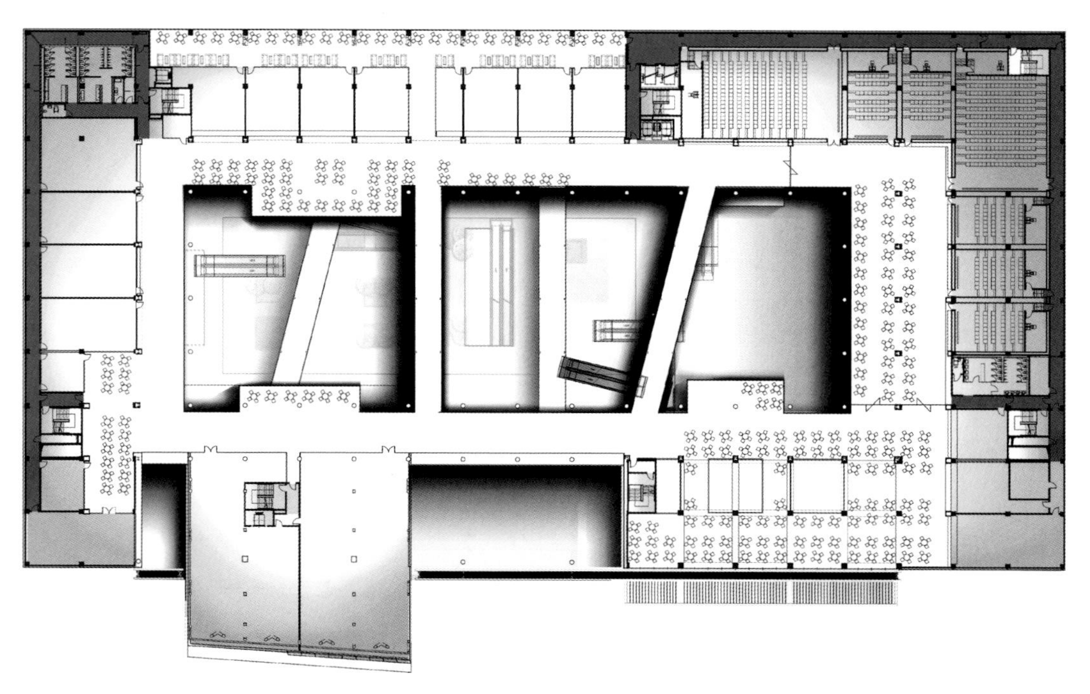

Second Floor Plan

DeFacto
DeFacto

KİTABEVİ
avea
PELICAN

M1 Meydan Merter 购物中心

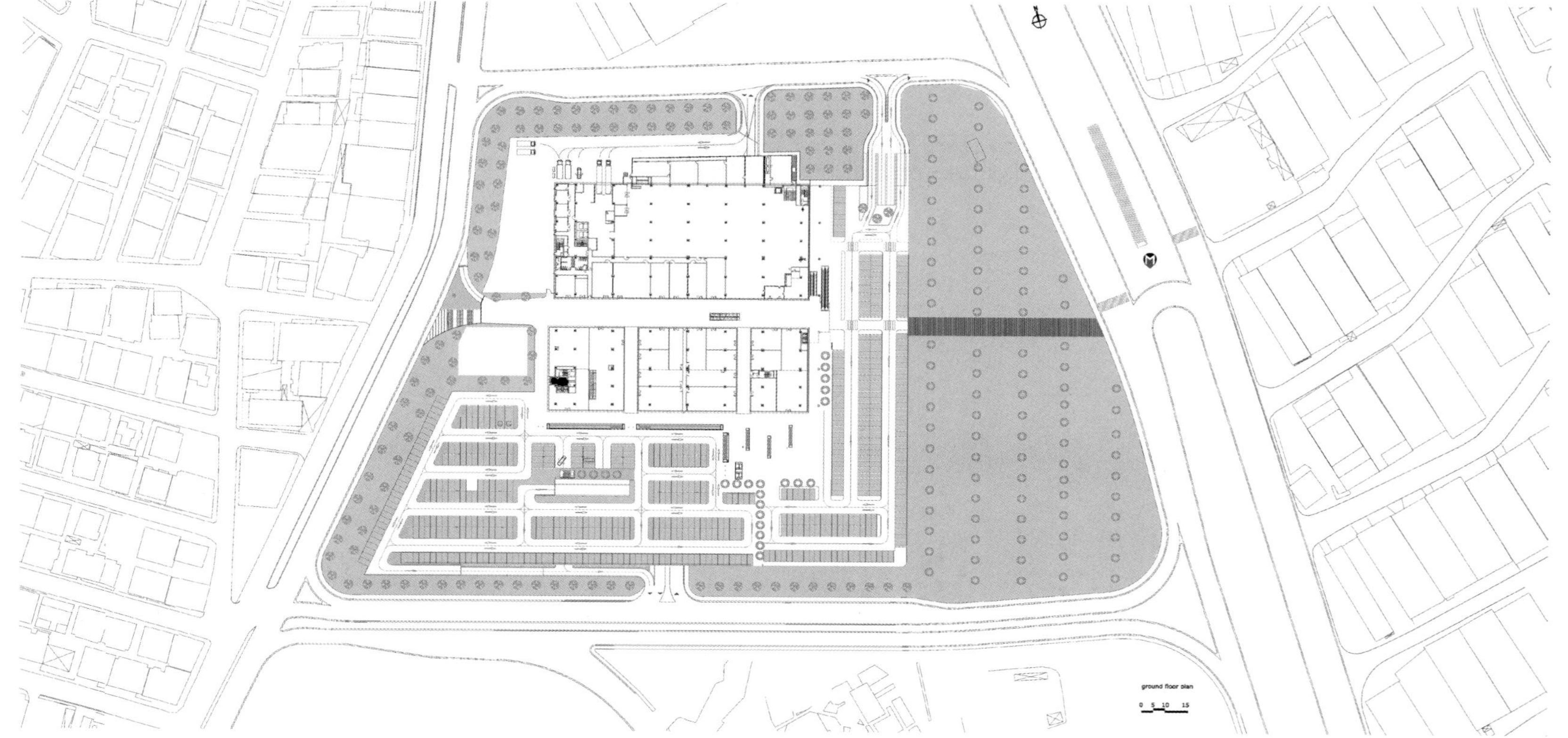

项目地点：伊斯坦布尔 Merter
开 发 商：麦德龙集团资产管理公司
建筑设计：Melkan Gürsel & Murat Tabanlıoğlu 建筑事务所
总占地面积：44 568 m²
总建筑面积：91 625 m²
摄 影 师：Cemal Emden

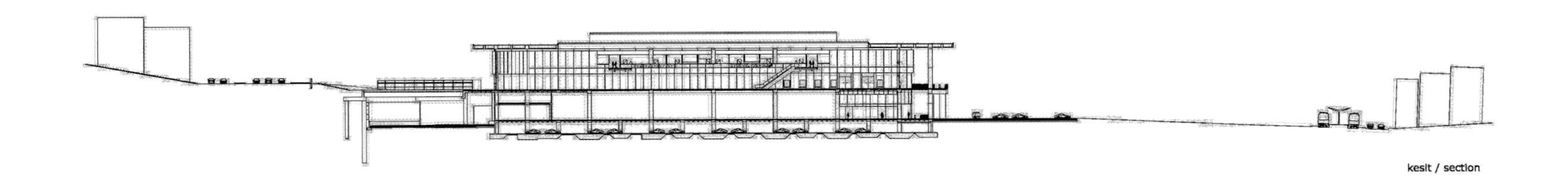

kesit / section

为了解决伊斯坦布尔 Merter 地区人口高度密集的问题，也为了能够容纳来自伊斯坦布尔各个不同地区的人，麦德龙购物中心包括了三个主要的连接空间：在地下楼层，即地下停车场上面一层，有一个大卖场作为市场用地；地面上两层楼，灵活地运用为商店层；一条通道使项目与周围建筑浑然一体。

购物区周围没有设高墙，但是两层的商店都有自己的分隔墙，金属屋顶覆盖其上，日光可以透过其透光的小洞进入里面。项目地块有一个明显的坡度，前方的地面低于后方地面大约 8m。地下市场入口位于地上层，在格林公园前面；而通向购物区的主入口则在地下市场层的上面，位于建筑的另一侧。

连接两个街道的一条通道设置在购物区一楼中间，沿着市场层上面的绿化带穿过一楼的购物大厅，人行道连接前端地铁站。地面上的购物区像是位于一楼的两个不相连的模块，两者仅通过这条通道连接。

Media 市场是主要的区域，由一个单独的地块镶嵌在两层楼的购物区中。不同购物功能的商店和谐分布，与周围环境融为一体。半封闭的建筑结构可以作为邻近建筑的延伸，而且面向人行道打开的结构会使路人有一种受到欢迎的感觉。

引人注目的悬空的天蓬，和不规则的透光的矩形开口使光线畅通无阻，露台两侧还向外延伸了 8m 宽。美食区集中在二楼露台一角，可以观赏到公园美景。咖啡馆和座位区位于二楼，通道的正上方。开放的地下停车场可以容纳大约 1400 辆车。

LC Waikiki

sampi
meydan
Kiğılı

Pek yakında
herşey Mey

Pek yakında aradığınız
herşey Meydan'da!
Pek yakında aradığınız
herşey Meydan'da!
KEMAL TANCA

那不勒斯购物中心

项目地点：意大利那不勒斯
建筑设计：法国 Silvio d'Ascia 建筑师事务所
合作设计：TECNOSISTEM SpA (P.M. et D.L. Ing. Marco Damonte)
摄　　影：Barbara Jodice

该购物中心是那不勒斯邮局改造项目的一部分，靠近 Arenaccia 住宅区。它位于那不勒斯中央火车站的北部，车站与机场之间。它的出现满足了城市住宅区对休闲设施、商店和城市生活再度认同的需求。

那不勒斯购物中心不是一个与外界鲜有互动的“密封盒”，而是一个与周边环境积极互动的媒体建筑，坐落在面积近 19 000 m^2 的广场中心。

购物中心包括地上三层和地下两层，为不同的人群打造不同的商业空间。

项目靠近 Arenaccia 大道的部分采用了大胆的建筑造型：一个中型的接待厅设置在地面层，商业、文化及媒体混合空间设置在二楼，从街上望去，透过横向玻璃，内部场景一目了然。地下层是停车区域，其 30% 作为商用，70% 留给当地住户。

项目设计对周边环境产生的影响与外墙覆盖材料的选用密切相关。购物中心的外墙采用了一个极其简单的深色金属的模块系统，光洁的黑色面板体现城市环境，广告信息屏与黑色镶板形成鲜明对比，明显突出了媒体建筑的形象。

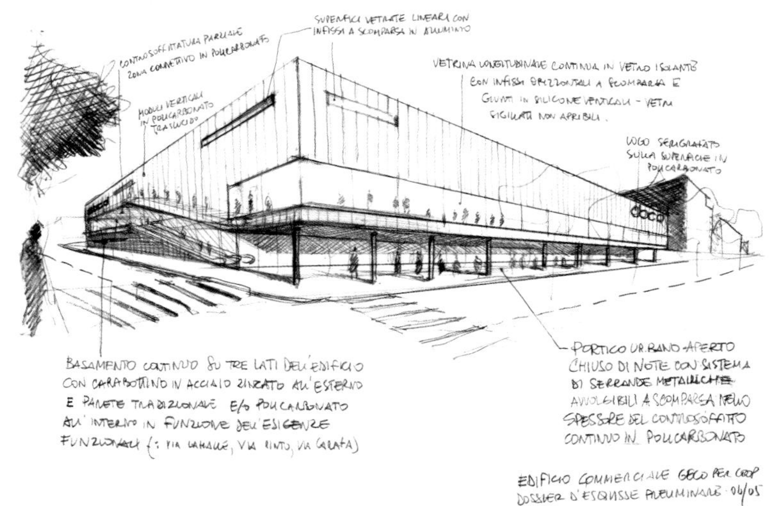

SATURN
coop
SATURN
Vesuvio

ABCD

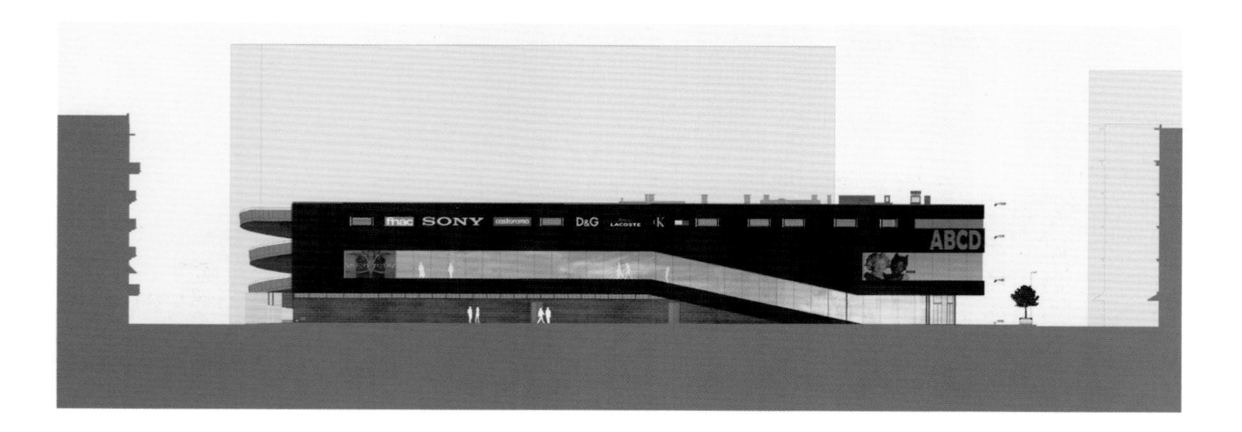
fnac
SONY
D&G
LACOSTE
ABCD

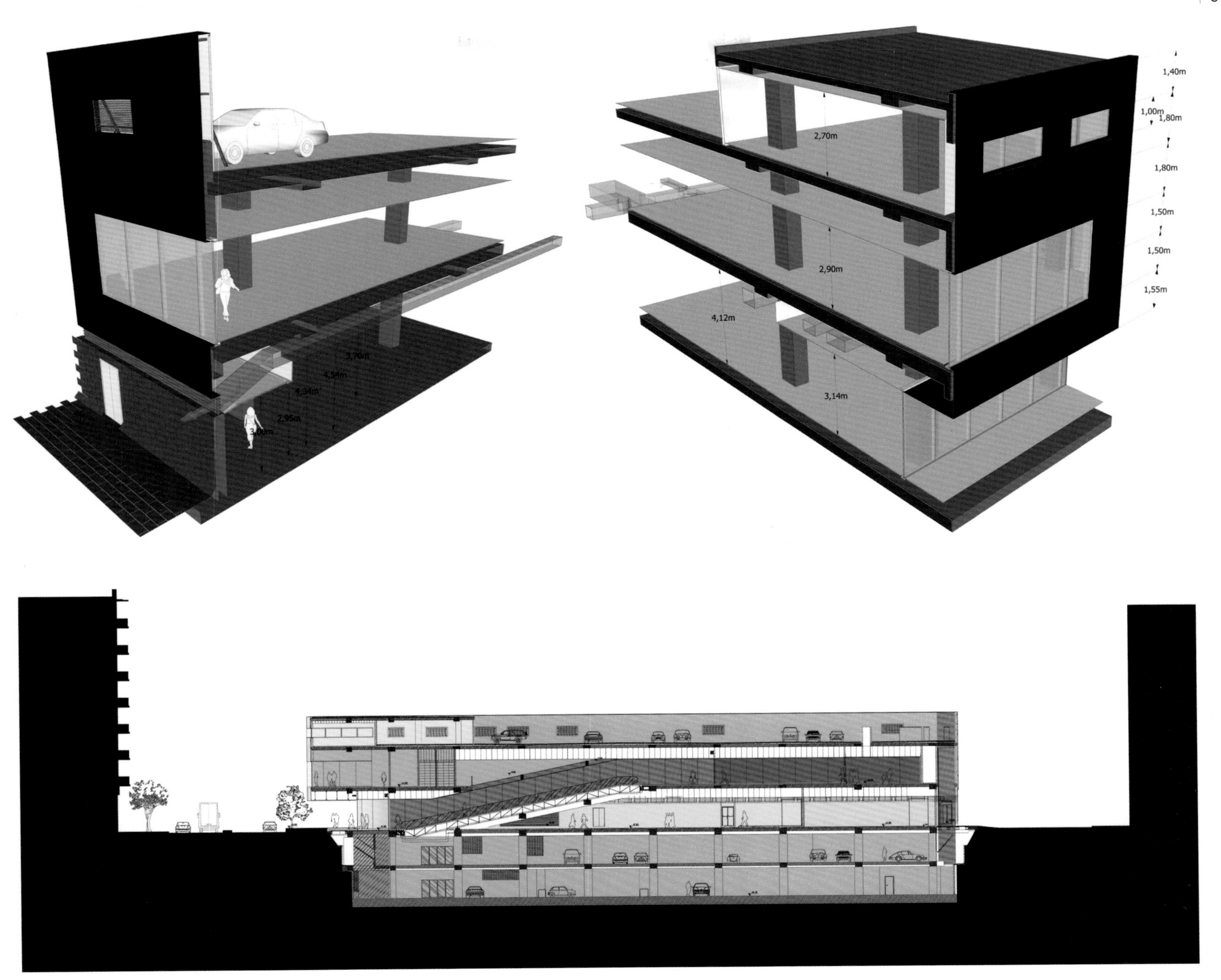
1,40m
1,00m
1,80m
1,80m
1,50m
1,50m
1,55m
2,70m
2,90m
4,12m
3,14m
3,70m
4,54m
4,34m
2,95m

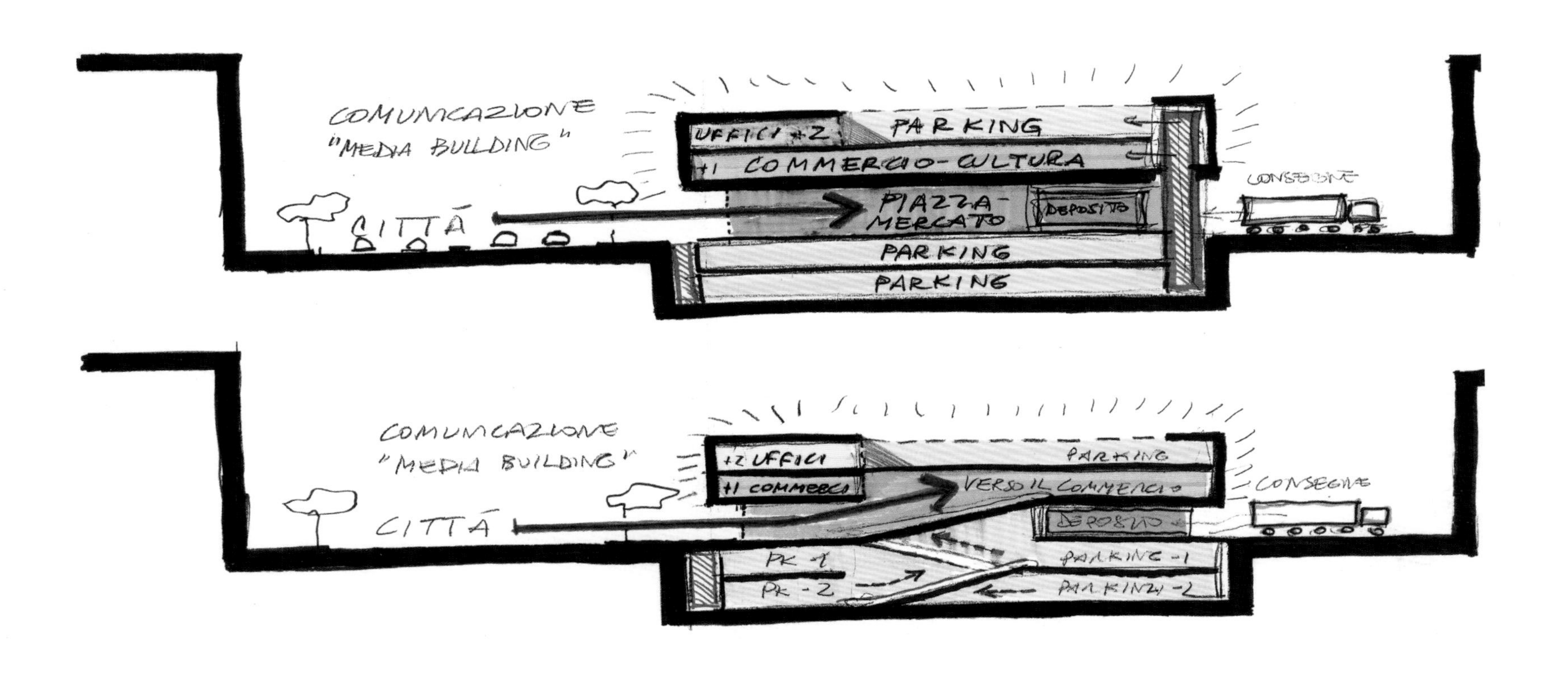
COMUNICAZIONE
"MEDIA BUILDING"
UFFICI +2
PARKING
+1 COMMERCIO-CULTURA
CITTÁ
PIAZZA-MERCATO
DEPOSITO
CONSEGNE
PARKING
PARKING
COMUNICAZIONE
"MEDIA BUILDING"
+2 UFFICI
PARKING
+1 COMMERCI
VERSO IL COMMERCIO
CITTÁ
DEPOSITO
CONSEGNE
PK -1
PK -2
PARKING -1
PARKING -2

SATURN

ABCD
ABCD

ABCD

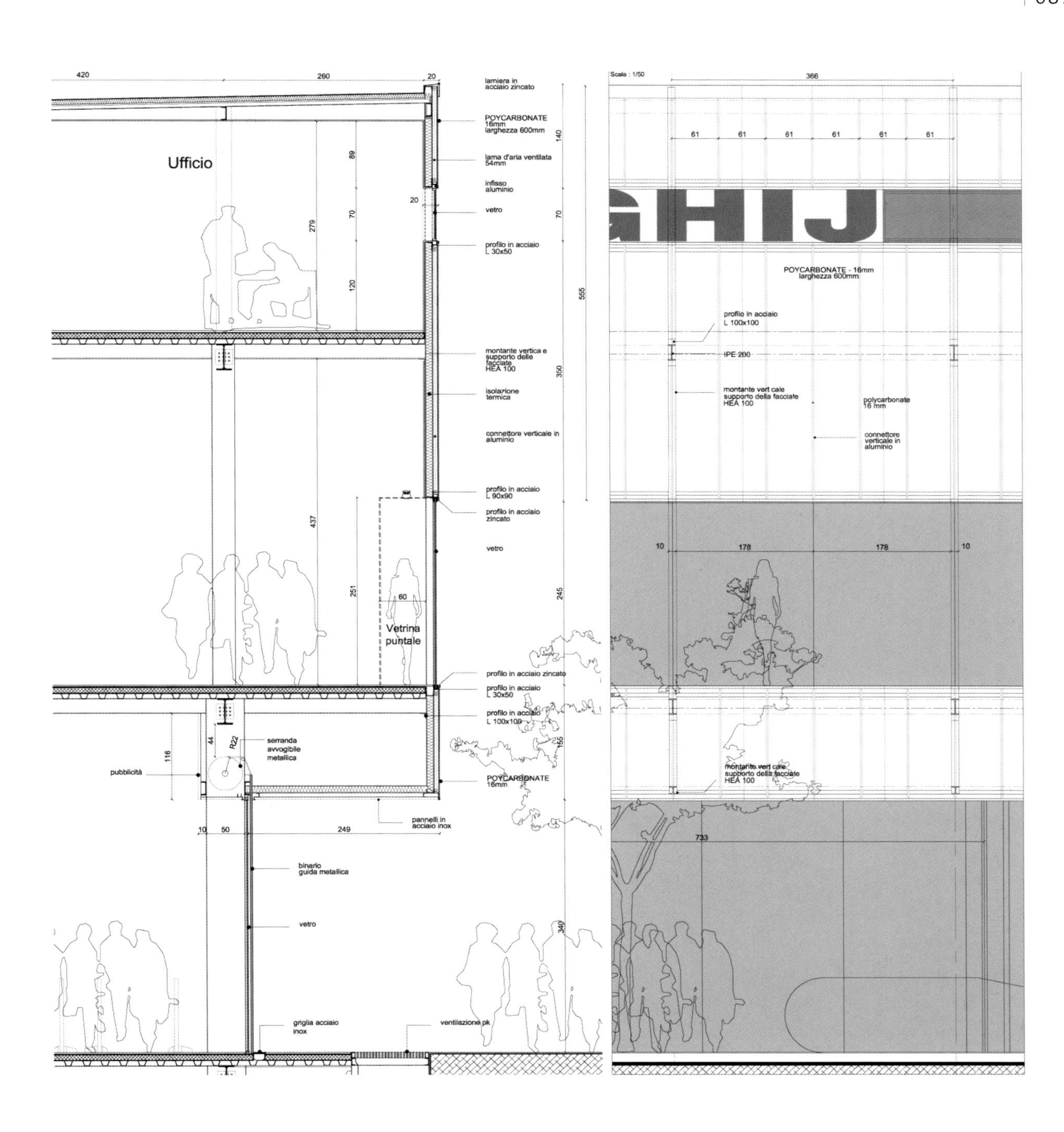
Ufficio
Vetrina puntale
lamiera in acciaio zincato
POYCARBONATE 16mm larghezza 600mm
lama d'aria ventilata 54mm
infisso aluminio
vetro
profilo in acciaio L 30x50
montante verticale e supporto delle facciate HEA 100
isolazione termica
connettore verticale in aluminio
profilo in acciaio L 90x90
profilo in acciaio zincato
profilo in acciaio zincato
serranda avvolgibile metallica
pubblicità
pannelli in acciaio inox
binario guida metallica
griglia acciaio inox
ventilazione pk
Scala : 1/50
POYCARBONATE - 16mm larghezza 600mm
profilo in acciaio L 100x100
IPE 200
polycarbonate 16 mm
connettore verticale in aluminio

VIA LAHALLE
TOMMY HILFIGER
ABCD

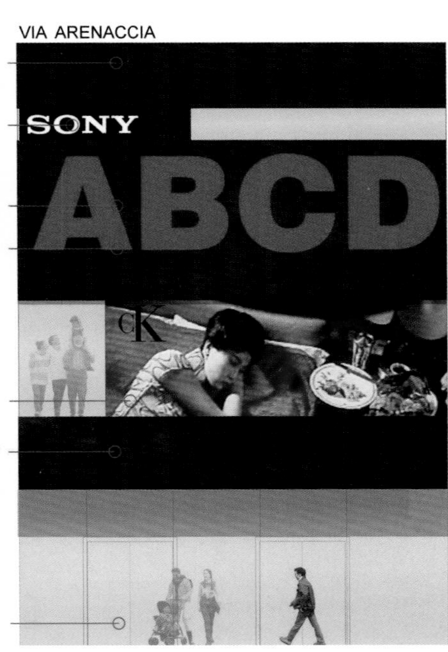
VIA ARENACCIA
SONY
ABCD

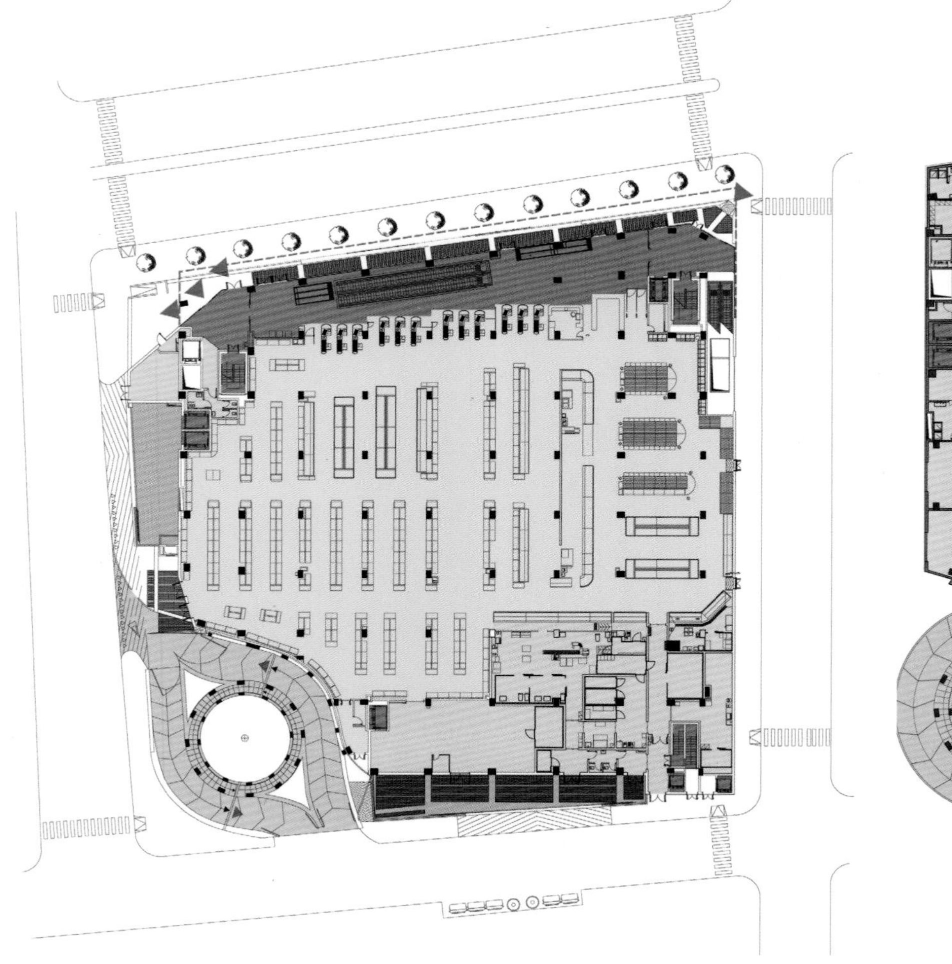

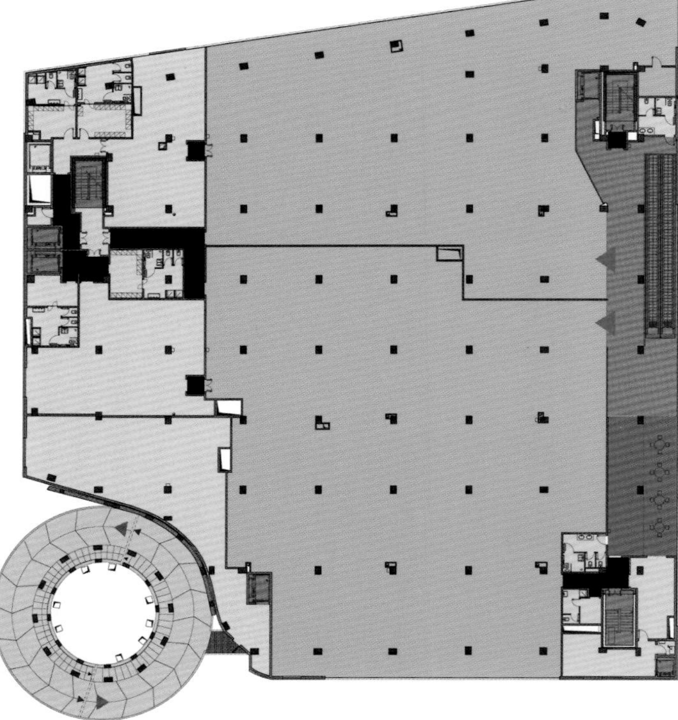

SATURN
coop
SATURN
coop

SATURN
coop
SATURN

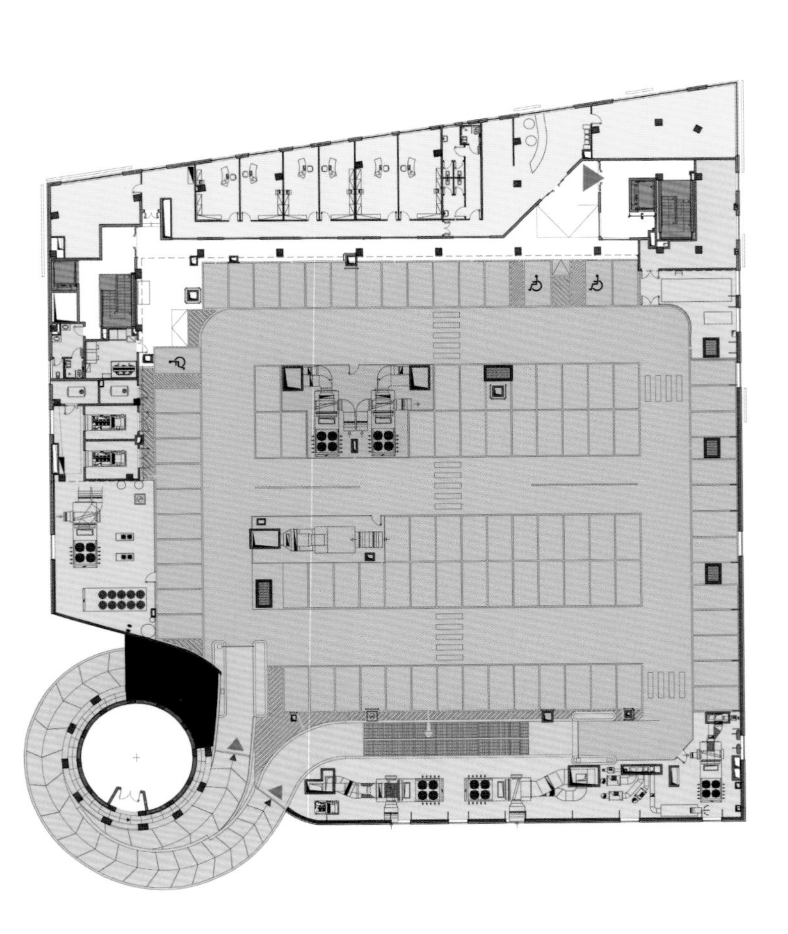

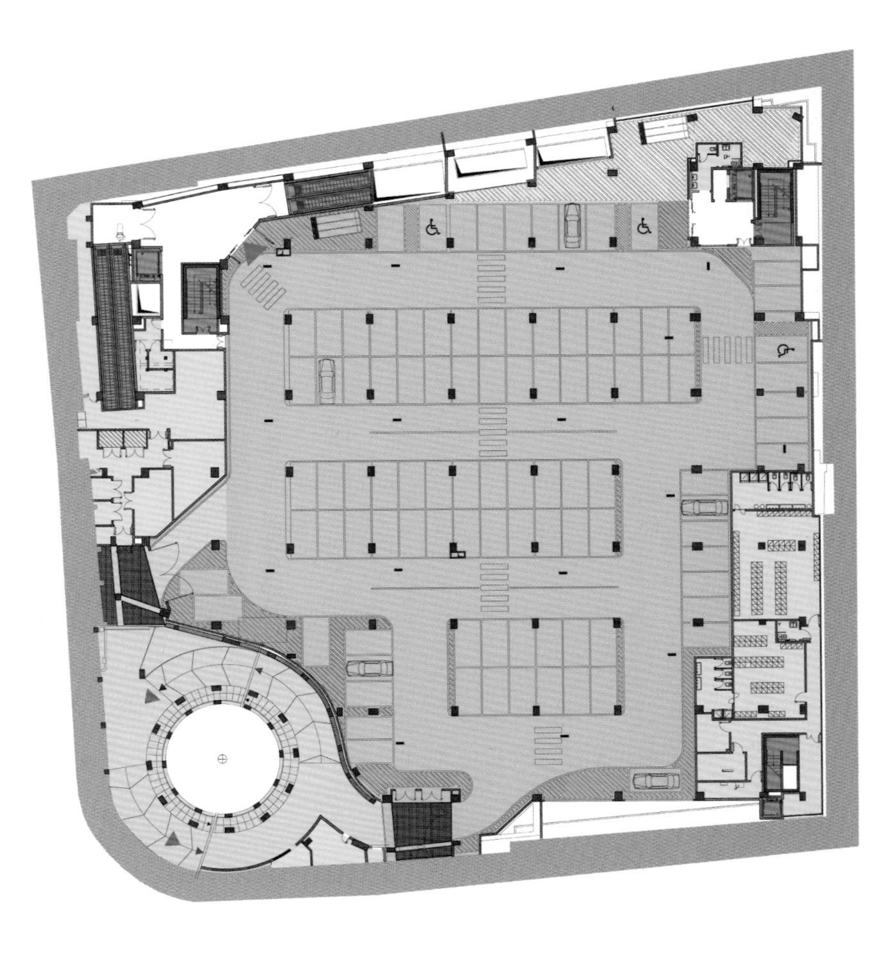

SATURN

SATU

SATURN

SATURN
SATURN

大邱彩色广场购物中心

项目地点：韩国大邱市
开 发 商：彩色广场
建筑设计：捷得建筑事务所公司
占地面积：50 000 m²
总建筑面积：45 000 m²
绘　　图：Myu-Rae-Pic

该项目的出发点是将一个开发不善的靠近大邱世界杯场馆的停车场进行翻修改造。捷得的设计方案受到当地纺织业的启发，是一个独具标志性的综合很多不同马赛克表皮的有机形式。大邱世界杯场馆是世界和谐、国际团结的一个象征，而捷得的设计方案也深受其影响，表皮的马赛克效果表现出世界不同文化的交织与融合，以及对于这个集娱乐、展示、饮食和体育运动功能于一体的新天地和中心枢纽的包容。

为了进一步满足当地人们的需求，大邱彩色广场购物中心被规划为自给自足模式，集环境、文化和艺术功能为一体的社区。生活花园、屋顶公园、水景和景观美化始终点缀贯穿在室内以及户外空间，将这个区域打造成一个都市绿岛。

大邱彩色广场购物中心不仅仅是一个体育景观，它的连接性和社区性促进了它的活跃性，通过公共走廊的设计构造，能够将世界杯场馆的观众引导到附属的场馆和日后的棒球场。整个项目拥有 50 000 m² 的娱乐零售中心，与大邱世界杯场馆相连，使公众有更多的机会能够进入这个国际体育场馆。

体育场馆独具标志性的曲线外墙，代表世界各地人们聚集在一起；受此启发，项目建筑的外墙由许多独特富有色彩的马赛克组成，象征着世界各种不同文化。这个独特的马赛克外墙设计也同样受到当地的纺织行业和五颜六色的布料拼接的影响。

这个前身为体育馆停车场的新建筑群整体呈现一个大螺旋的形状，地下两层是零售和娱乐区。一系列景

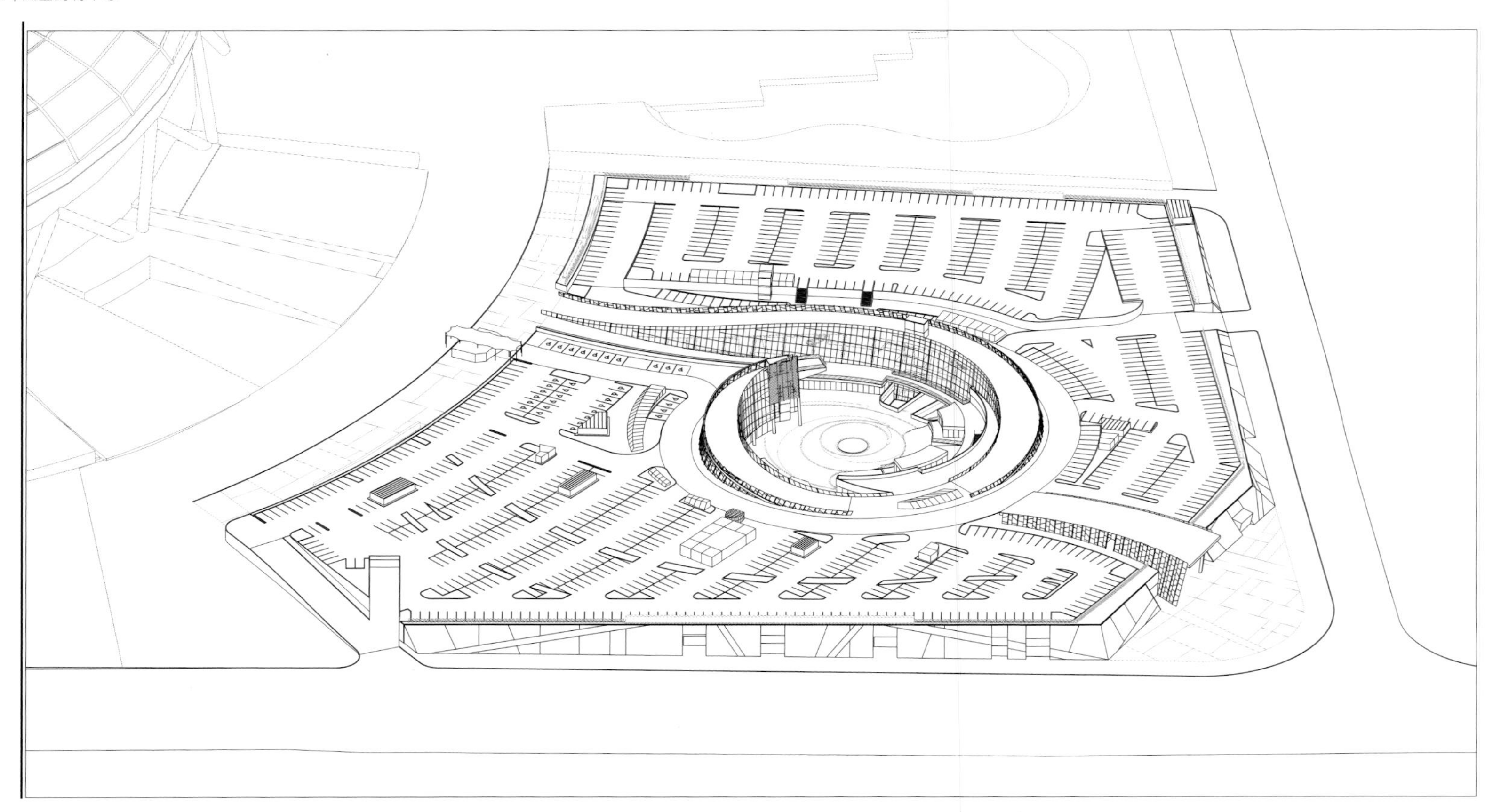

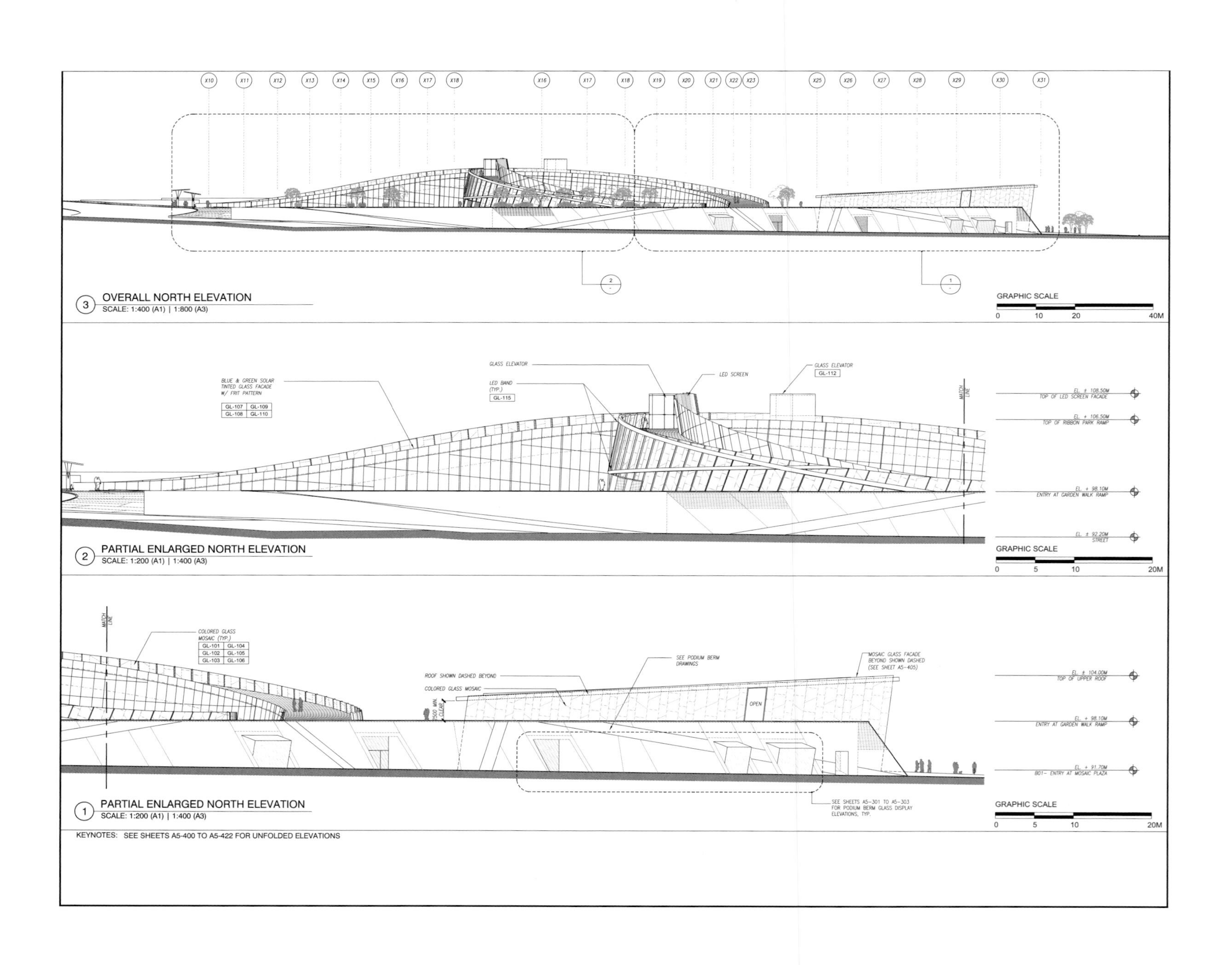
X10 X11 X12 X13 X14 X15 X16 X17 X18 X16 X17 X18 X19 X20 X21 X22 X23 X25 X26 X27 X28 X29 X30 X31
3 OVERALL NORTH ELEVATION
SCALE: 1:400 (A1) | 1:800 (A3)
GRAPHIC SCALE
0 10 20 40M
BLUE & GREEN SOLAR TINTED GLASS FACADE W/ FRIT PATTERN
GL-107 GL-109
GL-108 GL-110
GLASS ELEVATOR
LED BAND (TYP.)
GL-115
LED SCREEN
GLASS ELEVATOR
GL-112
EL + 108.50M TOP OF LED SCREEN FACADE
EL + 106.50M TOP OF RIBBON PARK RAMP
EL + 98.10M ENTRY AT GARDEN WALK RAMP
EL + 92.20M STREET
2 PARTIAL ENLARGED NORTH ELEVATION
SCALE: 1:200 (A1) | 1:400 (A3)
GRAPHIC SCALE
0 5 10 20M
COLORED GLASS MOSAIC (TYP.)
GL-101 GL-104
GL-102 GL-105
GL-103 GL-106
SEE PODIUM BERM DRAWINGS
MOSAIC GLASS FACADE BEYOND SHOWN DASHED (SEE SHEET A5-405)
ROOF SHOWN DASHED BEYOND
COLORED GLASS MOSAIC
OPEN
EL + 104.00M TOP OF UPPER ROOF
EL + 98.10M ENTRY AT GARDEN WALK RAMP
EL + 91.70M B01- ENTRY AT MOSAIC PLAZA
SEE SHEETS A5-301 TO A5-303 FOR PODIUM BERM GLASS DISPLAY ELEVATIONS, TYP.
1 PARTIAL ENLARGED NORTH ELEVATION
SCALE: 1:200 (A1) | 1:400 (A3)
GRAPHIC SCALE
0 5 10 20M
KEYNOTES: SEE SHEETS A5-400 TO A5-422 FOR UNFOLDED ELEVATIONS

观别致的步行街和高架公园带出了一条从内部到外部的连贯路线，将娱乐和零售区与周边的体育建筑群连接在一起，当然也包括第二座场馆和日后建立的棒球场。

零售娱乐区的中心是水上花园，它是一个位于地平线以下的户外水景庭院，为举办社区活动提供了一个新的场所。按区域划分，在水上花园的周围分布着商店、餐馆、娱乐场所，放射状分布的小道和玻璃幕墙引进了自然的光线，也让处于地下区不同位置的人们都能欣赏到花园的美景。备受瞩目的是娱乐区，内设有灵活的1400座的音乐厅和活动场地，还有 6 个电影院。

围绕着这个项目同时展开的，还有对自然追求的全面推行尝试，即提高项目有机的景观质量，又为游客创造了一片绿洲。这个中心的可持续发展特点包括应用灰色水灌溉植被，地热供暖降温，还有景观美化材料的回收再用。

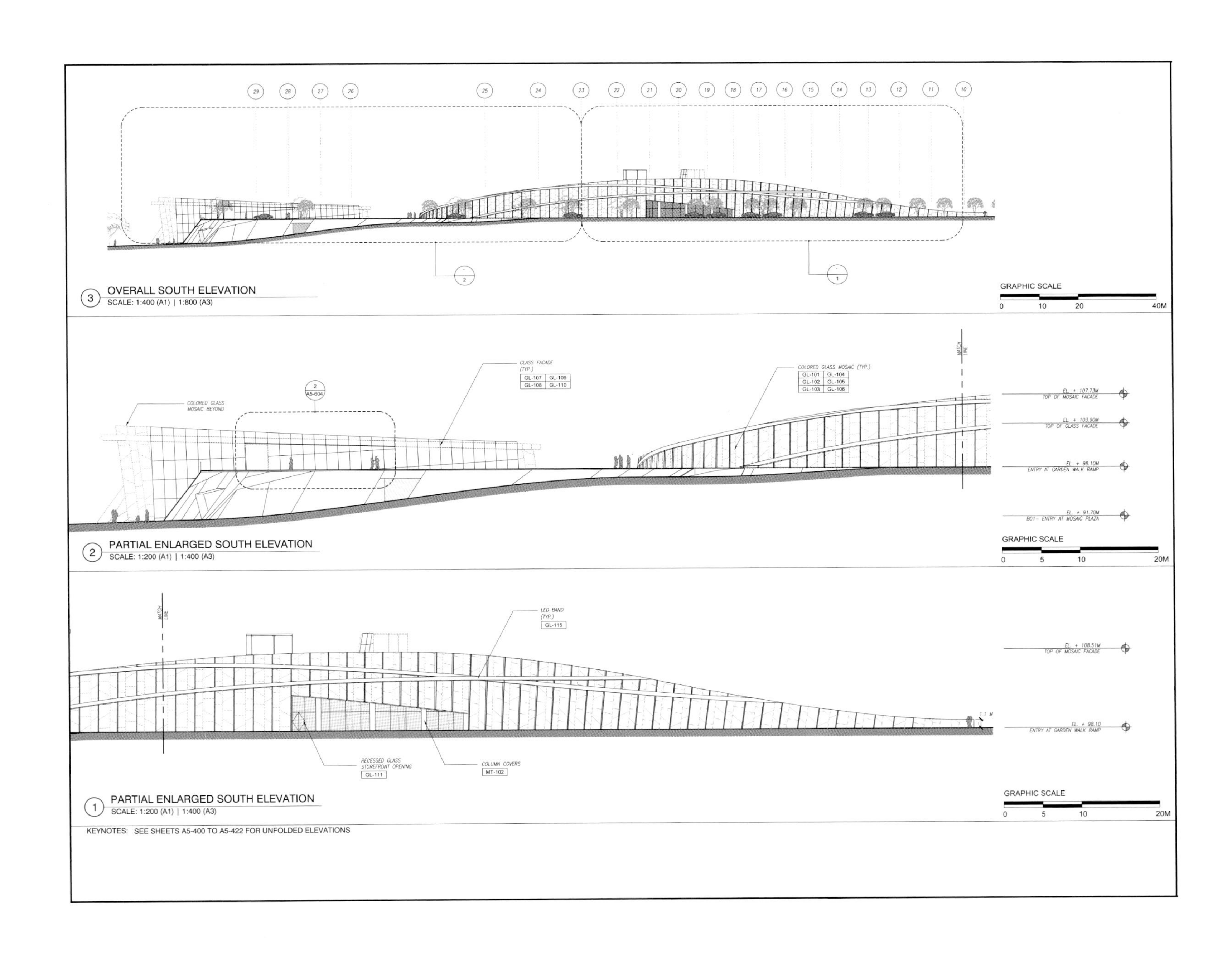

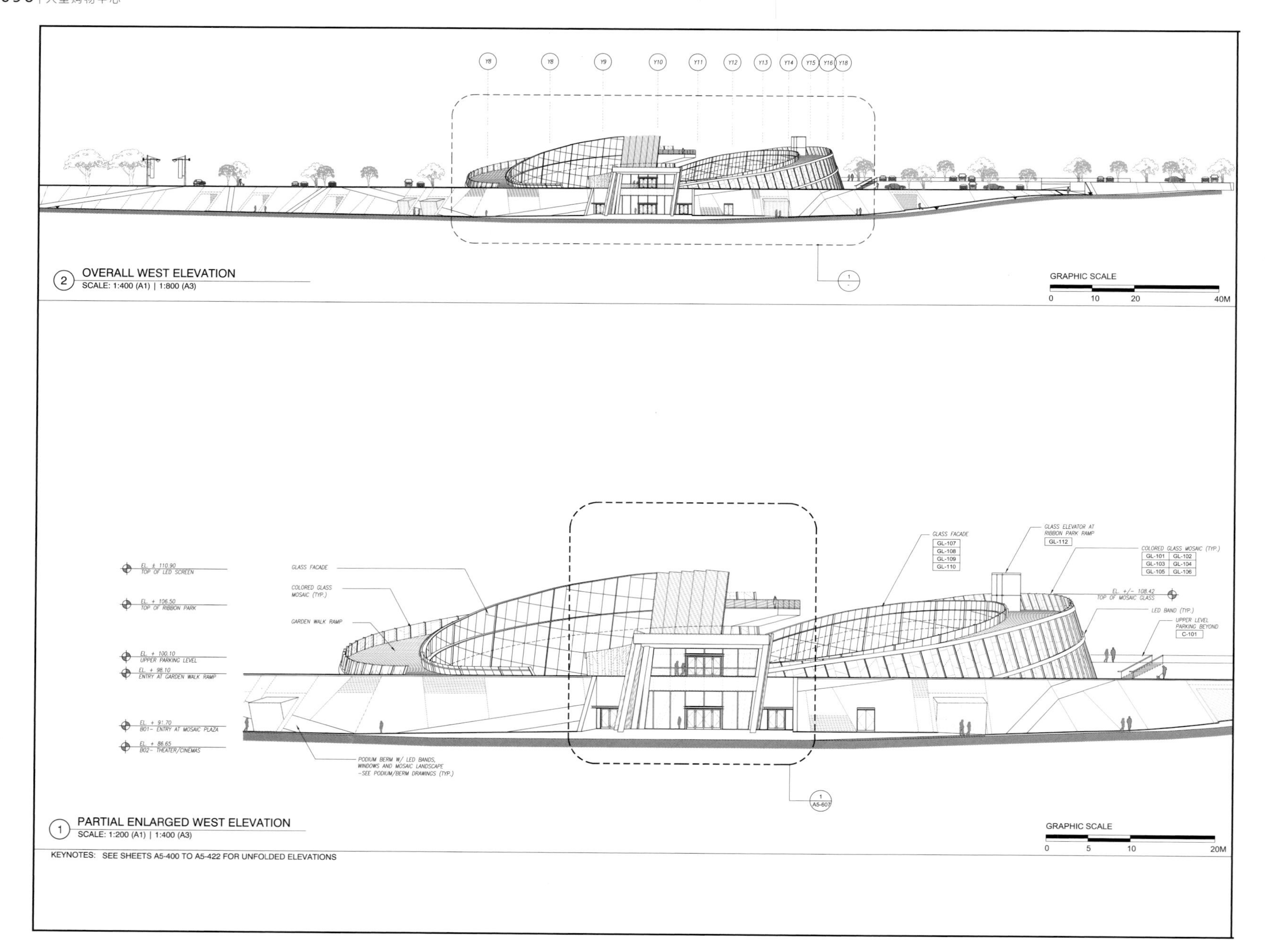
Y8
Y8
Y9
Y10
Y11
Y12
Y13
Y14
Y15
Y16
Y18
2 OVERALL WEST ELEVATION
SCALE: 1:400 (A1) | 1:800 (A3)
GRAPHIC SCALE
0 10 20 40M
EL. ± 110.90
TOP OF LED SCREEN
EL. + 106.50
TOP OF RIBBON PARK
EL. + 100.10
UPPER PARKING LEVEL
EL. + 98.10
ENTRY AT GARDEN WALK RAMP
EL. + 91.70
B01- ENTRY AT MOSAIC PLAZA
EL. + 86.65
B02- THEATER/CINEMAS
GLASS FACADE
COLORED GLASS MOSAIC (TYP.)
GARDEN WALK RAMP
PODIUM BERM W/ LED BANDS, WINDOWS AND MOSAIC LANDSCAPE -SEE PODIUM/BERM DRAWINGS (TYP.)
GLASS FACADE
GL-107
GL-108
GL-109
GL-110
GLASS ELEVATOR AT RIBBON PARK RAMP
GL-112
COLORED GLASS MOSAIC (TYP.)
GL-101 GL-102
GL-103 GL-104
GL-105 GL-106
EL. +/- 108.42
TOP OF MOSAIC GLASS
LED BAND (TYP.)
UPPER LEVEL PARKING BEYOND
C-101
1
A5-607
1 PARTIAL ENLARGED WEST ELEVATION
SCALE: 1:200 (A1) | 1:400 (A3)
GRAPHIC SCALE
0 5 10 20M
KEYNOTES: SEE SHEETS A5-400 TO A5-422 FOR UNFOLDED ELEVATIONS

COLOR SQUARE
LOTTERIA

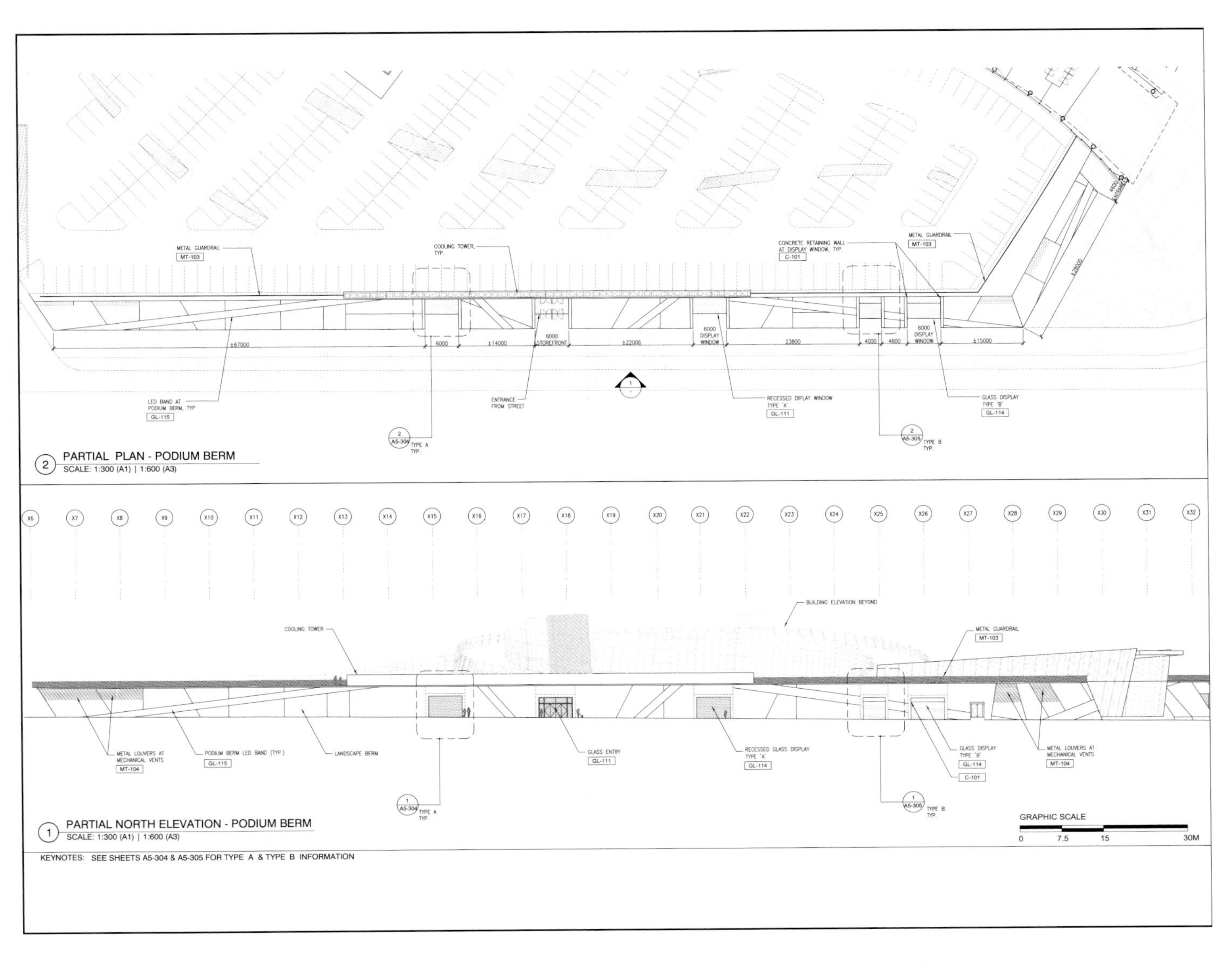
METAL GUARDRAIL
MT-103
COOLING TOWER, TYP.
CONCRETE RETAINING WALL AT DISPLAY WINDOW, TYP.
C-101
METAL GUARDRAIL
MT-103
LED BAND AT PODIUM BERM, TYP
GL-115
ENTRANCE FROM STREET
RECESSED DIPLAY WINDOW TYPE 'A'
GL-111
GLASS DISPLAY TYPE 'B'
GL-114
TYPE A TYP.
TYPE B TYP.
2 PARTIAL PLAN - PODIUM BERM
SCALE: 1:300 (A1) | 1:600 (A3)
BUILDING ELEVATION BEYOND
COOLING TOWER
METAL GUARDRAIL
MT-103
METAL LOUVERS AT MECHANICAL VENTS
MT-104
PODIUM BERM LED BAND (TYP.)
GL-115
LANDSCAPE BERM
GLASS ENTRY
GL-111
RECESSED GLASS DISPLAY TYPE 'A'
GL-114
GLASS DISPLAY TYPE 'B'
GL-114
C-101
METAL LOUVERS AT MECHANICAL VENTS
MT-104
1 PARTIAL NORTH ELEVATION - PODIUM BERM
SCALE: 1:300 (A1) | 1:600 (A3)
GRAPHIC SCALE
0 7.5 15 30M
KEYNOTES: SEE SHEETS A5-304 & A5-305 FOR TYPE A & TYPE B INFORMATION

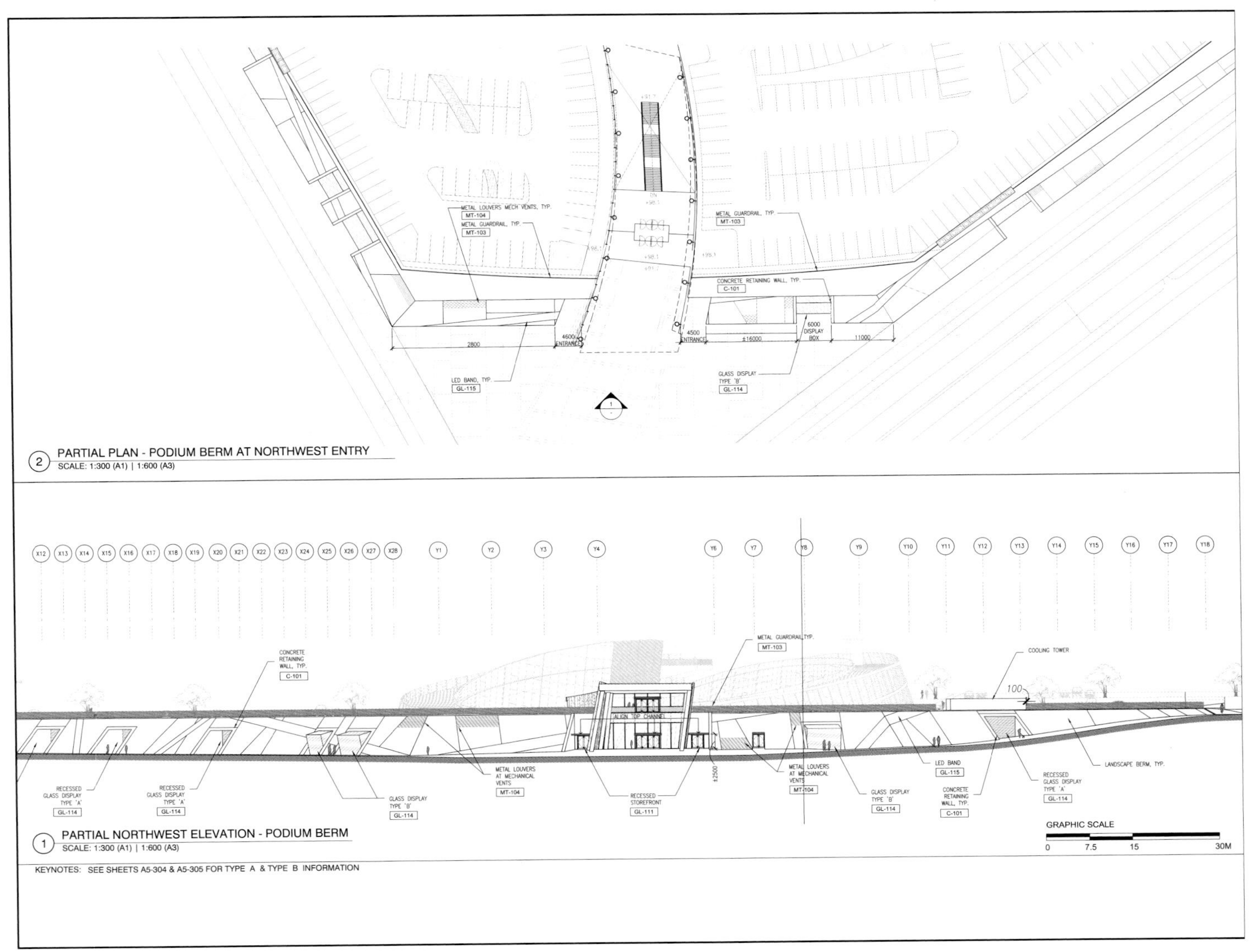
METAL LOUVERS MECH VENTS, TYP.
MT-104
METAL GUARDRAIL, TYP.
MT-103
METAL GUARDRAIL, TYP.
MT-103
CONCRETE RETAINING WALL, TYP.
C-101
LED BAND, TYP.
GL-115
GLASS DISPLAY TYPE 'B'
GL-114
2 PARTIAL PLAN - PODIUM BERM AT NORTHWEST ENTRY
SCALE: 1:300 (A1) | 1:600 (A3)
CONCRETE RETAINING WALL, TYP.
C-101
METAL GUARDRAIL TYP.
MT-103
COOLING TOWER
RECESSED GLASS DISPLAY TYPE 'A'
GL-114
GLASS DISPLAY TYPE 'B'
GL-114
METAL LOUVERS AT MECHANICAL VENTS
MT-104
RECESSED STOREFRONT
GL-111
LED BAND
GL-115
CONCRETE RETAINING WALL, TYP.
C-101
LANDSCAPE BERM, TYP.
1 PARTIAL NORTHWEST ELEVATION - PODIUM BERM
SCALE: 1:300 (A1) | 1:600 (A3)
GRAPHIC SCALE
0 7.5 15 30M
KEYNOTES: SEE SHEETS A5-304 & A5-305 FOR TYPE A & TYPE B INFORMATION

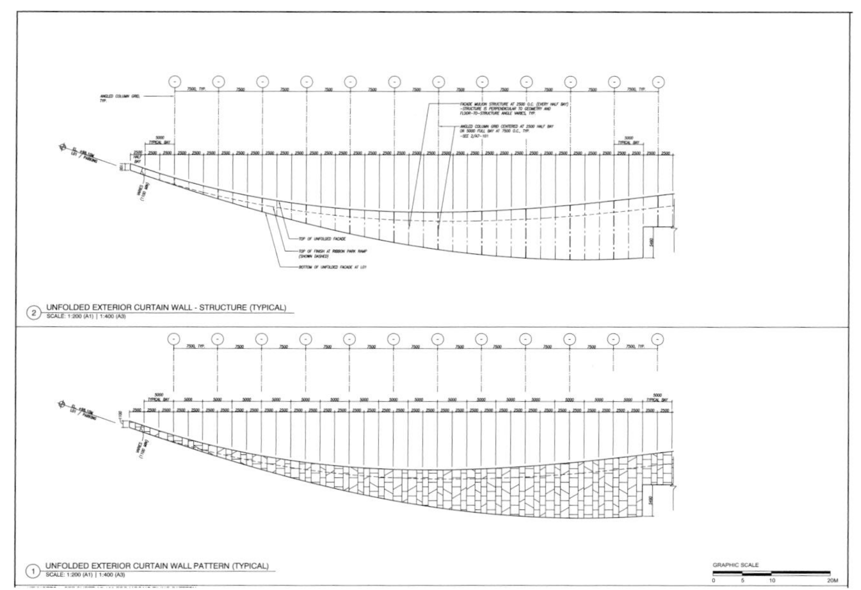
UNFOLDED EXTERIOR CURTAIN WALL - STRUCTURE (TYPICAL)
UNFOLDED EXTERIOR CURTAIN WALL PATTERN (TYPICAL)
GRAPHIC SCALE

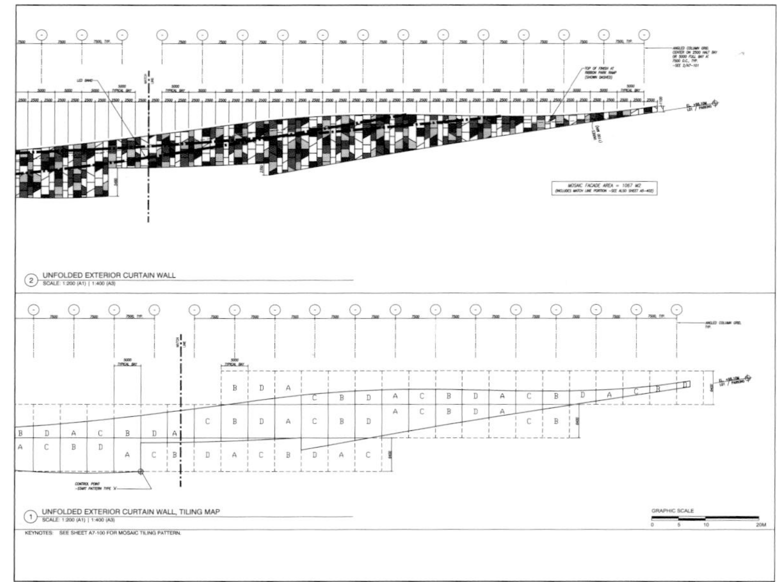
UNFOLDED EXTERIOR CURTAIN WALL
UNFOLDED EXTERIOR CURTAIN WALL, TILING MAP
GRAPHIC SCALE
KEYNOTES: SEE SHEET A7-100 FOR MOSAIC TILING PATTERN.

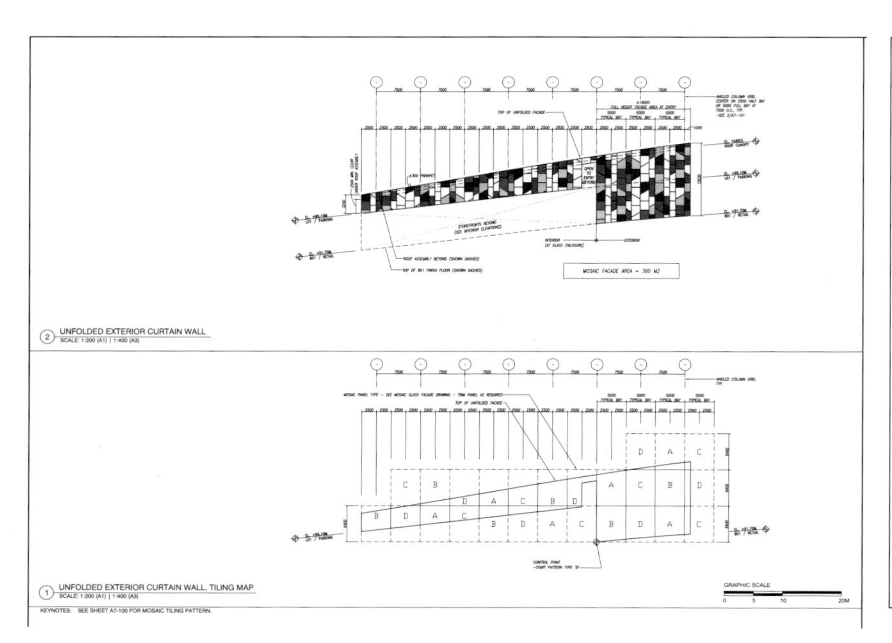
UNFOLDED EXTERIOR CURTAIN WALL
UNFOLDED EXTERIOR CURTAIN WALL, TILING MAP
GRAPHIC SCALE
KEYNOTES: SEE SHEET A7-100 FOR MOSAIC TILING PATTERN.

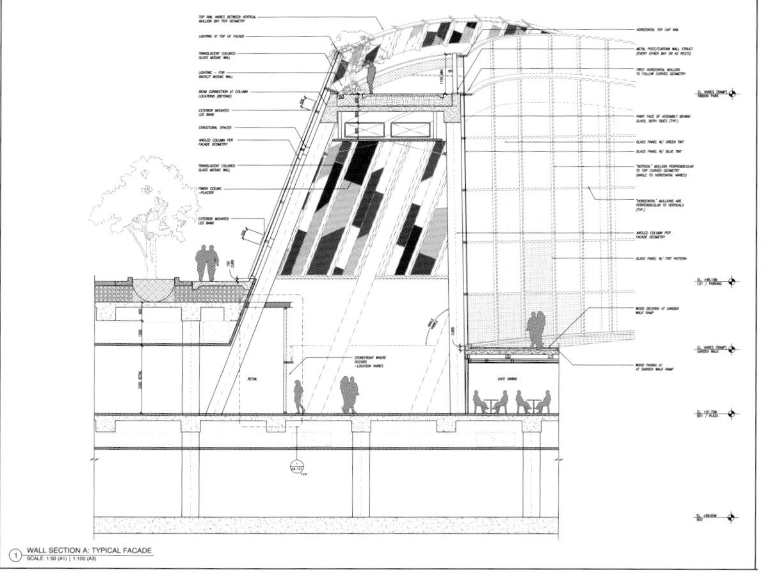
WALL SECTION A: TYPICAL FACADE

COLOR SQUARE
LOTTERI

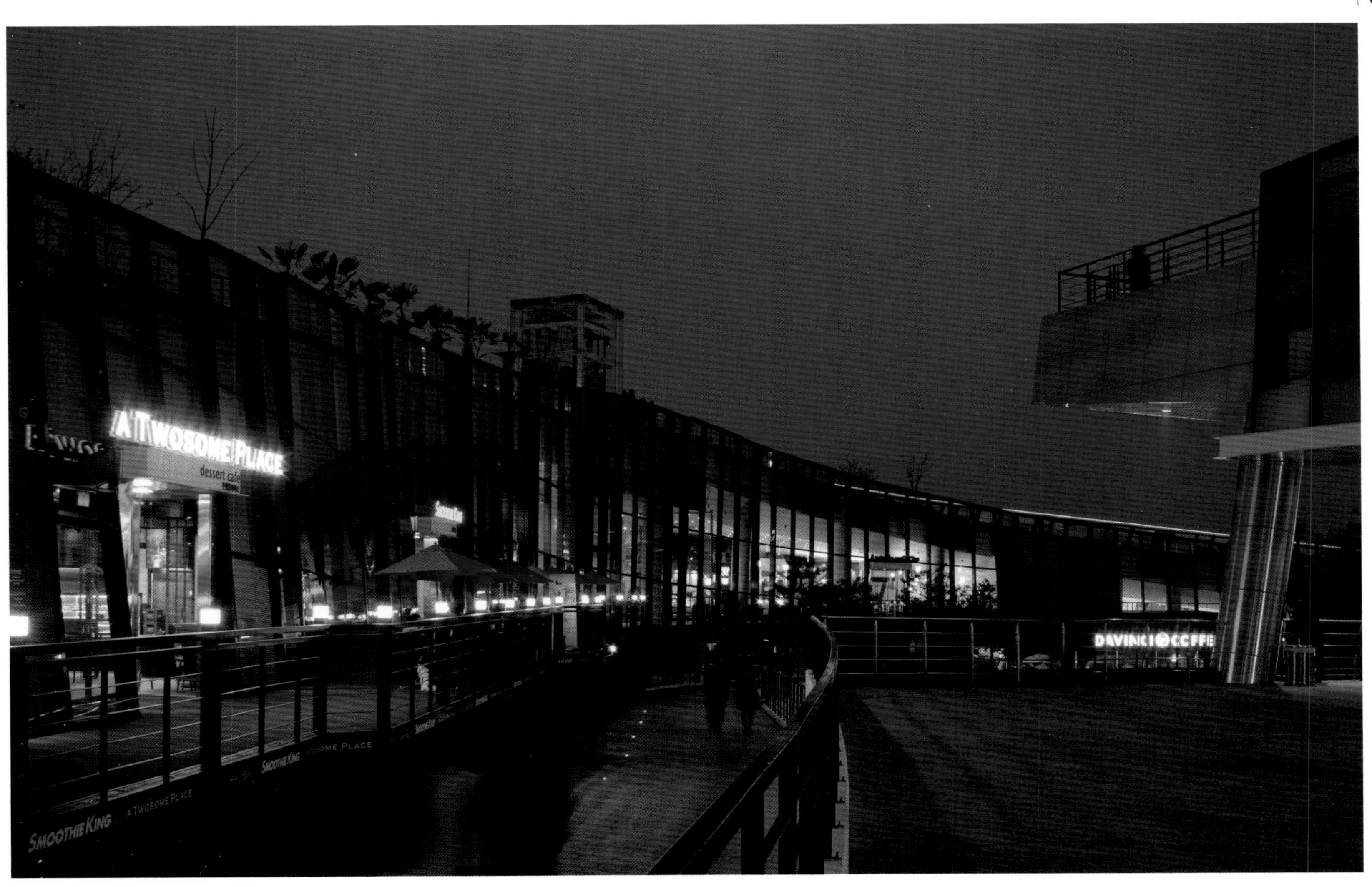

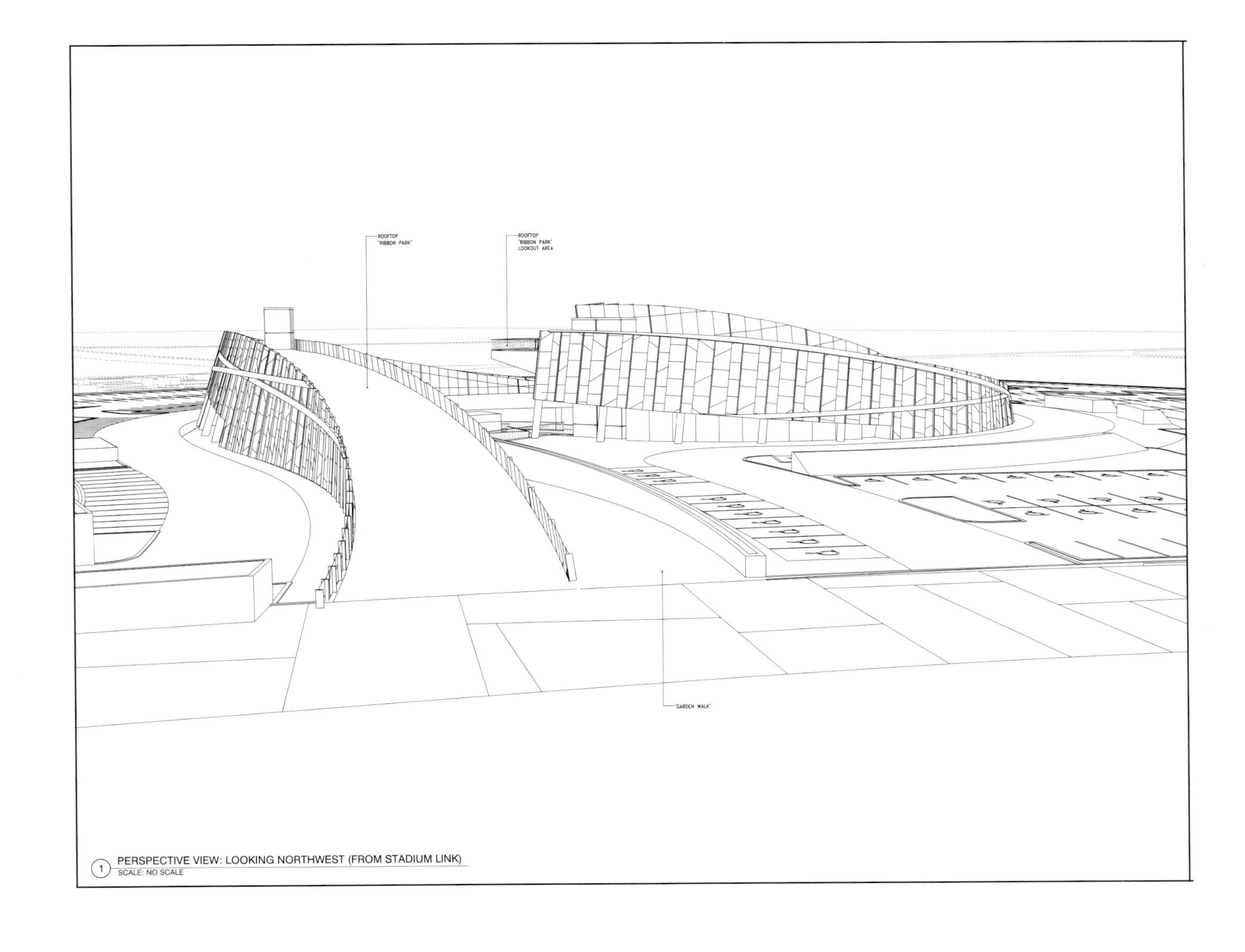

1 PERSPECTIVE VIEW: LOOKING NORTHWEST (FROM STADIUM LINK)
SCALE: NO SCALE

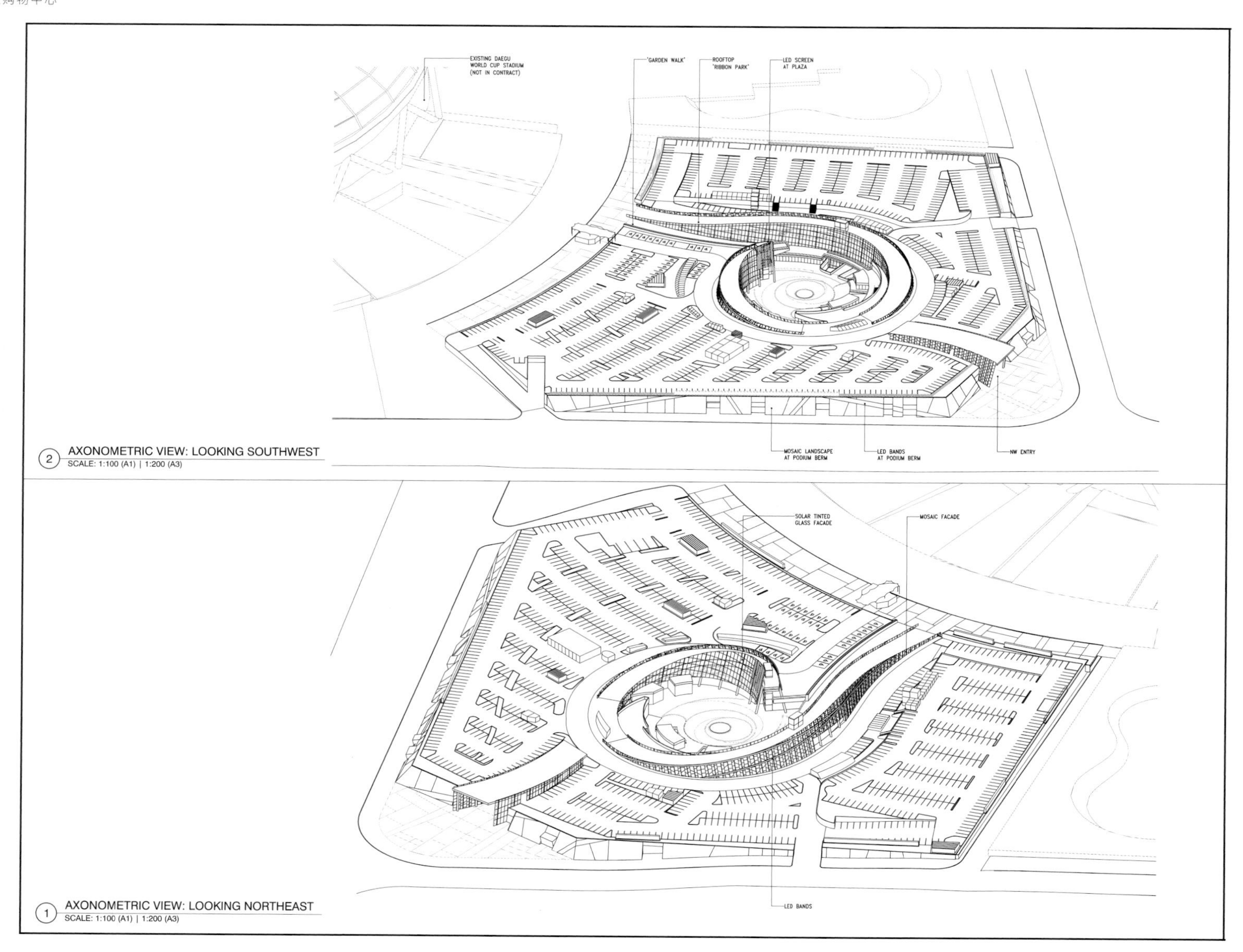
EXISTING DAEGU
WORLD CUP STADIUM
(NOT IN CONTRACT)
'GARDEN WALK'
ROOFTOP
'RIBBON PARK'
LED SCREEN
AT PLAZA
2 AXONOMETRIC VIEW: LOOKING SOUTHWEST
SCALE: 1:100 (A1) | 1:200 (A3)
MOSAIC LANDSCAPE
AT PODIUM BERM
LED BANDS
AT PODIUM BERM
NW ENTRY
SOLAR TINTED
GLASS FACADE
MOSAIC FACADE
1 AXONOMETRIC VIEW: LOOKING NORTHEAST
SCALE: 1:100 (A1) | 1:200 (A3)
LED BANDS

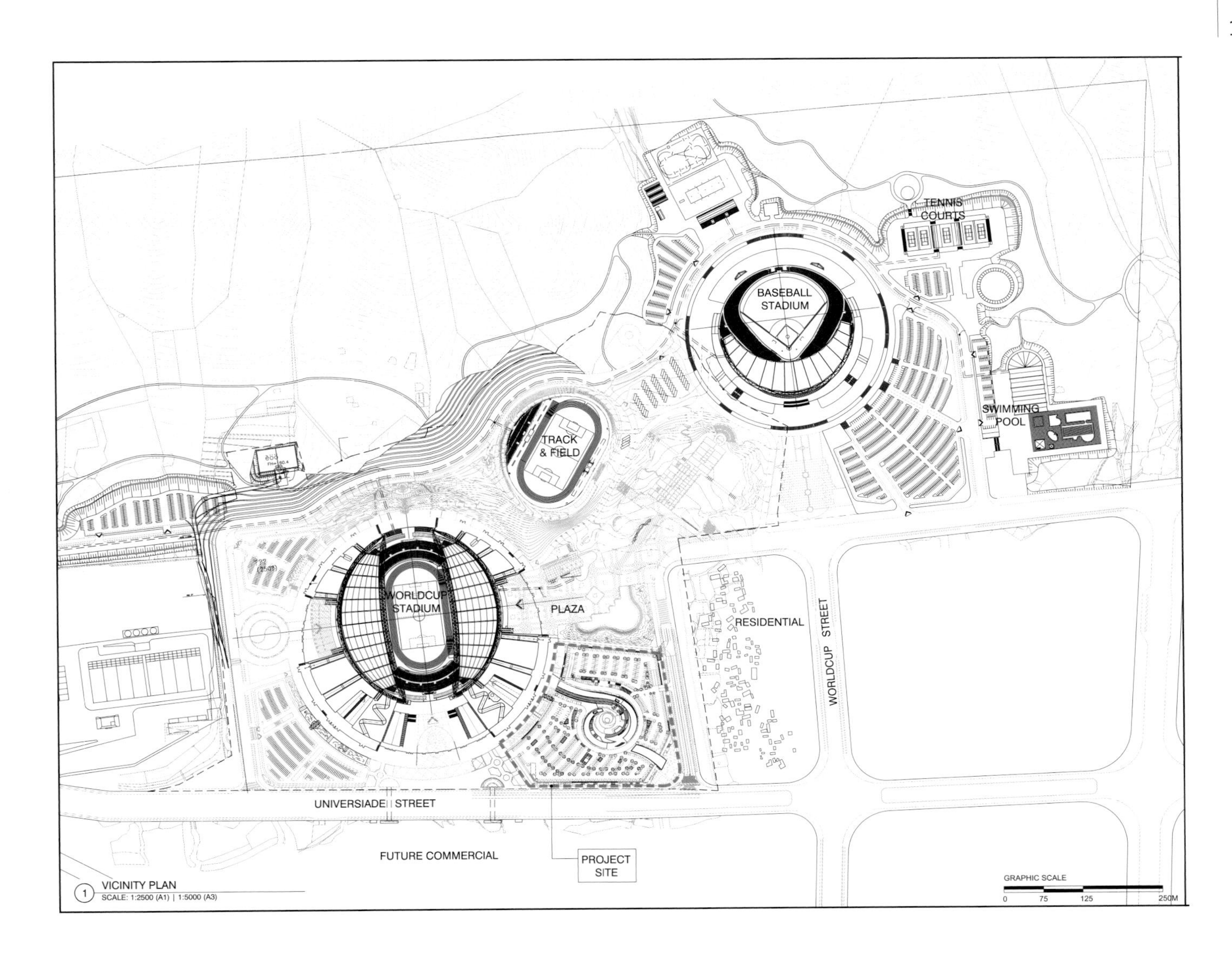

1 VICINITY PLAN
SCALE: 1:2500 (A1) | 1:5000 (A3)

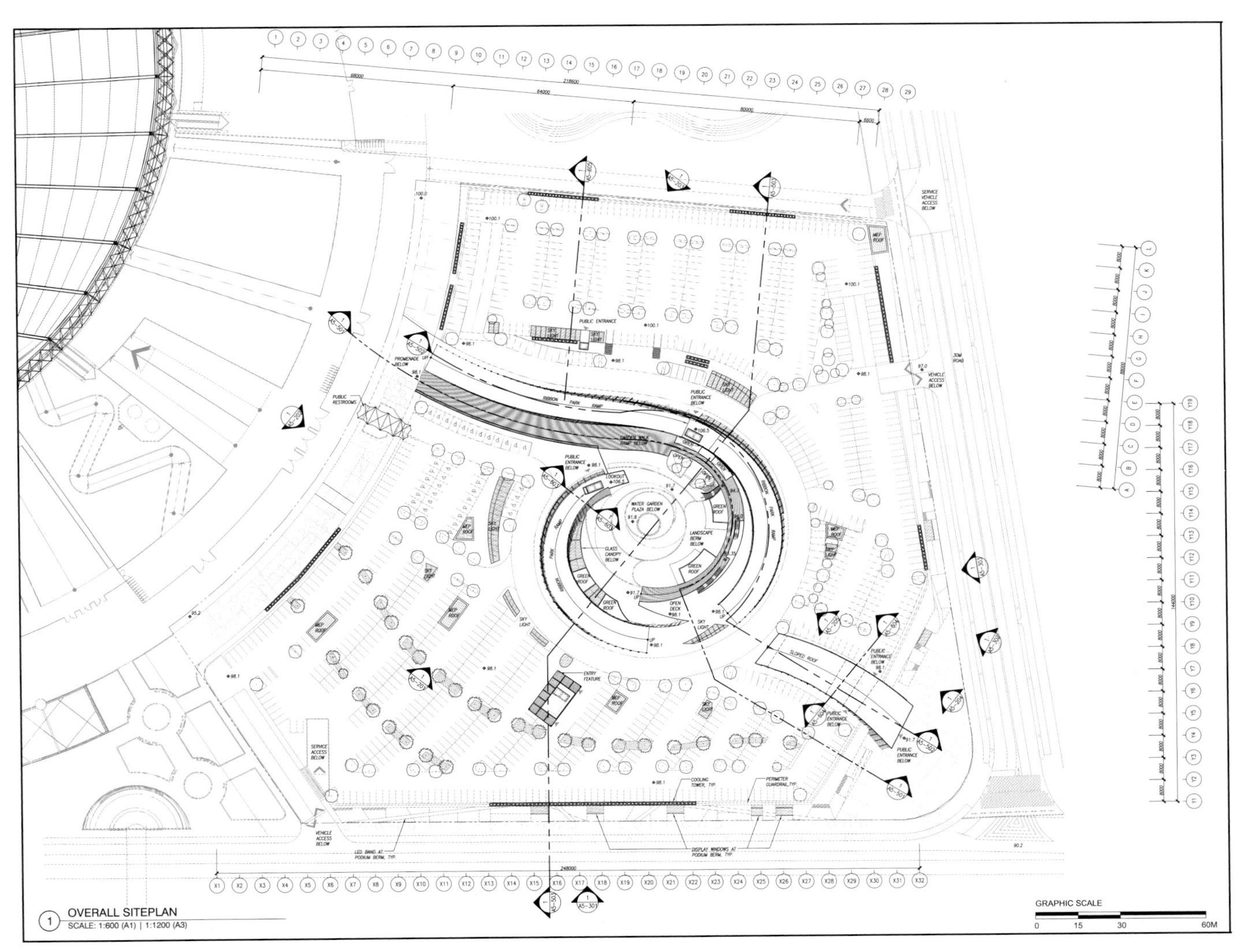

1 OVERALL SITEPLAN
SCALE: 1:600 (A1) | 1:1200 (A3)

PARIS BAGUETTE

GIVENCHY

le coq sportif
TNGT
구매고객
사은품
(양말)증정

Theme Complex

主 题 综 合 体

Theme layout
Integrity
Core space
Creative design

主题布局 整体性 核心空间 创意设计

南特 Saupin 地块改造

项目地点：法国南特
规划设计：FGP (u) French Global Project, Philippe Gazeau (mandataire)
摄　　影：Stéphane CHALMEAU, Philippe RUAULT

1 Institut des Etudes Avancées - Maison des Sciences de l'Homme (IEA- MSH)
2 Résidence services
3 Bureaux et parkings
4 Logements
5 Tribunes
6 Talus végétal

该地块位于卢瓦尔河与圣菲利克斯运河的交汇处，它有个很明显的特征：建筑物的特殊体量。位于此地的新修足球场串起了整座城市的记忆，同时也让我们清晰地看到，这个项目在不动摇和不摒弃该地地标地位和体育内涵的情况下，全面翻新了它的景观与功能。

所有的建筑物围绕一片宽阔的草坪而建，草坪的四周都有建筑物，而不是最初要求的东西两面，此举既保留了其标志性特征也拓宽了景观视野。最初的要求是要沿足球场的短边兴建办公楼、民居、高级研究所、人文科学机构和招待来自世界各地的研究人员的临时住处，对此建筑师提出了异议，并说服了市长和相关人员，最终这些都建在了南面，围绕狭窄的卢瓦尔河堤呈现出一个半透明的彩屏，全面向南，远眺河景和远处的风景。

没有哪个城市规划专家会想过建造这样宽 150m，高 50m，厚度仅为 2m 的大楼，但 Philippe Gazeau 建筑师事务所做到了。除了上述的功能与设施之外，项目还拥有购物中心、文娱场所、公园花园等一系列配套设施。

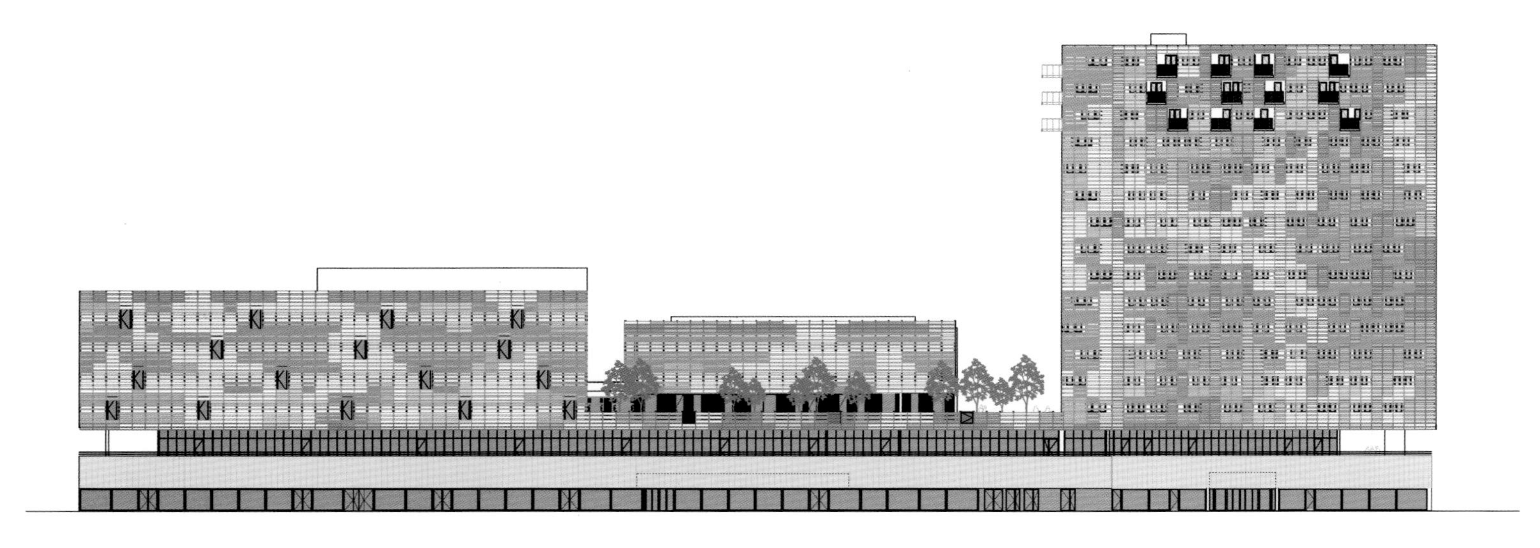

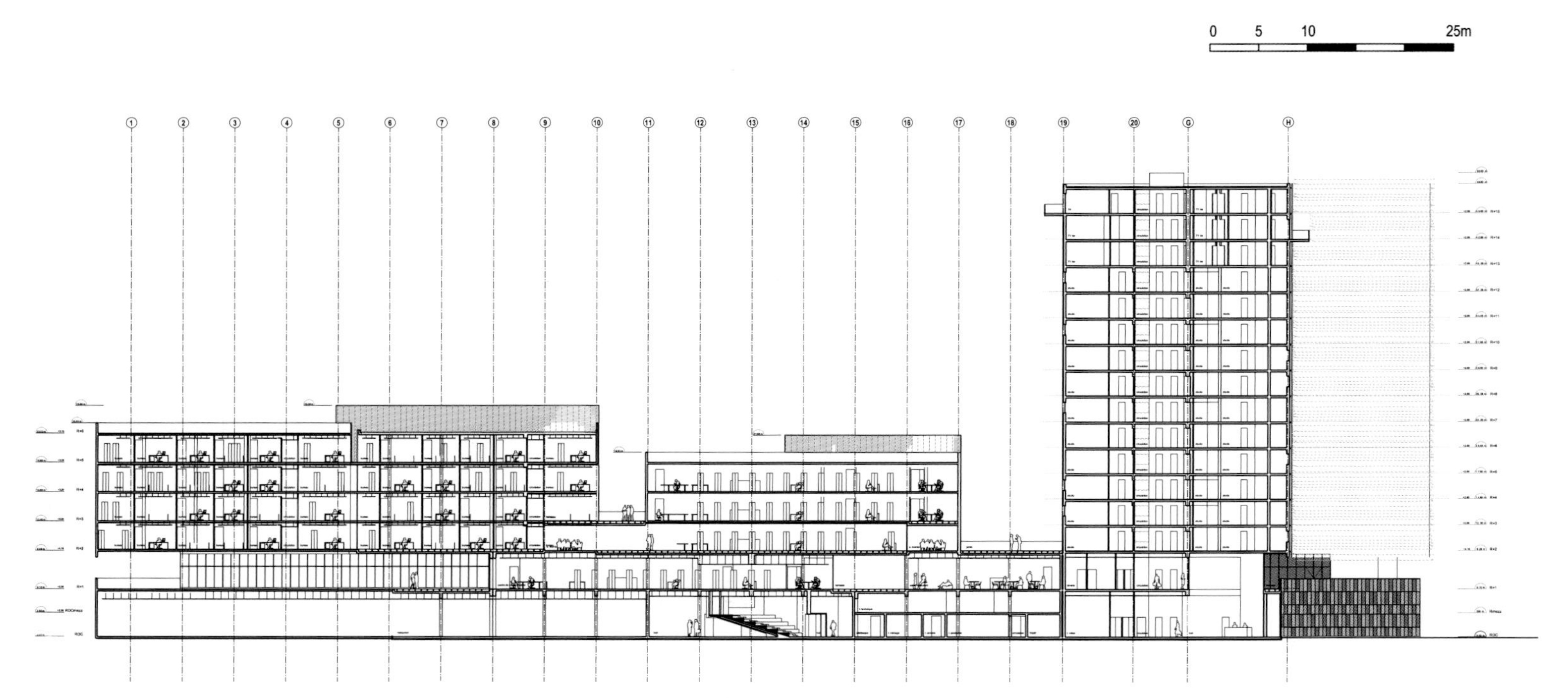

BATIMENT MIXTE MARCEL SAUPIN, NANTES / REPARTITION DES PROGRAMMES

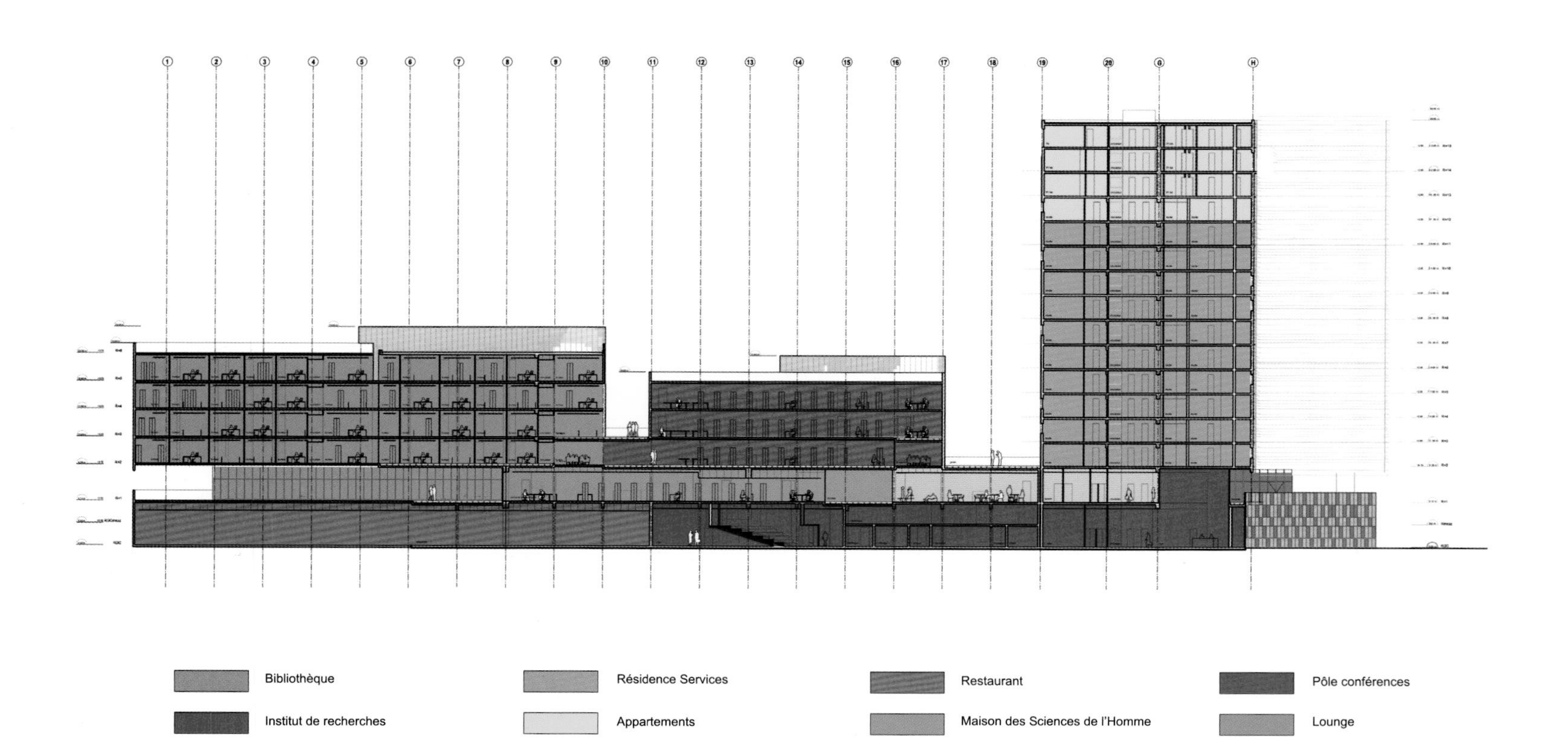

Hôtel
Msh
iea
bureaux
restaurant

iea
Msh
Hôtel

Hôtel
Msh
iea
restaurant
bureaux

Residhome

Residhome
APPARTHOTEL

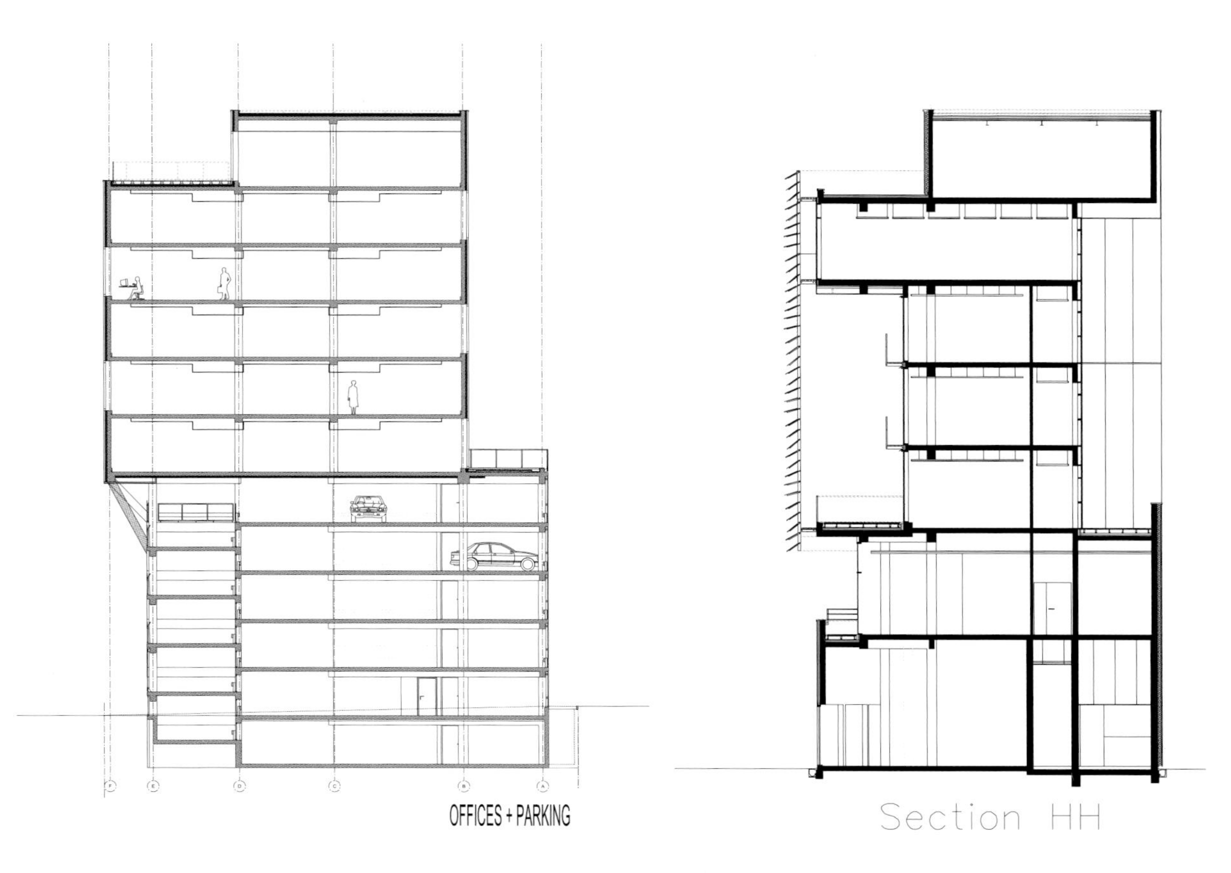
OFFICES + PARKING
Section HH

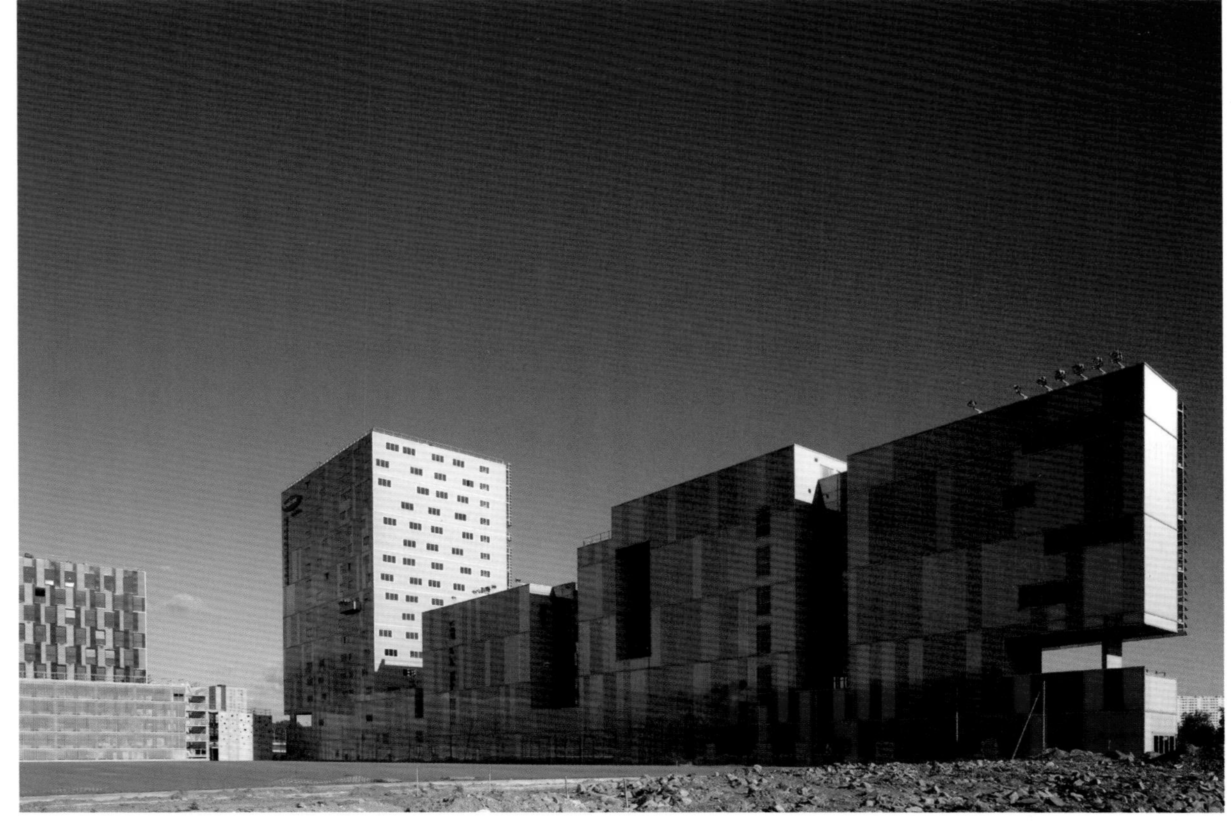

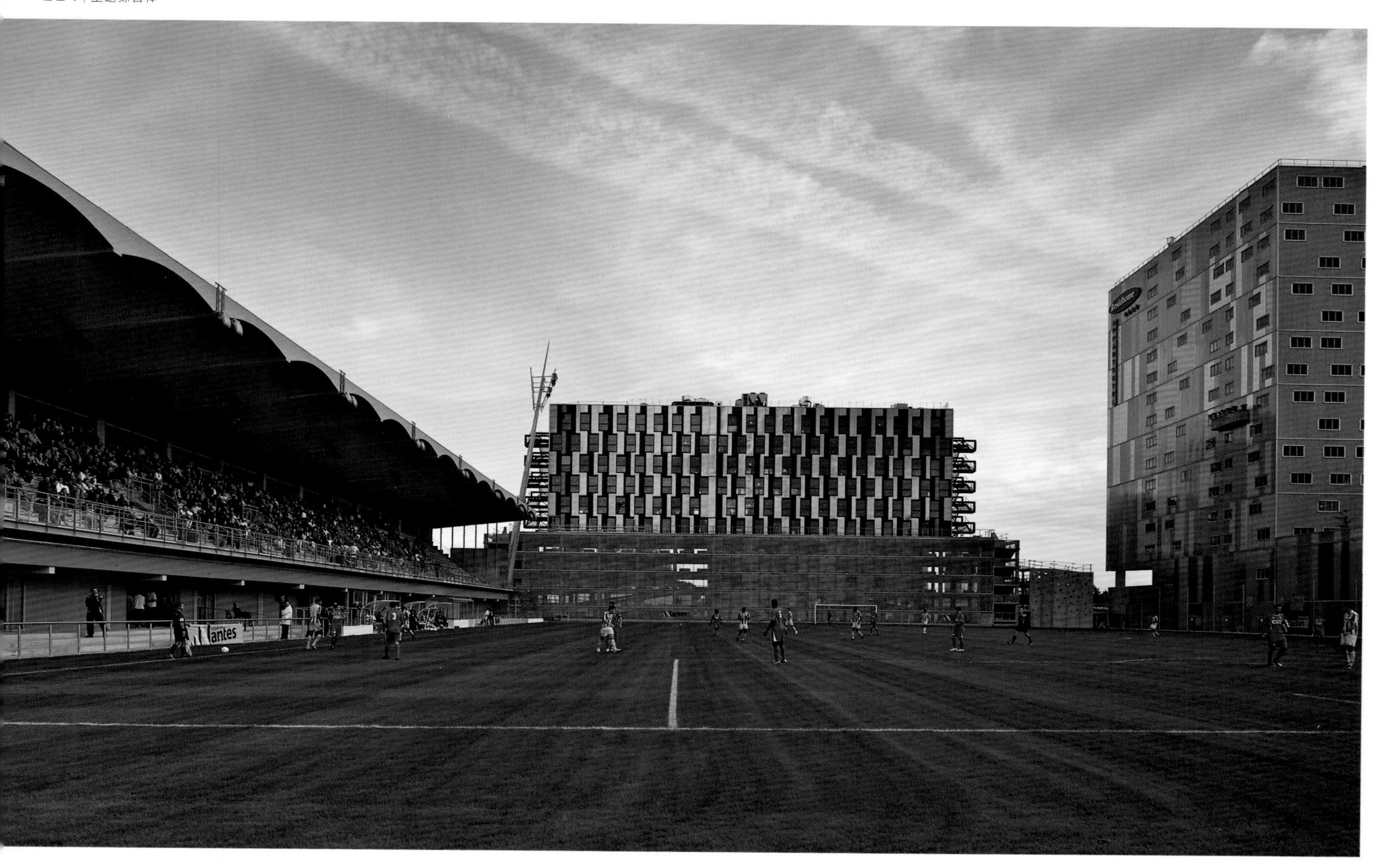

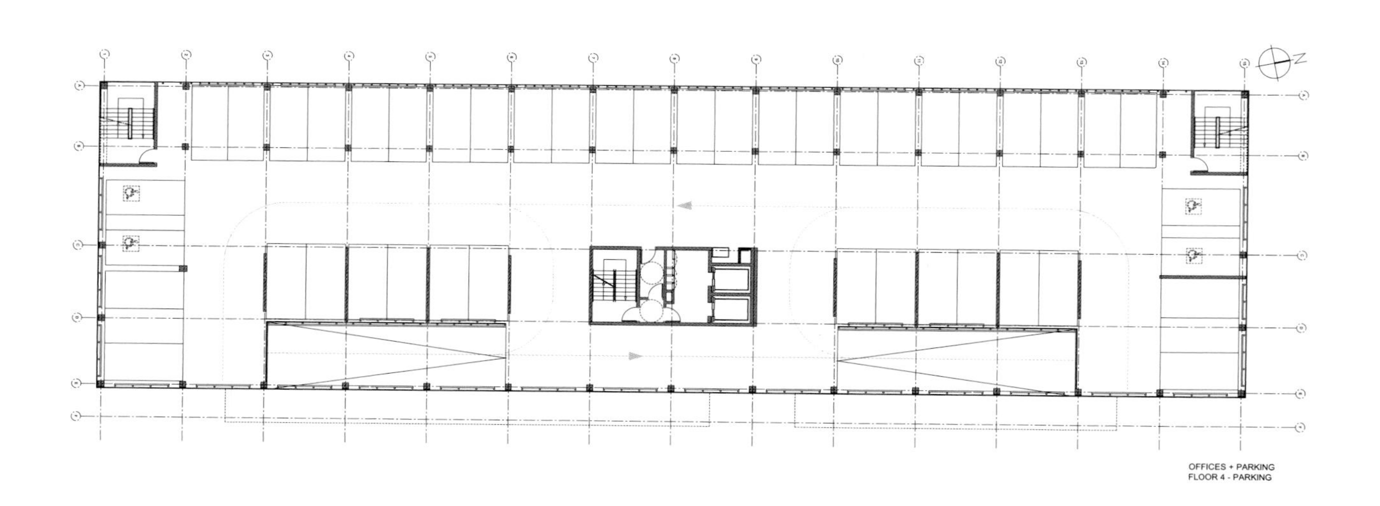

OFFICES + PARKING
FLOOR 4 - PARKING

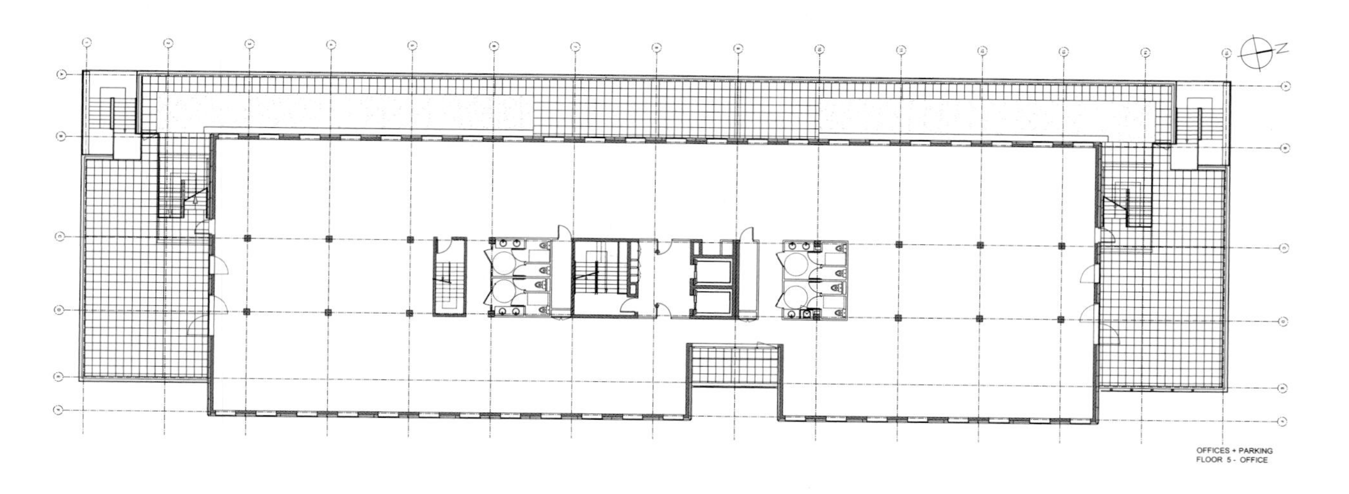

OFFICES + PARKING
FLOOR 5 - OFFICE

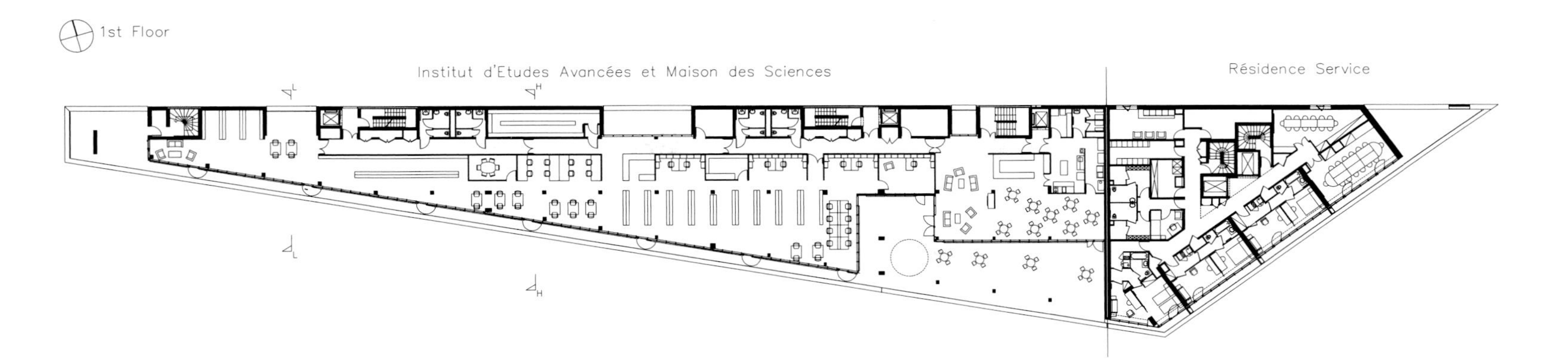
1st Floor
Institut d'Etudes Avancées et Maison des Sciences
Résidence Service

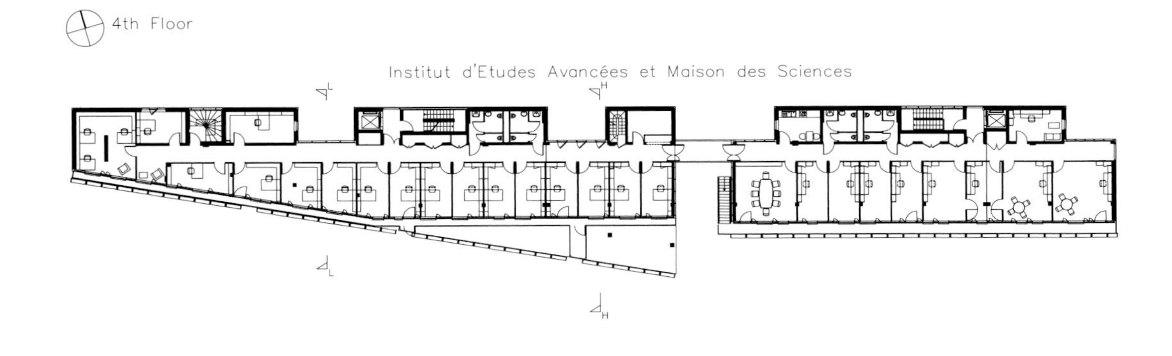
4th Floor
Institut d'Etudes Avancées et Maison des Sciences

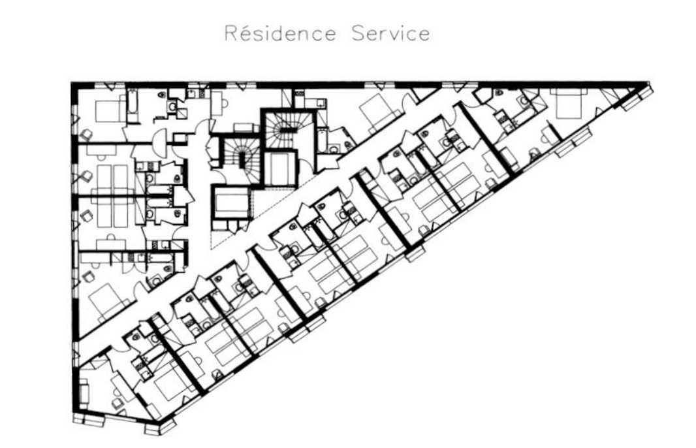
Résidence Service

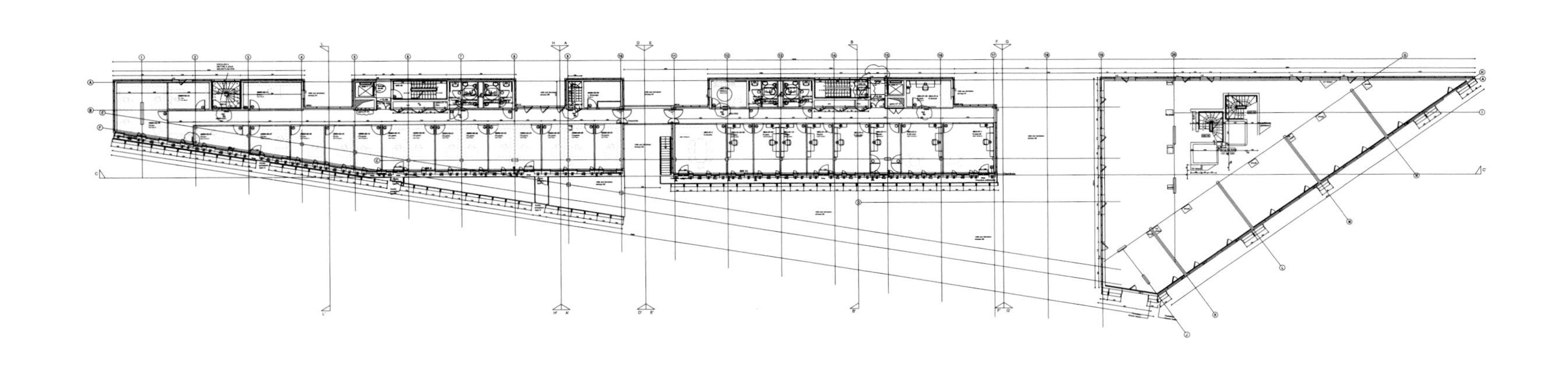

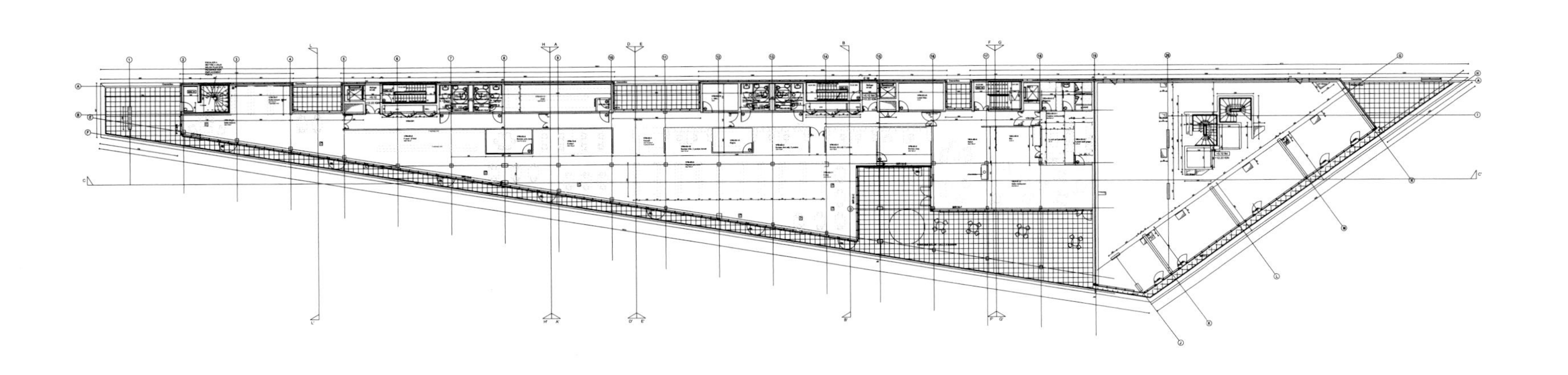

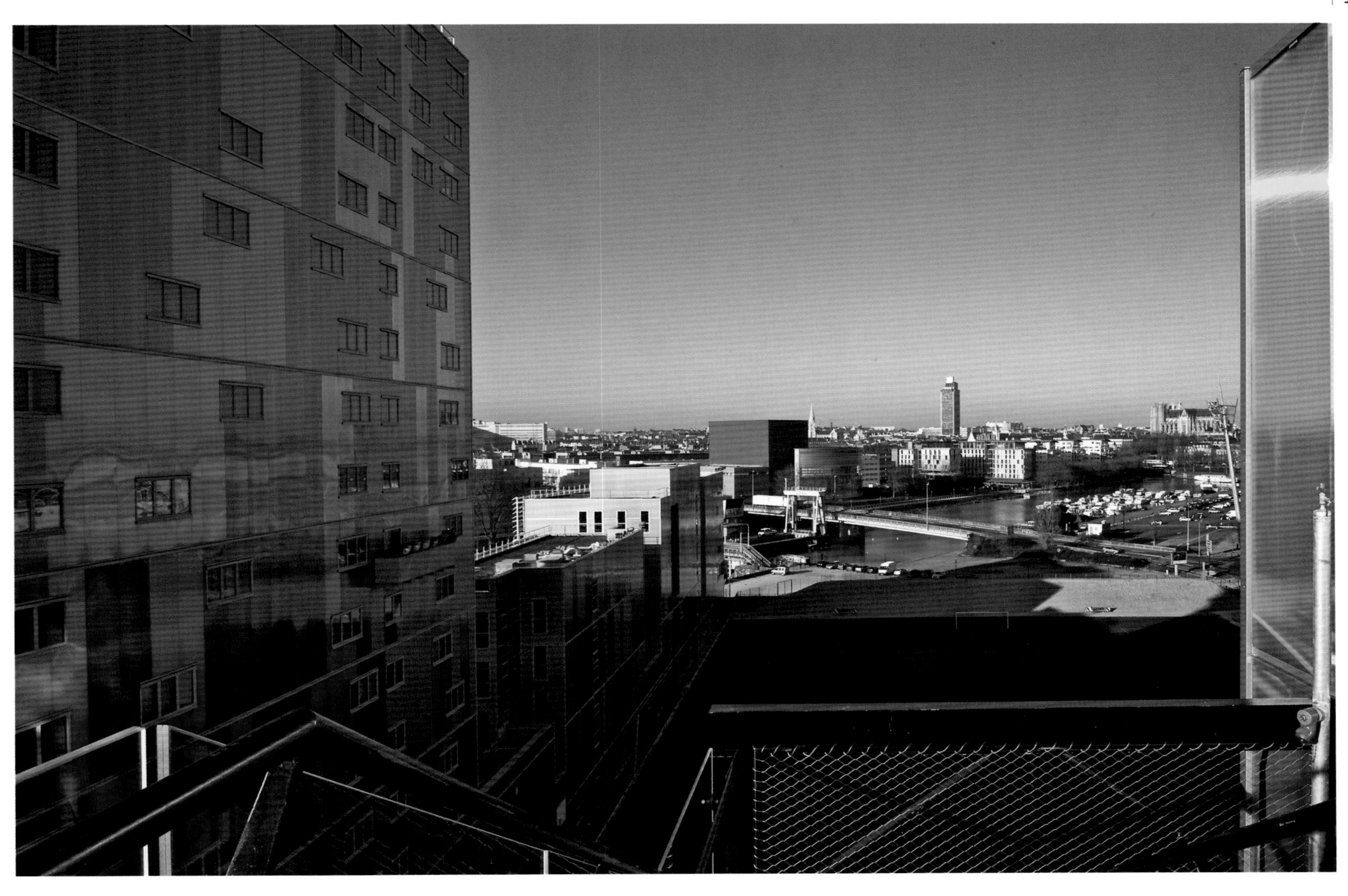

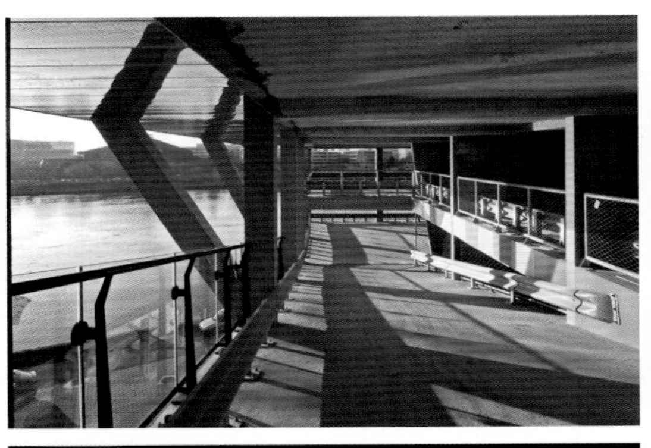

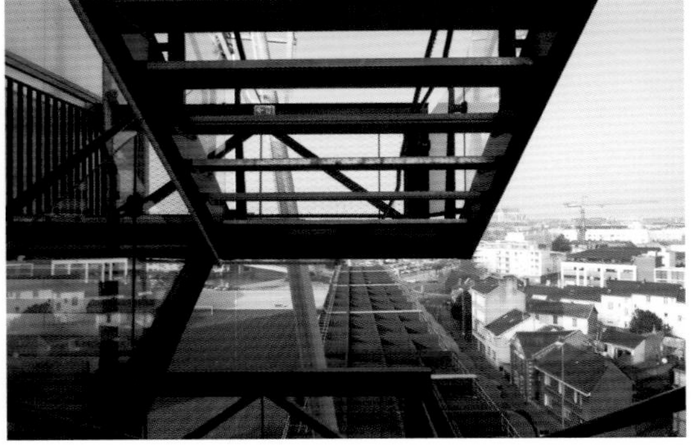

余姚市塑胶产品交易中心

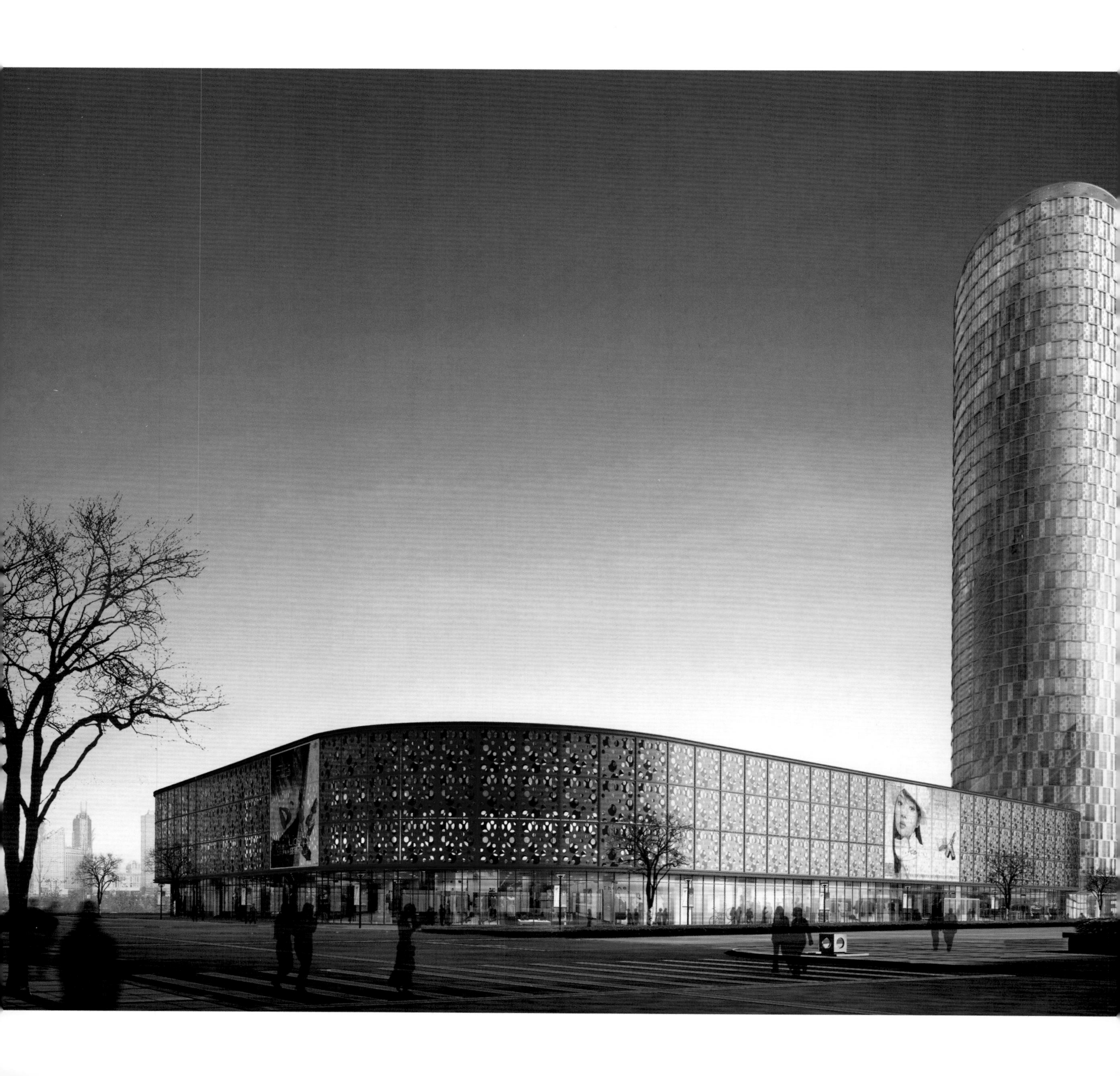

项目地点：中国浙江省余姚市
建筑设计：Peter Ruge Architekten
合作设计：DBH Stadtplanungs&GmbH Hangzhou
占地面积：28 500 m^2
建筑面积：115 000 m^2

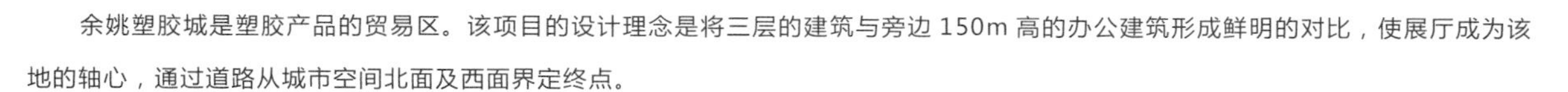

余姚塑胶城是塑胶产品的贸易区。该项目的设计理念是将三层的建筑与旁边150m高的办公建筑形成鲜明的对比，使展厅成为该地的轴心，通过道路从城市空间北面及西面界定终点。

商贸区可分为624间零售商店。建筑中心是一个集餐饮、展示、会议等多功能于一体的大厅，椭圆形的内部中庭完成后将是设计的点睛之笔。图案形状的孔隙是高层办公建筑的显著特点。

该设计创造了迷人的开放及闭合空间，空地及占地空间，高低组合以及令人称奇的背景组合。建筑的东面可俯瞰西北方向的美景，外观设计将以余姚市花山桃的红色色调为主。在选择建造材料方面，设计师秉承着易于拆装及便于整个外观维护的原则。

景观设计在整个设计中起着关键作用。椭圆形的白色鹅卵石以及人造景观将给人们留下深刻印象。周围办公室的设计方面，引用自然元素是最大的亮点，例如入口处的山桃、喷泉、花园、一池水生百合花、艺术品以及运动场上特别造型的石椅。每栋楼地下都设有一层或二层可停放620辆车的大型停车场。

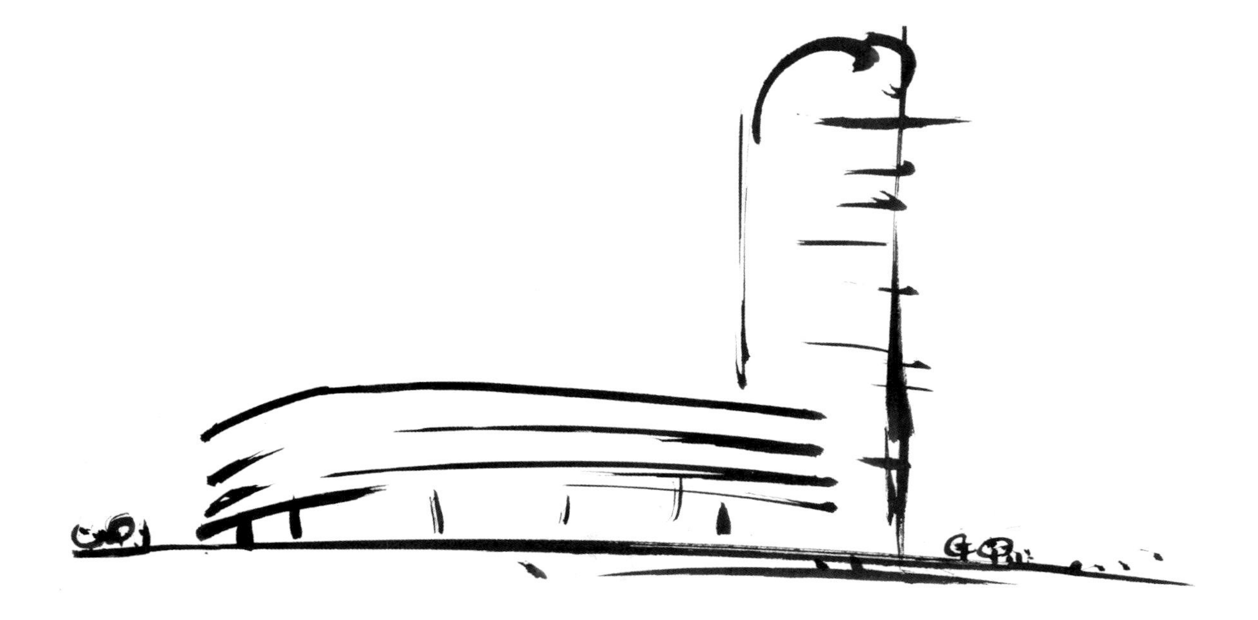

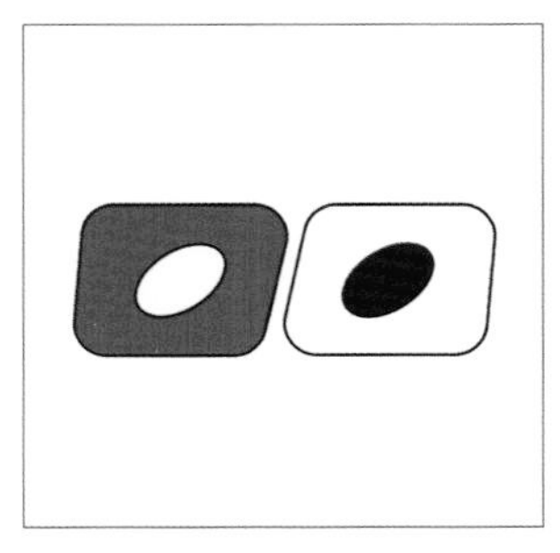
vacancy+plenty

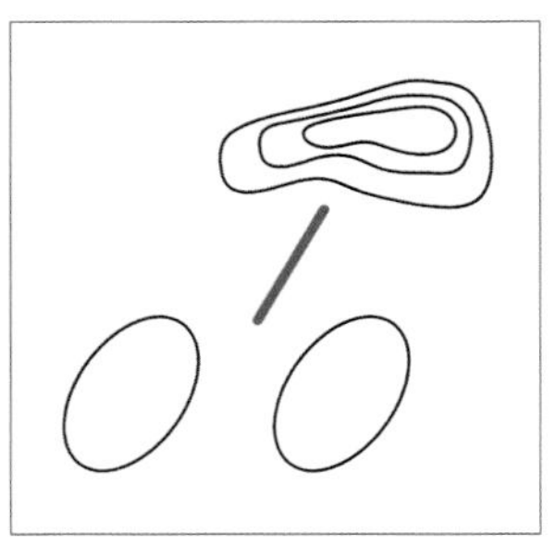
energy applicator

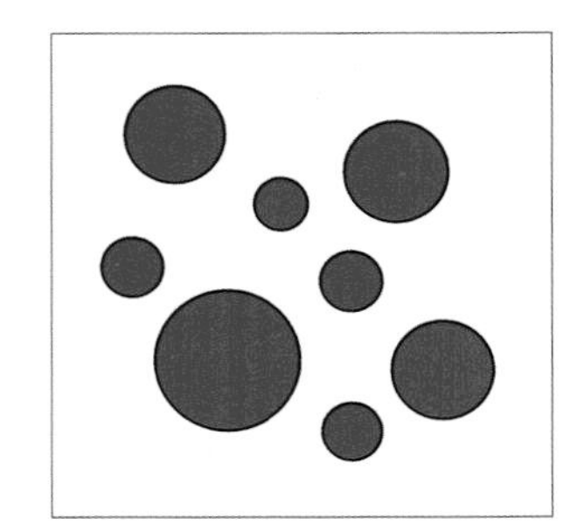
mountain peach

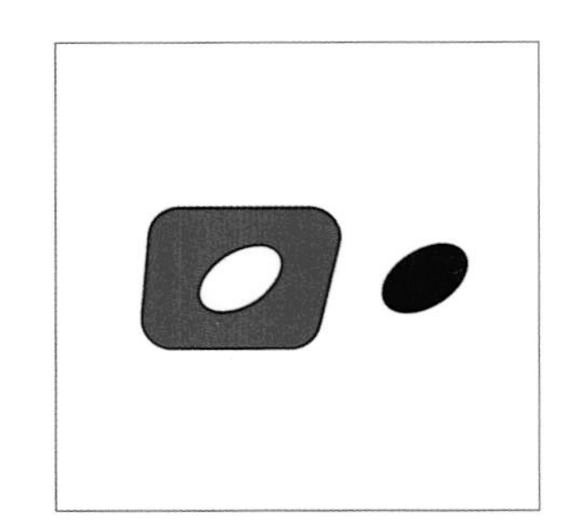
red+blue

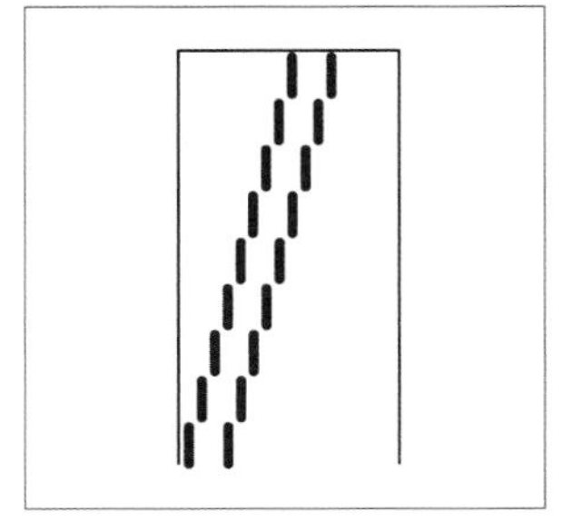
emergent

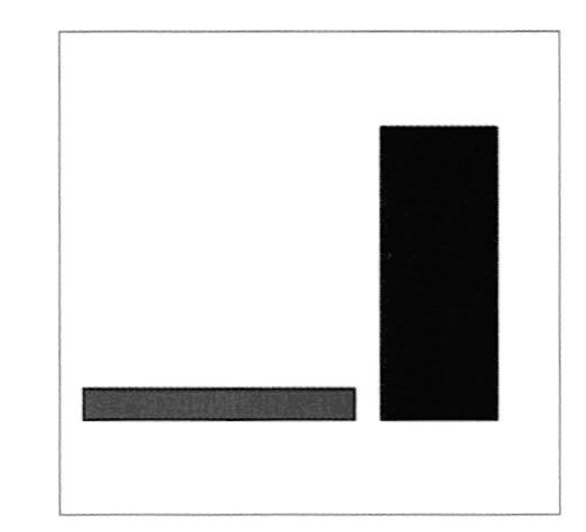
flat+high

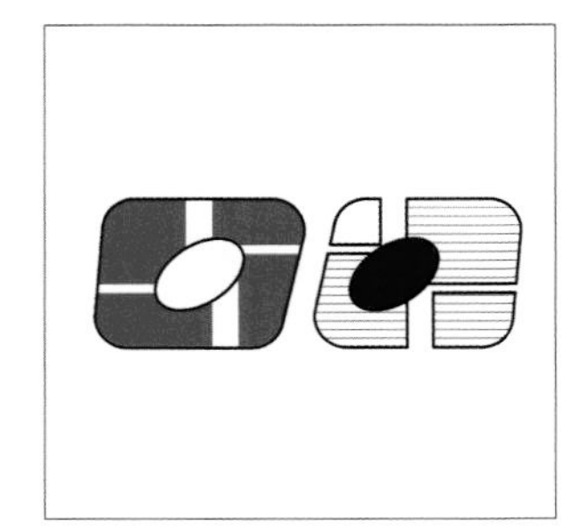
landscape

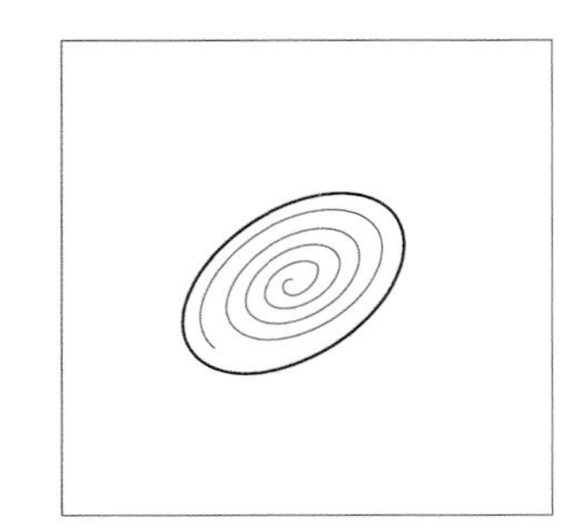
energy collector

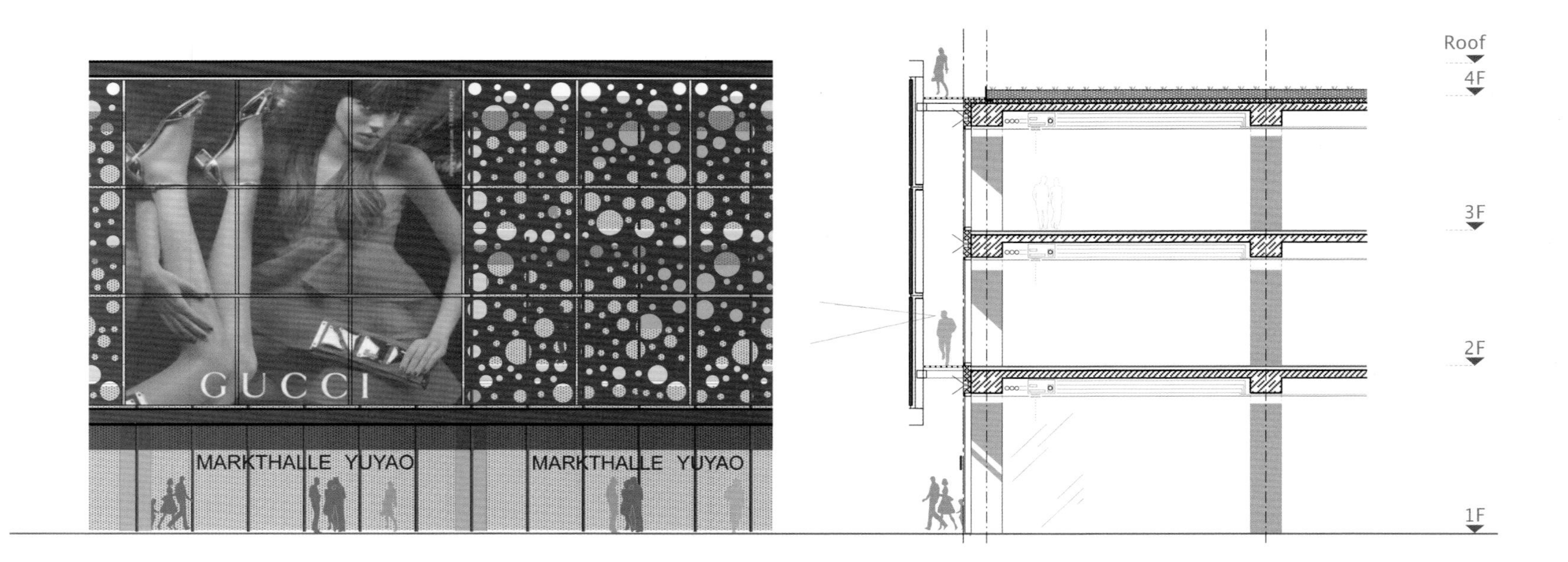

0 1 5

Facade and Detail

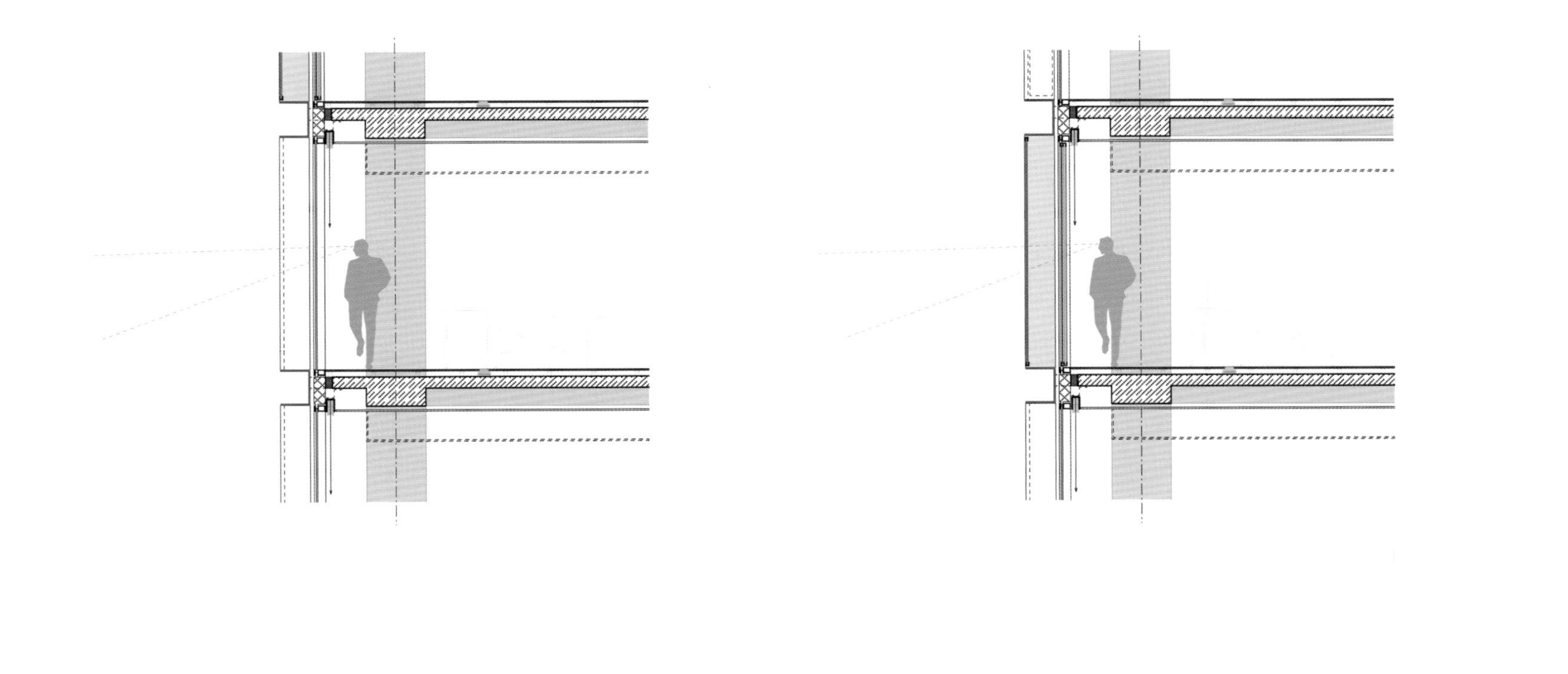

Peter Ruge Architekten

Details

开罗节庆之城

项目地点：埃及开罗
客　　户：Al Futtaim Group
建筑设计：5+Design
占地面积：3 300 000 m^2
总建筑面积：2 000 000 m^2

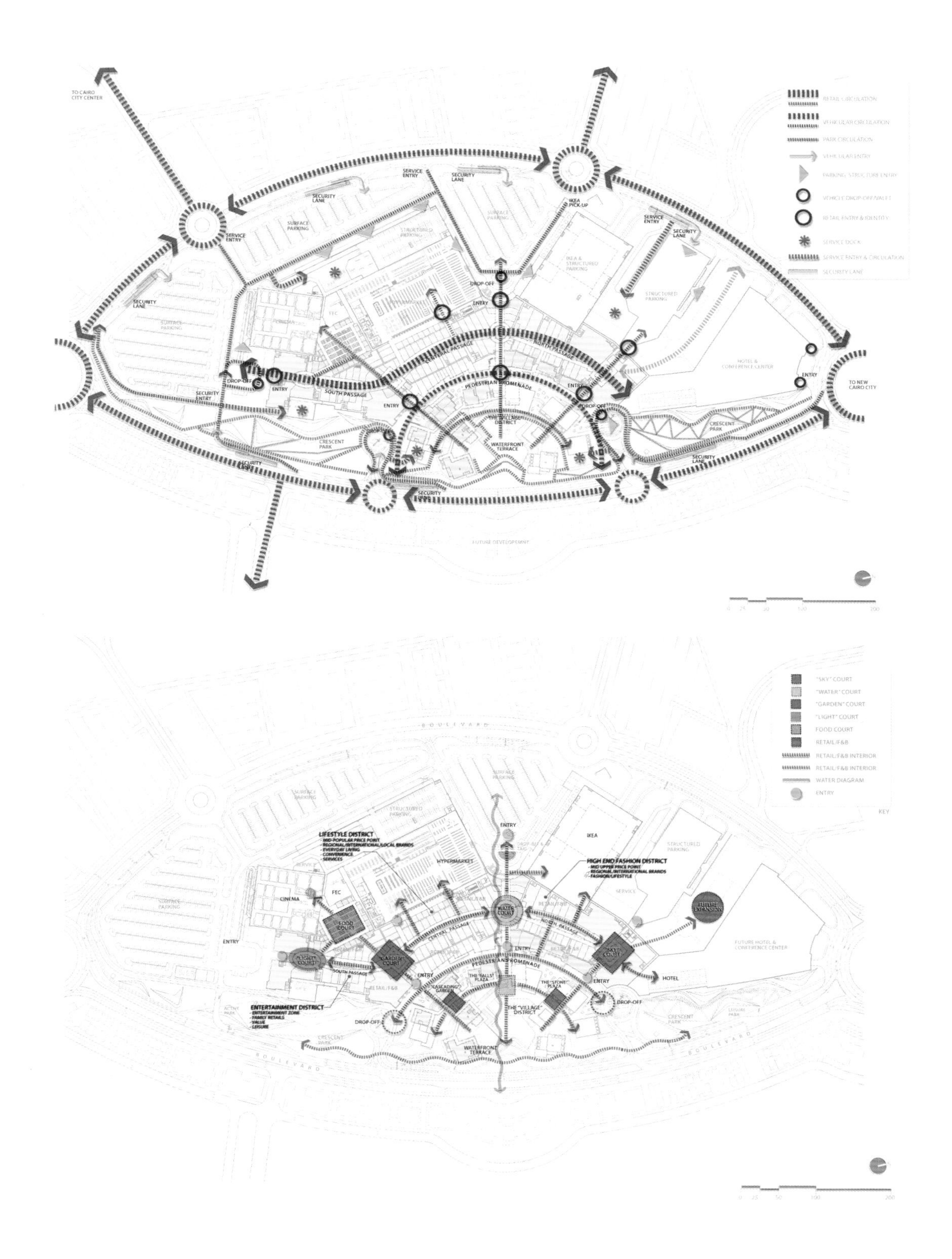

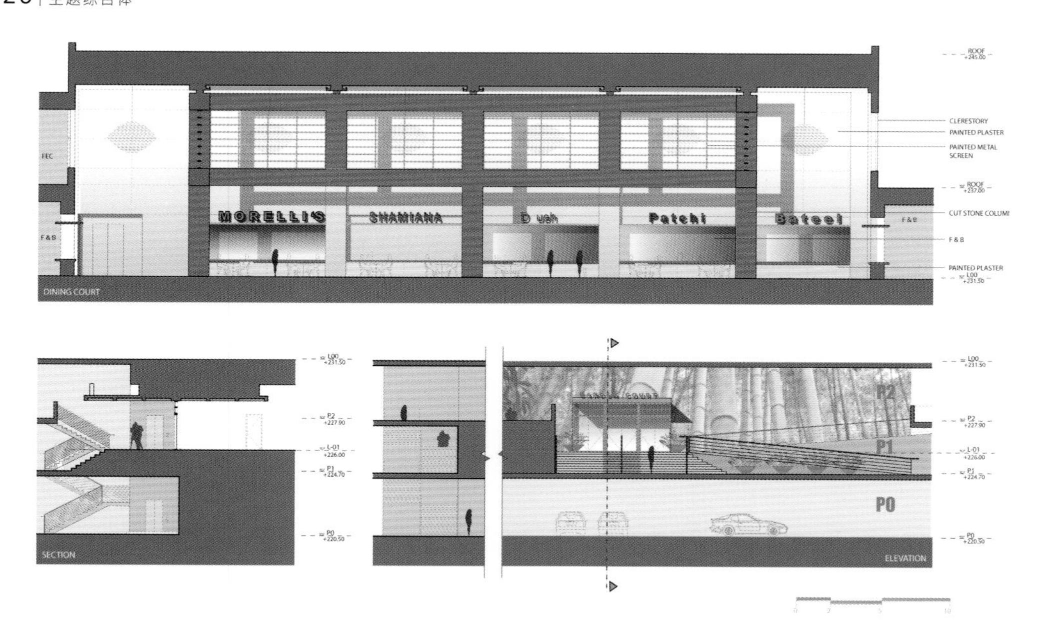

开罗节庆之城位于距离开罗市区15km处，是一个新兴的多功能社区发展项目。这是开罗的第一个室内室外购物和娱乐中心，结合了周围的景观环境，并提供多样化的用途和社区活动中心的功能，如豪华住宅社区、高级办公区域、国际知名酒店、学校和汽车园等，将成为开罗东部的社会、文明和经济中心。

节庆之城中心的设计受到欧洲城市和乡镇规划的启发，规划布局为街道、人行道、商场和中心广场。设计既为社区提供了一个新的地区中心，也为即将进入这个空间的人们保留了足够的空间规模。规划将临近的村庄、水景、辐射状的人行道与购物和娱乐区连接起来，这种城市模式的布局使每一个区域都对游客开放，区域与区域之间无缝衔接。

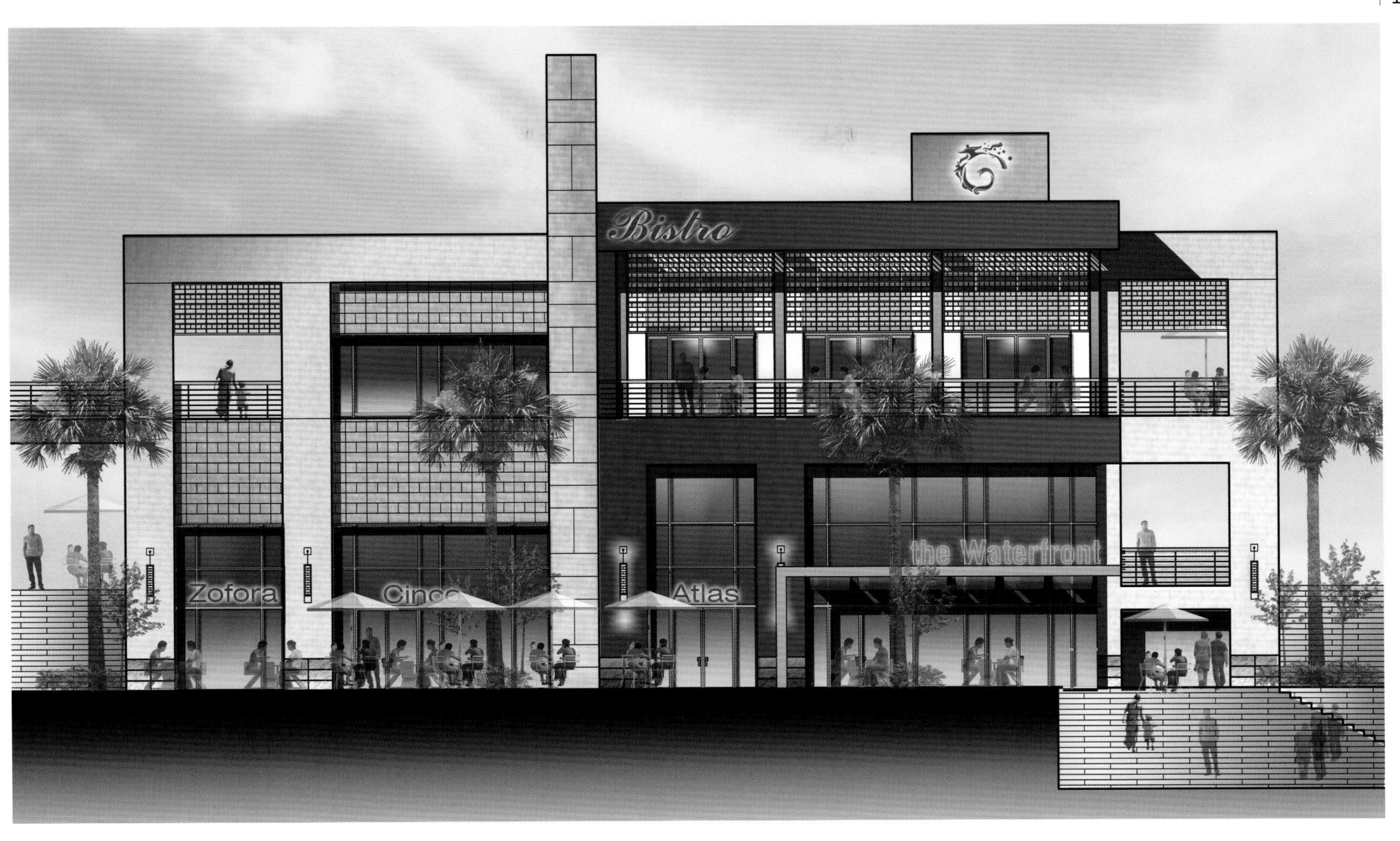
Bistro
Zofora
Cinco
Atlas
the Waterfront

BUILDING E
BUILDING G
BUILDING J

BUILDING K
BUILDING A
BUILDING C

BUILDING J
BUILDING H

BUILDING B
BUILDING K

0
5
10
20
40

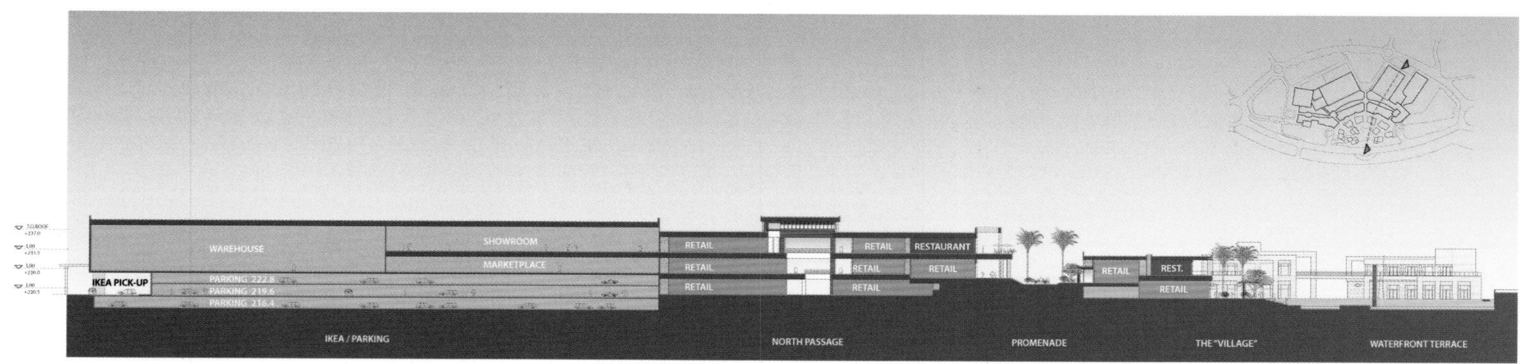

SECTION AT NORTH PASSAGE

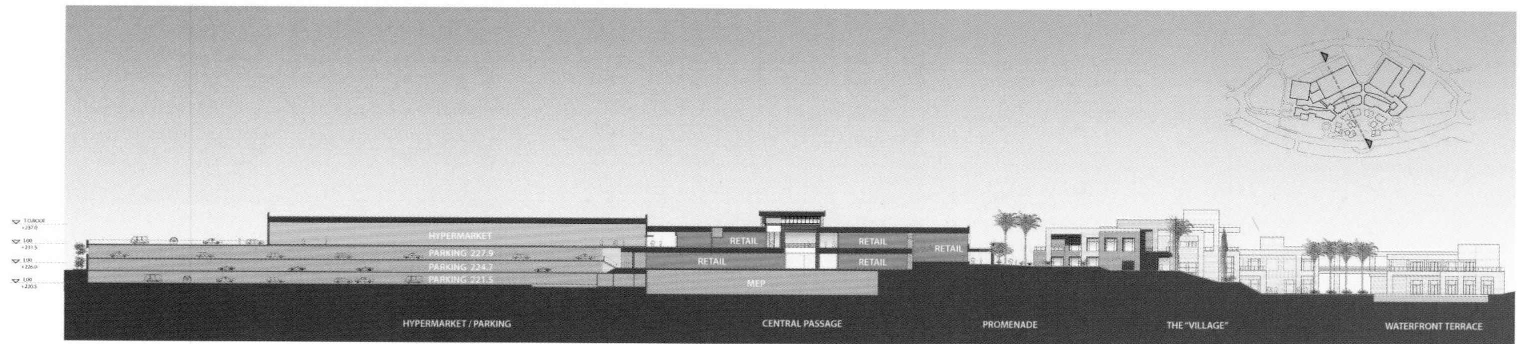

SECTION AT CENTRAL PASSAGE

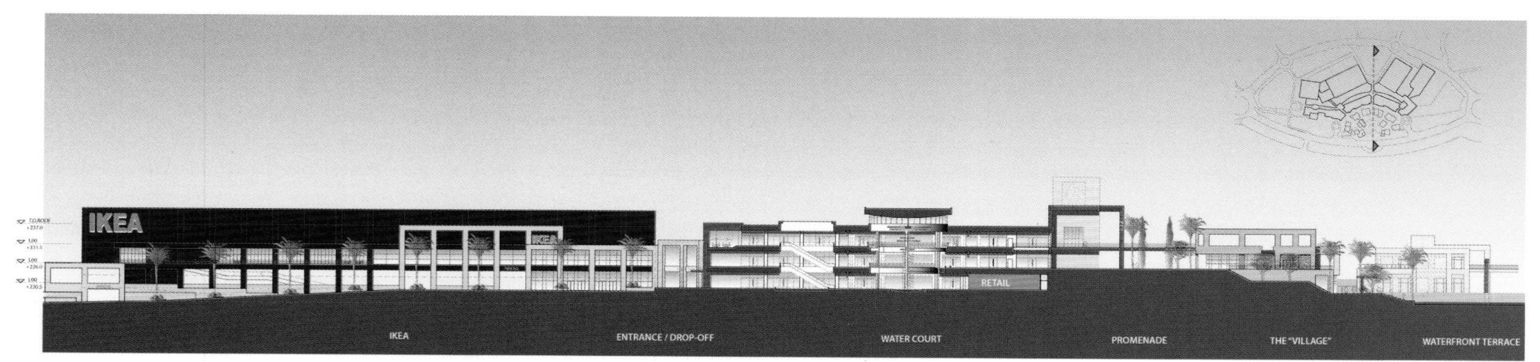

SECTION AT WATER COURT

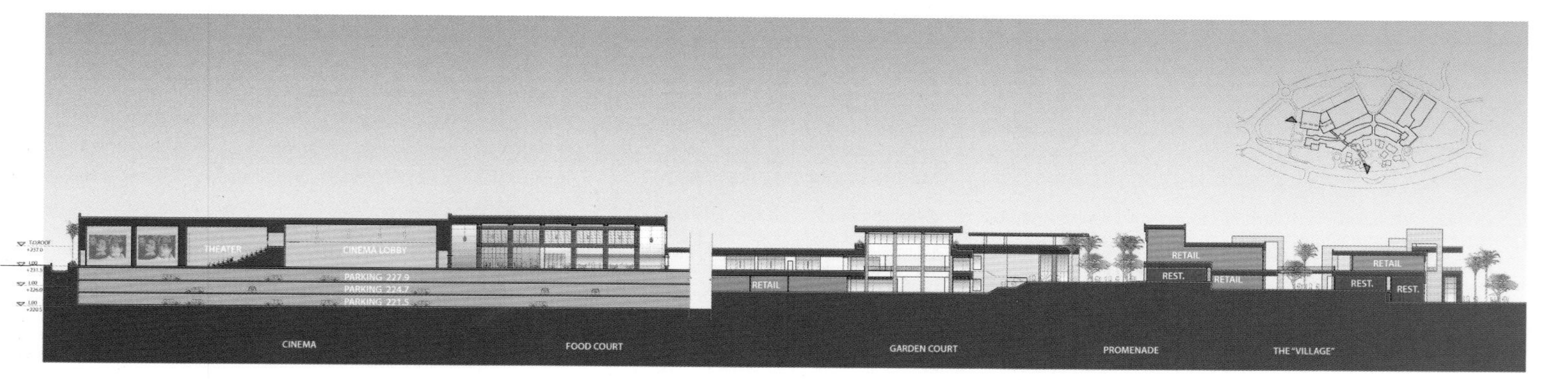

SECTION AT GARDEN COURT

0 10 20 50

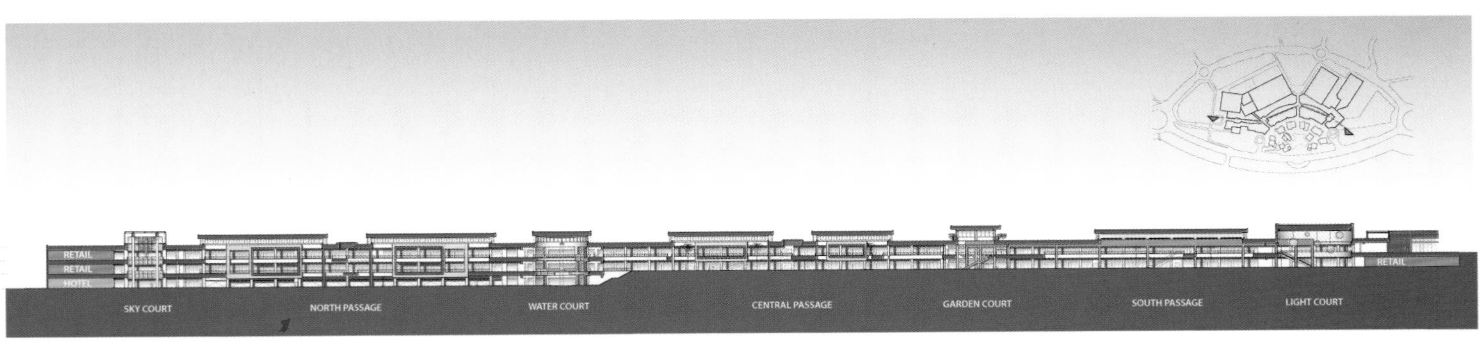

OVERALL - EAST

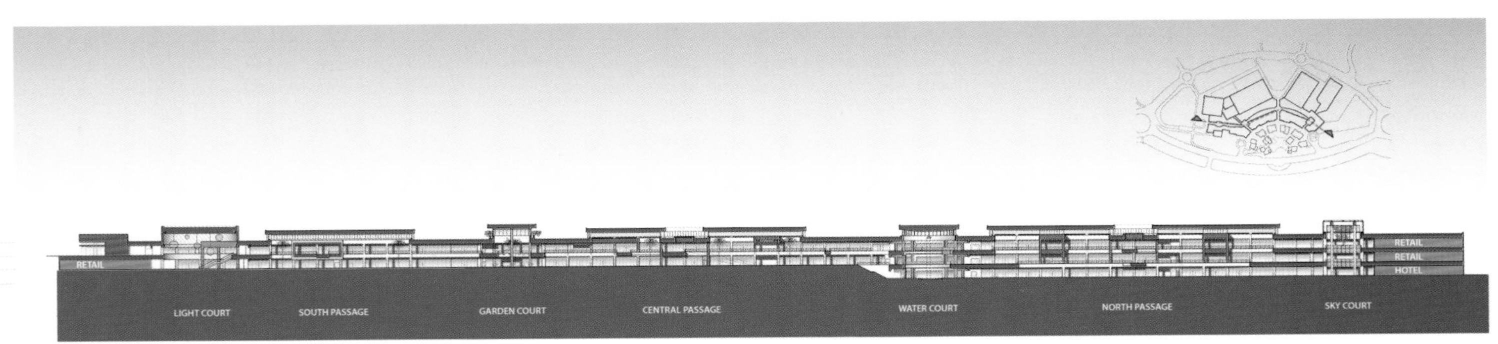

OVERALL - WEST

BARISTA
BREAD & CO
COSTA

CINEMA
CINEMA
GREEN & BLU

JAC & ALVIN
RESTAURANT

CINEMA
ZONE
Cafe
PANDA

SarahM
Nic Mac
Wilsons
SarahM

JEWEL

MISS DAISY

STORE

东莞民盈广场

项目地点：中国广东省东莞市
客　　户：东莞民盈广场开发有限公司
建筑设计：5+Design
占地面积：104 870 m²
建筑面积：1 079 237 m²

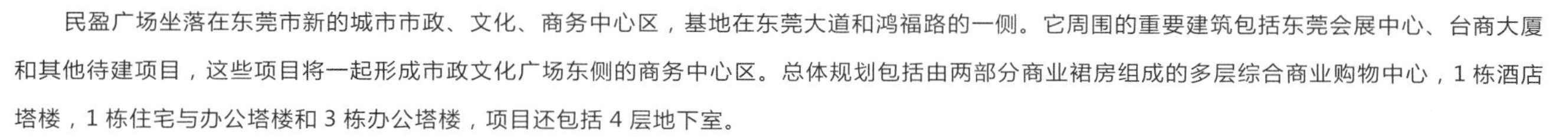

民盈广场坐落在东莞市新的城市市政、文化、商务中心区，基地在东莞大道和鸿福路的一侧。它周围的重要建筑包括东莞会展中心、台商大厦和其他待建项目，这些项目将一起形成市政文化广场东侧的商务中心区。总体规划包括由两部分商业裙房组成的多层综合商业购物中心，1 栋酒店塔楼，1 栋住宅与办公塔楼和 3 栋办公塔楼，项目还包括 4 层地下室。

民盈广场的购物休闲理念是独一无二的。它集东莞生活的多面性于一体，石墙、台阶、秀美景观和屋顶公园的设计让人们尽享自然风光的魅力。沿着山谷墙体排成一排的 5 个引人注目的商店和餐厅充满了活力和激情。一条自然形态的山谷将总布局一分为二，并围绕总规划中心布置了循环的商业动线，相连的地铁可到达东莞大道和洪福路路口。山谷的位置和方向可以看到远处公园的灯笼雕塑和旗峰山，视野远可遥望城市西沿的剪影，并有效屏蔽了来自公路的噪音。地板和墙体以各种石头建造，石头的各种纹理给人留下天然石山峡谷的印象，犹如天然悬崖表面经过多次侵蚀形成矿物和岩石的丰富纹理在外裸露的景象。美景、喷泉和瀑布将使此地变得美丽绝伦并富有人文色彩的城市目的地。结合丰富的景观，白云朵朵，漂浮上空，半遮半掩的树荫和迎风的树盖也如飘浮于天空的云朵。

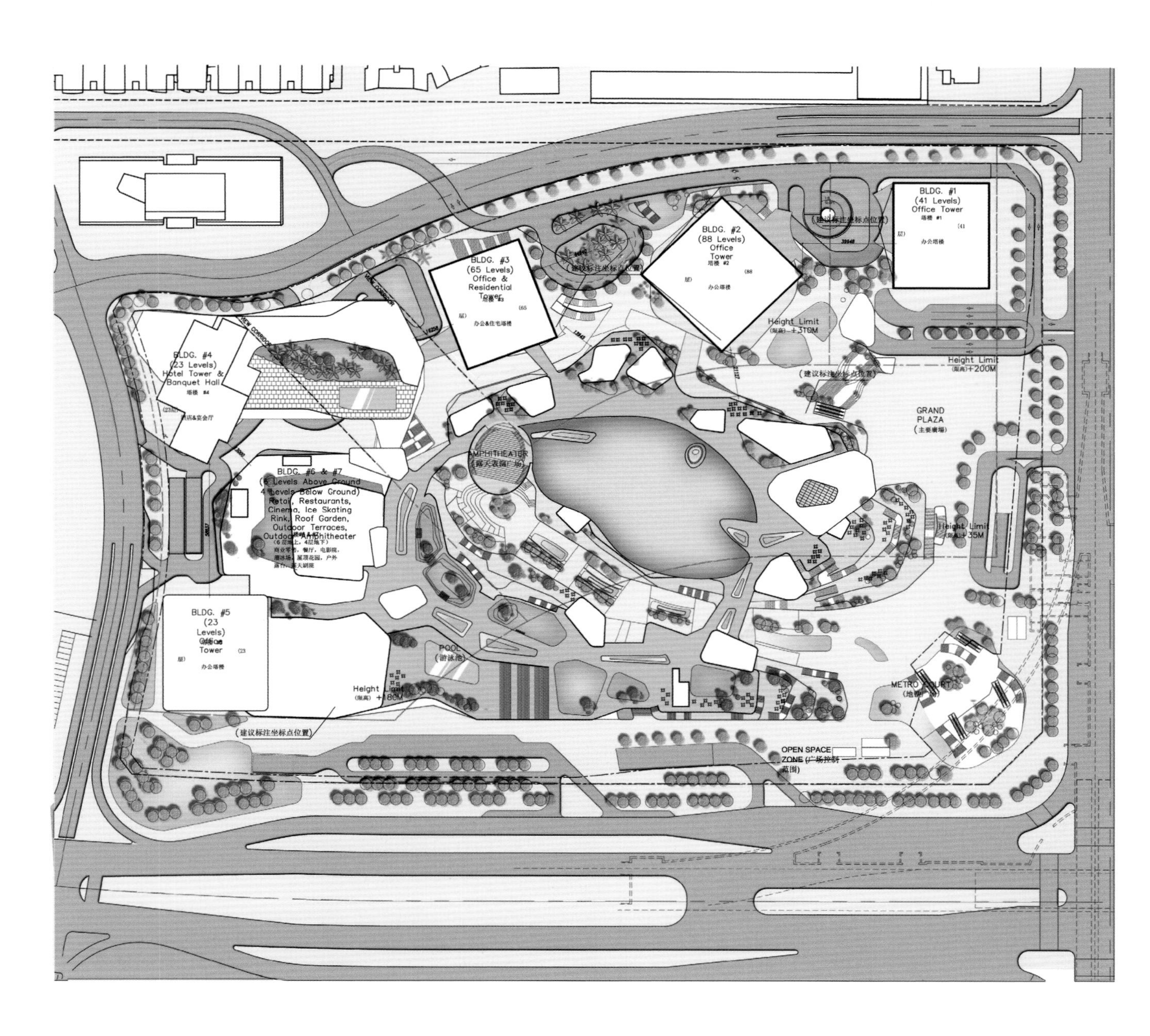

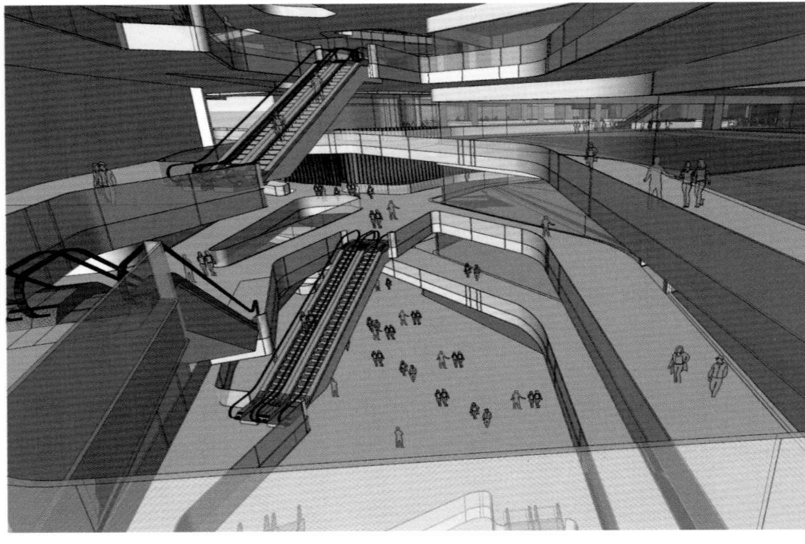

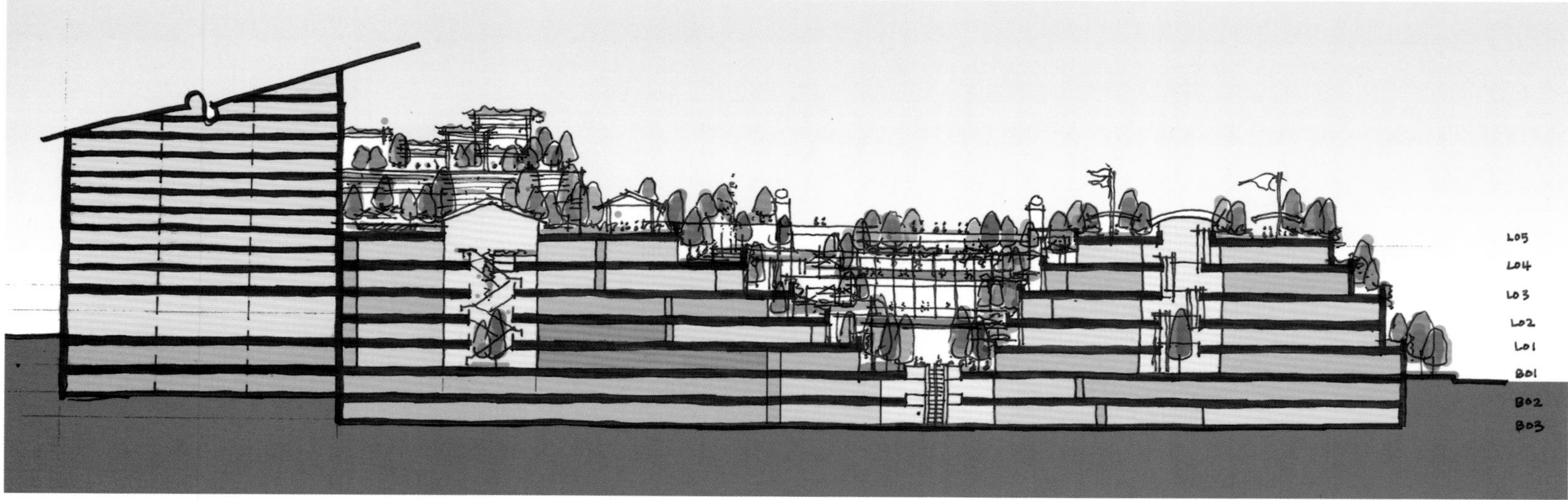
L05
L04
L03
L02
L01
B01
B02
B03

ICE
SKATE
CENTER
HOTEL
L05
L04

山谷的两边都将建造多层的室内购物商场，商场环形般地围绕着山谷。每一层上有 2 个连桥可以穿越山谷，桥上的玻璃墙允许人们俯瞰山谷美景。商场的外墙呈起伏跌宕的连绵状，体现了山谷贯穿整个购物空间的理念。这也形成了总体裙房的规划特色。4 个办公室塔楼和一个旅馆塔楼围绕着裙房排成一列，塔楼可以俯瞰山谷和屋顶公园，它们就像捍卫领土的巨人哨兵一般。

5 座塔楼中最高的标志性塔楼高达 388m，远处仍可见其醒目的地标形态，它也是东莞最高的建筑之一。它的造型富有戏剧色彩，蕴涵玻璃晶体的理念，象征着未来科技和城市传统的融合。它的外形象征着东莞市的市花——白玉兰，包围着尖塔的曲线幕墙象征着花瓣，显示了花朵的内在美。此外，还有 2 个设计完美的办公塔、一个奢华住宅 / 办公塔楼、一个能容纳超过 2000 宾客的超级宴会设施和五星级酒店以及水疗中心。

本项目也是一个与公共汽车站、出租车站和地铁连通的重要城市必备交通枢纽。在西边角落，富有戏剧色彩的下沉广场以及景观和水流的跌落式的台阶与地下的地铁站相连。把人们直接带到都会广场和购物山谷中漫步，附近的生活和工作都与地铁站点连接在一起，同时也把公共交通活动引入东莞民盈购物中心的核心地带。

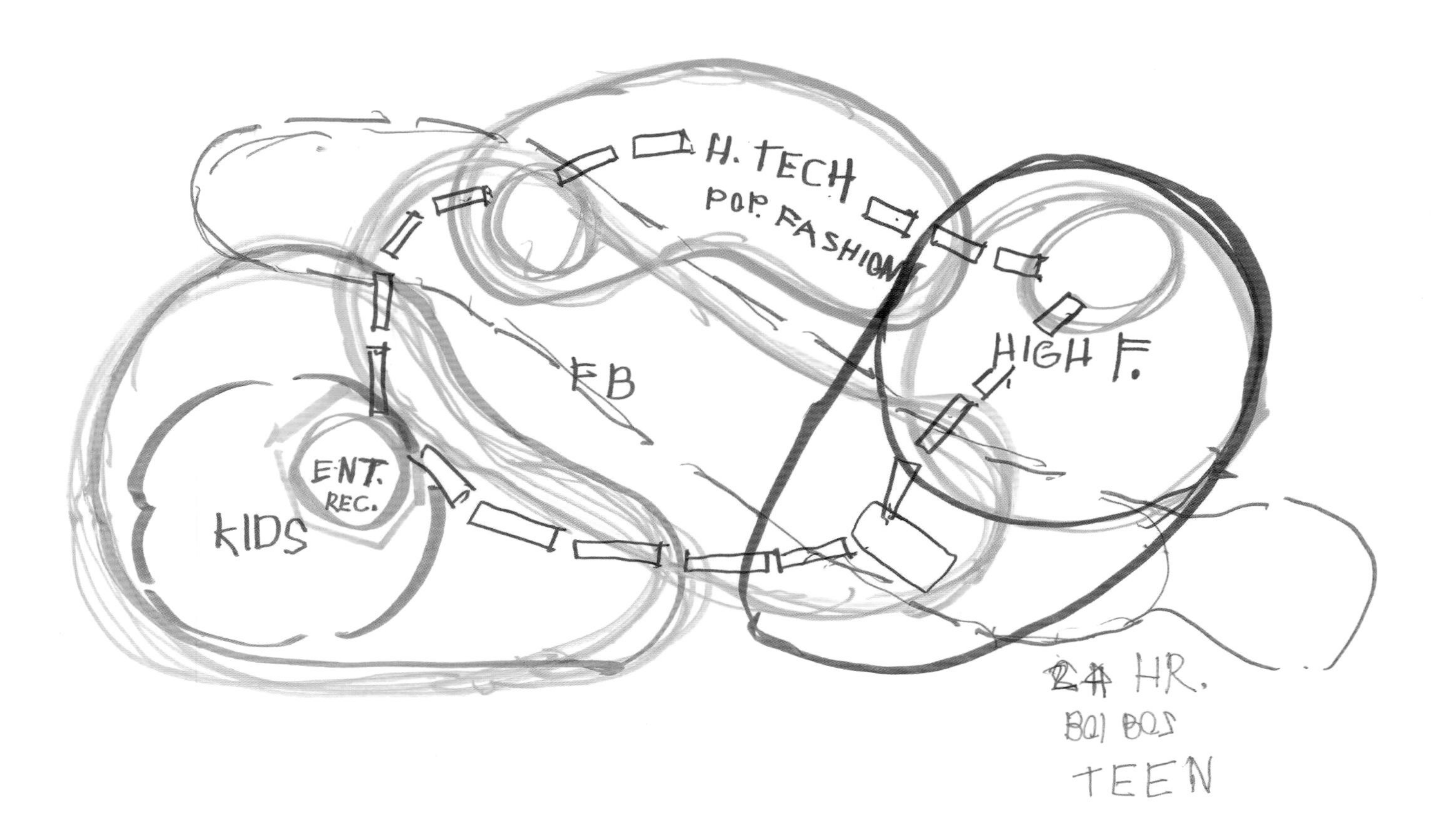
H. TECH
POP. FASHION
HIGH F.
FB
ENT. REC.
KIDS
24 HR.
TEEN

J.CREW
GUCCI
H&M
DKNY

HOTEL

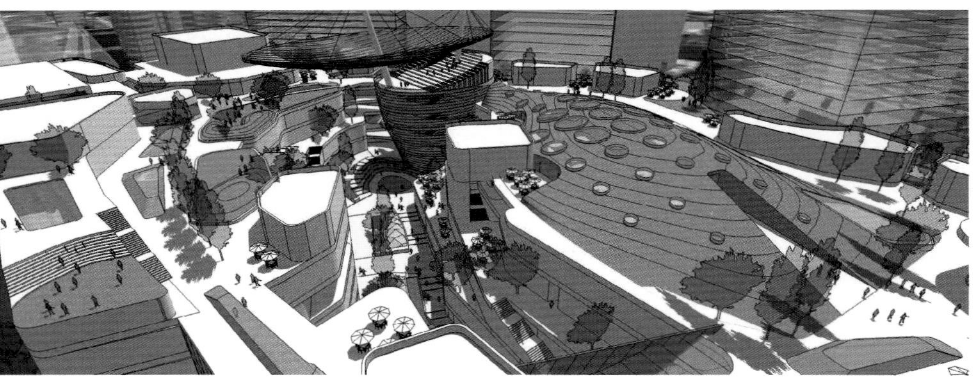

重庆龙湖星街

项目地点：中国重庆市
客　　户：重庆龙湖地产有限公司
建筑设计：5+Design
占地面积：160 191 m^2
建筑面积：765 265 m^2
设计团队：Tim Magill, Jay Park, Young Lee, Diana Park, Sern Hong-yu, Terry Chen
摄　　影：舒赫建筑摄影工作室

该项目位于重庆江北区北滨路，毗邻中心商业区，其占地面积为 160 191 m^2，规划总建筑面积约为 765 265 m^2。项目的建筑群包括城市景观带、滨江住宅大楼、办公大楼和商业地产。它是该城市的地标建筑群。

龙湖星街一期是龙湖集团两个商业体系的其中一个，总商业面积为 100 000 m^2，主要为餐饮、娱乐和宴会餐厅等。一期工程中设计师规划了 7 000 m^2 的公共空间，协助整顿了路线。无论对整个豪华住宅区还是对 CBD 和春森商务办公区来说，星街都是一个高品质的零售休闲中心。

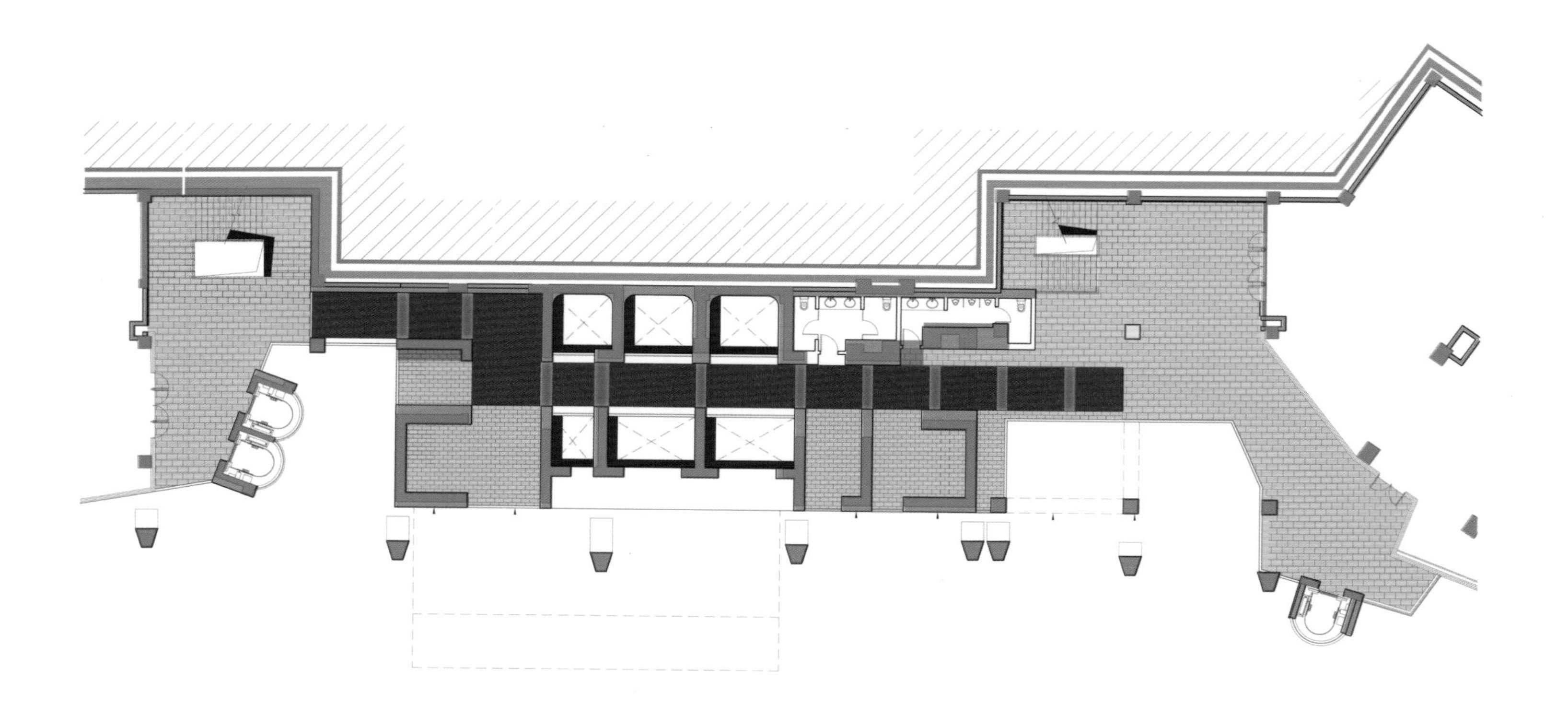

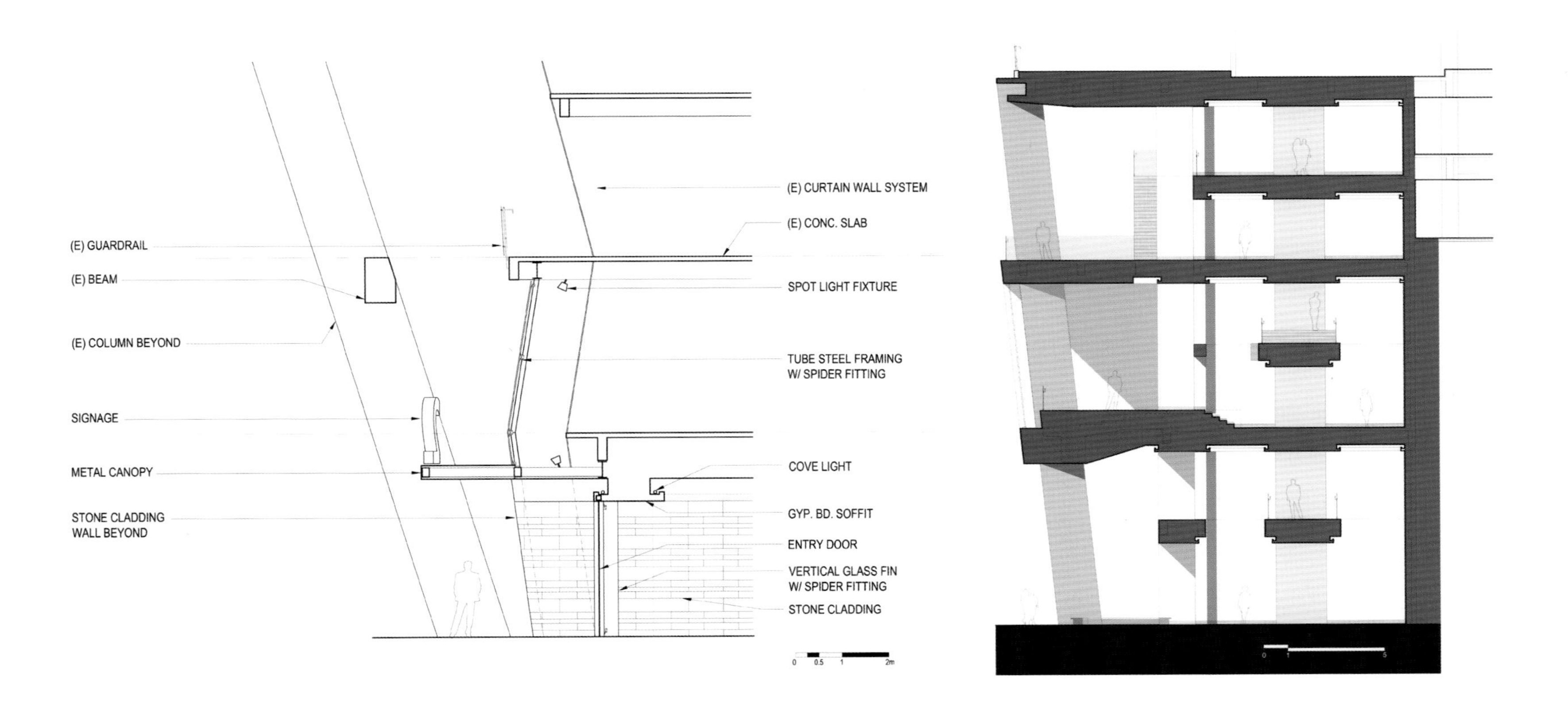
(E) CURTAIN WALL SYSTEM
(E) CONC. SLAB
(E) GUARDRAIL
(E) BEAM
SPOT LIGHT FIXTURE
(E) COLUMN BEYOND
TUBE STEEL FRAMING
W/ SPIDER FITTING
SIGNAGE
METAL CANOPY
COVE LIGHT
STONE CLADDING
WALL BEYOND
GYP. BD. SOFFIT
ENTRY DOOR
VERTICAL GLASS FIN
W/ SPIDER FITTING
STONE CLADDING

STARRY STREET
MANAGEMENT OFFICE
0 1 5 10

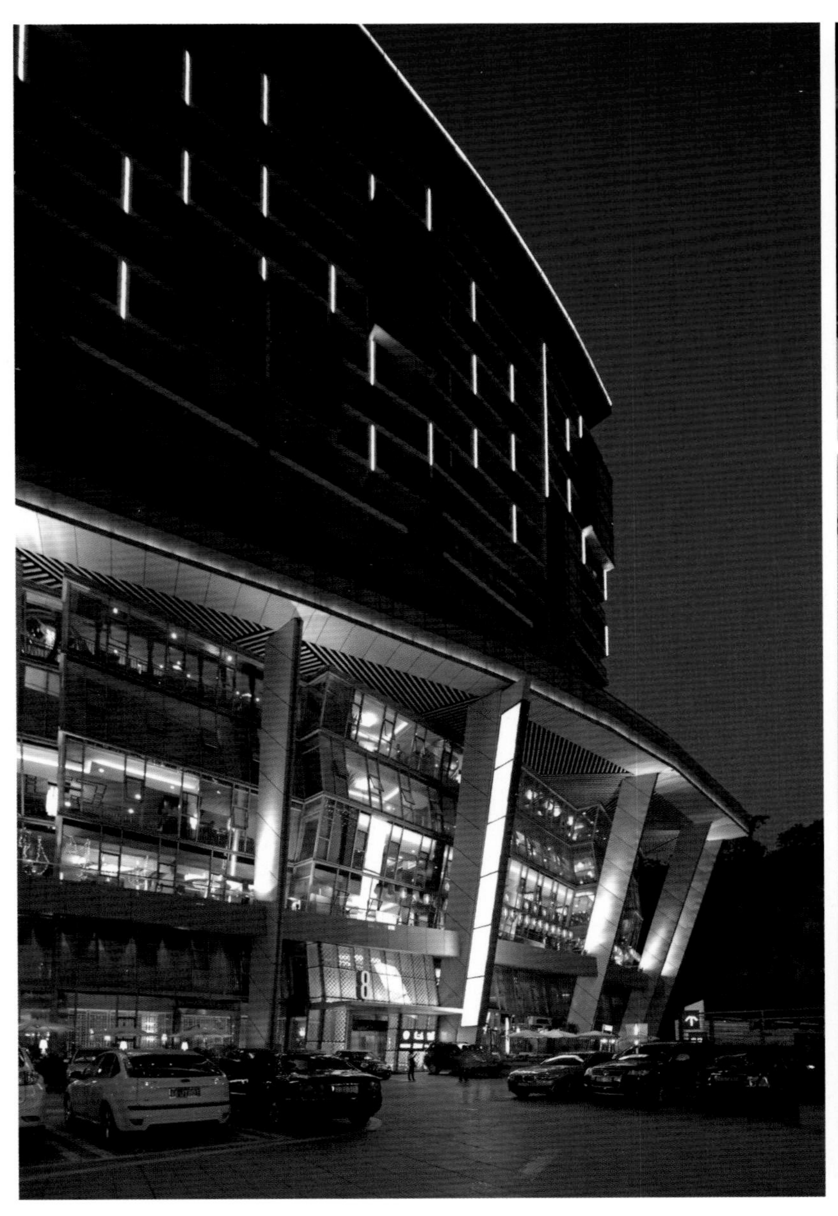

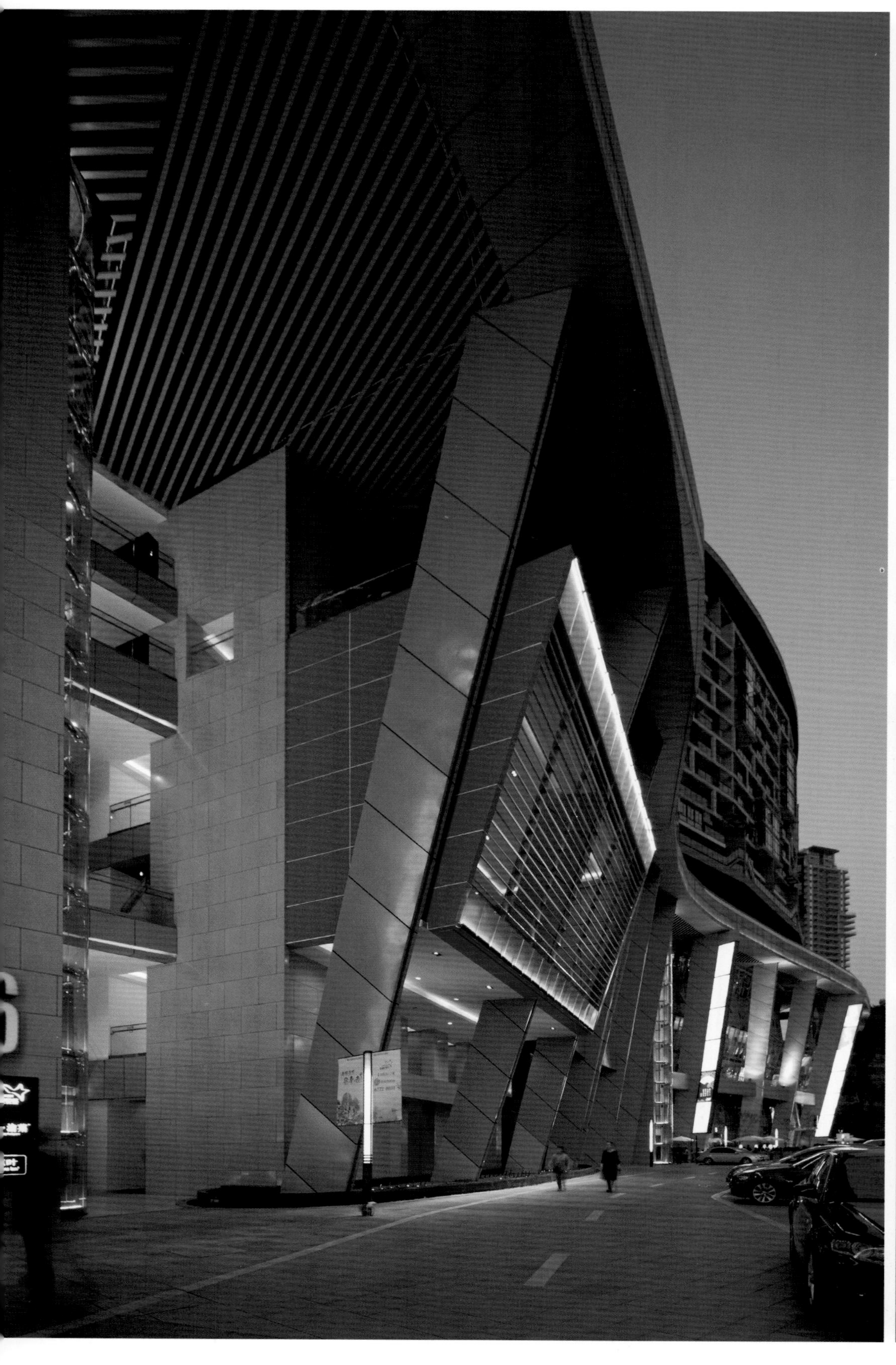

5

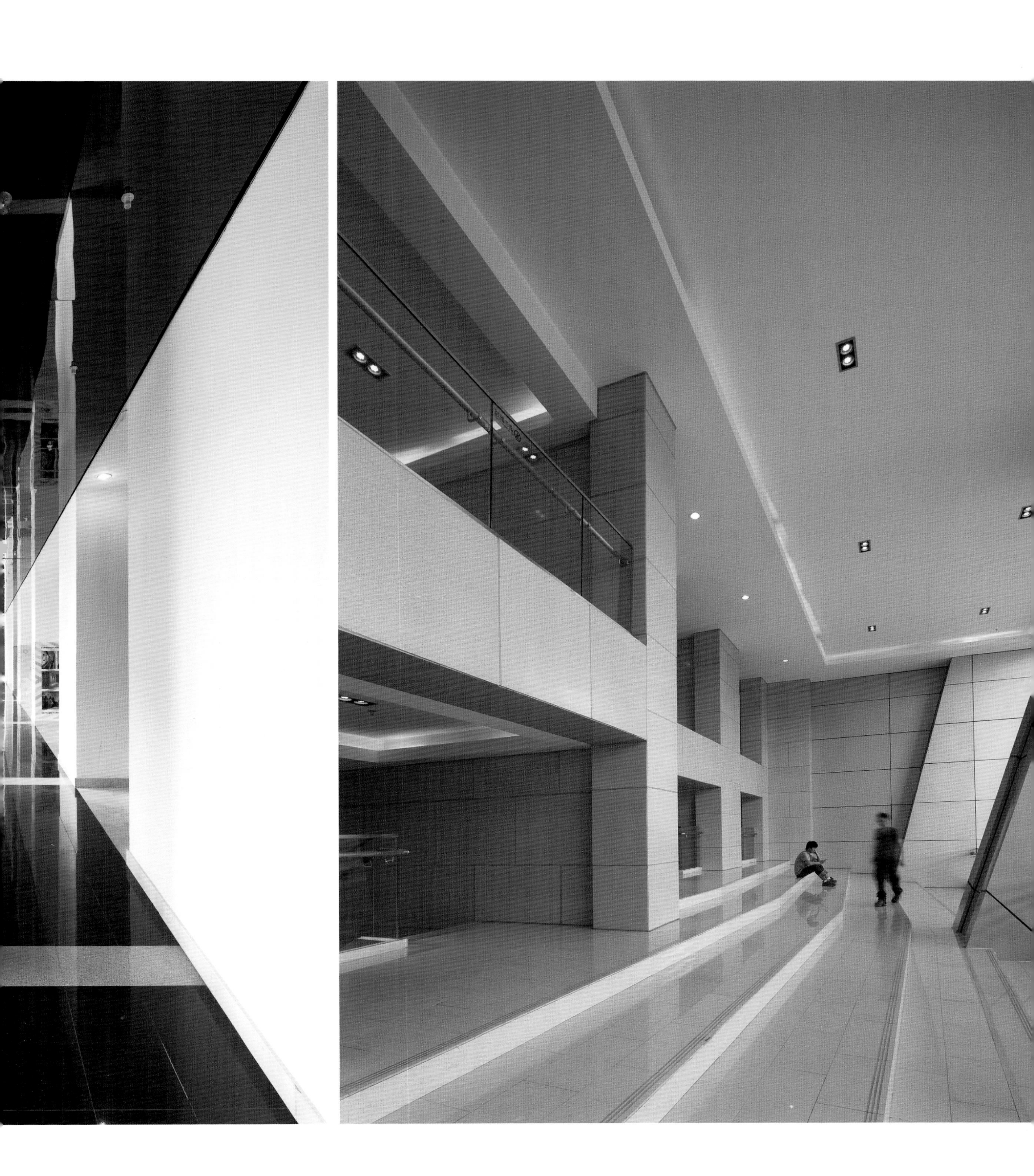

红星美凯龙家居北京旗舰店

项目地点：中国北京市
建筑设计：AmphibianArc
占地面积：89 270 m²
建筑面积：372 946 m²

该项目占地面积达89 270 m²，建筑面积达372 946 m²，其整体结构为地下两层、地上七层，拥有2 362 m²停车场的商业综合项目。

过去25年中国人的家庭生活发生了巨大的变化。红星美凯龙作为国内最大的家居用品品牌，不仅为顾客提供了更多家具用品的选择，还为中国现代家庭提供了新的设计美感和风格。

该项目的设计理念是在旗舰店内体验未来城市之旅，正如红星美凯龙所期待的为顾客提供前所未有的购物体验。

这一新的北京旗舰店代表了红星美凯龙的品牌形象。设计元素传达了关于风水的理念，例如，出口的正前方向为U形设计，这意味着聚集财物。另外，建筑的整体形状类似于中国的铸锭，铸锭在风水方面意味着财富的积聚，喻意吉祥。

红星美凯龙在过去25年间发展迅速，其分店多达80家遍布全国65个城市。该项目旨在通过建筑设计向世人展示代表红星美凯龙家居北京旗舰店核心价值的品牌形象，从而达到继续推广品牌的效果。如今飞速发展的中国城市，分辨不同品牌的品牌形象变得越来越有挑战性。因此，创造一个与时俱进的与众不同的品牌形象可应用于每一家分店，其关键是不同的品牌形象应与当地城市环境联系起来。

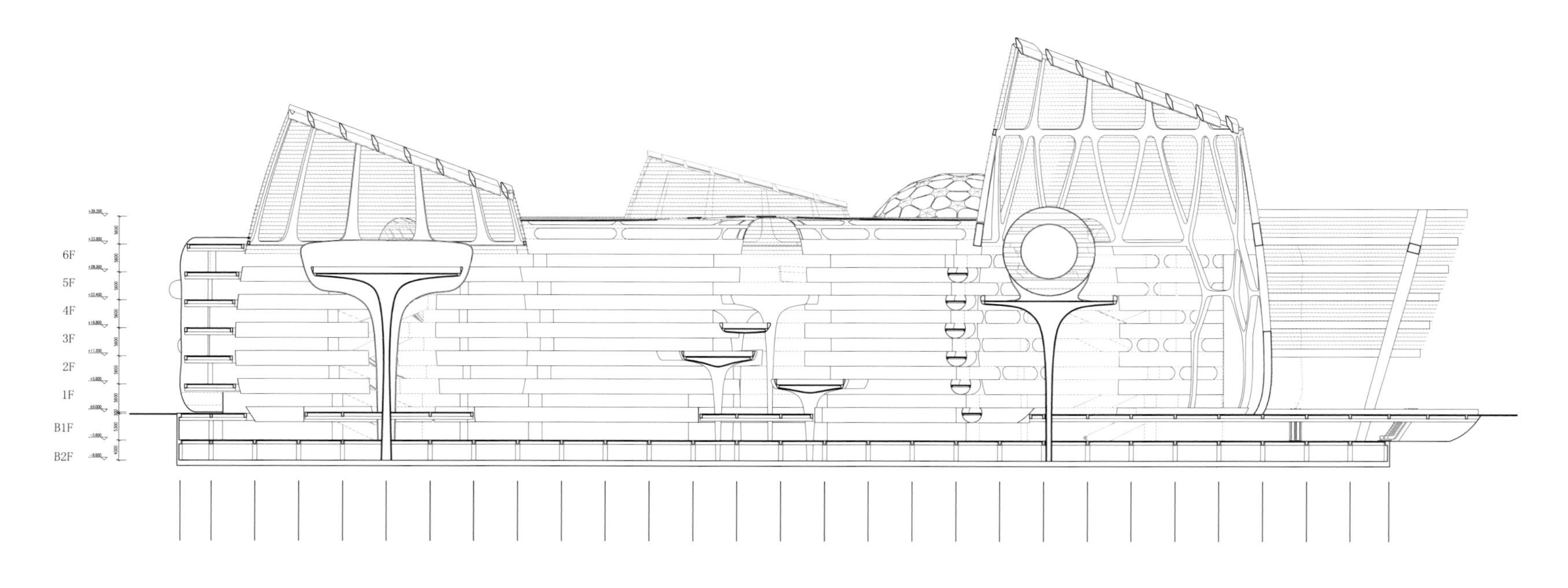
6F
5F
4F
3F
2F
1F
B1F
B2F

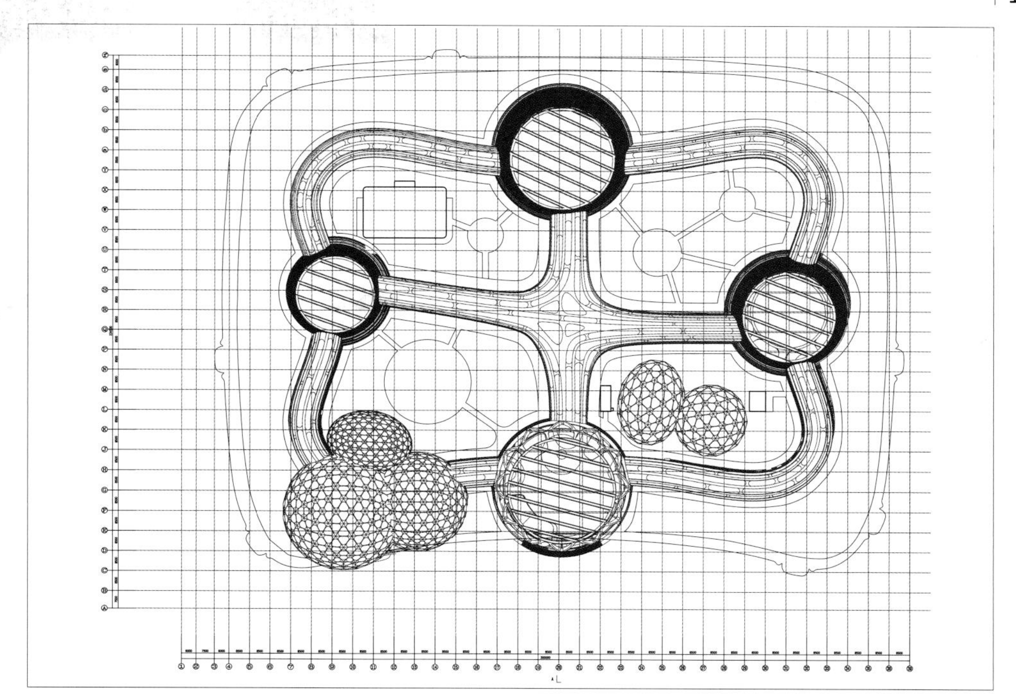

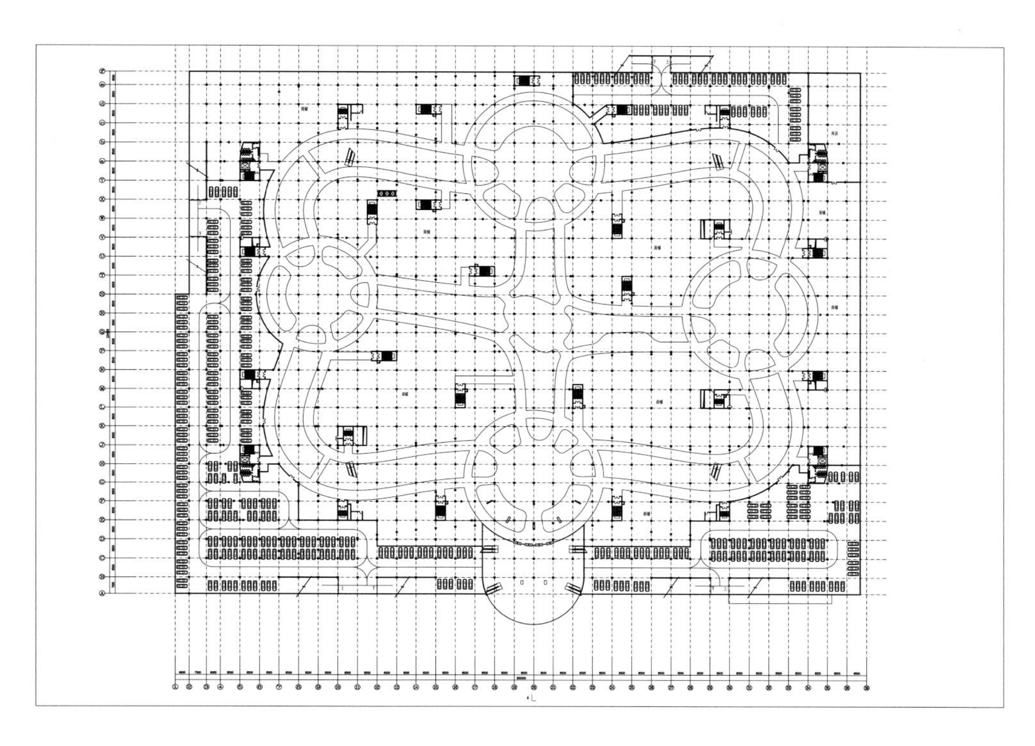

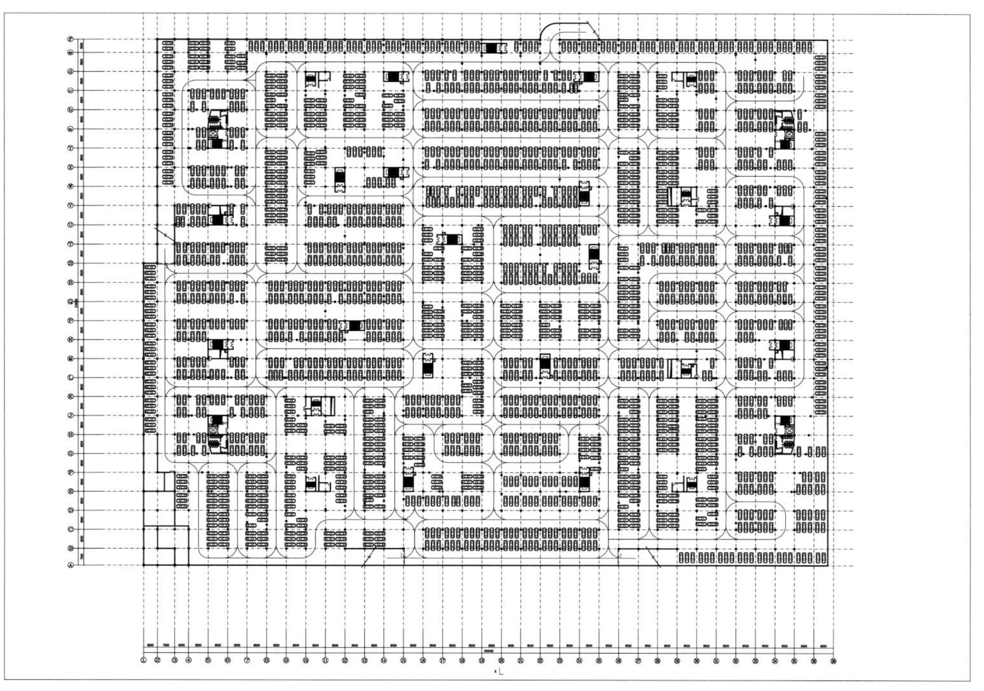

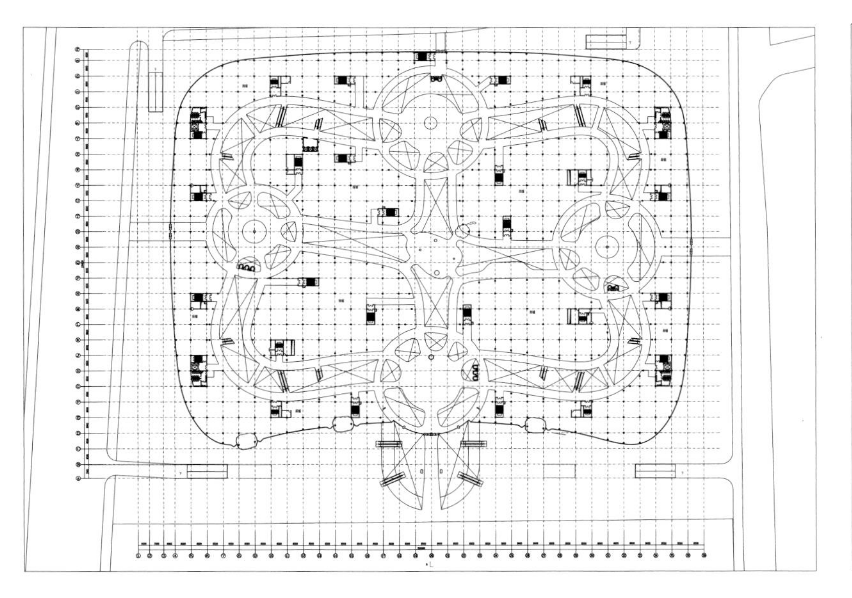

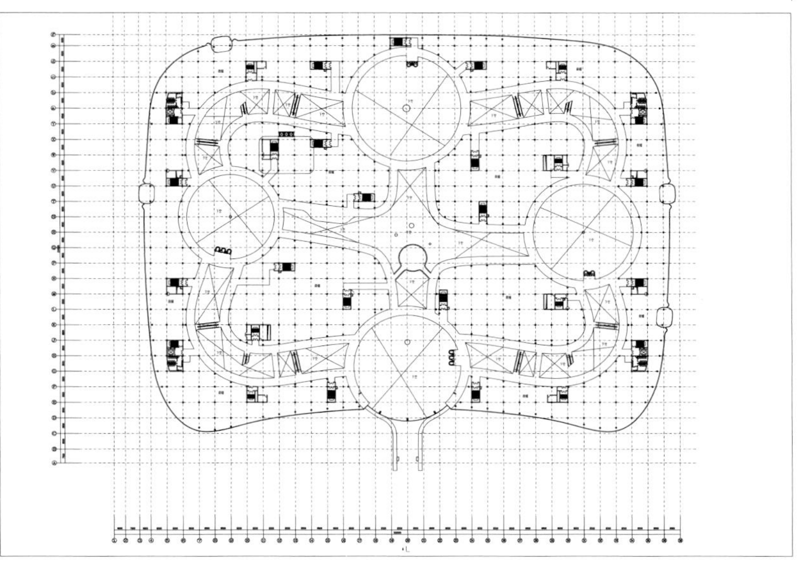

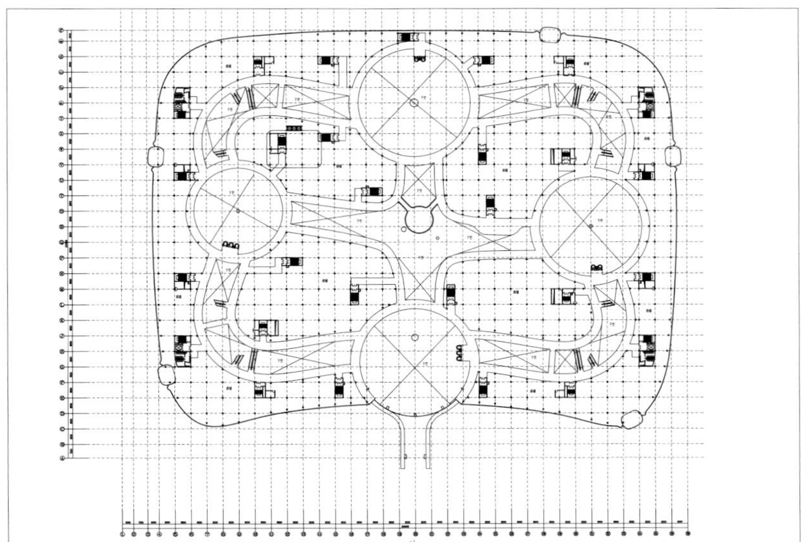

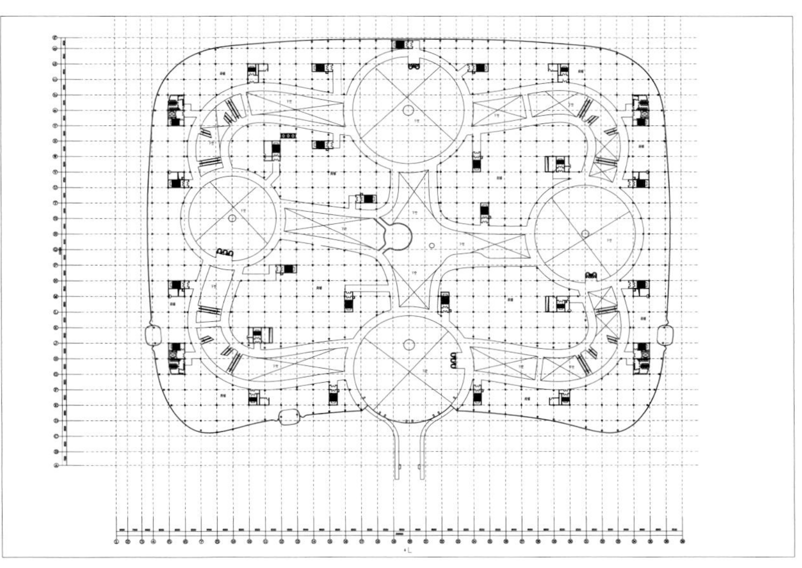

琶洲展览综合体

项目地点：中国广东省广州市
建筑设计：凯达国际

琶洲位于中国广州，是珠江三角洲内的一个岛屿，主要用于举办展览等活动。其中心部分是政府资助的会展中心，目前排名世界第二。琶洲展览综合体位于会展中心的正对面。

项目的一个场地由一香港开发商全资拥有，另外一个由该开发商与一个大型国际基金公司共有。场地 1301 包括裙楼的零售区和顶部的办公室展厅建筑。场地 1401 是一个传统的多层展厅，裙楼包括 500 个房间，盘踞其上的是一个五星级酒店。这四个功能用区总建筑面积高达 180 000 m^2。

将四种独特功能分布到两个场地并非易事，且两个场地必须相距 160 m，这更增加了项目的复杂性。为了保证中心的能见度，在项目设计适度强调临街地界的重要性的同时也对一些基本功能做了限制，包括人流、车流、下客区、加载 / 卸载区。因此形成一幅简单的功能图，合理地满足了对有效面积的需求。

项目看似庞大，其实与它“周围”的邻居稍做比较，它是零散的。场地 1301 的主入口在西侧，场地 1401 的主入口在东侧。40 m 高的多层裙楼垂直分解，大胆明了地引至东西两侧。这有助于突出主入口，不需要稀释裙楼高度（相当于 10 层楼的高度）就能打破整个体量。这也是 160 m 两端对话的开始。

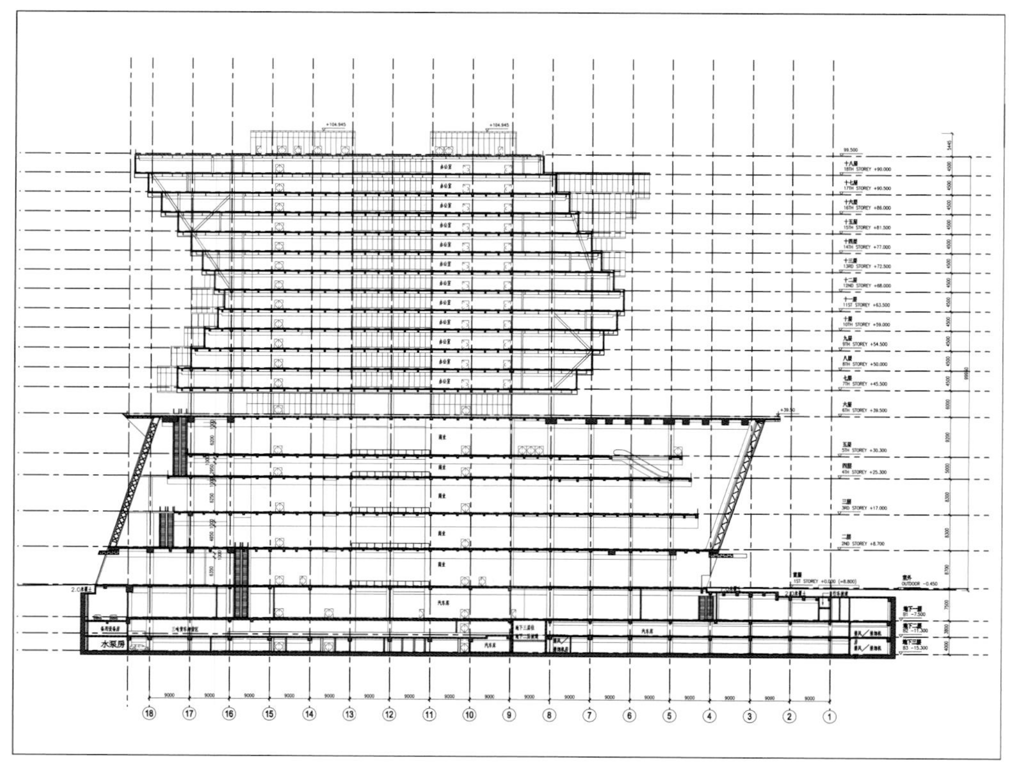

剖面图

场地1301顶部的办公展厅建筑尽可能地向北移出，悬于裙楼的西端。酒店位于1301与1401两地块之间，与办公部分东西呼应，向西延伸至消防通道。1301、酒店、1401三者之间有着密切的联系。

裙楼的垂直切片拉近了两地的距离，寻求强有力的对话。当这些立面线条趋向水平时，它们的关系更加密切起来。横向元素逐渐加剧，不管是南北向小型的，还是东西向大型的，都给该项目注入了生气。

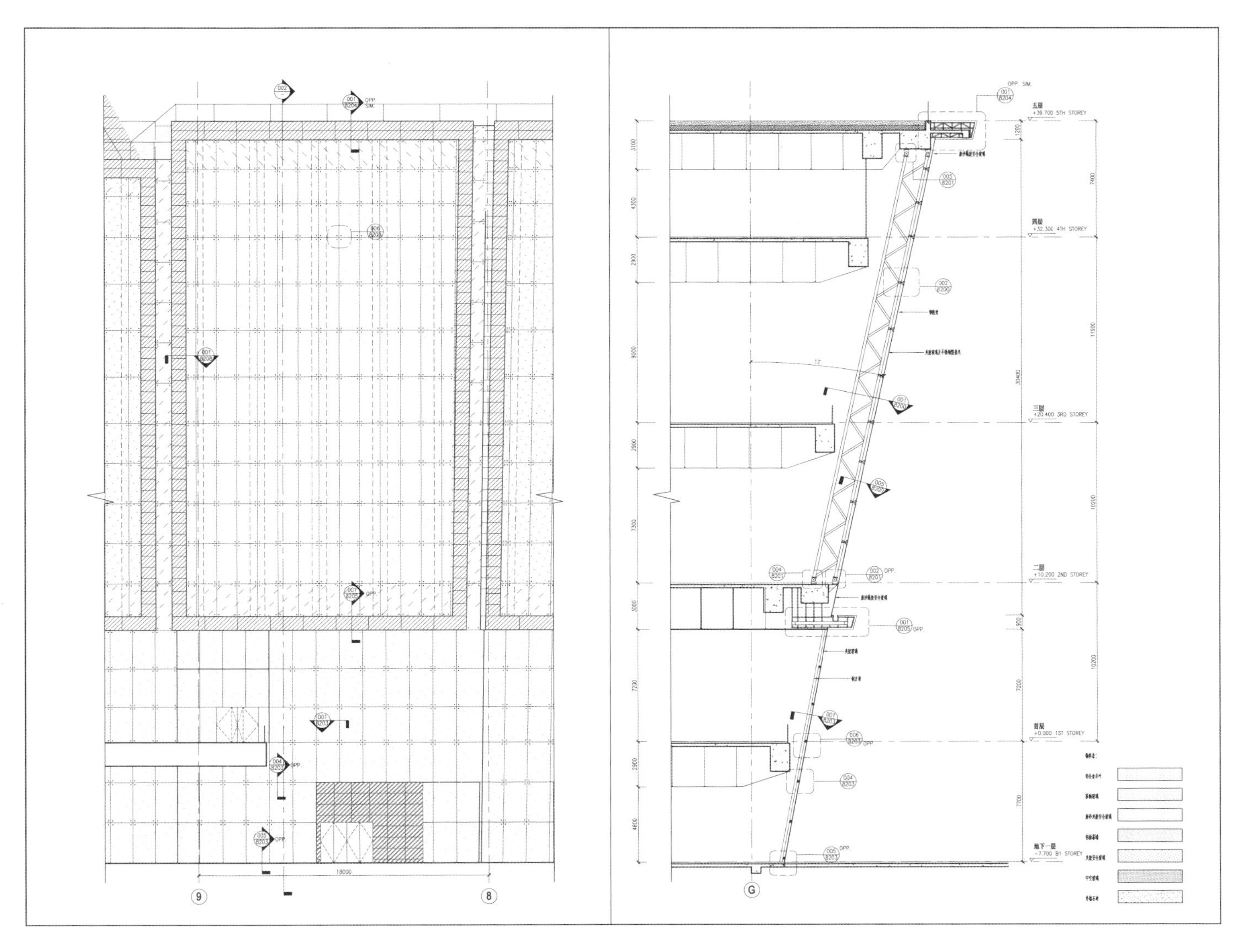

部分放大立面图

部分放大剖面图

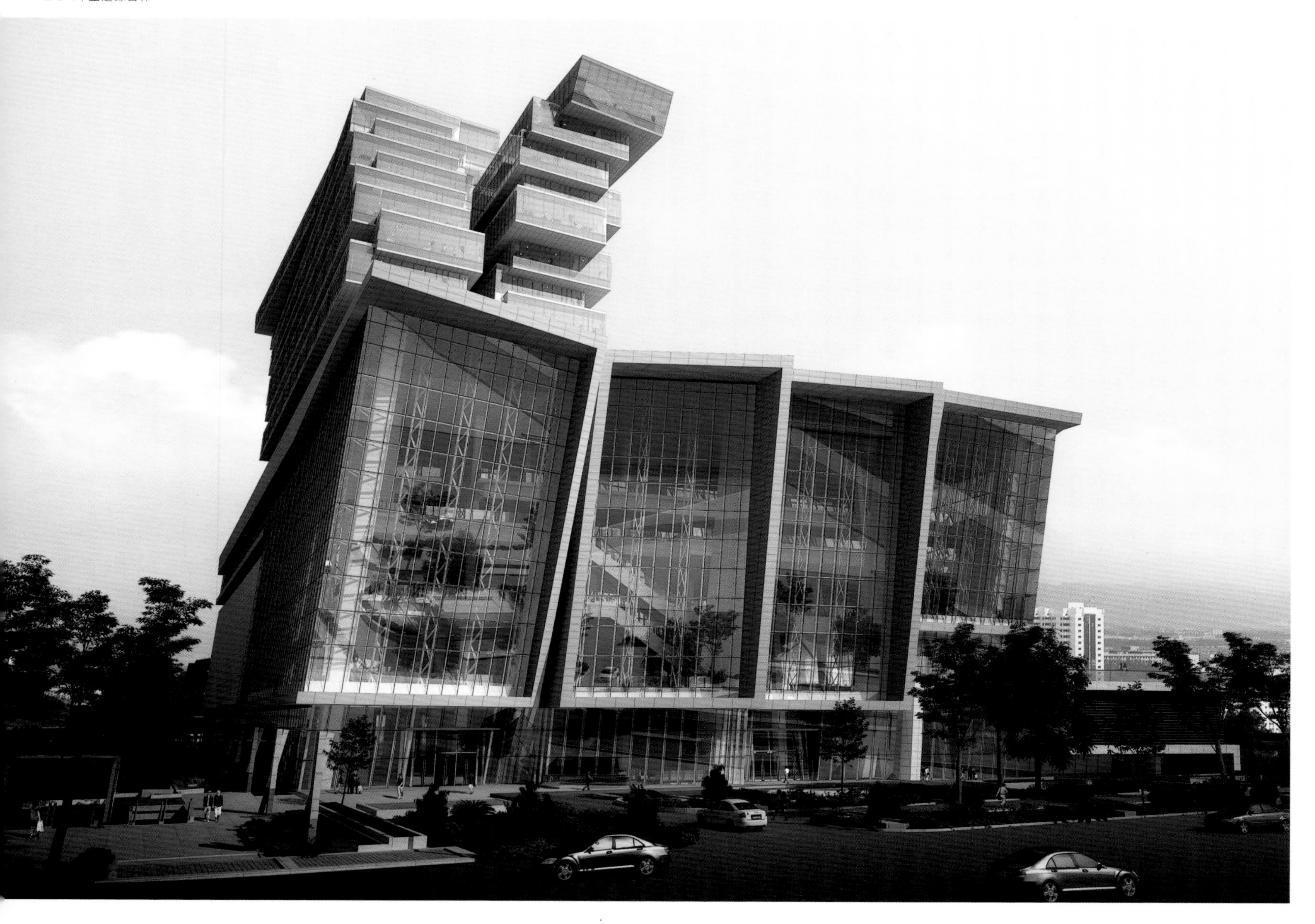

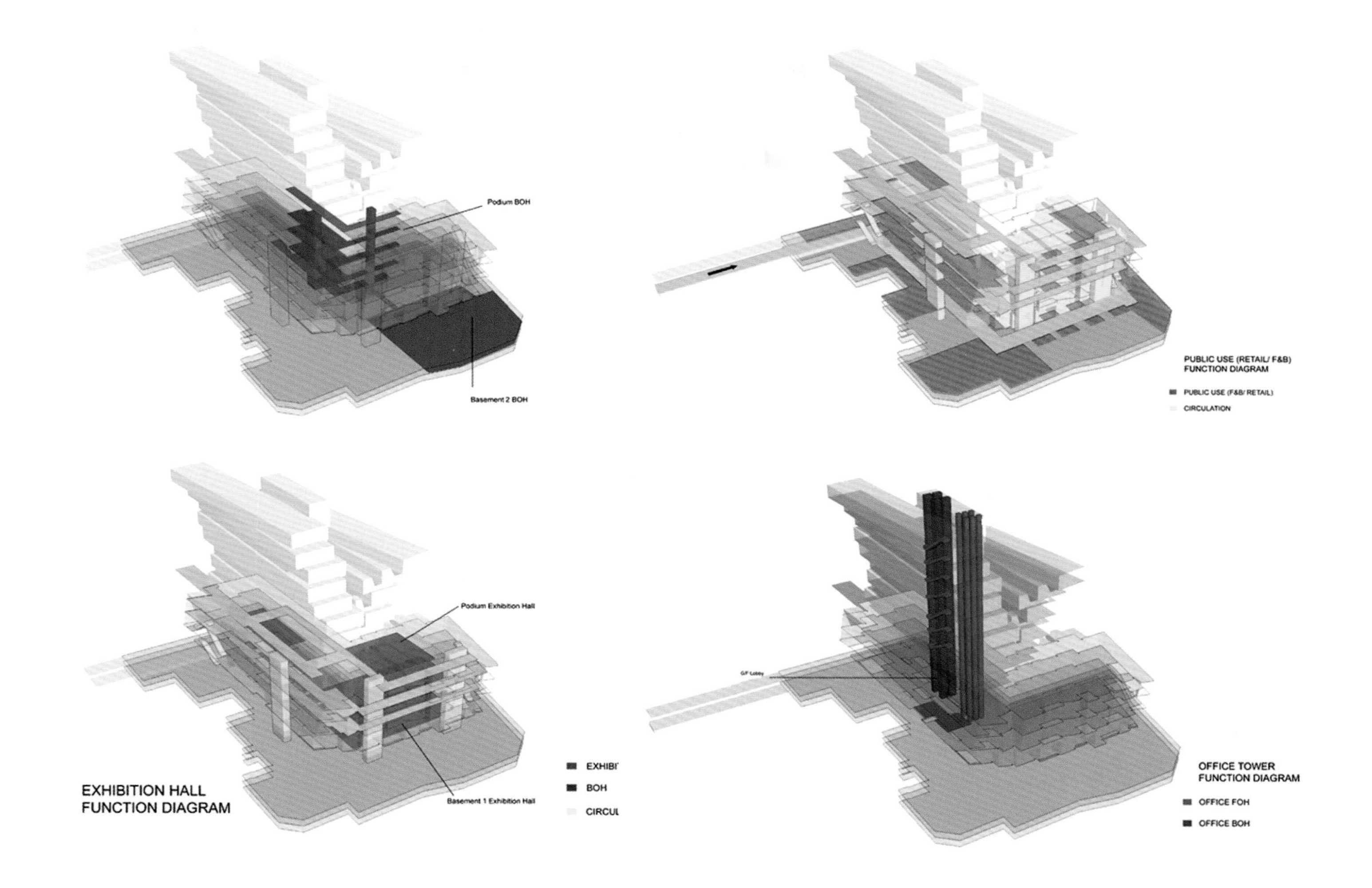
Podium BOH
Basement 2 BOH
PUBLIC USE (RETAIL/ F&B)
FUNCTION DIAGRAM
PUBLIC USE (F&B/ RETAIL)
CIRCULATION
Podium Exhibition Hall
Basement 1 Exhibition Hall
EXHIBITION HALL
FUNCTION DIAGRAM
EXHIBI
BOH
CIRCUL
G/F Lobby
OFFICE TOWER
FUNCTION DIAGRAM
OFFICE FOH
OFFICE BOH

Level 4 Fire Escape Transfer

FIRE ESCAPE STRATEGY DIAGRAM

FIRE ESCAPE ROUTE

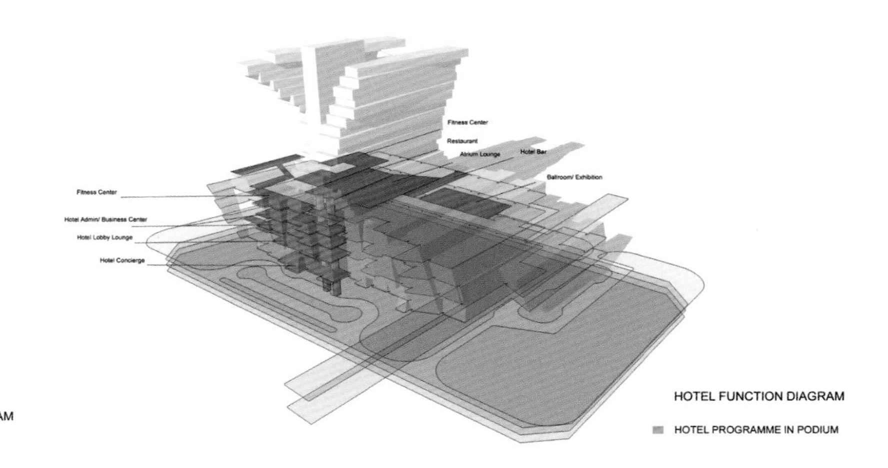

HOTEL FUNCTION DIAGRAM

HOTEL PROGRAMME IN PODIUM

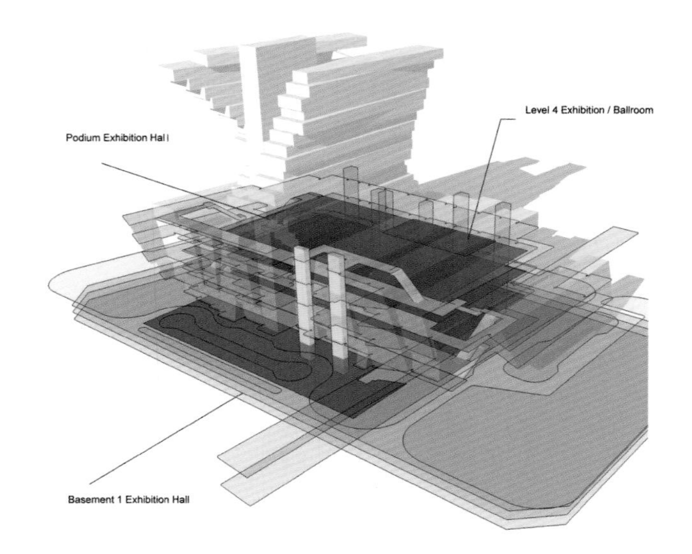

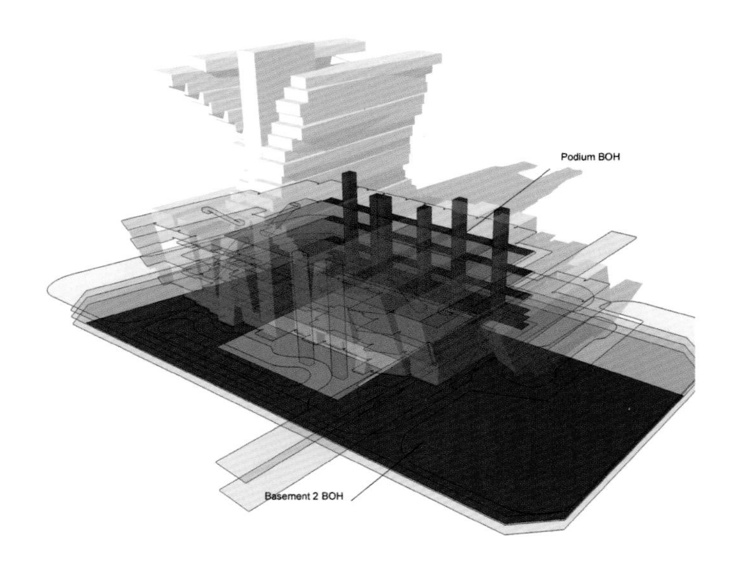

EXHIBITION HALL FUNCTION DIAGRAM

EXHIBITION HALL

BOH

CIRCULATION

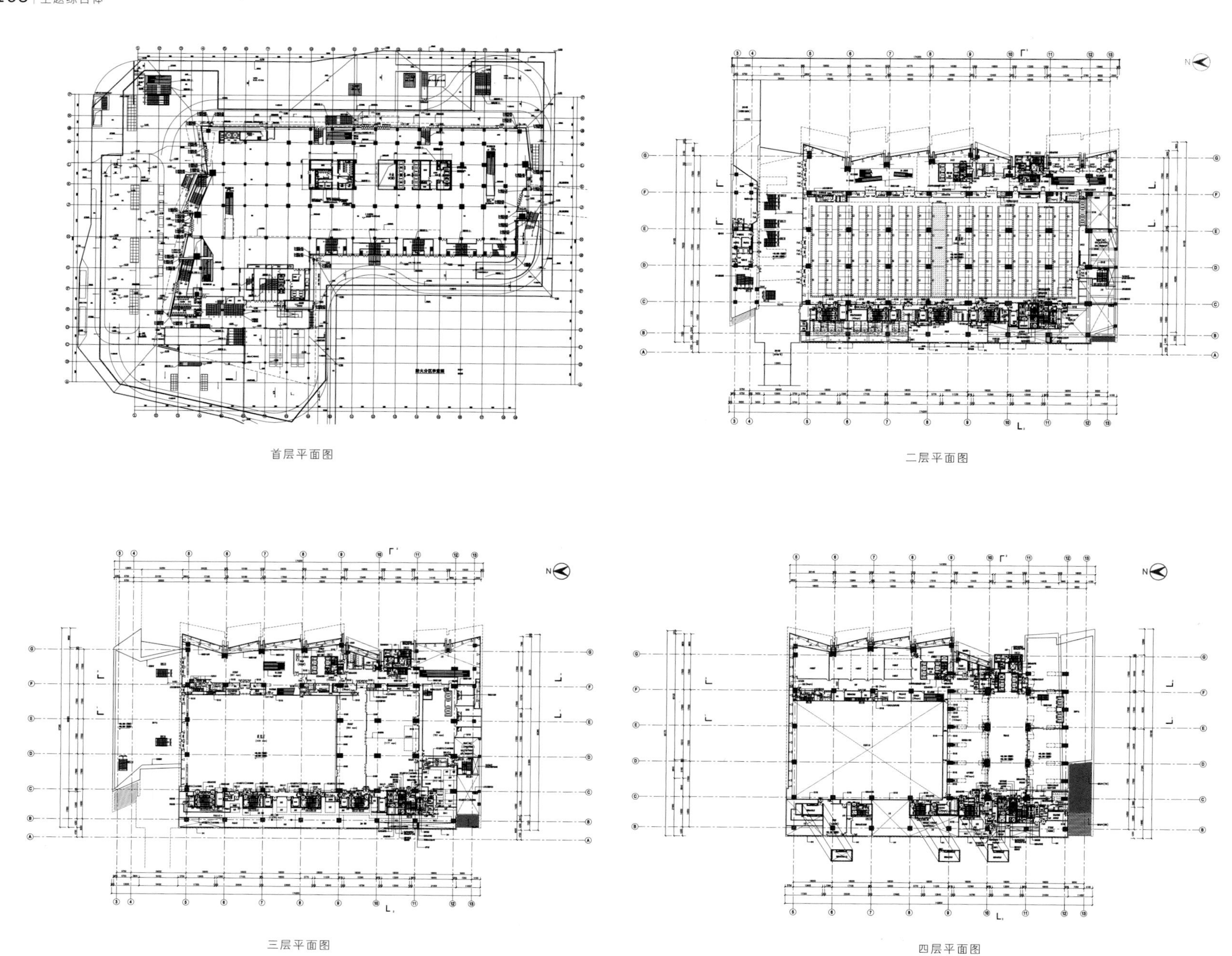

首层平面图

二层平面图

三层平面图

四层平面图

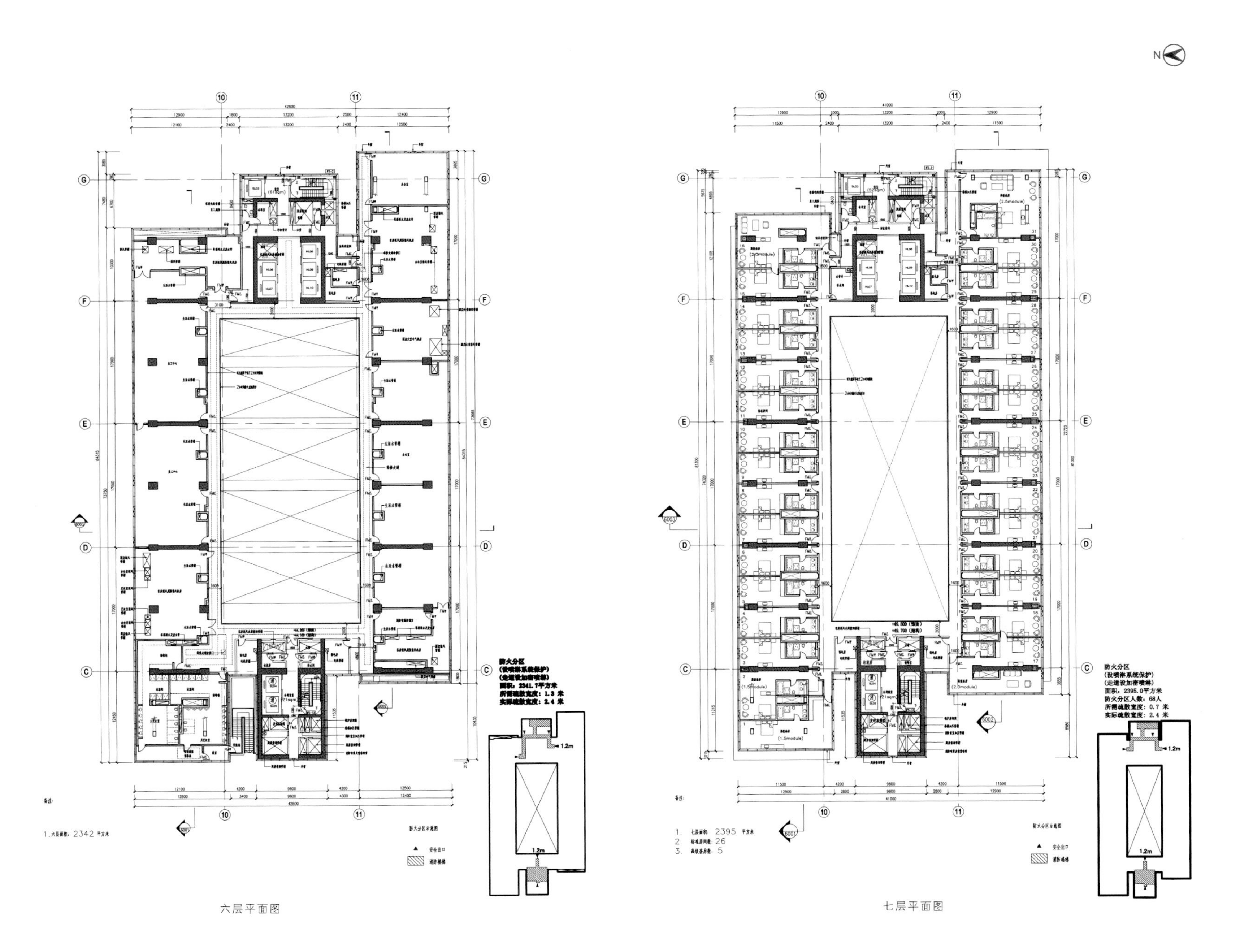
防火分区
(设喷淋系统保护)
(走道设加密喷淋)
面积：2341.7平方米
所需疏散宽度：1.3 米
实际疏散宽度：2.4 米
备注：
1. 六层面积：2342 平方米
防火分区示意图
安全出口
消防楼梯
1.2m
防火分区
(设喷淋系统保护)
(走道设加密喷淋)
面积：2395.0平方米
防火分区人数：68人
所需疏散宽度：0.7 米
实际疏散宽度：2.4 米
备注：
1. 七层面积：2395 平方米
2. 标准房间数：26
3. 高级套房数：5

六层平面图

七层平面图

深圳佳兆业城市广场

项目地点：中国广东省深圳市
开 发 商：佳兆业地产（深圳）有限公司
建筑设计：美国 RTKL 建筑师事务所

总平面图

佳兆业城市广场（KCP）位于前身为制造塑料圣诞树的工厂旧址，南部距深圳的中央商务区 15km。这一地区由于几大高科技制造公司的存在将得到快速发展，为支持这一地区核心产业的发展，政府做了长远的城市规划，包括修建新的道路和地铁线路，以吸引居民、游客和技术型产业。

由于佳兆业城市广场（KCP）旨在通过修建写字楼、酒店、连接室内的零售商场的住宅来支持这个新的社区，为当地居民提供舒适的空间。所以设计佳兆业城市广场的首要挑战是创建一个开放的吸引社区民众的商业综合体，其真正挑战是这个社区尚不存在。

DESIGN CONCEPT: Park Avenue& Plaza

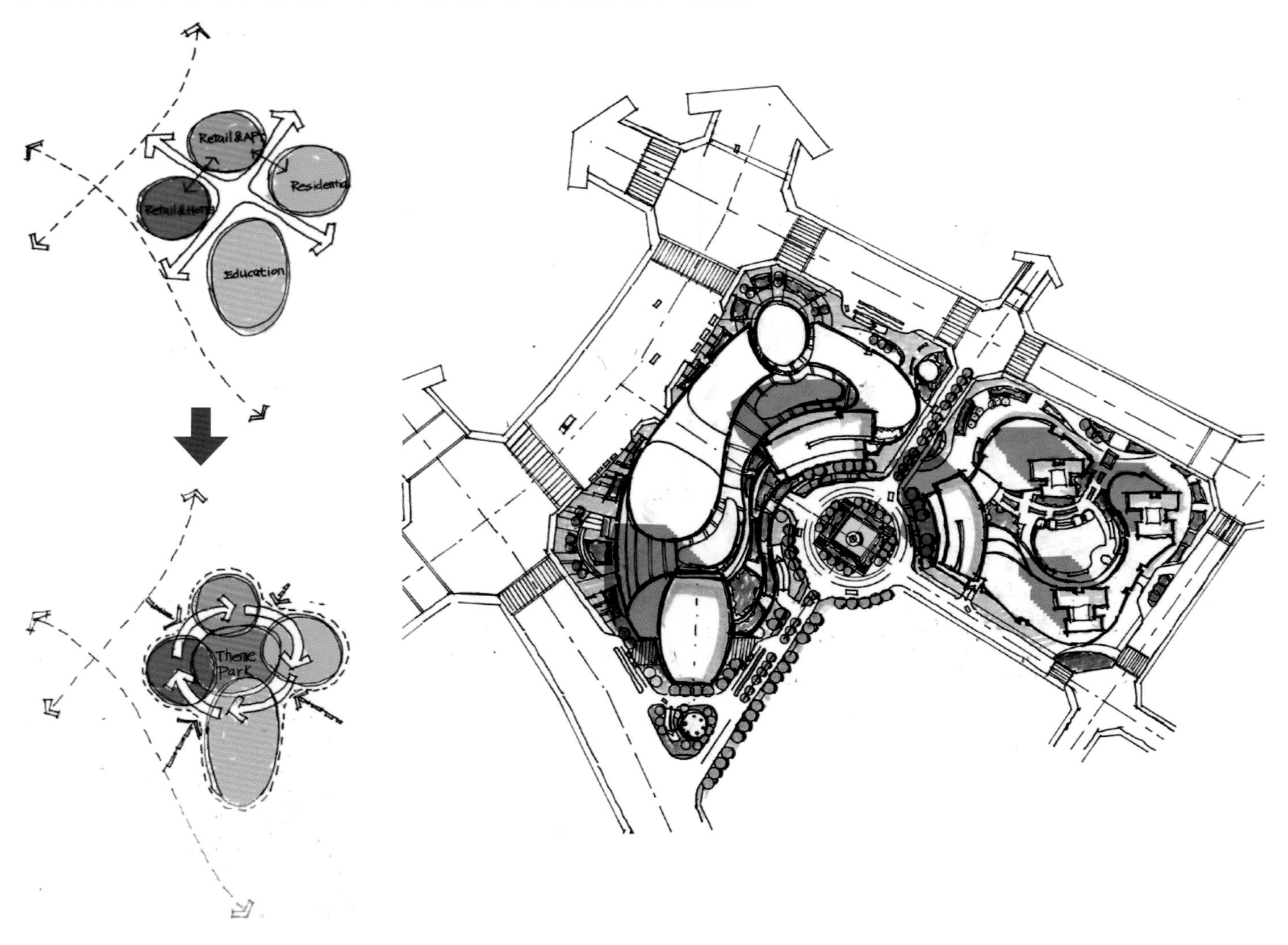

DIAGRAMS

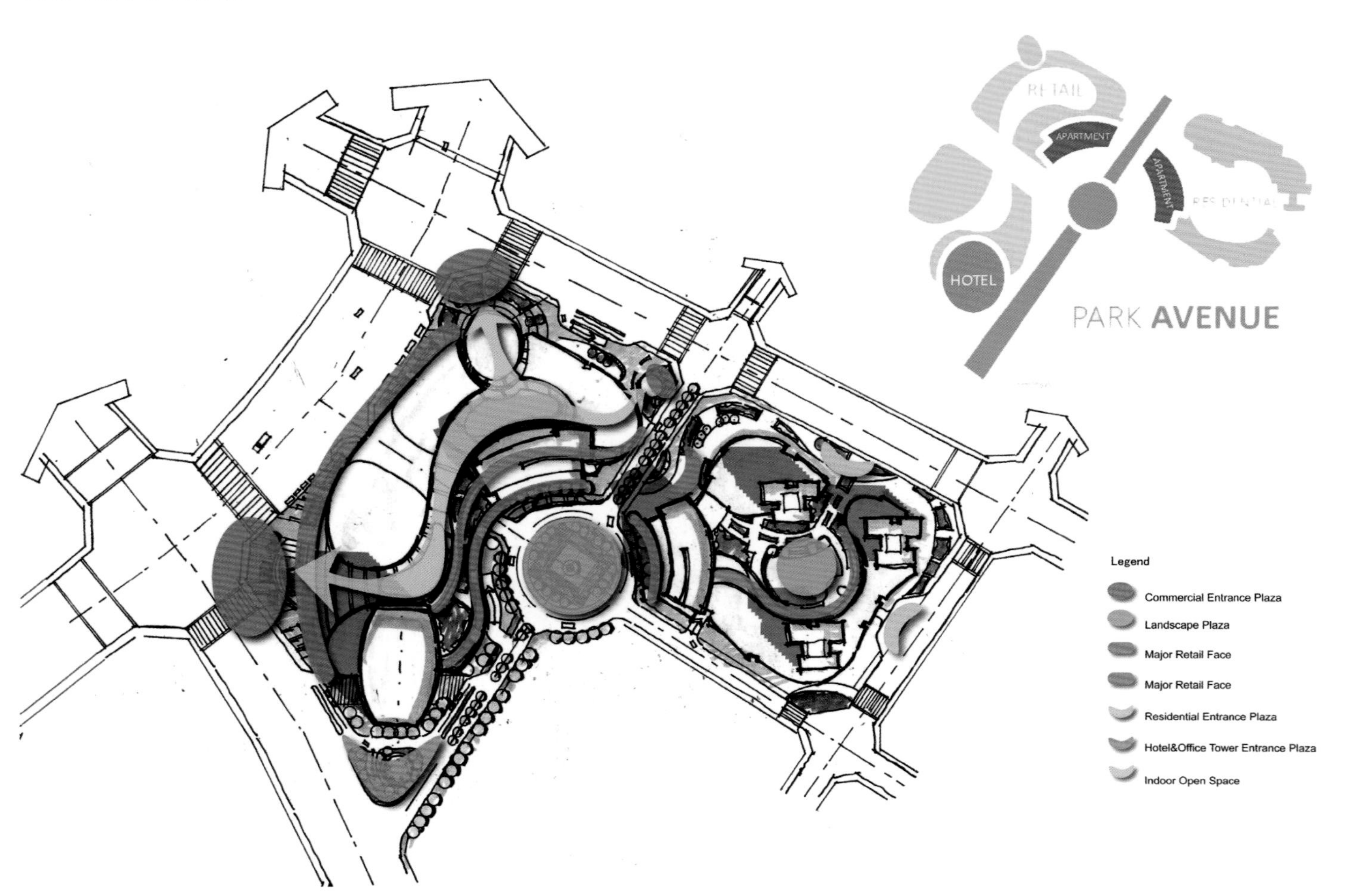

项目规划设计目的在于创建一个混合用途的综合项目来支持城市社区，这意味着要设计足够宽敞的步行街来连接城市与建筑，最大限度地减少对汽车交通的依赖。设计师设计“林荫大道”的理念是使用中央行人大道作为公共绿化空间，其作用相当于连接三块公共绿地的林荫大道。通过充分的街道景观绿化、流动的绿化空间和宽敞的公共低洼花园的建立，佳兆业城市广场将由原先的塑料圣诞树厂转变成树木繁茂的城市公园。

佳兆业城市广场建立连接室外和室内空间的有组织的建筑群，是重建深圳郊区宜居社区的第一步。项目通过创建一个以步行为导向的综合使用项目连接到新的地铁干线，力求最大限度地减少汽车流量的增长，来达到促进城市可持续发展的目的。整个项目的设计思路为深圳将来作为舒适步行城市的发展方向提供了蓝图。

曼谷湄南河滨江城

THE
"LUXE"
HOTEL
STATE TOWER
CAT TOWER
ROYAL ORCHID
SHERATON HOTEL
MANDARIN
ORIENTAL
HOTEL
"ICON CITY"
CHAO PHRAYA RIVER
CHAROENNA

项目地点：泰国曼谷
建筑设计：美国 RTKL 建筑师事务所
设计人员：Greg Ya ger、Jason T. Kim 、
Zubin Cooper Bethy Zhang、 Yin Zou、 Fan Hua

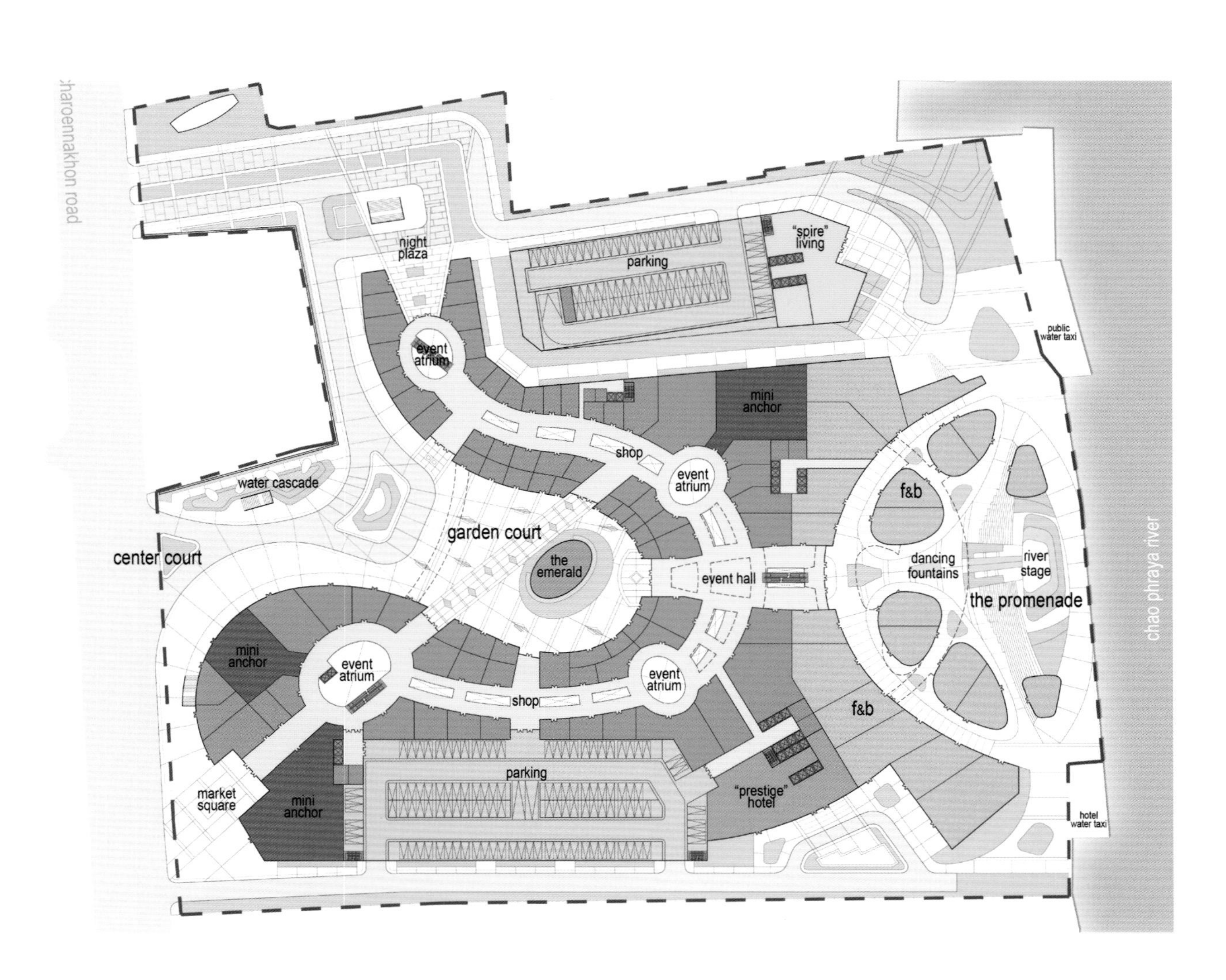

该项目位于曼谷重要的历史文化发源地湄南河畔，也是城市再建和发展的一部分。由于整个基地处在靠近湄南河的一侧，因此其拥有 240 m 长的天然河岸线，地块中有一个最大的公共区域面向曼谷最重要的一条水道走廊展开，使得项目在拥有重要区位的同时也享有湄南河美丽的河滨景色。

基地的地理位置使项目设计需要考虑到如下挑战及存在的制约因素：

湄南河逆流和高度控制的制约因素——现行的守则要求强大的逆流及河床地带拥有垂直的高度限制。设计团队设计出多套供选择的图样、规划和方案，这些方案都适用于现行的准则。

视域影响评估——毗邻两家五星级酒店就意味着该项目地点将被高楼建筑所影响。设计师通过研究高楼之间的空间关系以避免消极的视域影响。

I-CONcept CITY

Window to the City – Mixed-Use Heart – Emerald Spirit – Cultural Landmark

I – Icon
prestigious and bold

I – International
global and world-class

I – Inclusive
multi-functional and diverse

I – Interactive
social-portal, physically and online

I – Intrigue
interest and excitement

I – I personal
a place for me

I – Infinite
unlimited opportunities and experience

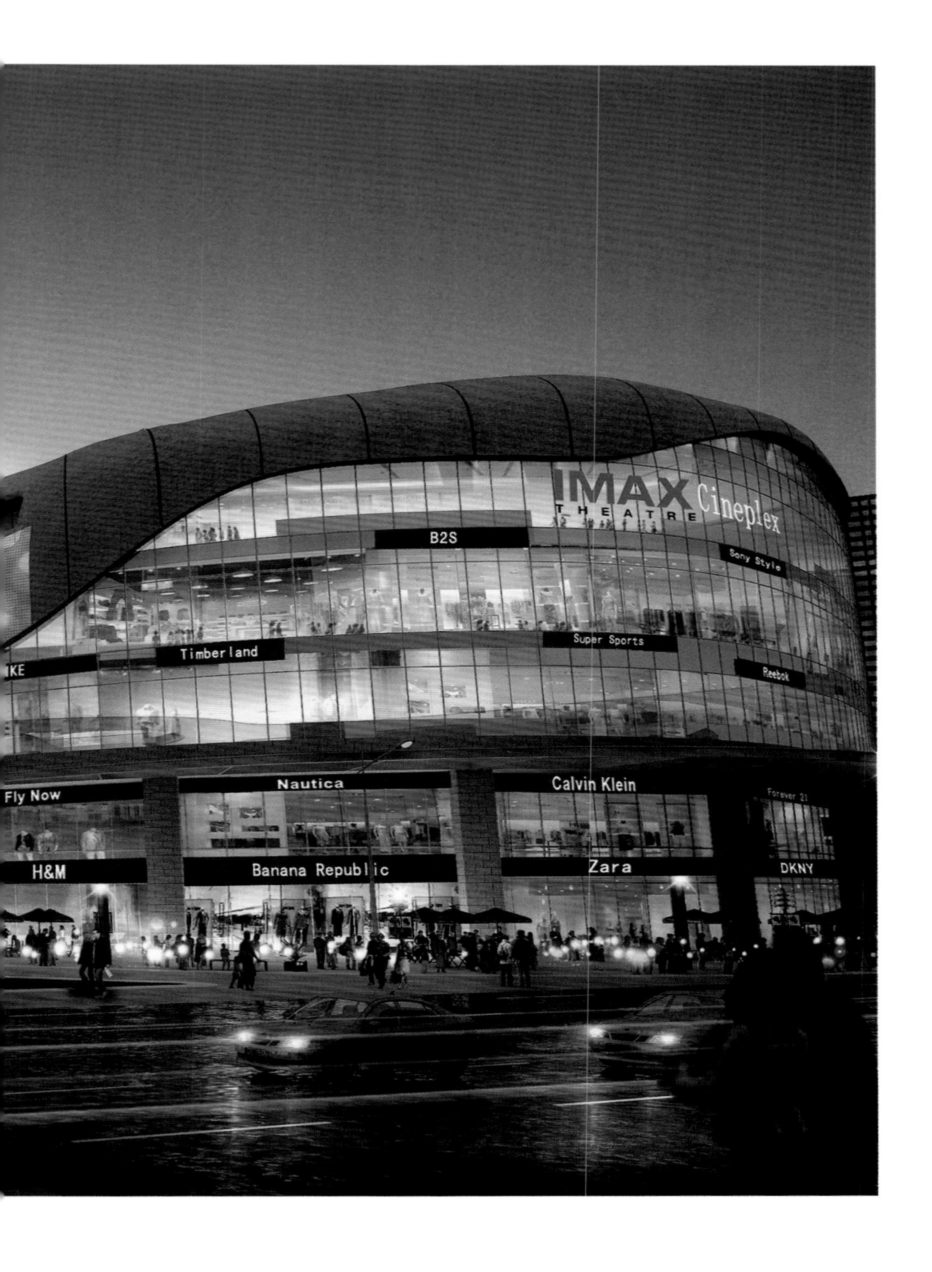

车辆流通和进入——该项目地点沿着主街道以及缺乏连续的临街，如何实现方便快捷的车辆流通道使这一项目结构处理略微棘手。该小组研究各种通道、停车场、导向标识系统和通道图表，有效地与当地地势结合，减少交通拥塞。停车场和垂直地带的设计可以直接进入上层广场。

同时，该项目功能组合还包括浓厚的当地文化作为发展组成部分。包括舞台戏剧、泰式拳击比赛场以及传统的夜间集市相继落户于此。这使得该项目的规划设计非常有趣，同时也极具挑战性。整个设计开拓了设计师的思路，尤其在如何运用传统的方法设计商业综合体上给设计师带来了很大的启发。

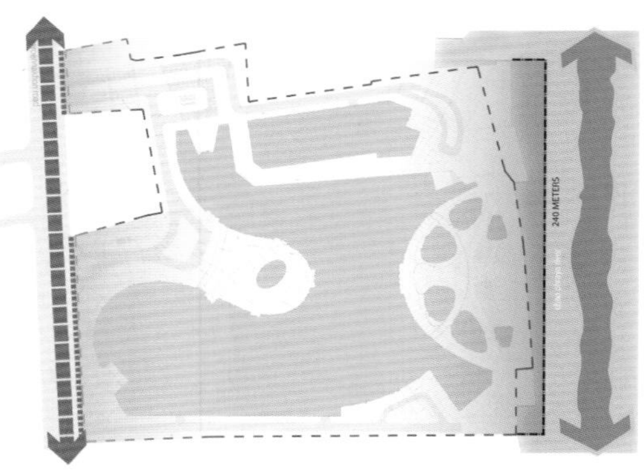

1. The site is located along the Chao Phraya River with 240 meters of river frontage; one of the widest and publicly accessible along Bangkok's most important waterway corridor. To the west is Charoennakhon Road, an important public and vehicular corridor on the western side of the river.

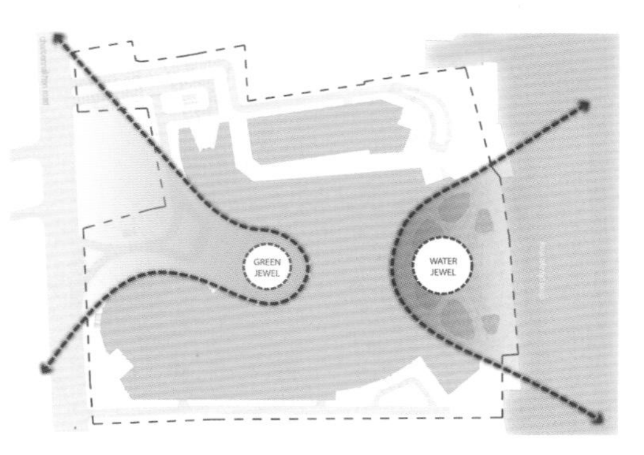

2. Create a jewel along the Chao Phraya River, a landmark promenade for the city. Maximize frontage to the water with unique restaurant/cultural offerings. Create a jewel along Charoennakhon Road, a distinguished garden and event open space for the city. Maximize frontage to the street with unique retail/entertainment offerings.

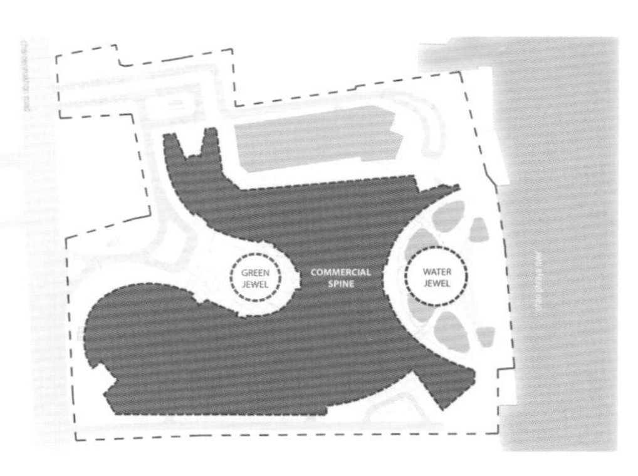

3. Provide strong commercial and cultural underpinnings as a programmed spine for the site; tying green and blue, city and river, residents and visitors together.

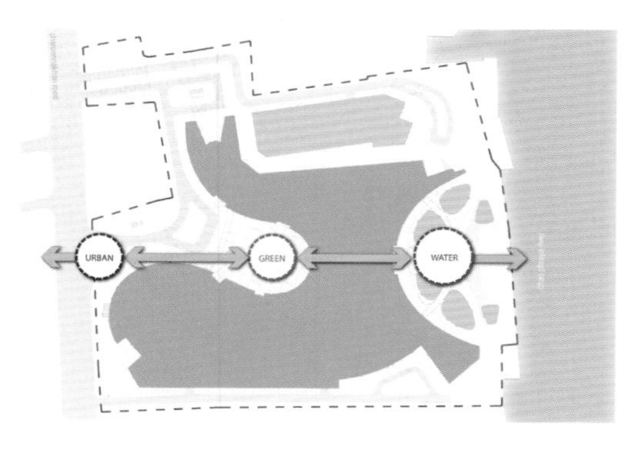

4. Create an axis and sequence of processional spaces between urban, green, and water; barrier-free and publicly accessible.

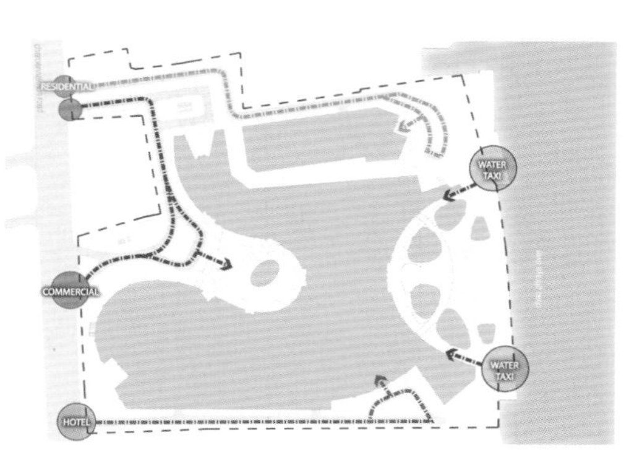

5. Provide unique addresses and entry to the site along Chao Phraya River and Charoennakhon Road; for the city, tourists, hotel, commercial, and residents.

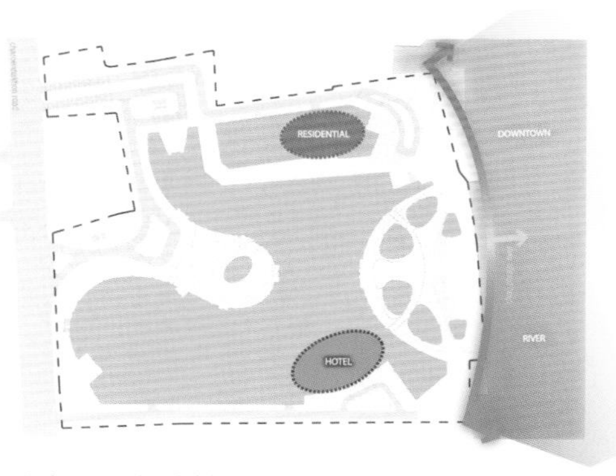

6. Create a unique building skyline along the Chao Phraya River and for Bangkok with the hotel and residential towers. Maximize opportunistic views to the city downtown (northeast and east) and the line of the river (east and south).

新加坡 CCRC 综合体

项目地点：新加坡波纳维达斯地铁装换站
建筑设计：凯达国际

CCRC 综合体并不是一个简单的单体，它有着多面动态的外表和丰富各异的内部活动空间，模糊了公共与私人、零售空间与文化空间的界线。市政建筑旨在打造面向公众的有机客体。上下纵横的系列坡道、自动扶梯、露台与公共花园贯穿着整个综合体。所有的循环、运转与内部形式都是弯曲柔软的。

项目的公共区域作为最主要的部分被直观地呈现出来；西立面是完全打开的，可以看到内部的运作情况；上方的剧院布有玻璃裂缝还利用了钛金外包。

文化与零售空间部分与高达 40 m 的前厅连接在一起。两部分对彼此都很重要，原因在于它们在模糊界线的同时保持了本身的功能性。温和的过渡垂直性地从零售空间延伸到相对隐秘的剧院。整个序列与过渡在视觉和空间上与前厅相连。

该设计具有高度的可持续性，因为它将空调空间控制到了最小。零售、文娱广场、露天剧场、宴会厅和会议室设施连接前厅的部分都是露天的。设计尽可能地打开四个立面以促进空气的流通。空气流通的情况可视需求机械操作。顶部是一个大型的屋顶花园，有树木、有泳池。它软化了内部空间与外部空间的区别，促进 CCRC 综合体的生态环境友好可持续的发展。

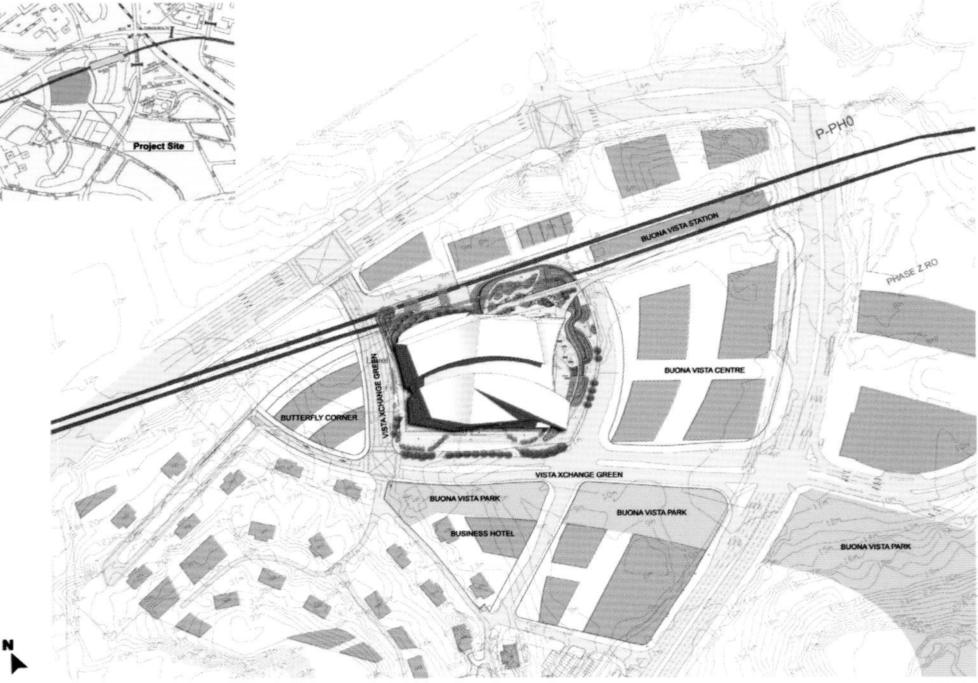

总平面图

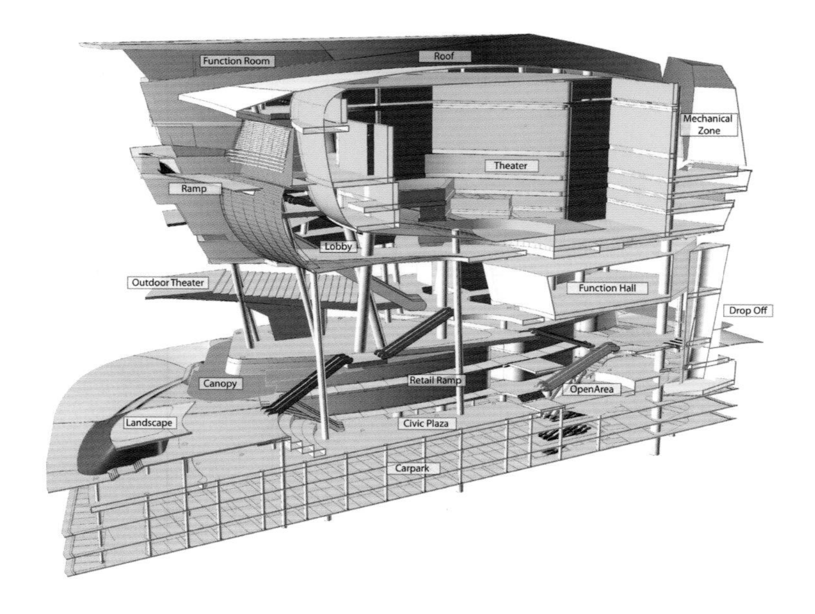
Function Room
Roof
Mechanical Zone
Theater
Ramp
Lobby
Outdoor Theater
Function Hall
Drop Off
Canopy
Retail Ramp
OpenArea
Landscape
Civic Plaza
Carpark

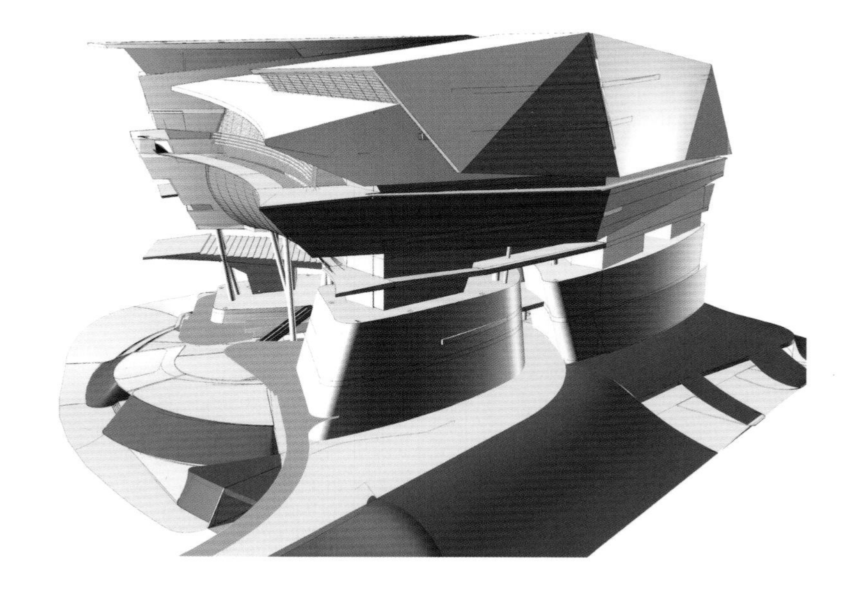

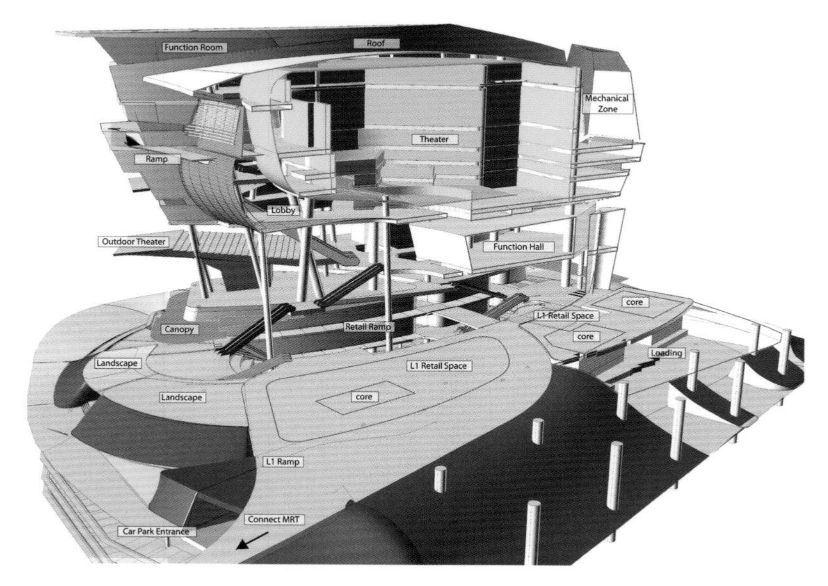
Function Room
Roof
Mechanical Zone
Theater
Ramp
Lobby
Outdoor Theater
Function Hall
core
L1 Retail Space
Canopy
Retail Ramp
core
Loading
Landscape
L1 Retail Space
Landscape
core
L1 Ramp
Car Park Entrance
Connect MRT

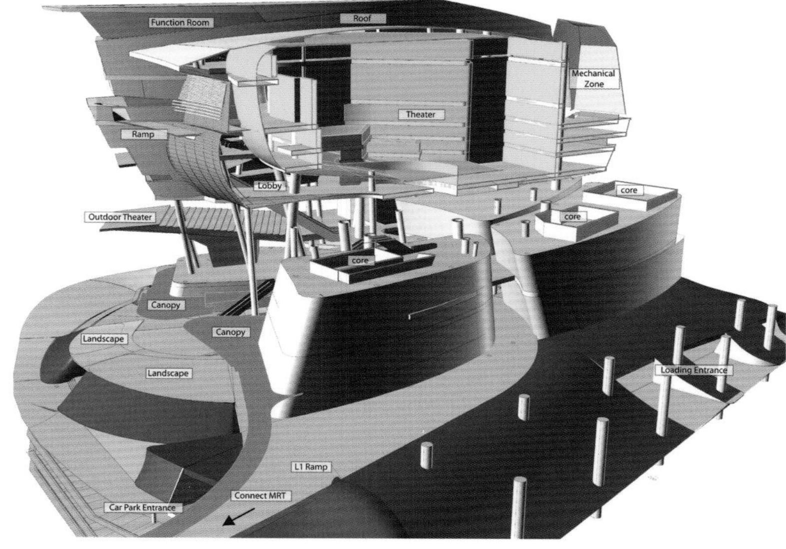
Function Room
Roof
Mechanical Zone
Theater
Ramp
Lobby
core
Outdoor Theater
core
core
Canopy
Canopy
Landscape
Landscape
Loading Entrance
L1 Ramp
Car Park Entrance
Connect MRT

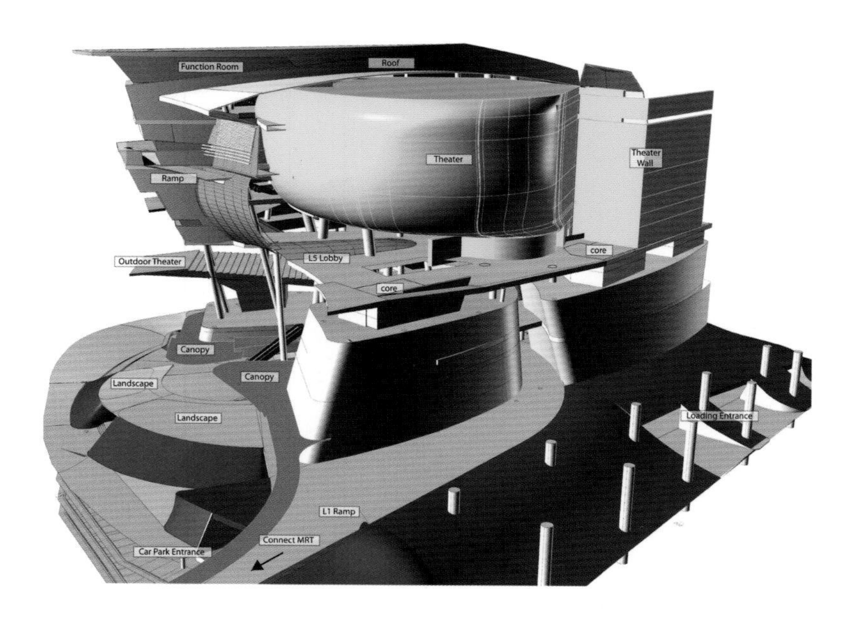
Function Room
Roof
Theater
Theater Wall
Ramp
Outdoor Theater
L5 Lobby
core
core
Canopy
Canopy
Landscape
Landscape
Loading Entrance
L1 Ramp
Car Park Entrance
Connect MRT

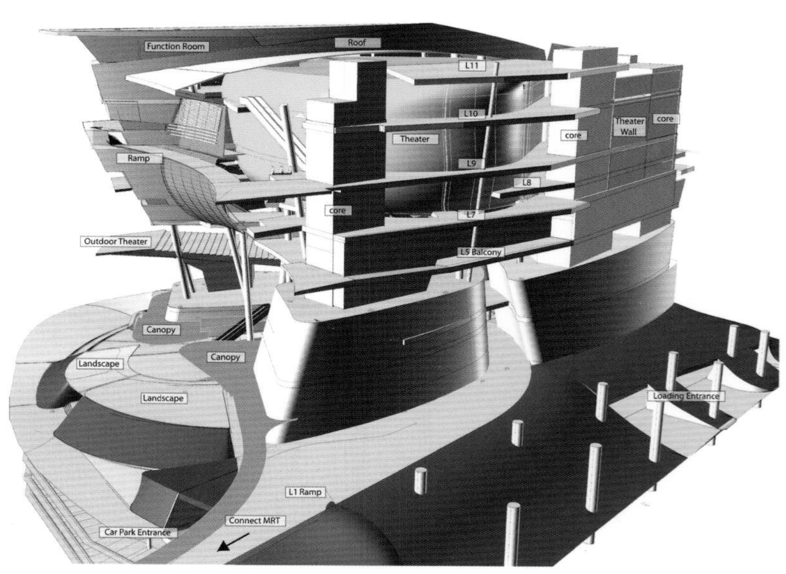
Function Room
Roof
L11
L10
Theater
Theater Wall
core
core
Ramp
L9
L8
core
L7
Outdoor Theater
L5 Balcony
Canopy
Canopy
Landscape
Landscape
Loading Entrance
L1 Ramp
Car Park Entrance
Connect MRT

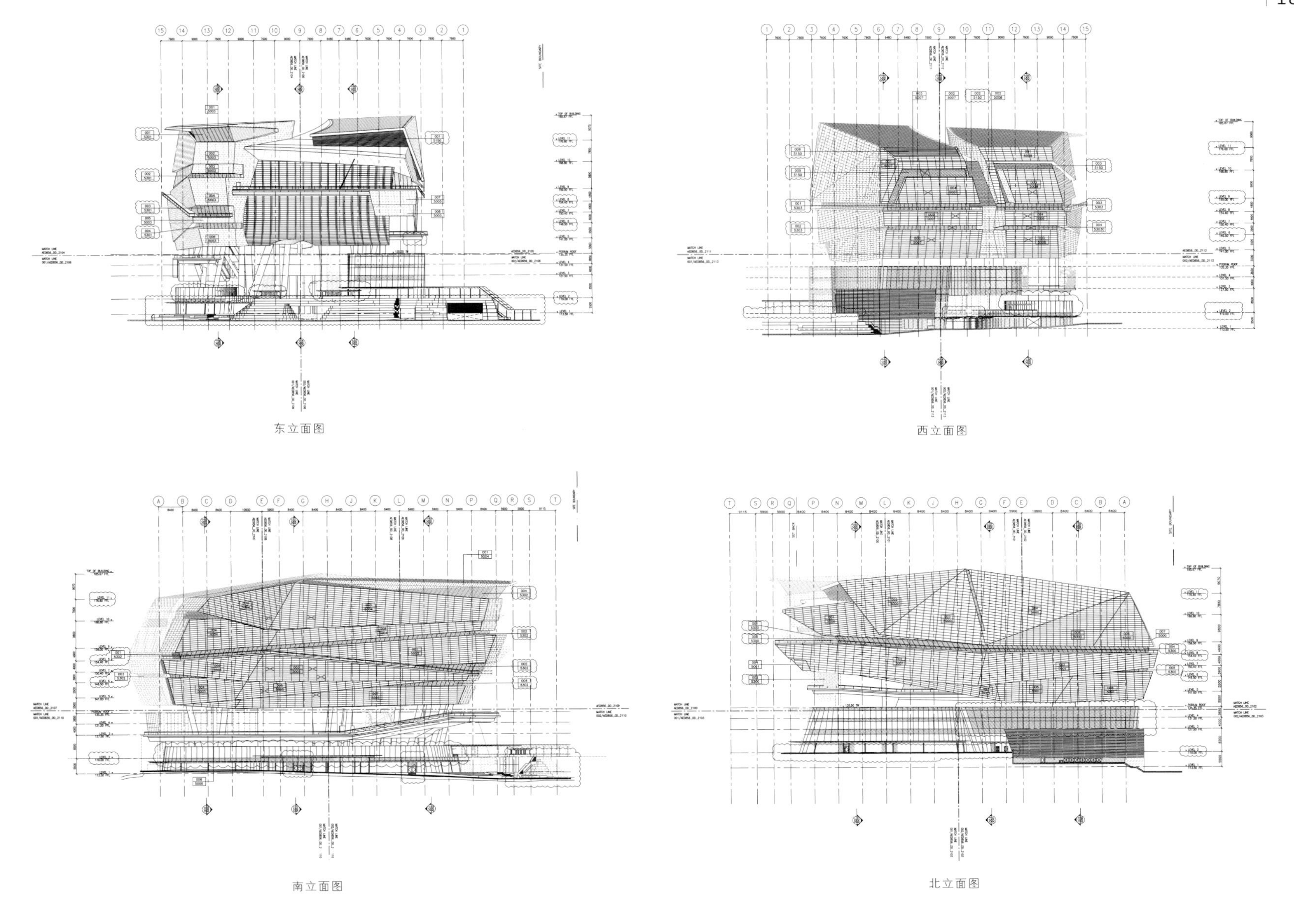

东立面图

西立面图

南立面图

北立面图

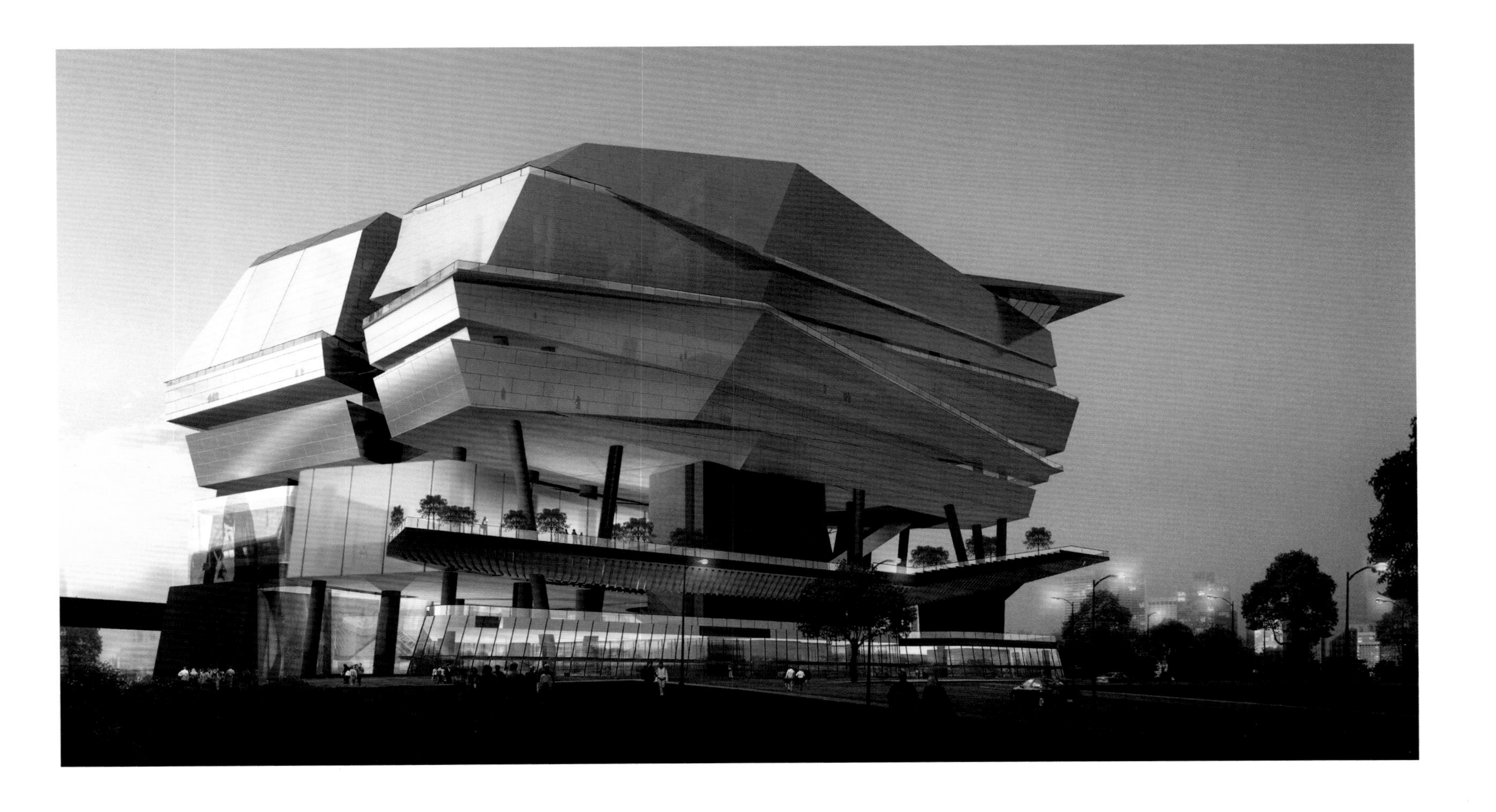

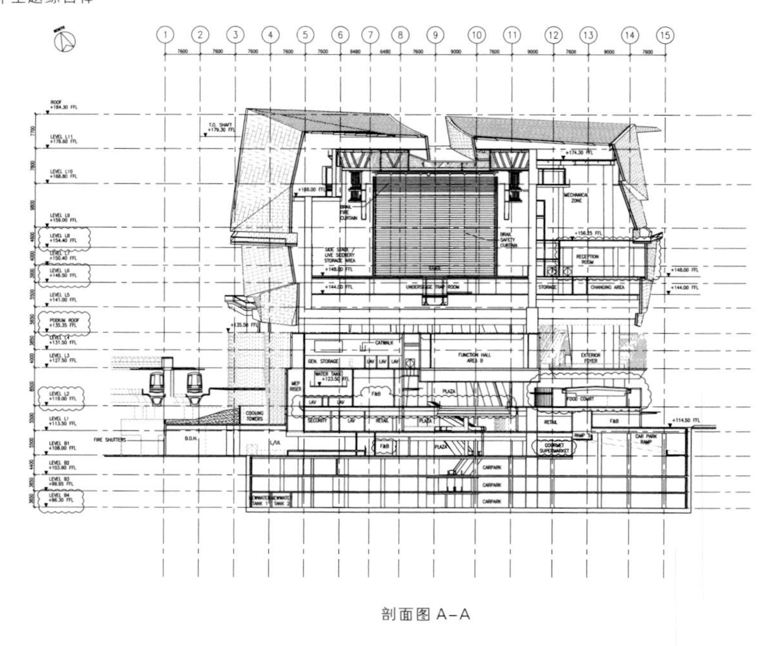

剖面图 A-A

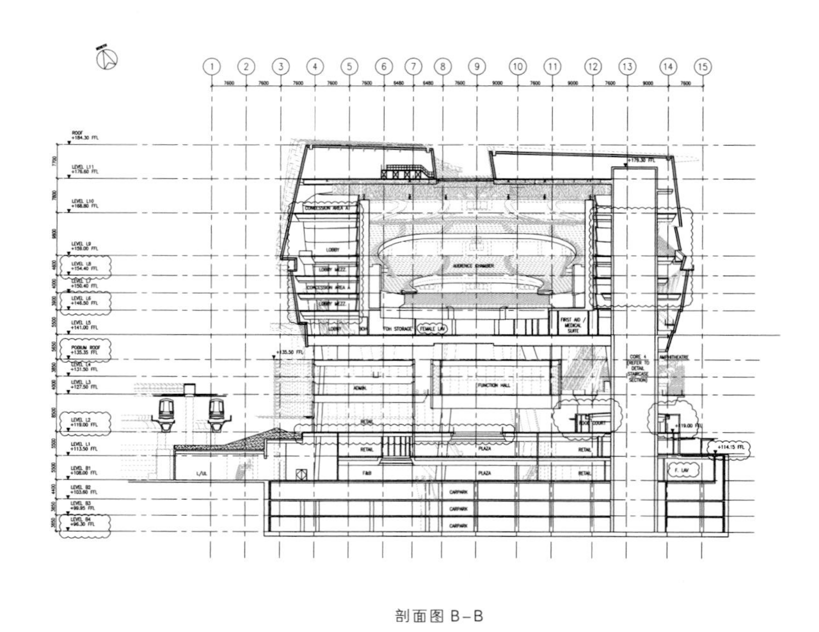

剖面图 B-B

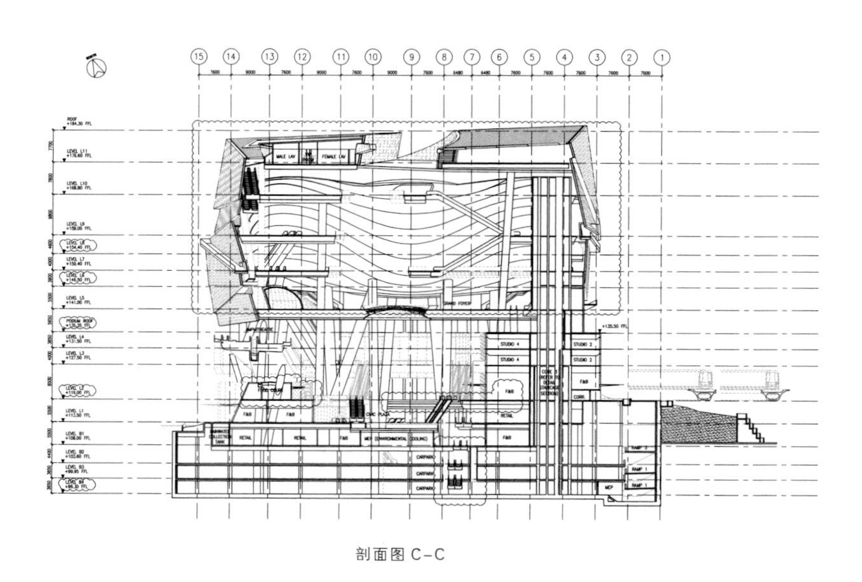

剖面图 C-C

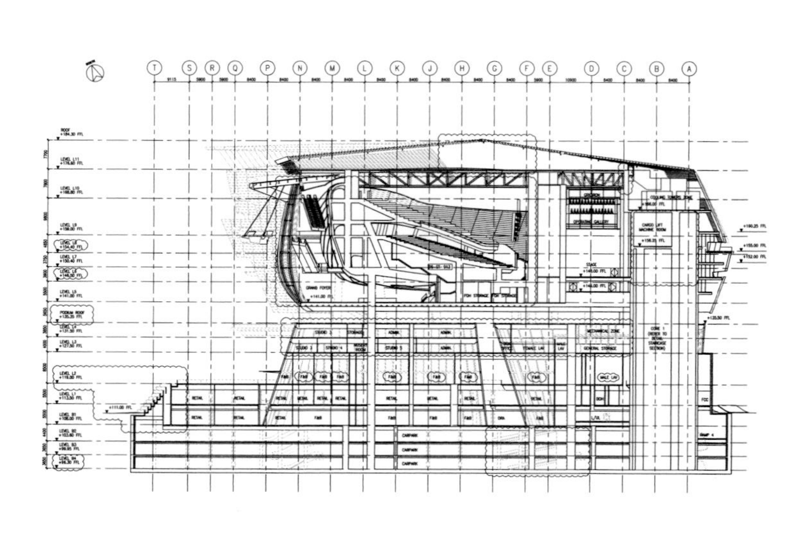

剖面图 D-D

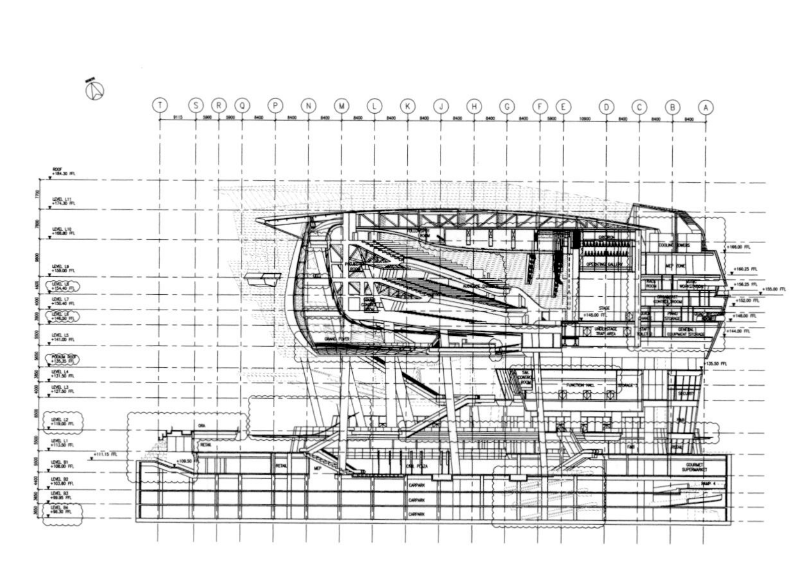

剖面图 E-E

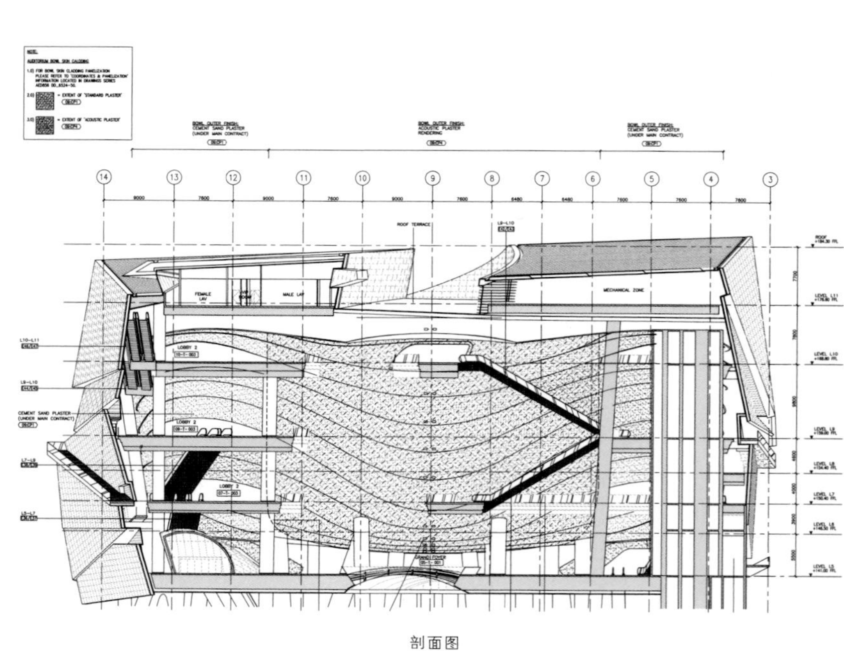

剖面图

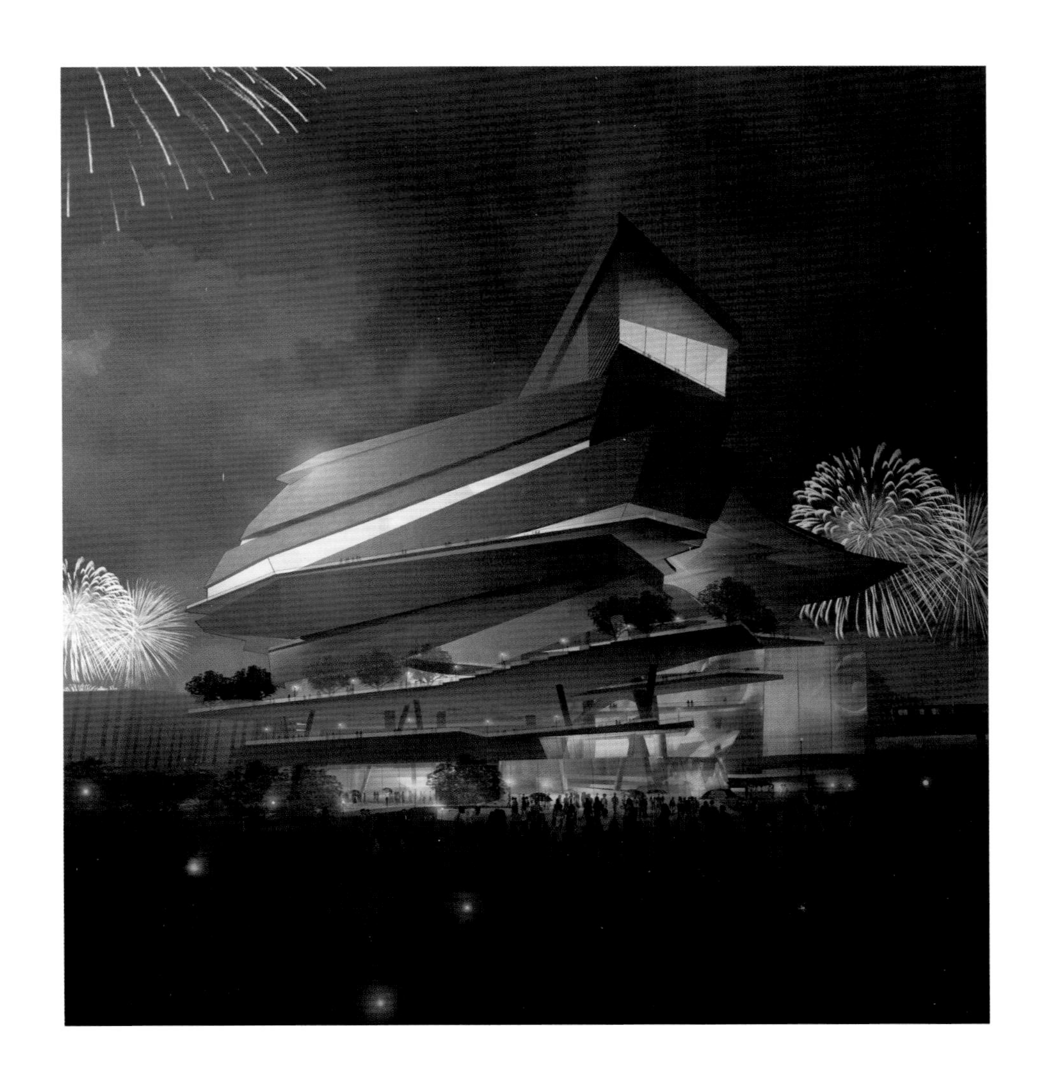

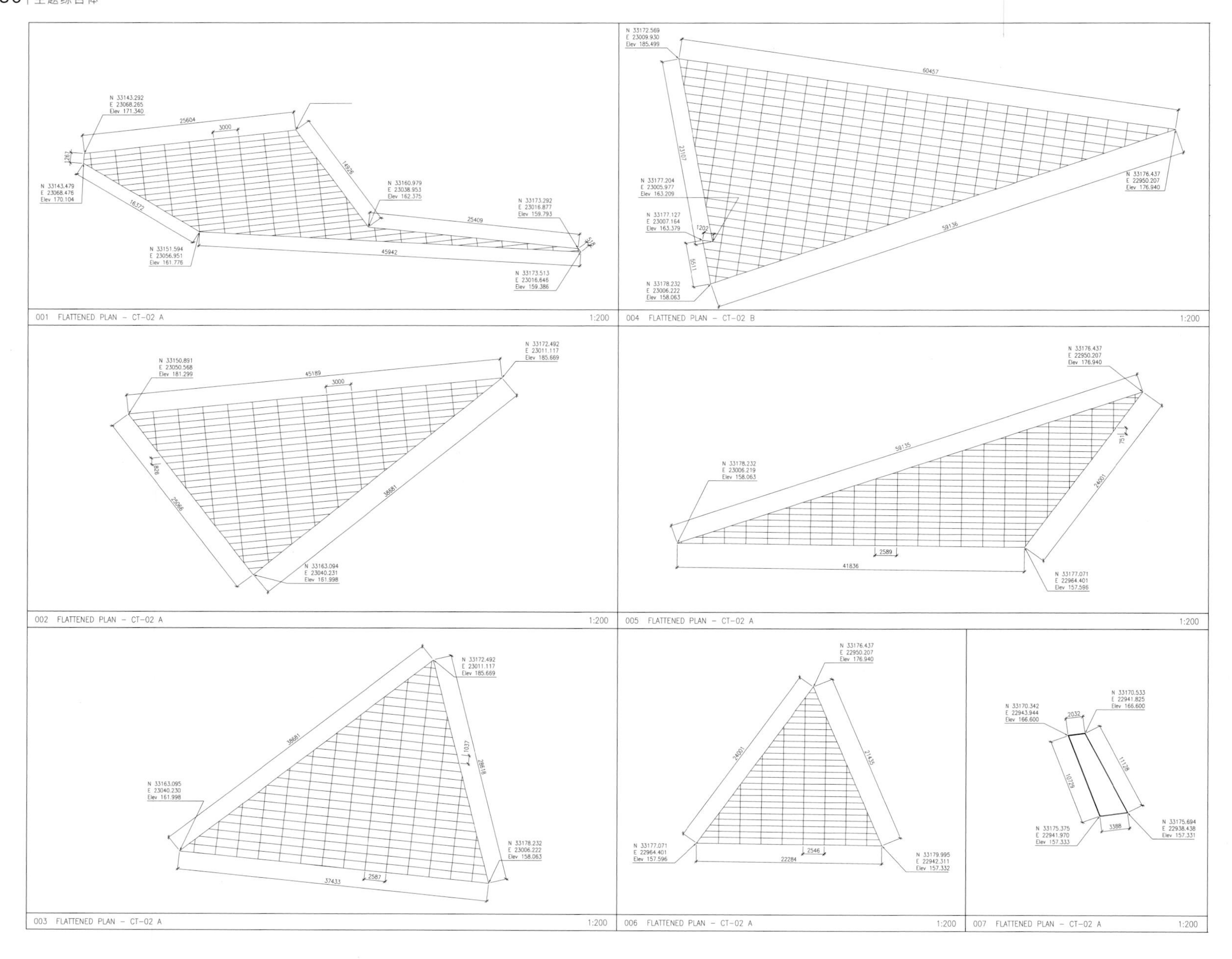
001 FLATTENED PLAN – CT–02 A 1:200
004 FLATTENED PLAN – CT–02 B 1:200
002 FLATTENED PLAN – CT–02 A 1:200
005 FLATTENED PLAN – CT–02 A 1:200
003 FLATTENED PLAN – CT–02 A 1:200
006 FLATTENED PLAN – CT–02 A 1:200
007 FLATTENED PLAN – CT–02 A 1:200

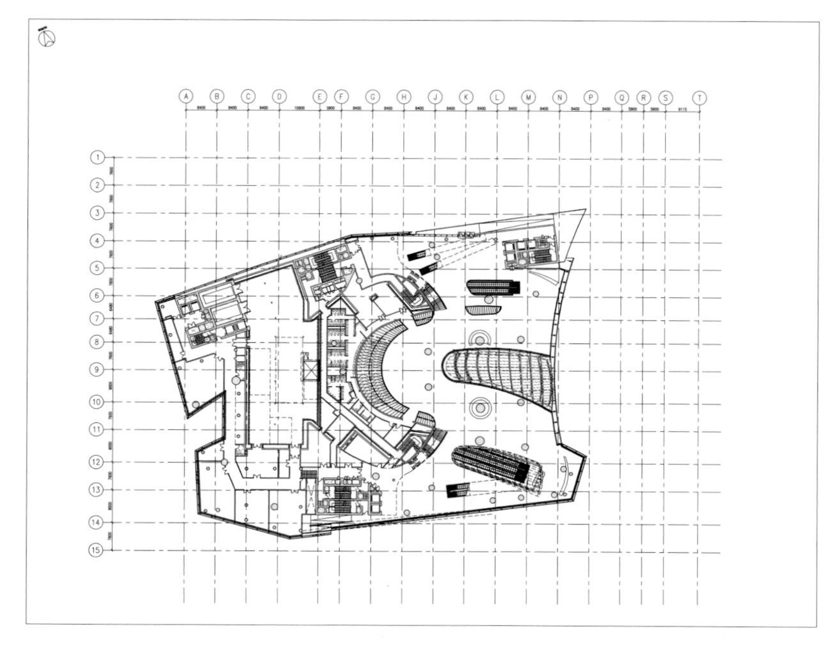

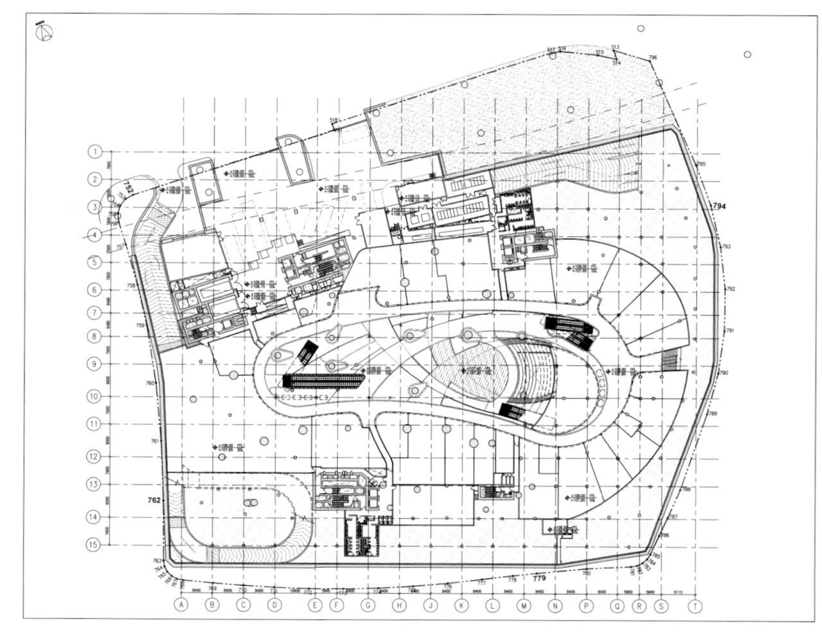

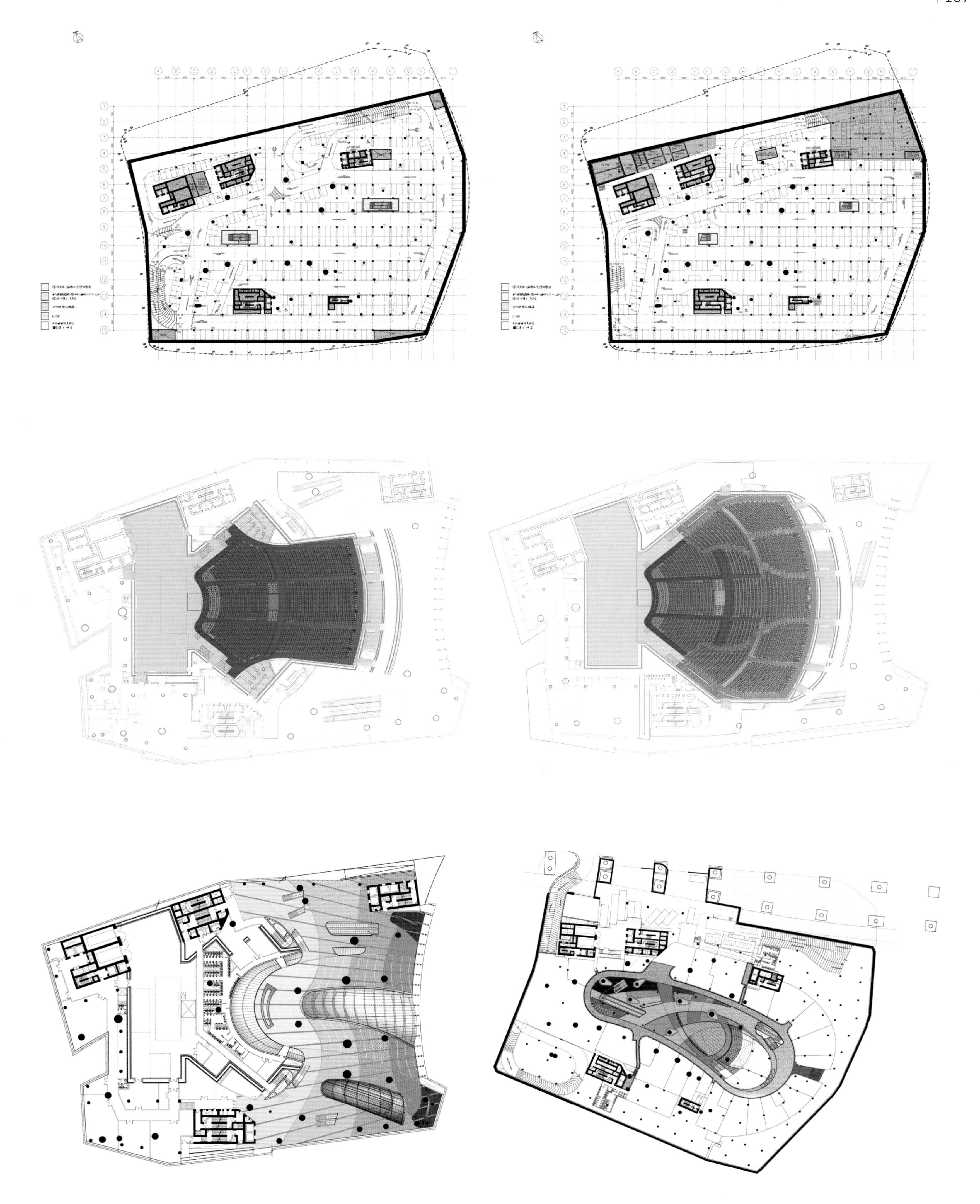

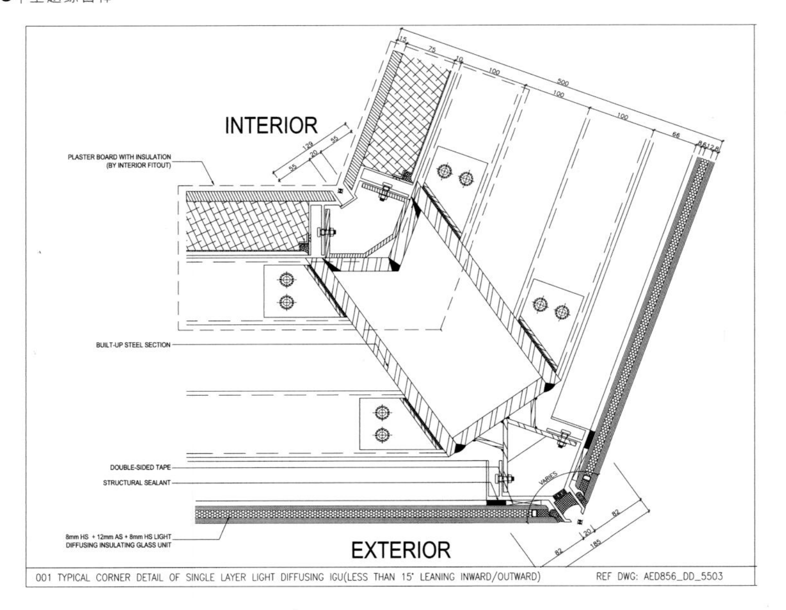

001 TYPICAL CORNER DETAIL OF SINGLE LAYER LIGHT DIFFUSING IGU(LESS THAN 15° LEANING INWARD/OUTWARD) REF DWG: AED856_DD_5503

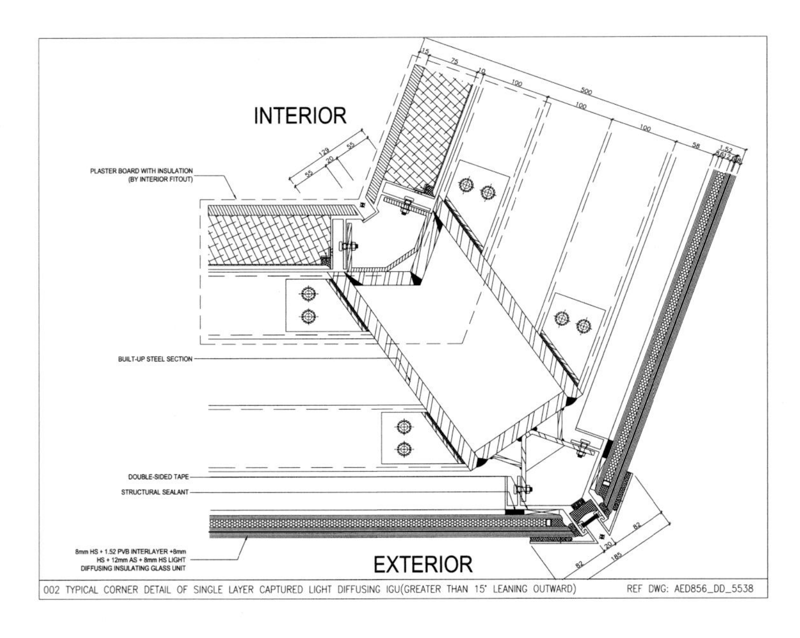

002 TYPICAL CORNER DETAIL OF SINGLE LAYER CAPTURED LIGHT DIFFUSING IGU(GREATER THAN 15° LEANING OUTWARD) REF DWG: AED856_DD_5538

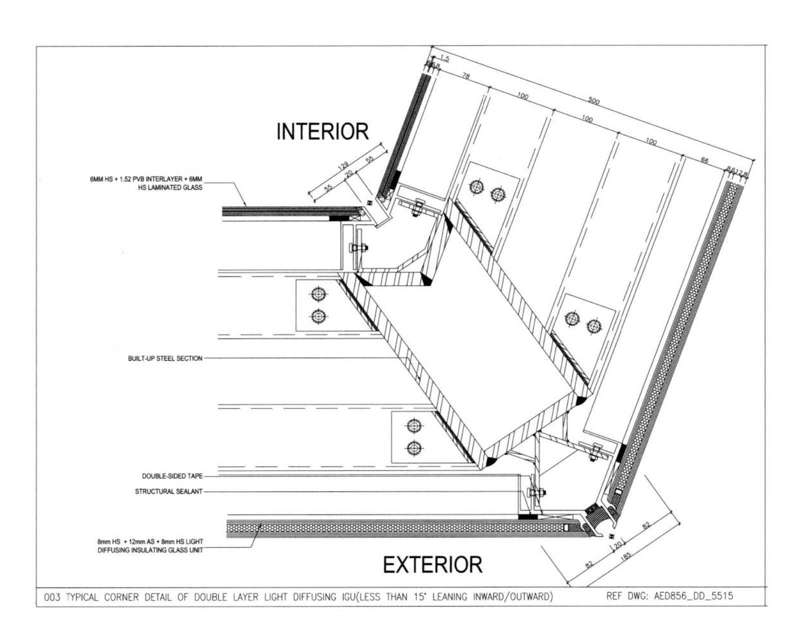

003 TYPICAL CORNER DETAIL OF DOUBLE LAYER LIGHT DIFFUSING IGU(LESS THAN 15° LEANING INWARD/OUTWARD) REF DWG: AED856_DD_5515

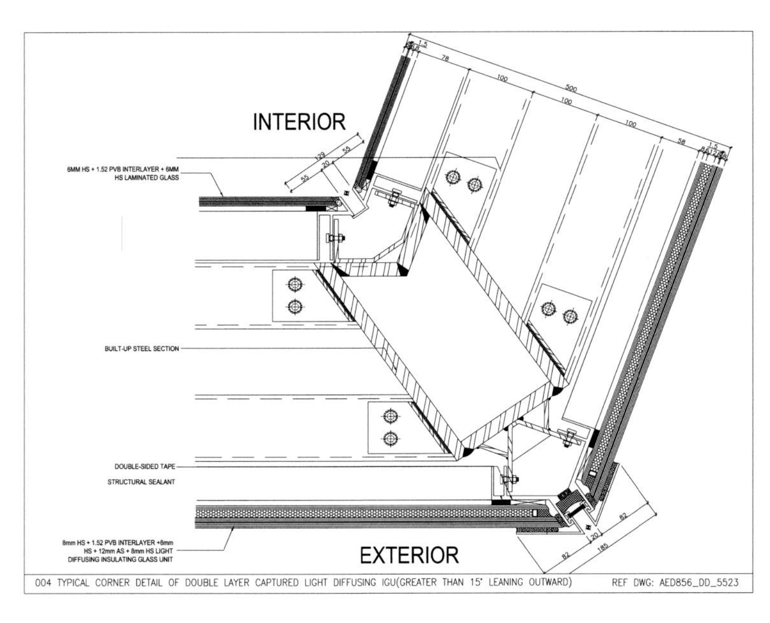

004 TYPICAL CORNER DETAIL OF DOUBLE LAYER CAPTURED LIGHT DIFFUSING IGU(GREATER THAN 15° LEANING OUTWARD) REF DWG: AED856_DD_5523

三亚国际游艇港

项目地点：中国海南省三亚市
建筑设计：RTKL 建筑设计公司

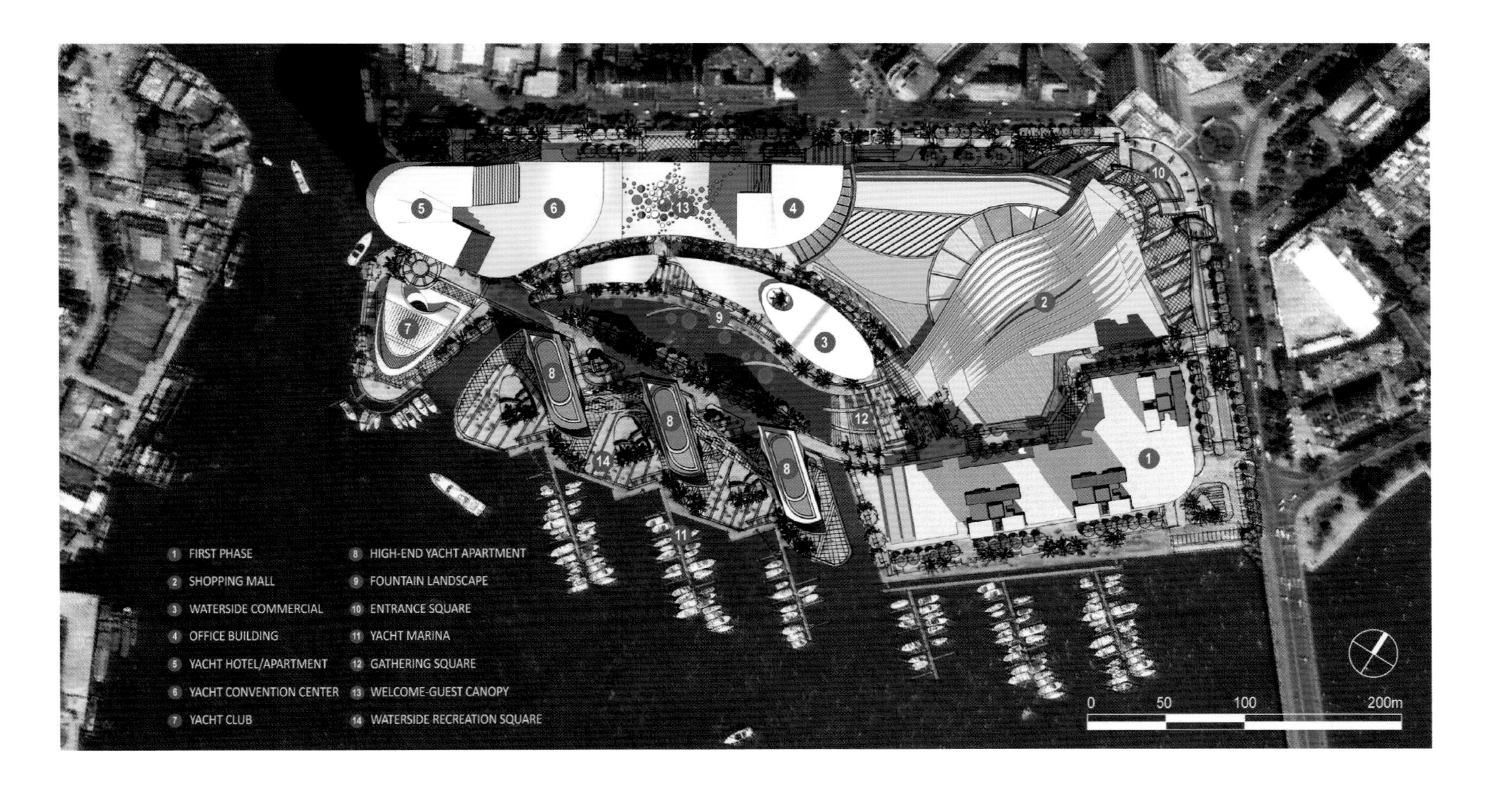

三亚国际游艇港是一个混合的多功能建筑设计项目，主要包含三个部分：购物中心、会议中心酒店和公寓岛（公寓岛位于已有高层住宅的地块上）。项目坐落在中国南海入口处，十分引人注目。作为一个商业中心兼住宅中心，它展示出三亚南部边缘地区的新发展趋势。规划理念充分利用海边地块的区位优势，创造出海峡与岛屿，与真实的海洋相连，同时呈现出附近群山的壮丽景观。

项目整体灵感来源于豪华游艇的形象，这一点与三亚的海岸特色交相呼应。流线型的形象设计，先进的科技手段以及内外部的紧密联系打造出一个现代豪华游艇的形象，同时也形成了整洁弧形的规划方案。

整个项目地块分成三个部分，均围绕着中央广场，面向航道，航道的另一端连接海港。购物中心位于项目地块的北角，正利用两侧交通主干道之便。酒店、会议中心以及游艇俱乐部均位于项目地块的南部边缘，如同一座灯塔为来往进出港口的船只导航。独具一格的游艇公寓从一座私人海岛上伸展出来，越过海港，远眺群山。

通过将海水经由中央航道引入地块，该项目的设计创造出一系列愉悦身心的场所，为城市的公众提供休闲便利设施。与此同时，绝佳的地点、非凡的景观以及临近码头的便利交通都帮助项目所有者开发酒店和住宅取得最大的收益。三亚游艇港将最终成为一个集娱乐休闲、购物以及帆船运动为一体的天堂，也将极大地提升街头文化，使得三亚市更具旅游和居住魅力。

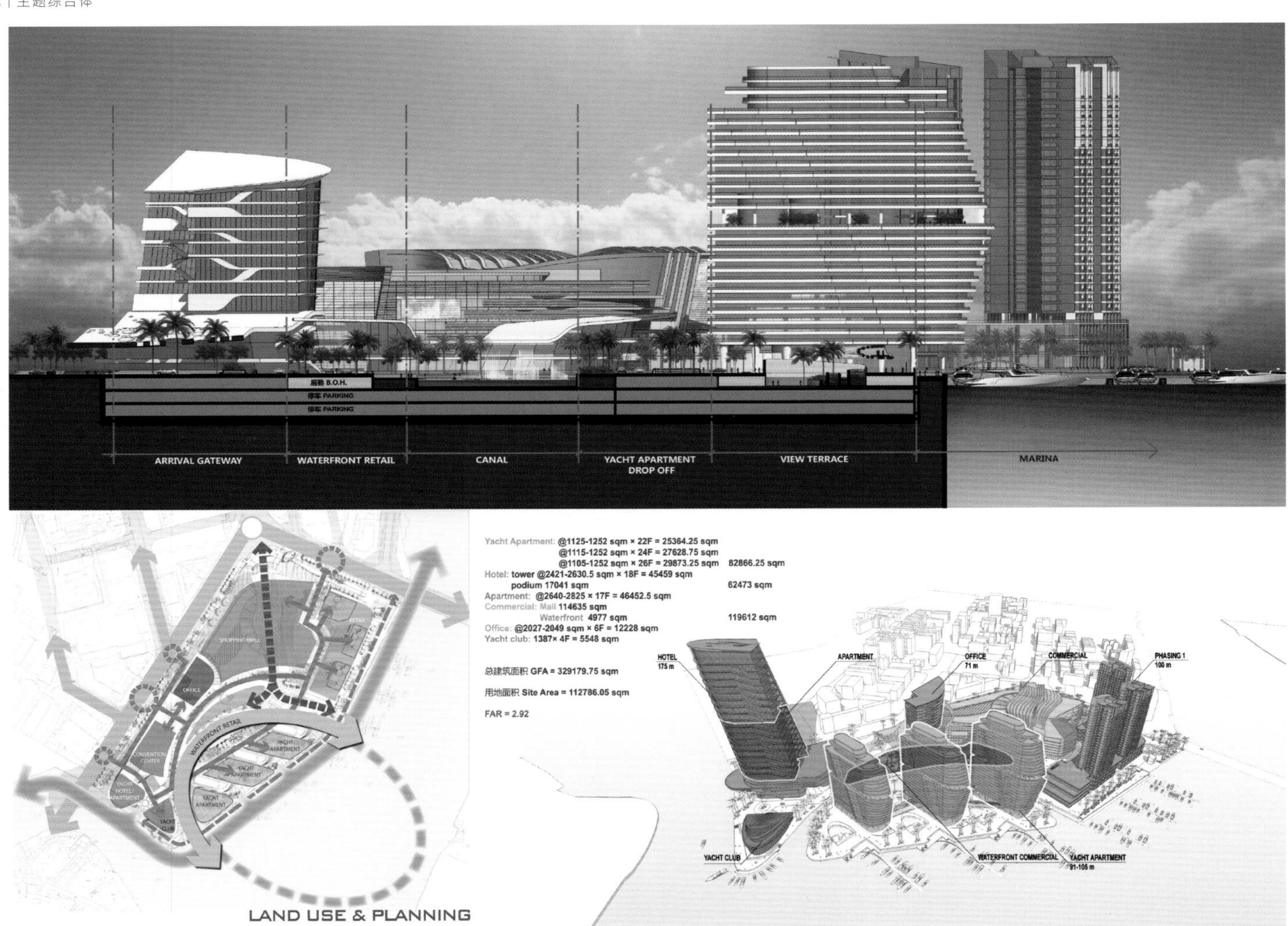

后勤 B.O.H.
停车 PARKING
停车 PARKING
ARRIVAL GATEWAY
WATERFRONT RETAIL
CANAL
YACHT APARTMENT DROP OFF
VIEW TERRACE
MARINA
Yacht Apartment: @1125-1252 sqm × 22F = 25364.25 sqm
@1115-1252 sqm × 24F = 27628.75 sqm
@1105-1252 sqm × 26F = 29873.25 sqm 82866.25 sqm
Hotel: tower @2421-2630.5 sqm × 18F = 45459 sqm
podium 17041 sqm 62473 sqm
Apartment: @2640-2825 × 17F = 46452.5 sqm
Commercial: Mall 114635 sqm
Waterfront 4977 sqm 119612 sqm
Office: @2027-2049 sqm × 6F = 12228 sqm
Yacht club: 1387× 4F = 5548 sqm
总建筑面积 GFA = 329179.75 sqm
用地面积 Site Area = 112786.05 sqm
FAR = 2.92
HOTEL
175 m
APARTMENT
OFFICE
71 m
COMMERCIAL
PHASING 1
100 m
YACHT CLUB
WATERFRONT COMMERCIAL
YACHT APARTMENT
91-105 m
LAND USE & PLANNING

CHANEL
LOUIS VUITTON

格罗宁根税务和教育训练综合大楼

项目地点：荷兰格罗宁根
客　　户：Consortium DUO
建筑设计：UN Studio
建筑面积：31 134 m^2
摄　　影：Aerophoto Eelde、Ronald Tilleman、Ewout Huibers

92m 高的全新综合大楼，以柔和波动的曲线刻画着格罗宁根的天际线。这个不对称的气动建筑坐落在古老的小林地之中，庇护着稀有的受保护物种。项目内容包括两个公共机构——国家税务所和助学贷款管理处的设计、建筑和资金筹集。建筑容纳了 2 500 个工作站，其停车设施有 1 500 个自行车位和 675 个地下机动车位。建筑处在大型公共城市花园的包围之中，花园内有一个池塘和一个多功能商业馆。

建筑旨在更柔和、更人性化地展示这两个机构。两栋高楼具有 20 世纪中期的现代主义风格。它们犀利而有条理的外观包裹着强有力的可望而不可及的主体。相比之下，DUO 大楼和税务所这些公共机构的外观更有系统性，更有亲切感和未来感。

本项目是欧洲最具可持续性的大型办公楼之一。办公空间并未设计成有着简单线条、直通尽头的走廊，而是每条走廊都有各自的路线并将景观引入到建筑内。在通透的建筑内可以无穷无尽地走下去，尽情欣赏周围的景观。

该项目设计综合了多方面环境和能源效率的解决方案而成为荷兰最具可持续性的建筑之一。建筑在能源和材料消耗方面以及社会环境因素上全面呼应了可持续发展概念。层高从 3.6m 降到了 3.3m，使建筑的总高度减少了 7.5m，同时减少了建筑对周边的冲击。得益于人类和当地动植物群，建筑的内部和外部都生成了“生物气候”。

可持续性和节能减排是立面设计的导向，包括持久的对环境冲击最小的技术性安装。立面设计融合了遮阴、风振控制、日光穿透和鳍状元素。这些水平的鳍状物把大量热量隔绝在建筑之外，有助于建筑的冷却。

设计还包含了许多与减少材料使用、降低能耗和增加可持续性环境的新创意，向着可持续性的目标展示了全面融合的智能设计。

建筑的另一个技术特性是混凝土核心活化和地下长期能量储备的结合，其有效地减少了外部能源的需求。大量自然光、调节加热和清新空气的流通打造了健康、舒适、高效的办公室室内气候，这也是整个建筑的办公空间设计的一个重要因素。

建筑整体外观有机柔和，并且在立面上设计了大量曲线形态，水平排列的波状条纹包裹着玻璃幕墙，为建筑创造了一个动感且识别性强的外观。

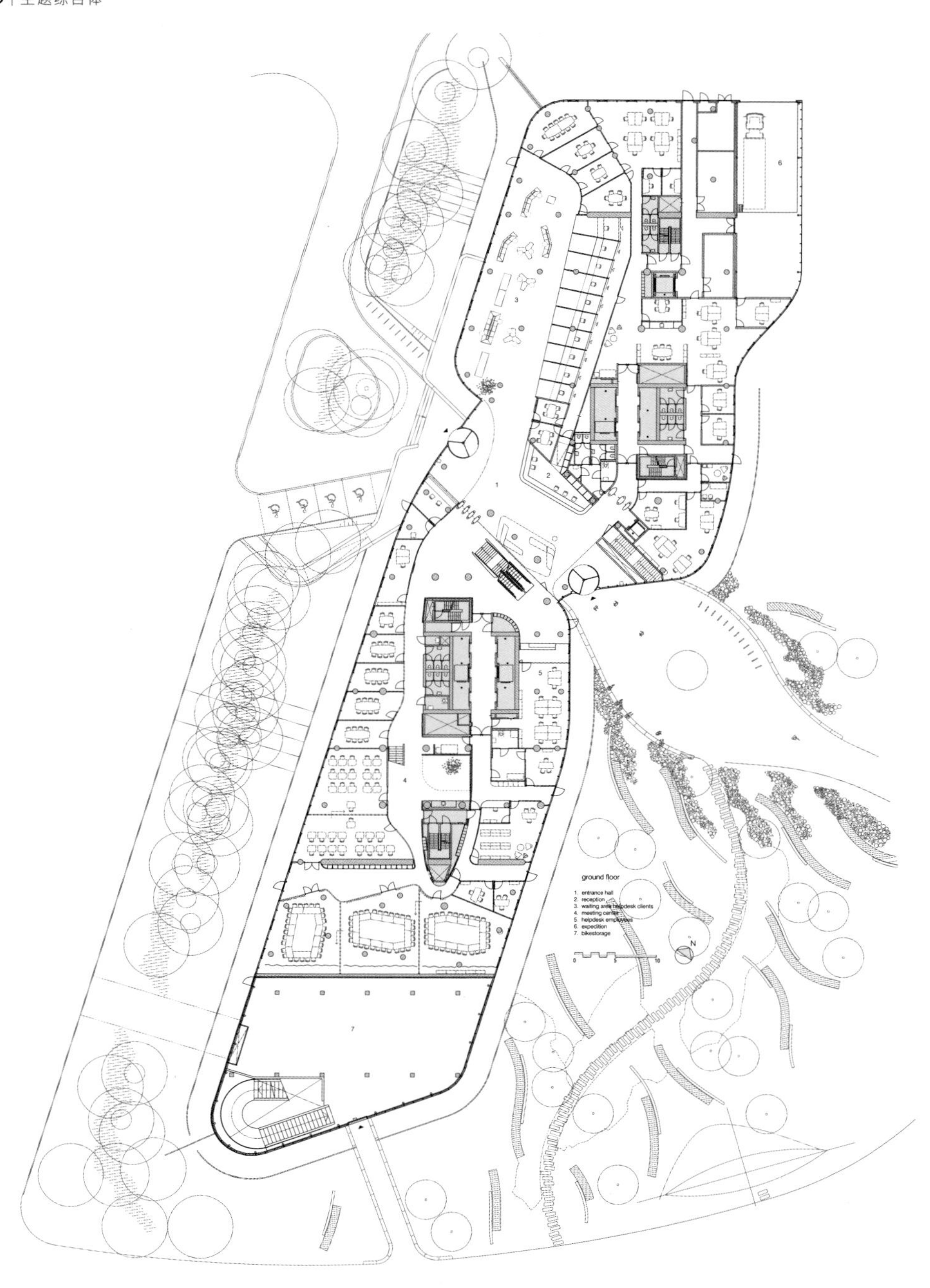

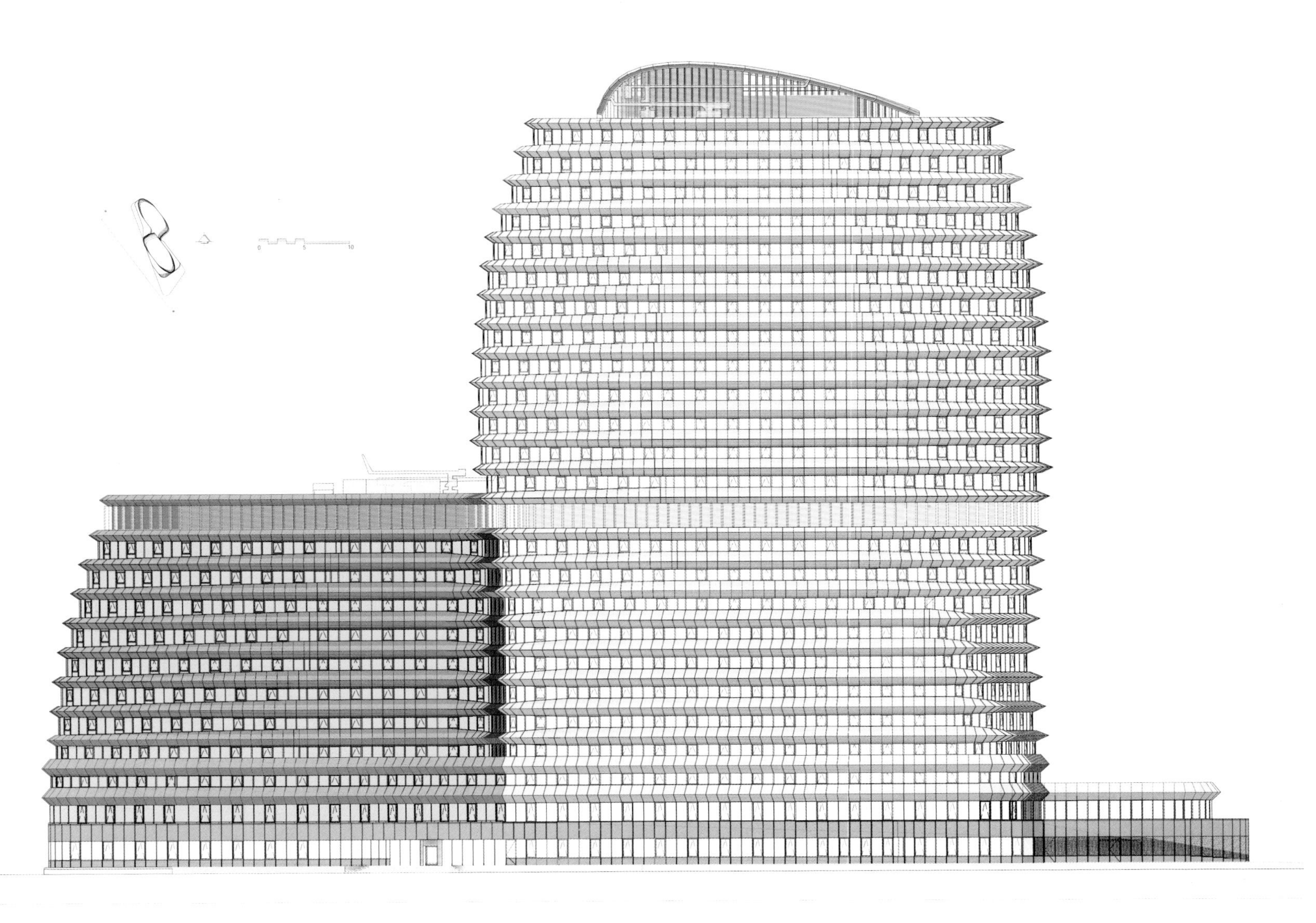

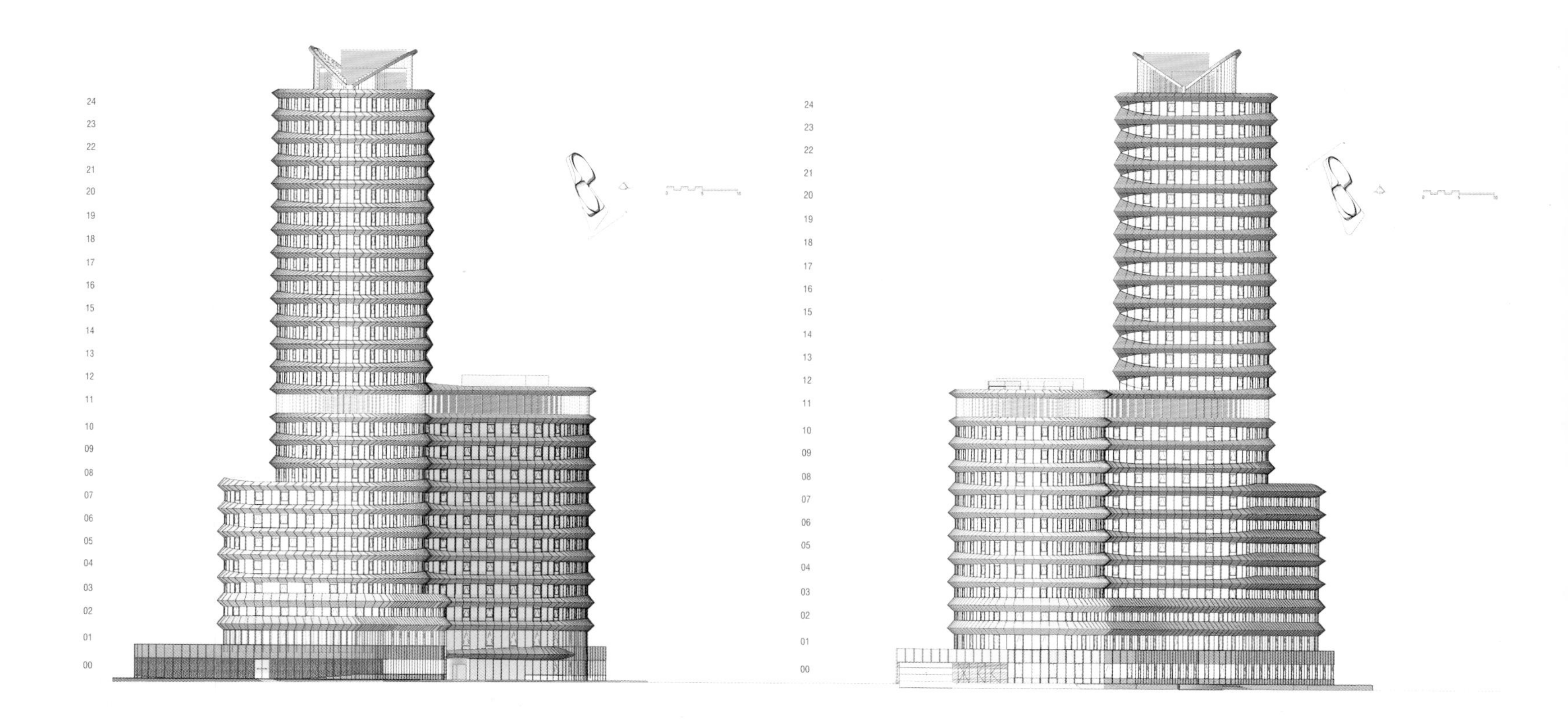
24
23
22
21
20
19
18
17
16
15
14
13
12
11
10
09
08
07
06
05
04
03
02
01
00
24
23
22
21
20
19
18
17
16
15
14
13
12
11
10
09
08
07
06
05
04
03
02
01
00

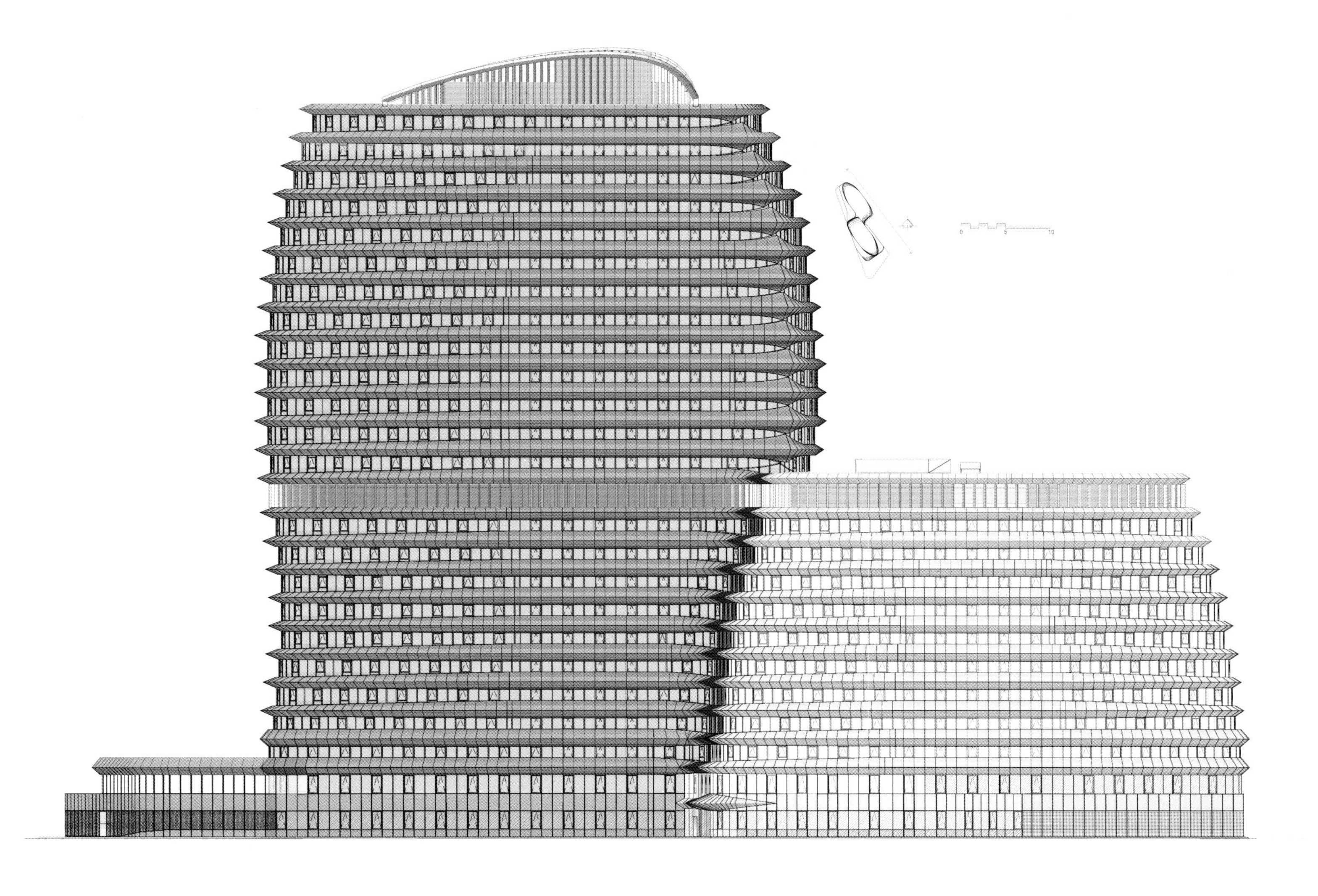

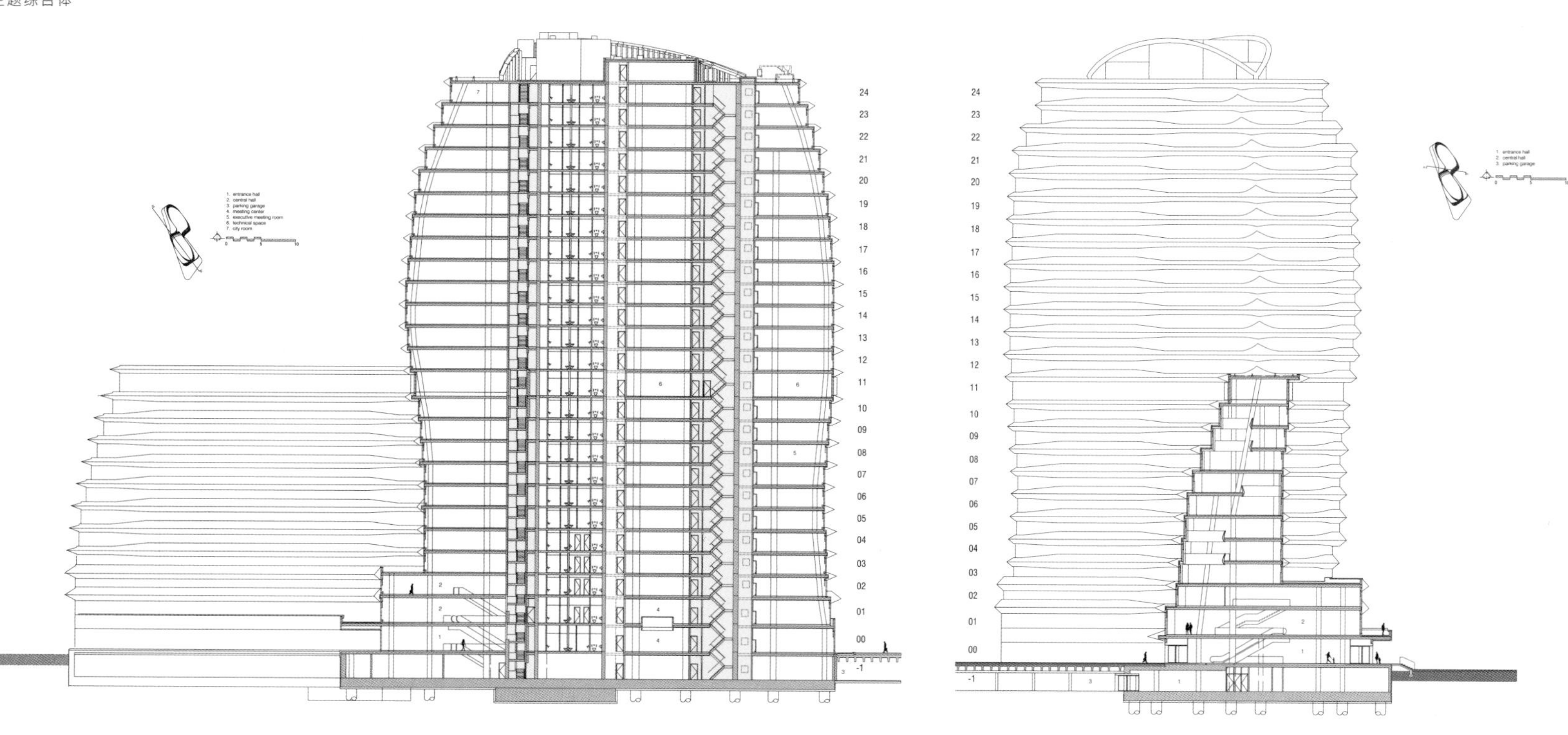
1. entrance hall
2. central hall
3. parking garage
4. meeting center
5. executive meeting room
6. technical space
7. city room
0 5 10
1. entrance hall
2. central hall
3. parking garage
0 5 10

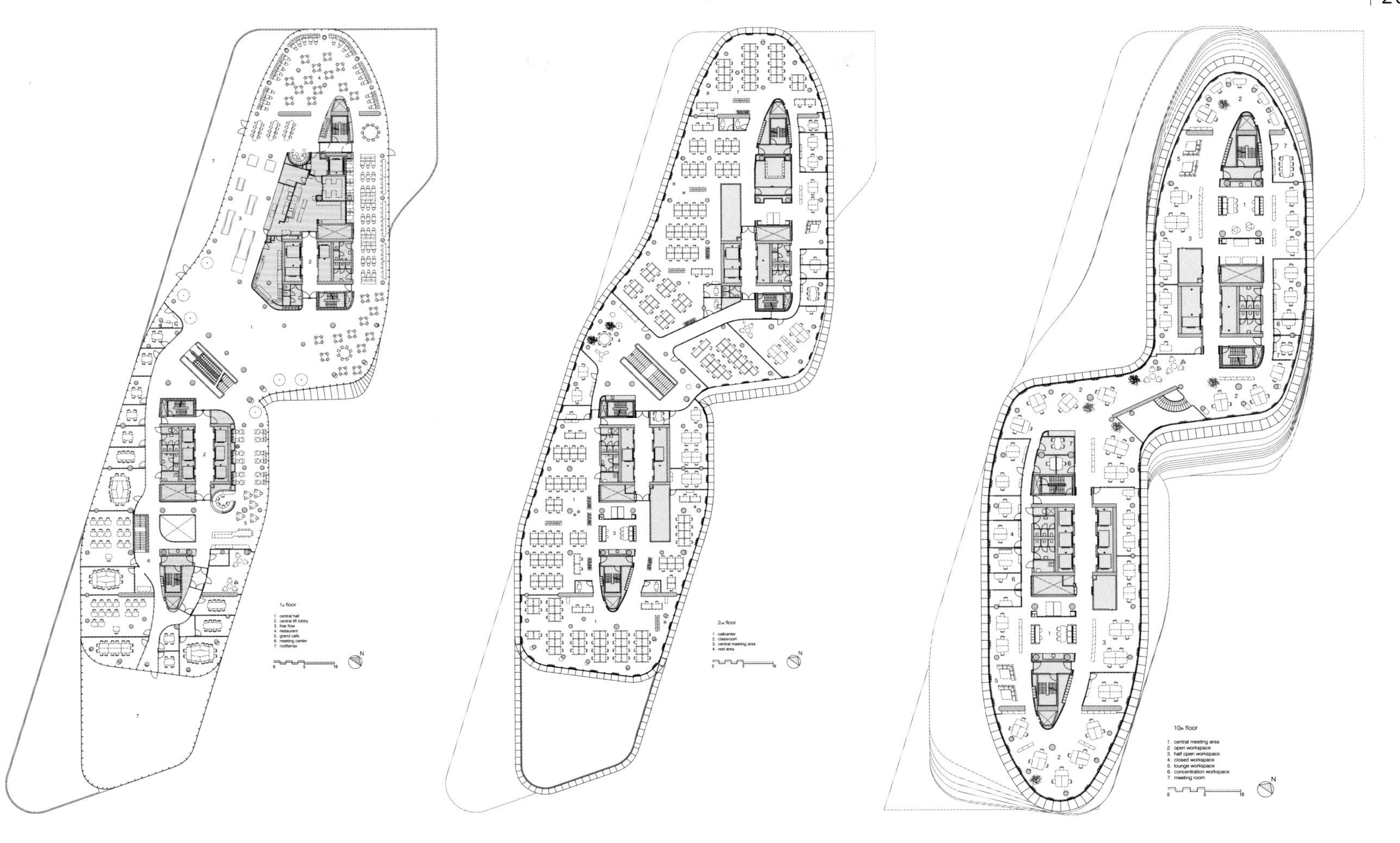
1st floor
1. central hall
2. central lift lobby
3. free flow
4. restaurant
5. grand cafe
6. meeting center
7. roofterras
0 5 10
N
2nd floor
1. callcenter
2. classroom
3. central meeting area
4. rest area
0 5 10
N
10th floor
1. central meeting area
2. open workspace
3. half open workspace
4. closed workspace
5. lounge workspace
6. concentration workspace
7. meeting room
0 5 10
N

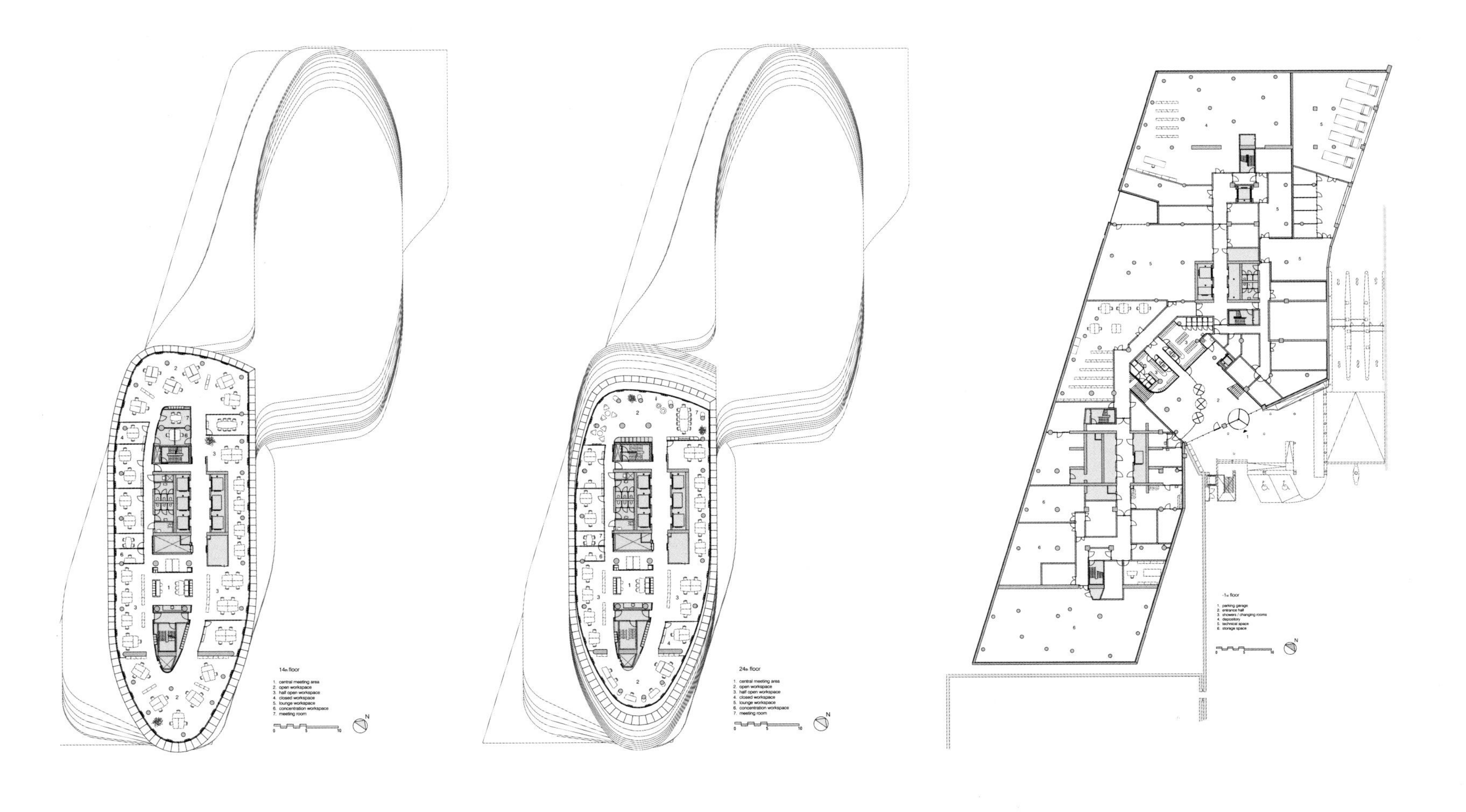
14th floor
1. central meeting area
2. open workspace
3. half open workspace
4. closed workspace
5. lounge workspace
6. concentration workspace
7. meeting room
0 5 10
N
24th floor
1. central meeting area
2. open workspace
3. half open workspace
4. closed workspace
5. lounge workspace
6. concentration workspace
7. meeting room
0 5 10
N
-1st floor
1. parking garage
2. entrance hall
3. showers / changing rooms
4. depository
5. technical space
6. storage space
0 5 10
N

Belastingdienst
Dienst Uitvoering Onderwijs

Belastingdienst

10

Yongsan 国际商务中心

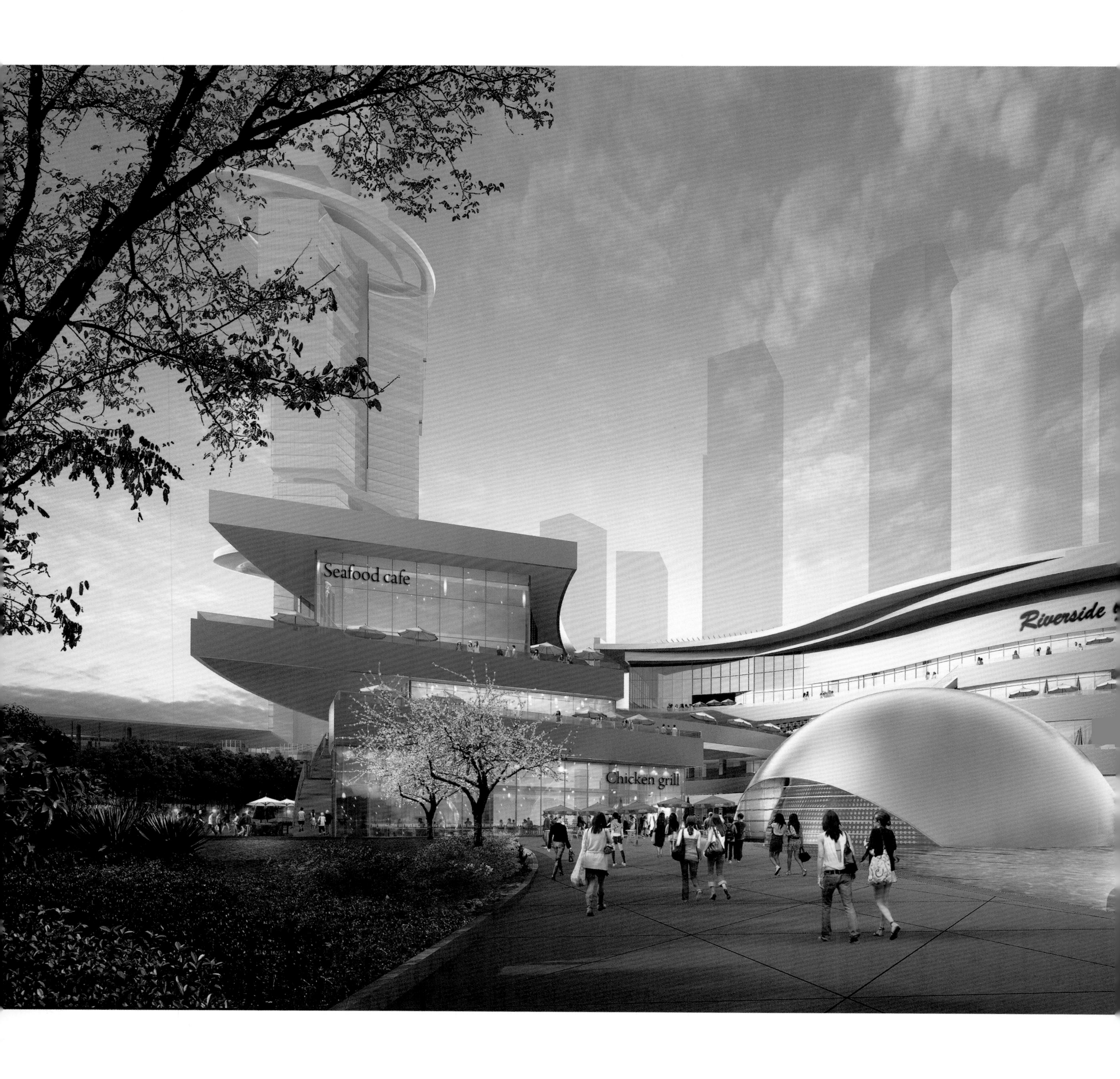

项目地点：韩国首尔
建筑设计：5+design

C-1 区介绍

Yongsan 国际商务中心是世界最大、最雄伟的城市综合性项目。该项目包括 10 个城市街区，街区之前由架桥、街道和具有不同景观特色的广场相连接。

项目的一个显著特征是它的 500 000 m^2 的地下建筑，有零售、餐馆和商业空间。五公里长的商场、通道和下沉花园，从 Han 河到 Yongsan 站，组成了一条完美的、畅通无阻的交通通道。

建设基地中央是“C-1”区（又名龙谷零售区），占地面积 200 000 m^2。分为三个主要区域：白金收集中心、大学百货商店区和体育活动区域。这些零售区环绕在一个引人注目的 10 000 m^2 的下沉花园周围，花园里有郁郁葱葱的景观、水景、户外餐馆、圆形露天剧场和公共集会区。

C-2 区介绍

C-2 区位于 Yongsan 国际商务中心的西南方向上。这是一个神奇的地方。旅客们到达 Yongsan 火车站后，沿着 C-2 北街区到哈恩河，一字排开，都是大量的零售店和娱乐场所。

C-2 区的设计灵感来源于它所处的海滨地理位置。拥有类似集合波浪形的露台，外围的线条轮廓优美起伏。露台呈

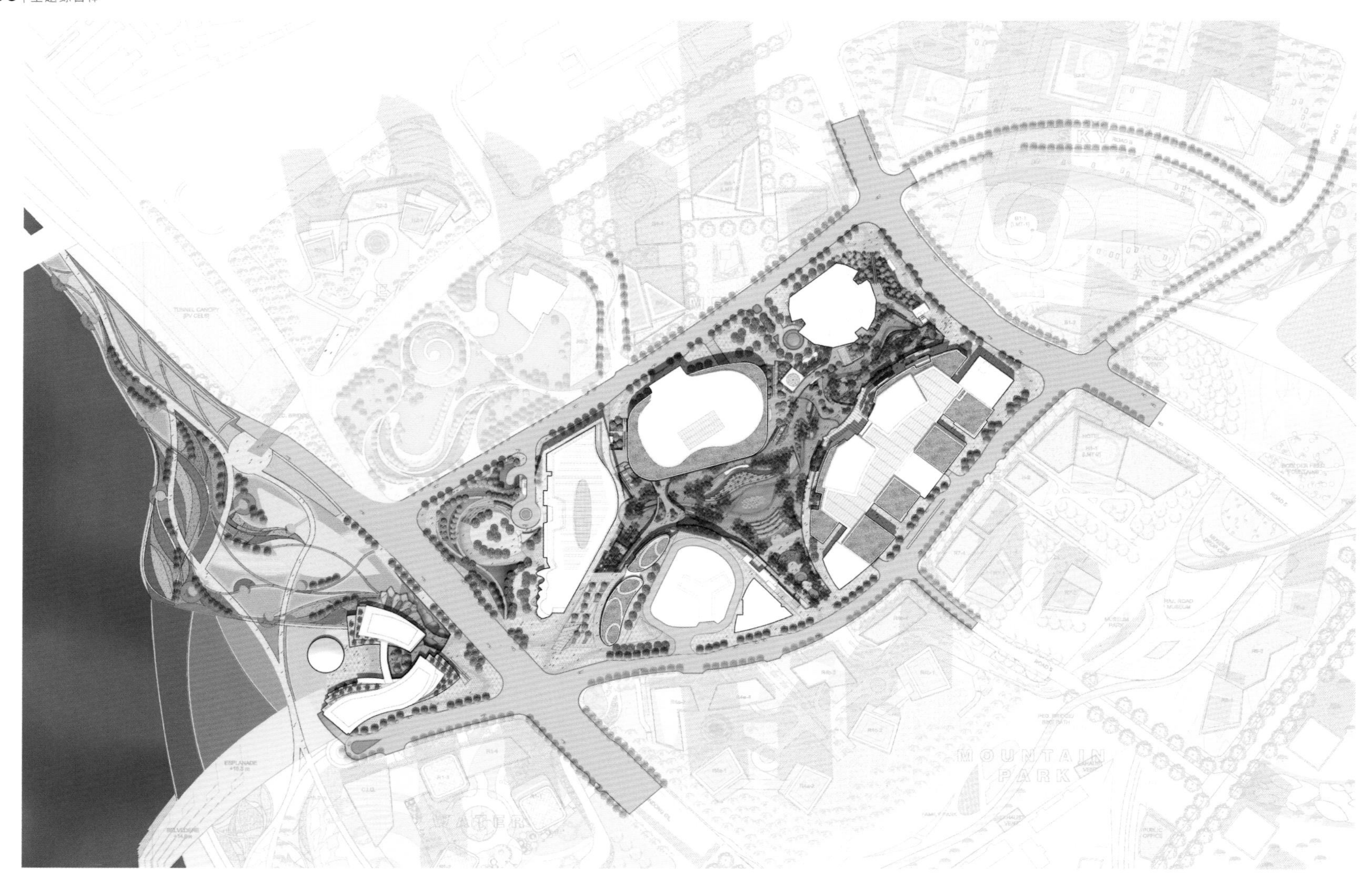
MOUNTAIN
PARK

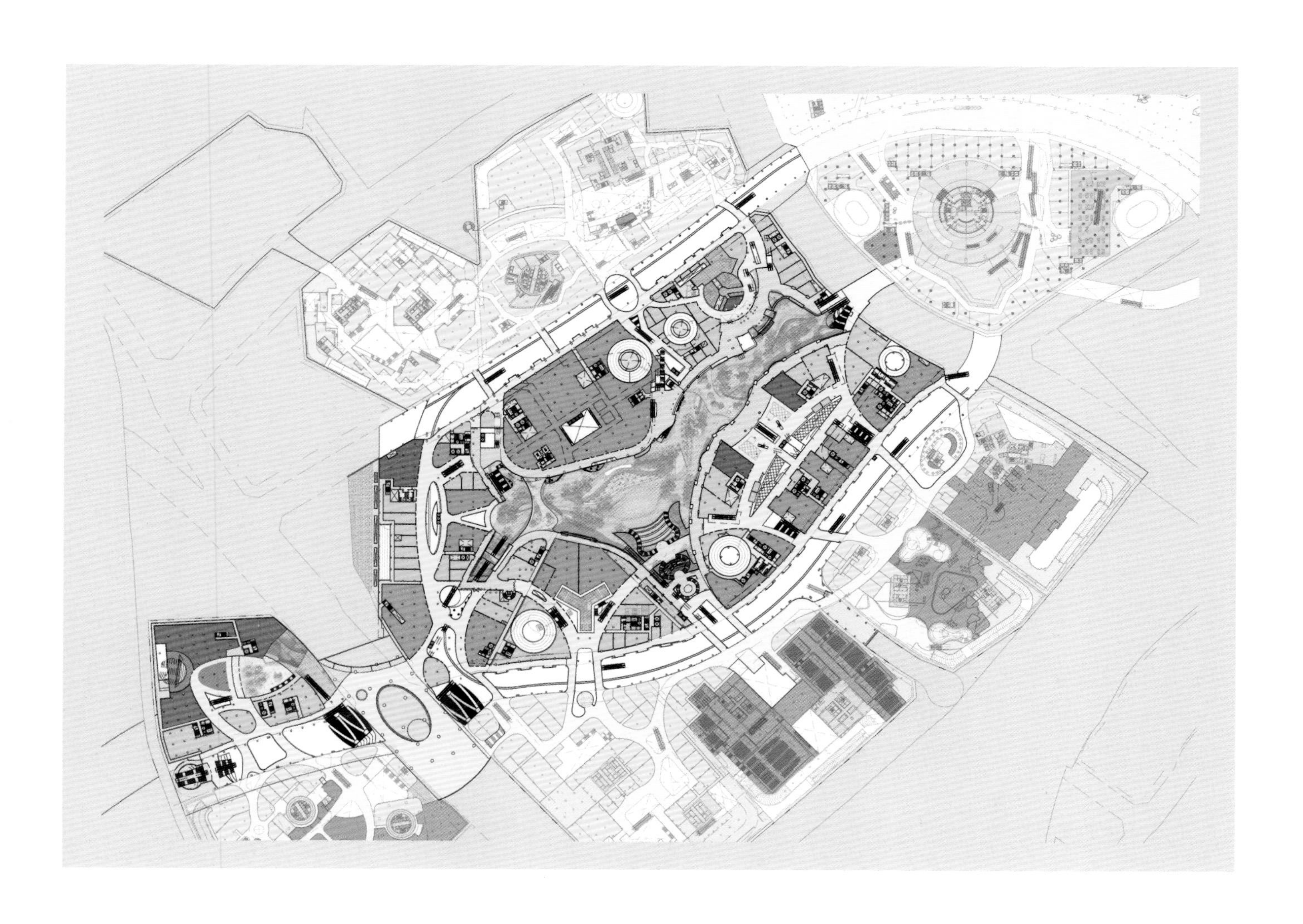

Dior
LOUIS VUITTON
CHANEL
Salvatore Ferragamo
BVLOARI

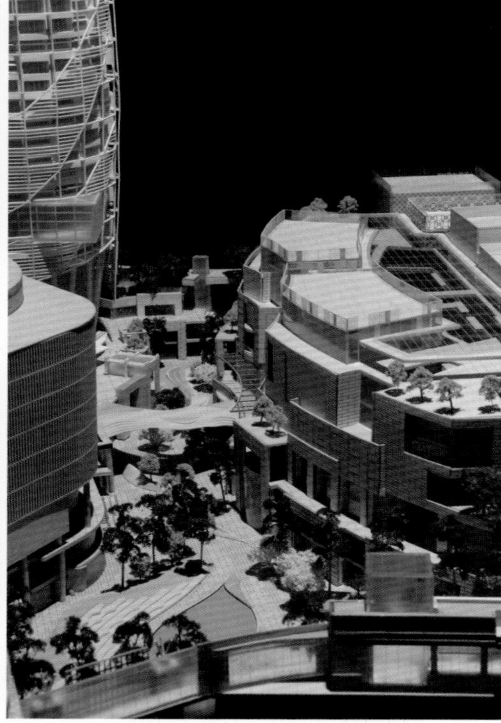

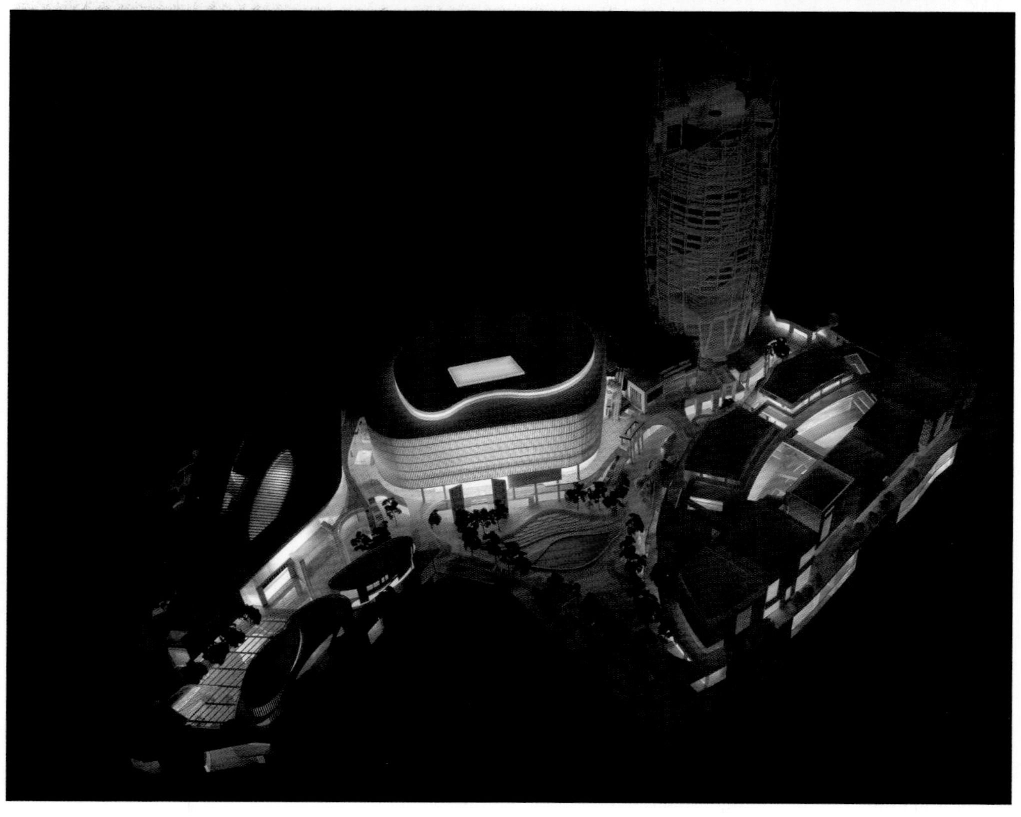

扇形散开，营造出一个阶梯式的观景平台，将哈恩河和首尔南部的美景尽收眼底。每个露台邻近都有餐厅、酒吧或咖啡馆，为客人提供一个放松的就餐环境。

除了具有代表性的波形露台，5-D 影院上方球体形状的圆顶也是一大特色。5-D 影院白天上映韩国最好的观光影片，晚上则放映 3D 电影。圆形球体坐落在两大波形式建筑的背风处，看起来就像贝壳里的一颗珍珠。在环境优美的下沉花园的周围，布满了餐厅和俱乐部，而球体圆顶的设计，正是为了吸引人们去光顾地下两层的商业区。

C-2 区靠近江边公园和通往哈恩河的一个水上阶梯式平台。这里有扣人心弦的灯光、水景和其他特殊视觉效果的景色，给每一个来到 Yongsan 国际商务中心的旅客留下难忘的印象。

Louis Vuitton

samsung mobile
iPad
ARCTERYX
Ferragamo

ENANT
모두가
지켜보고 있어
JUST DO IT

BARNEYS
NEW YORK
GIORGIO

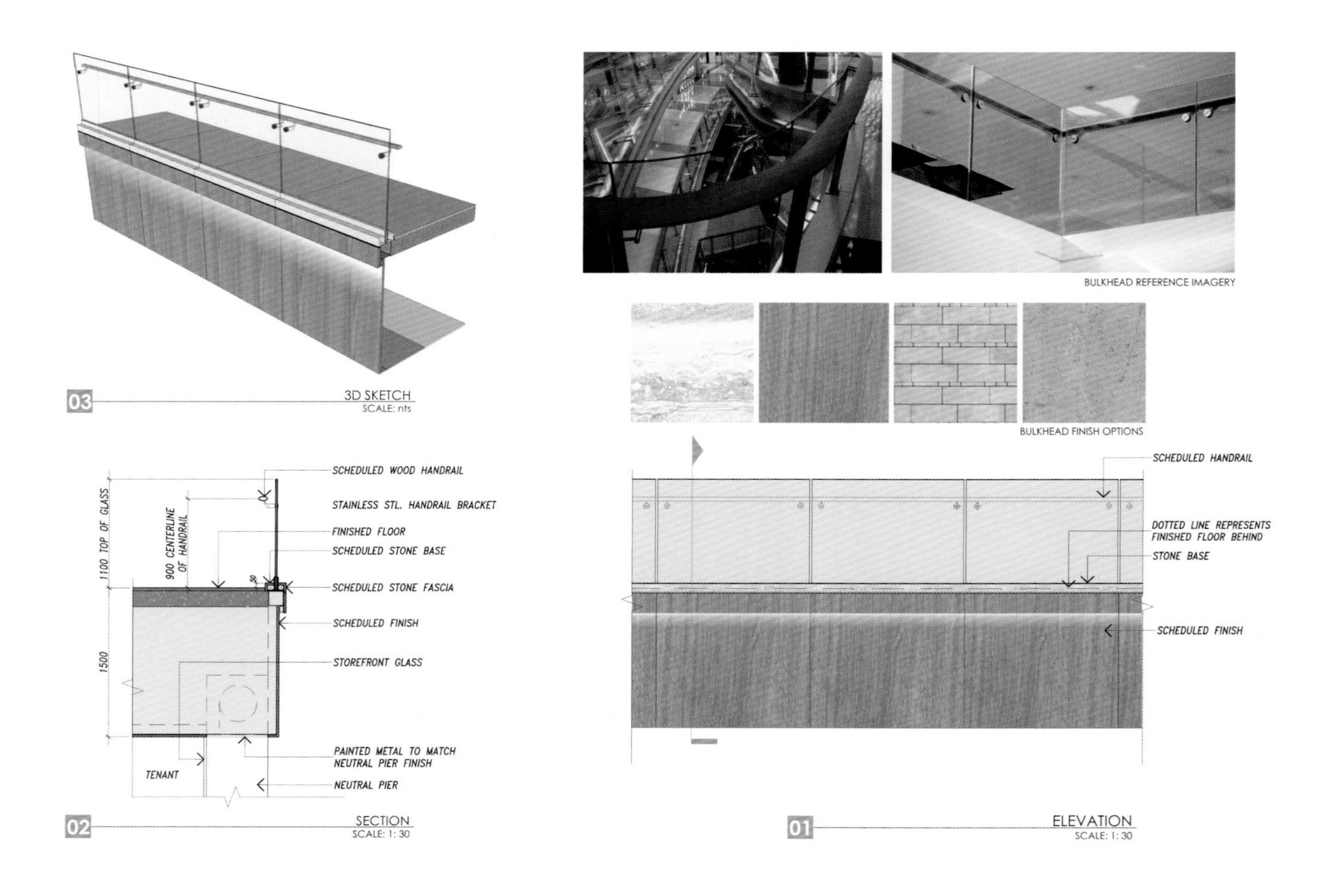
03
3D SKETCH
SCALE: nts
BULKHEAD REFERENCE IMAGERY
BULKHEAD FINISH OPTIONS
SCHEDULED WOOD HANDRAIL
STAINLESS STL. HANDRAIL BRACKET
FINISHED FLOOR
SCHEDULED STONE BASE
SCHEDULED STONE FASCIA
SCHEDULED FINISH
STOREFRONT GLASS
PAINTED METAL TO MATCH
NEUTRAL PIER FINISH
NEUTRAL PIER
TENANT
1100 TOP OF GLASS
900 CENTERLINE OF HANDRAIL
1500
02
SECTION
SCALE: 1: 30
SCHEDULED HANDRAIL
DOTTED LINE REPRESENTS
FINISHED FLOOR BEHIND
STONE BASE
SCHEDULED FINISH
01
ELEVATION
SCALE: 1: 30

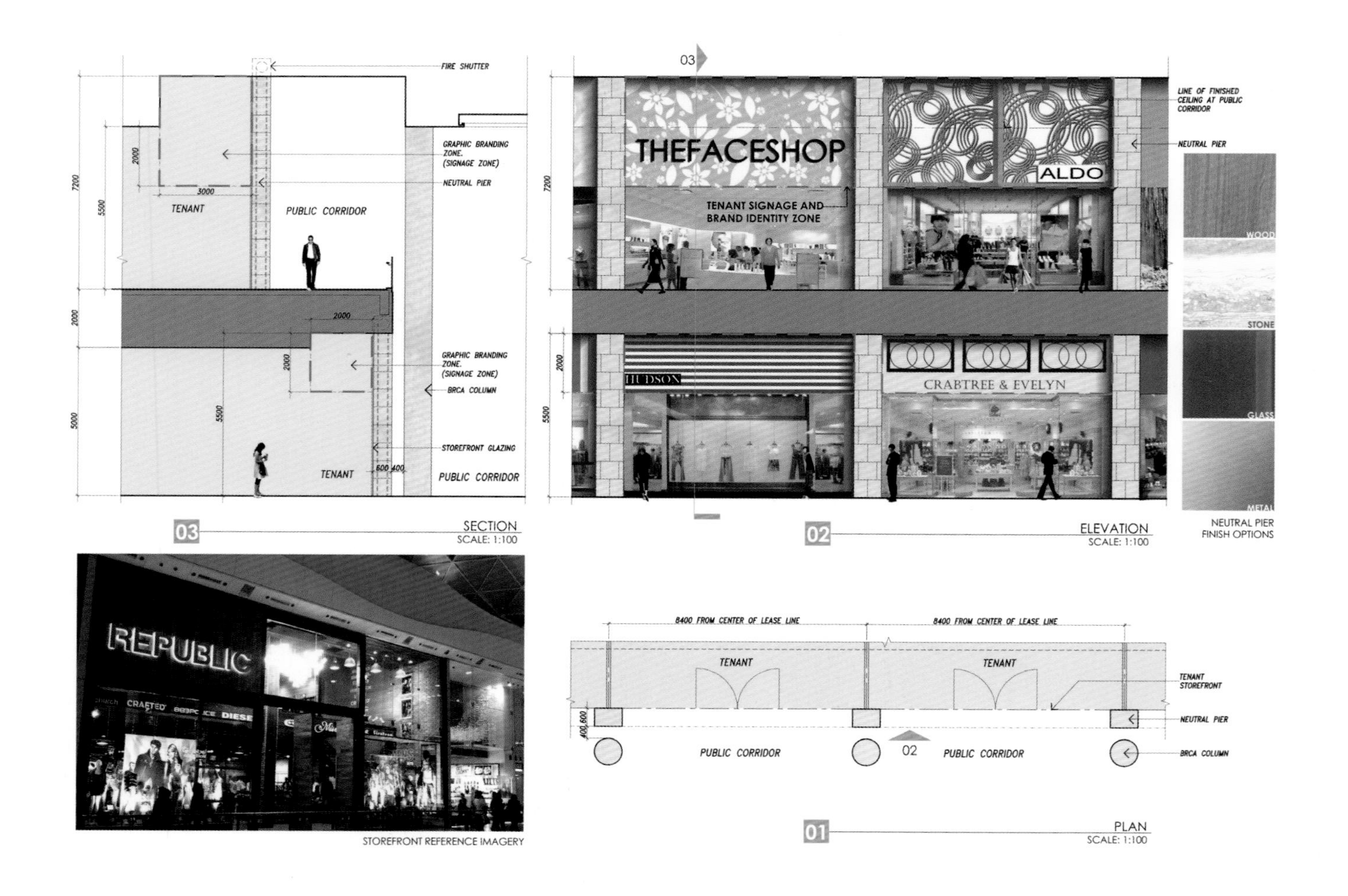
FIRE SHUTTER
GRAPHIC BRANDING
ZONE.
(SIGNAGE ZONE)
NEUTRAL PIER
TENANT
PUBLIC CORRIDOR
BRCA COLUMN
STOREFRONT GLAZING
03
SECTION
SCALE: 1:100
THEFACESHOP
ALDO
TENANT SIGNAGE AND
BRAND IDENTITY ZONE
HUDSON
CRABTREE & EVELYN
LINE OF FINISHED
CEILING AT PUBLIC
CORRIDOR
WOOD
STONE
GLASS
METAL
NEUTRAL PIER
FINISH OPTIONS
02
ELEVATION
SCALE: 1:100
REPUBLIC
STOREFRONT REFERENCE IMAGERY
8400 FROM CENTER OF LEASE LINE
TENANT
TENANT STOREFRONT
PUBLIC CORRIDOR
01
PLAN
SCALE: 1:100

River Grill
Sunset Cafe
Blue Palms

ETH COLE
XAZRIA
REVO
belly

GIORGIO
BCBGMAXAZ
SALAMNDER

2
adidas
B2

RODEO
RODEO
CLEO

next

Commercial Complex

商 业 综 合 体

Compounding
Cross dimension
Multi-structure
Comprehensive function

复合性 交叉体量 多元结构 综合功能

新加坡 Scotts 广场

项目地点：新加坡
客　　户：会德丰地产（新加坡）有限公司
建筑设计：凯达国际
总建筑面积：42500 m²

Scotts 广场是一个新的住宅和零售多功能发展性建筑，坐落于 Scotts 街上最好的地段，即乌杰路和 Scotts 商业街十字路口交叉处的战略位置。广场两边矗立着君悦和万豪酒店，开发了两栋豪华的住宅公寓塔楼。这两座塔楼建在高端生活精品购物中心的建筑基地上方。

建筑基地的负一层，设有零售区停车场；专业组件零售区从负一层到第三层，设有房屋住宅停车场。地面上三层是一只很大的开放景观甲板，有游泳池和私人电梯大厅可以通往住宅大楼。

这两栋住宅塔楼，分别有 35 层和 43 层，彼此垂直对齐，成为乌杰路、Scotts 街和伊丽莎白路上引人注目的一道风景线。叶片状的墙壁和现代美学设计元素给这两栋大楼的整体外观带来一种干净的边缘。此外，35 层塔楼的顶部建有一个小型的游泳池，由空中天桥连接这两个塔屋顶平台。

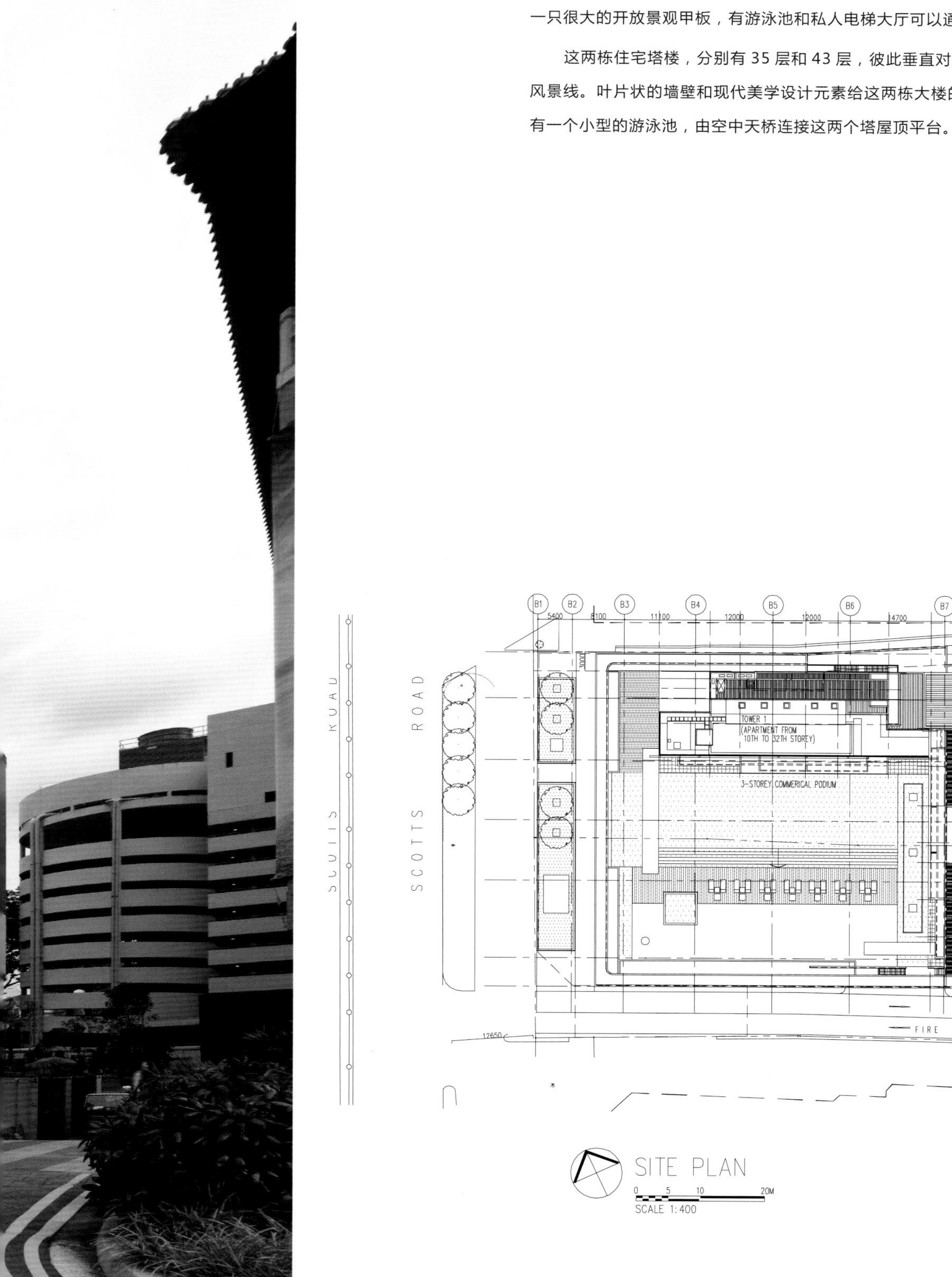

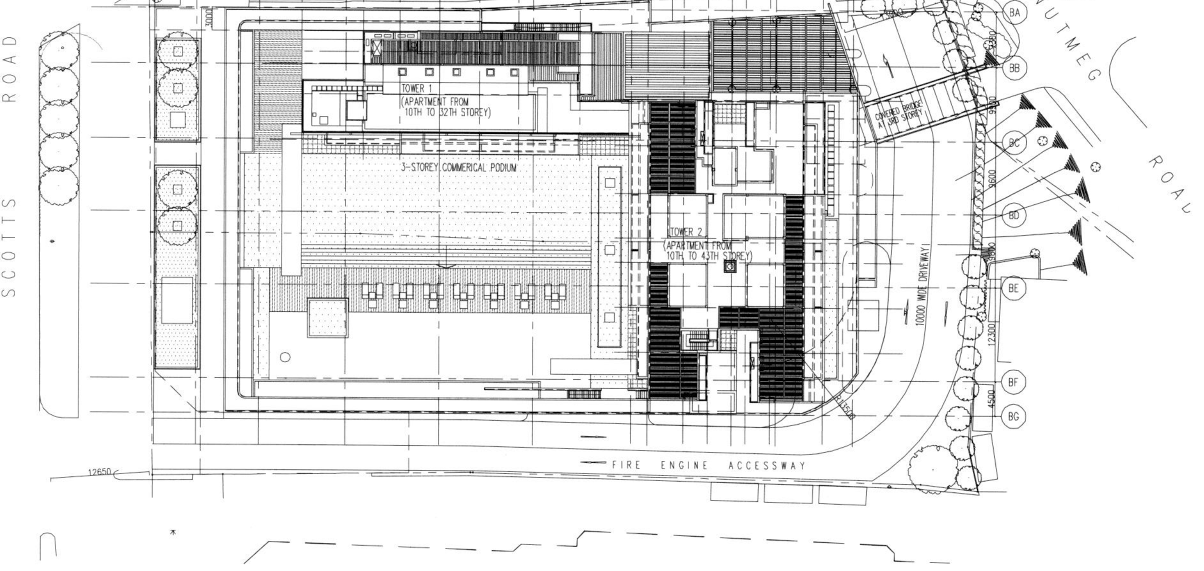

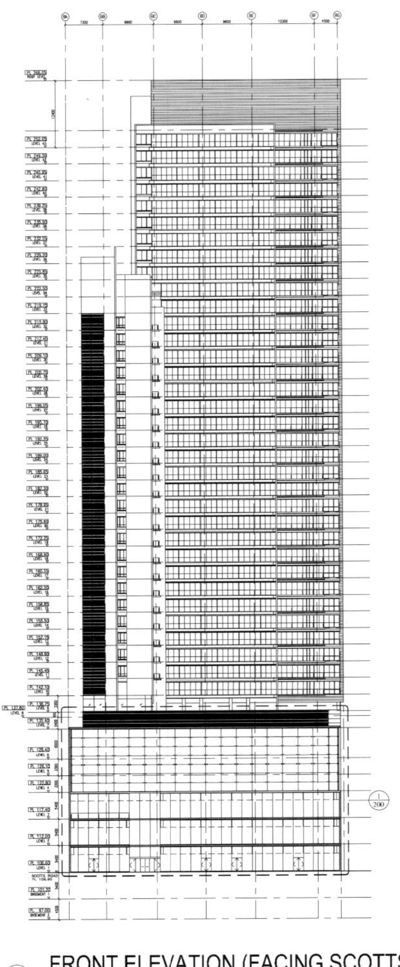

1 FRONT ELEVATION (FACING SCOTTS)
SCALE 1:500

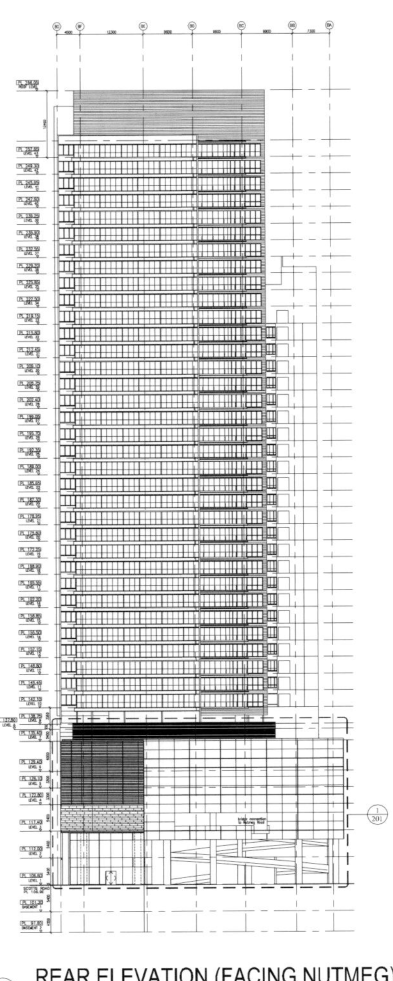

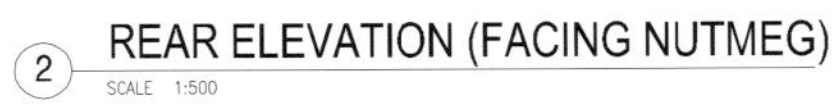

2 REAR ELEVATION (FACING NUTMEG)
SCALE 1:500

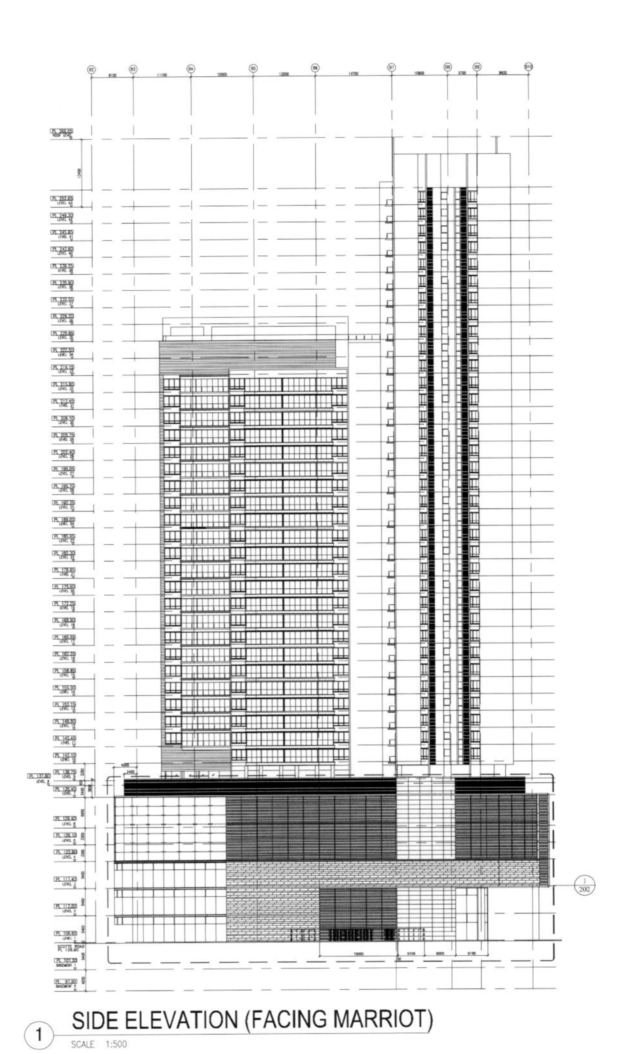

1 SIDE ELEVATION (FACING MARRIOT)
SCALE 1:500

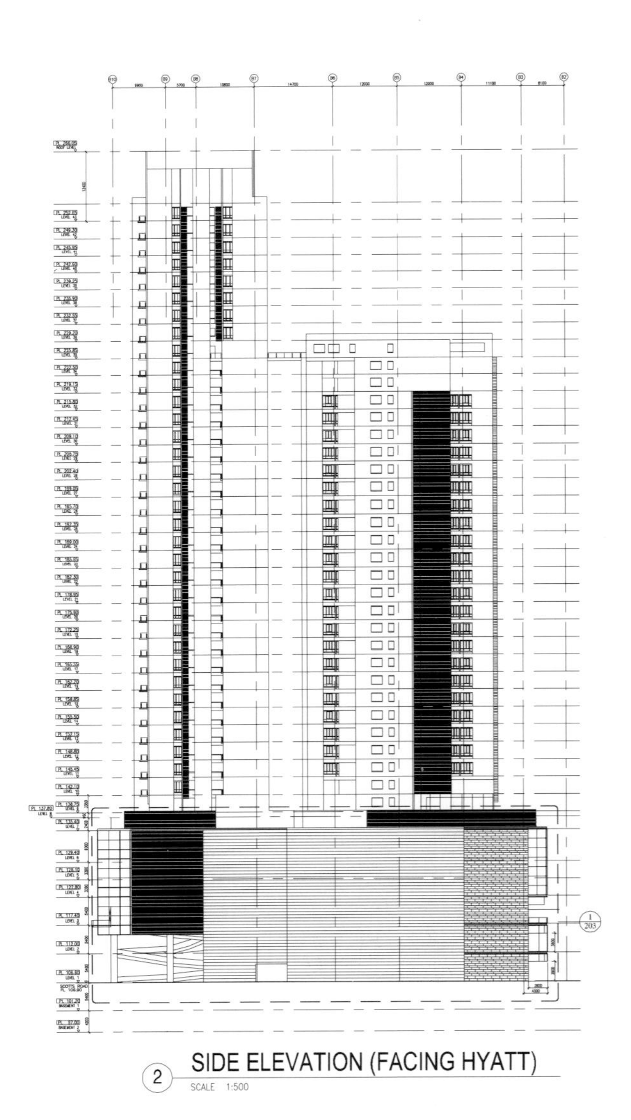

2 SIDE ELEVATION (FACING HYATT)
SCALE 1:500

HYATT
ANNE FONTAINE
UOB
HUMP

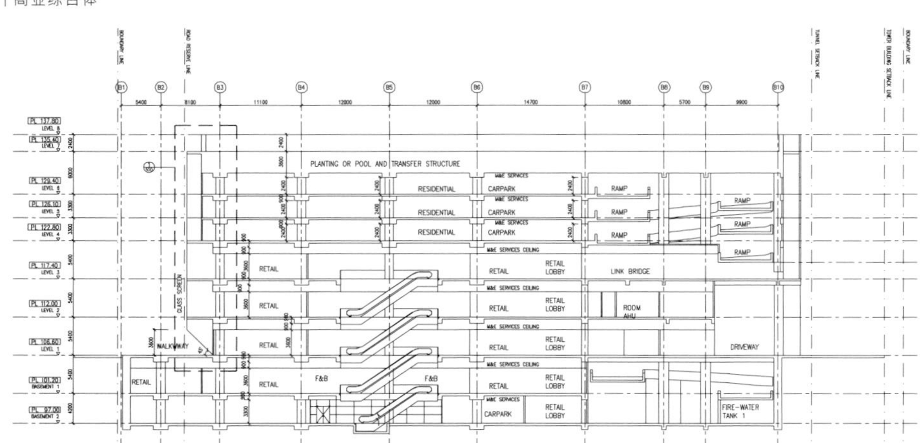

LONGITUDINAL SECTION
SCALE 1:400

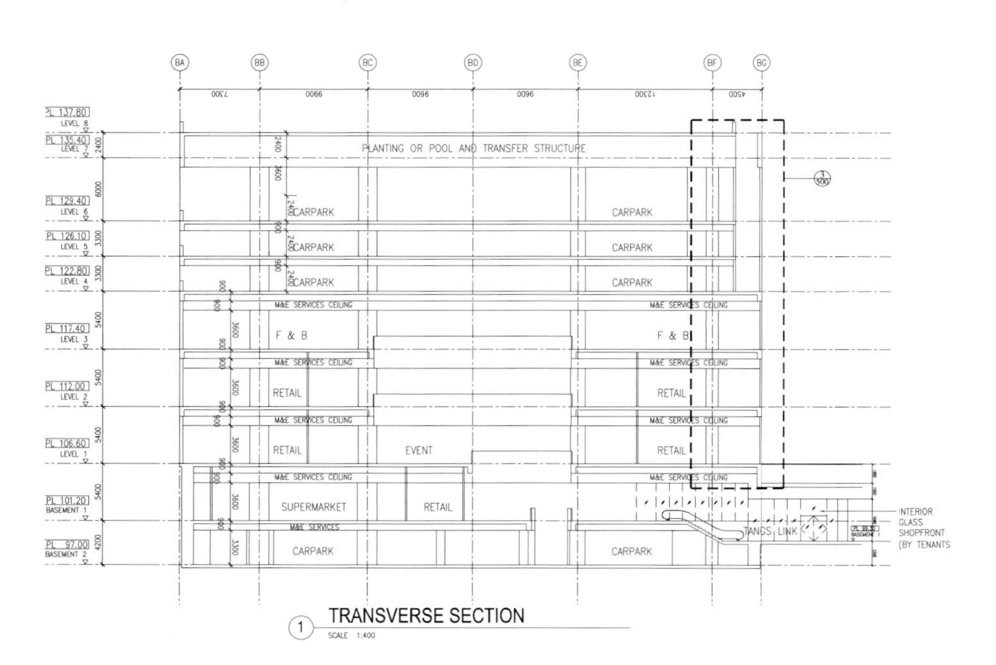

TRANSVERSE SECTION
SCALE 1:400

SINCERE

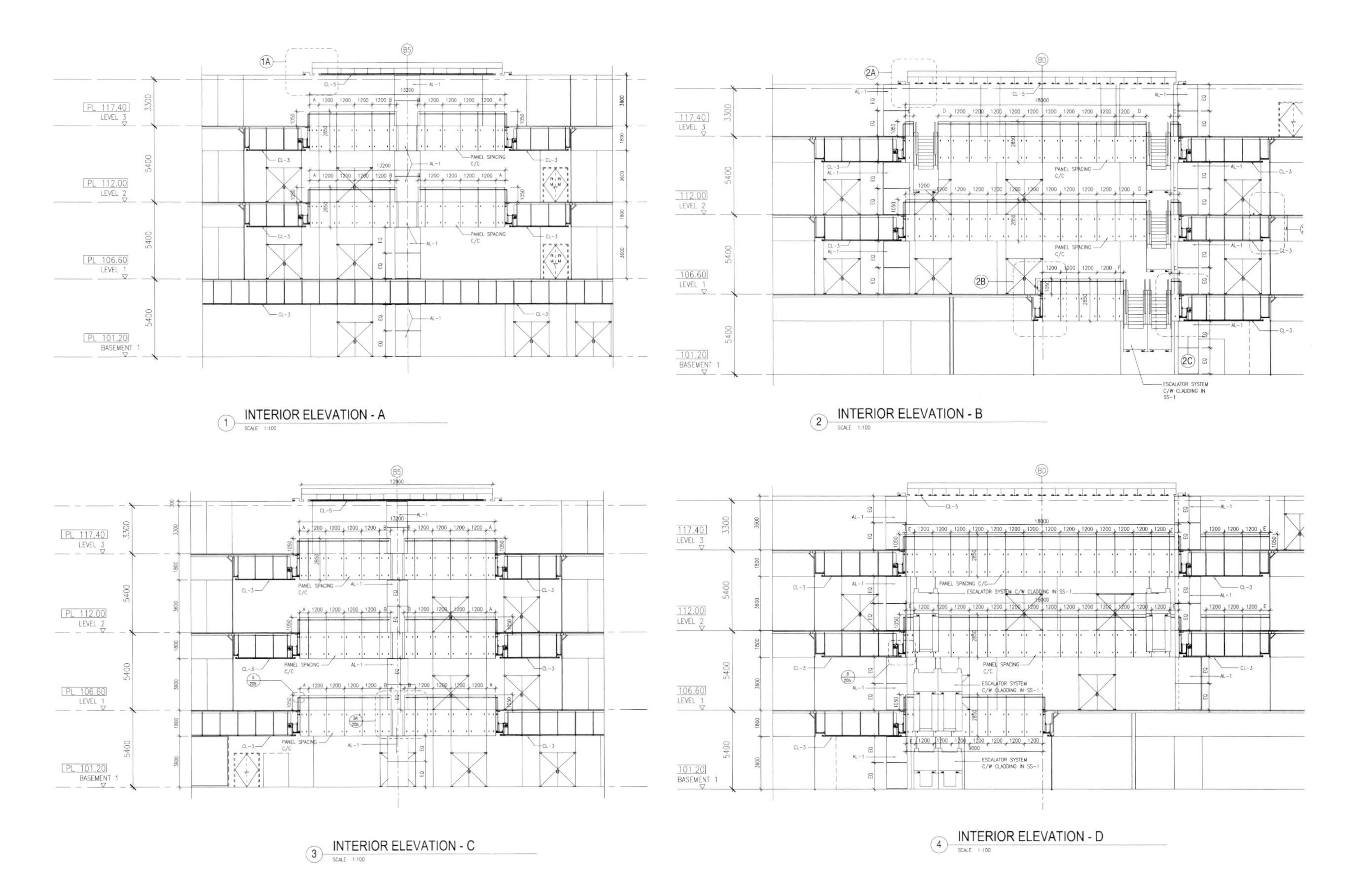
PL 117.40
LEVEL 3
PL 112.00
LEVEL 2
PL 106.60
LEVEL 1
PL 101.20
BASEMENT 1
ESCALATOR SYSTEM C/W CLADDING IN SS-1
1 INTERIOR ELEVATION - A
SCALE 1:100
2 INTERIOR ELEVATION - B
SCALE 1:100
3 INTERIOR ELEVATION - C
SCALE 1:100
4 INTERIOR ELEVATION - D
SCALE 1:100

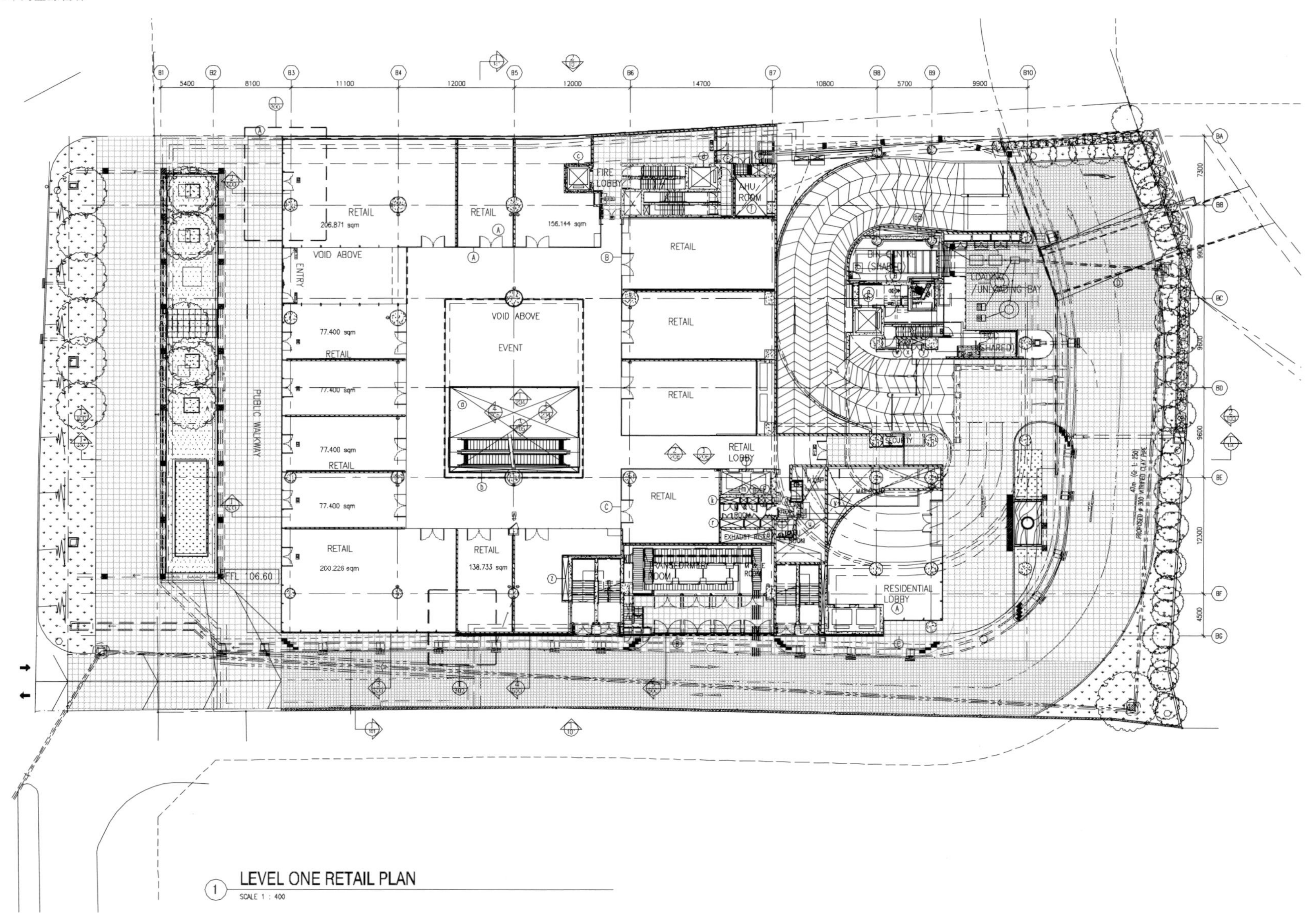
RETAIL
RETAIL
VOID ABOVE
ENTRY
VOID ABOVE
EVENT
PUBLIC WALKWAY
RETAIL LOBBY
RESIDENTIAL LOBBY
LOADING /UNLOADING BAY
FIRE LOBBY
AHU ROOM
FFL 106.60
LEVEL ONE RETAIL PLAN
SCALE 1 : 400

EXIT
BANK 大華銀行
UOB WEALTH BANKING

SINCERE

SINCERE

SALE
SALE
SALE

华沙金色阶梯

ING SKYLIGHT OFFICES TO LET
820 20 20
OFFICES TO LET
van Graaf

项目地点：波兰华沙
开 发 商：荷兰国际集团（ING）房地产公司
建筑设计：美国捷德国际建筑事务所（Jerde）
总建筑面积：186 000 m^2

华沙金色阶梯位于一处 7.8 英亩未开发的地块上，毗邻华沙中央火车站和文化宫。项目将建立一个充满活力的中心，加强城市中零散分布地区的紧密连接。同时，在连接新的城市核心区域和华沙历史中心地带的一连串街心公园中，再新建一个新的街心公园。

项目占地面积为 32 000 m^2，长 215 m，宽 165 m，三面围绕着街道，南面为火车站。该项目北侧正对着购物中心和酒店；东侧毗邻艾米普雷特大街，此街是一条熙熙攘攘的六车道公路，科技文化宫亦坐落于此；西侧为唐娜帕拉克二街。

项目周围围绕着一个低标准的露天街心公园和一个室内广场，两者都向商业中心开放，商业中心组织了四个露台，傲视着周围的广场。室内广场和商业中心被一个很大的玻璃屋顶覆盖，屋顶起伏的造型让人想起古时遮挡在华沙公园上的老树冠，营造了迷人的高度个性化的空间。穿行于四大露台之间，天花板的高度变化显著，推进式的屋顶通过一系列戏剧性的“技术动作”，展示出了动态的相互作用的光、阴影和空间。该设计创建了一个四季分明且舒适的室内环境，使其既拥有严冬也拥有温暖的季节。

环绕着广场的是中高层办公大楼，包围着商业中心，成为城市中心地平面上一个新的可视性地标。11 层和 22 层的塔楼，优雅的曲线呼应着广场流畅的造型，能够同时通往巨大的科技文化宫和周围的建筑设施。

该项目的建立使得本地区重新与城市接轨，体现了该地区作为大型城市系统中心枢纽的潜力。除了赋予华沙城市新面貌，华沙金色阶梯自身也成为城市进一步发展的一个参照模型。此外，该项目在继承这个城市丰富的历史文化的同时，又为未来创造出一种独特的建筑风格，重新诠释了城市的历史景观特色，也满足了现代城市环境发展的需求。

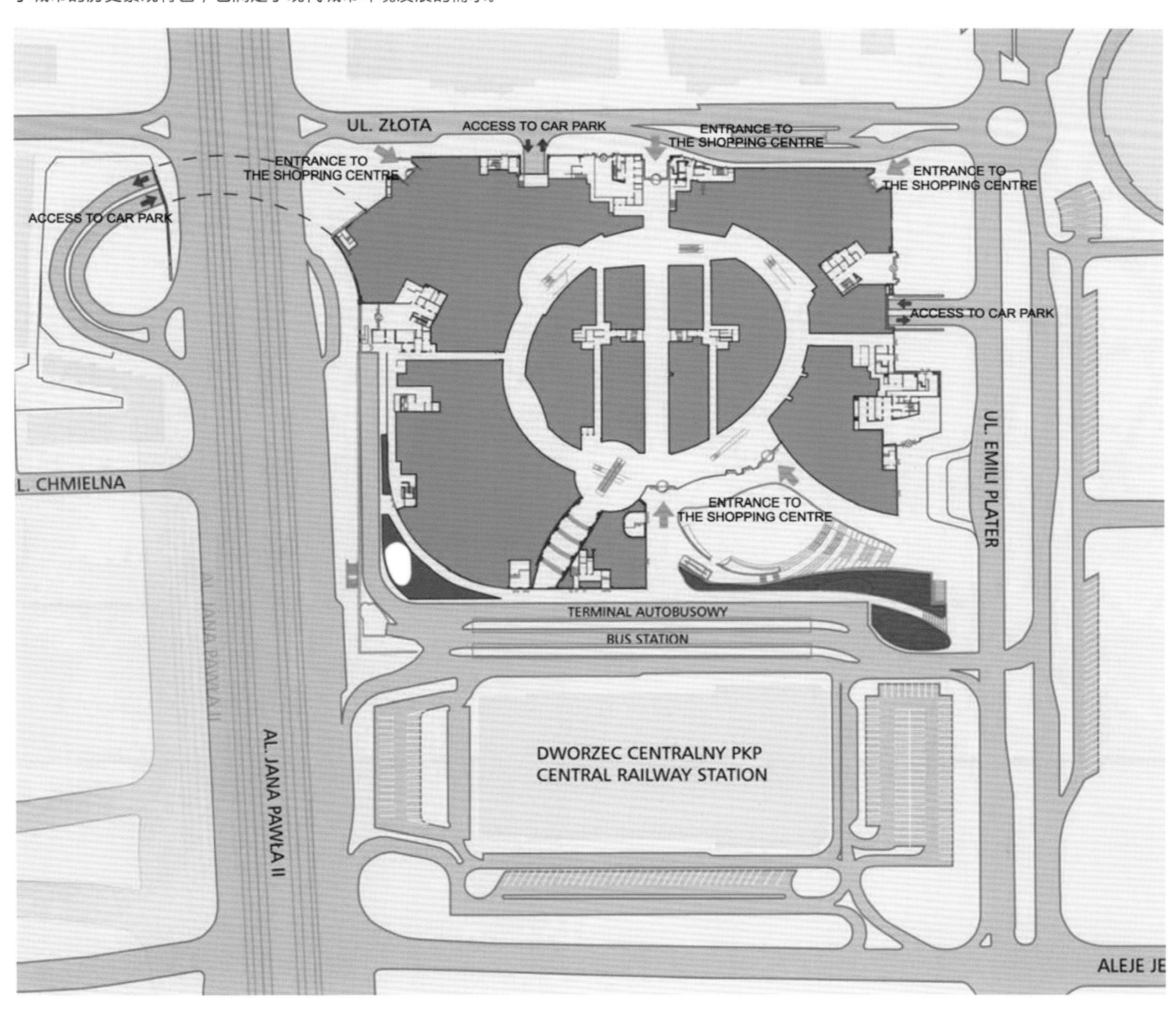

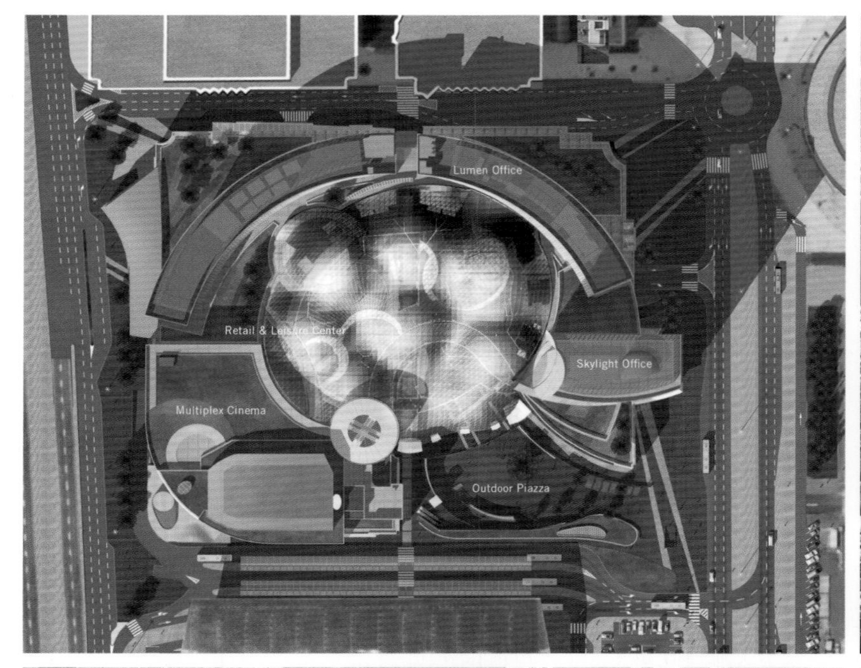
Lumen Office
Retail & Leisure Center
Skylight Office
Multiplex Cinema
Outdoor Piazza

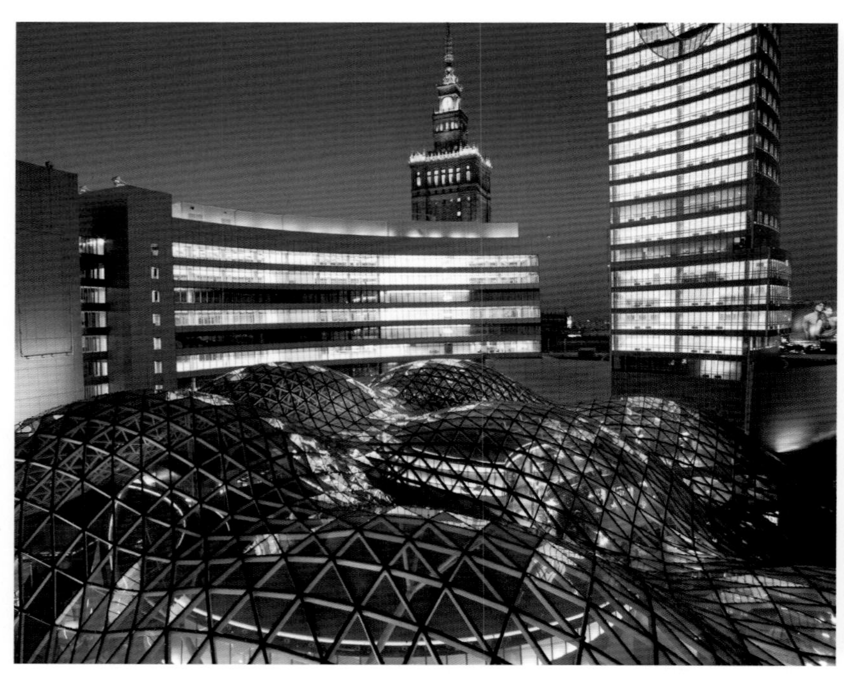

TARASY
CCC
H&M
OFFICES TO LET

OFFICES TO LET
OFFICES TO LET

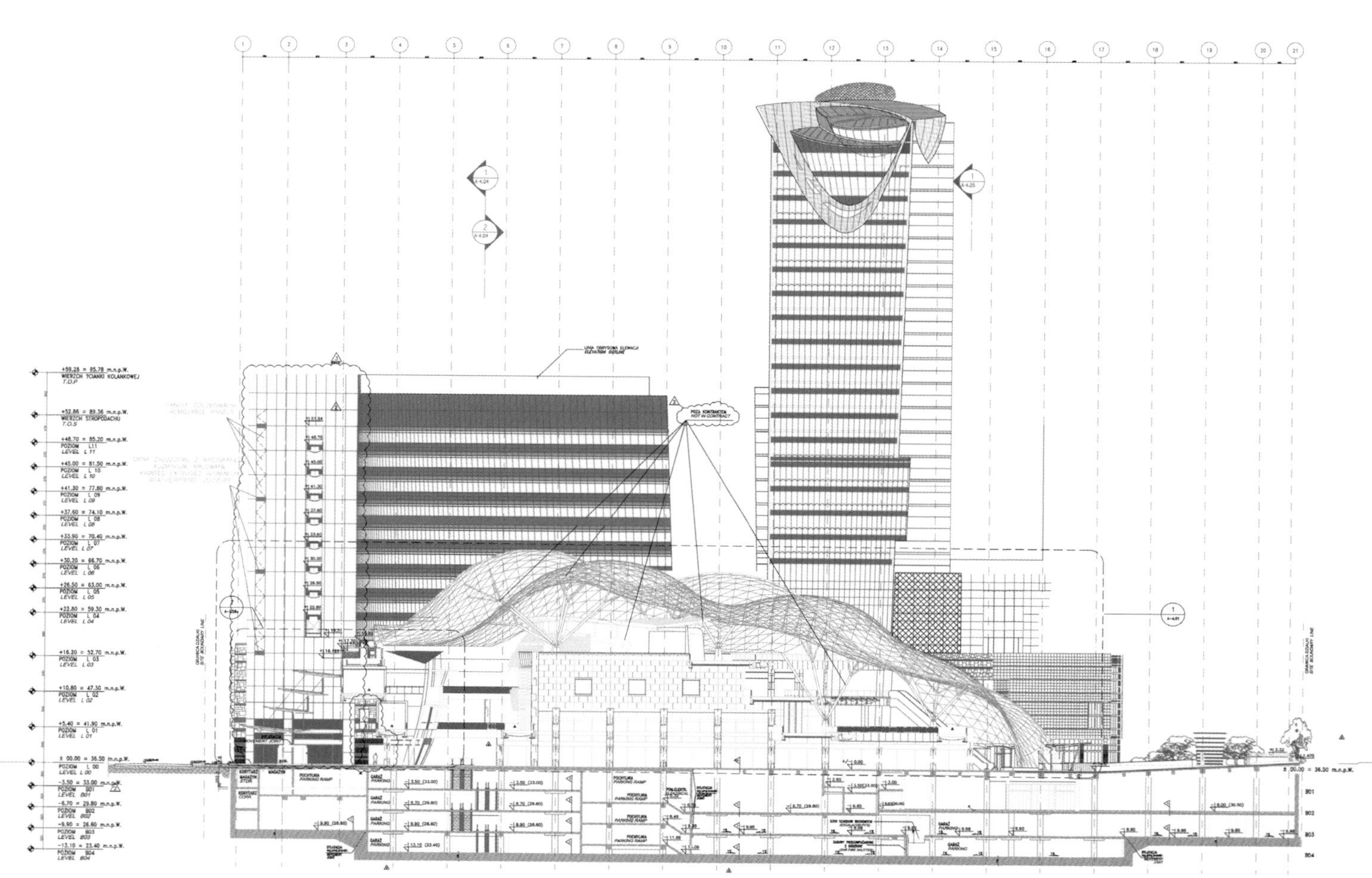

Marriott
LOT
SKYLIGHT OFFICES TO LET

ING SKYLIGHT OFFICES TO LET
van Graaf
Marriott

RETAIL
ANCHOR
RESTAURANT
COMMON AREA
PARK / GARDEN
SERVICE AND MECHANICAL
OFFICES

Zlote Tarasy
LEVEL 00 FLOOR PLAN

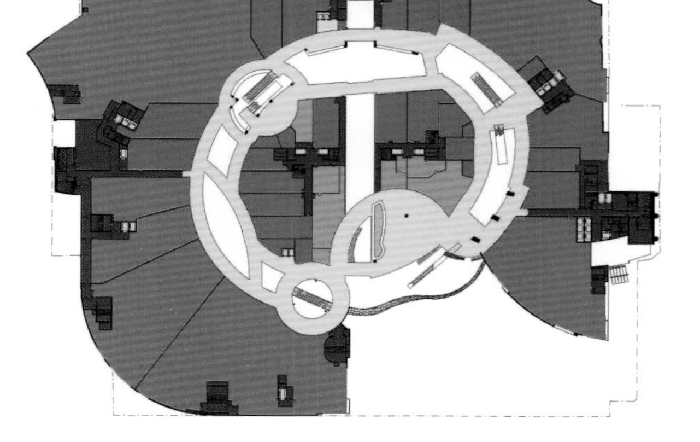

RETAIL
ANCHOR
RESTAURANT
COMMON AREA
PARK / GARDEN
SERVICE AND MECHANICAL
OFFICES

Zlote Tarasy
LEVEL 01 FLOOR PLAN

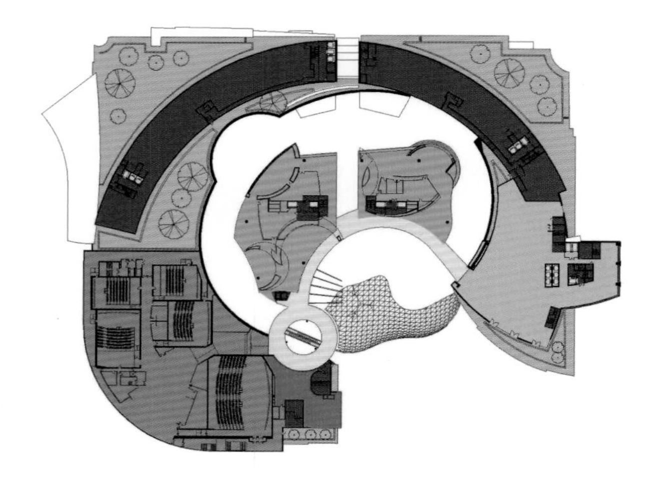

RETAIL
RESTAURANT
COMMON AREA
PARK / GARDEN
CINEMA
SPECIALTY ENTERTAINMENT
SERVICE AND MECHANICAL

Zlote Tarasy
LEVEL 03 FLOOR PLAN

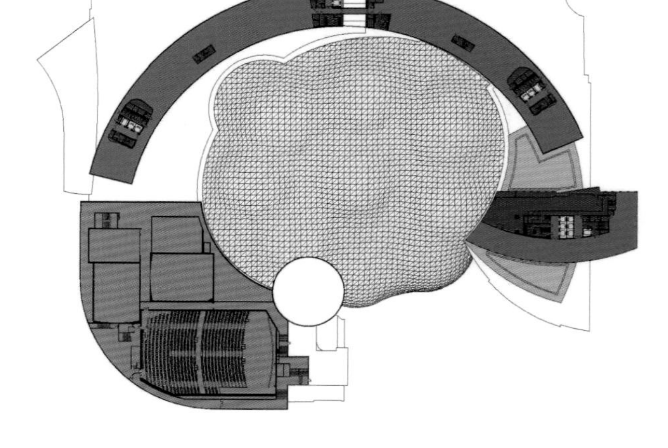

CINEMA
OFFICES
PARK / GARDEN
SERVICE AND MECHANICAL

Zlote Tarasy
LEVEL 04 FLOOR PLAN

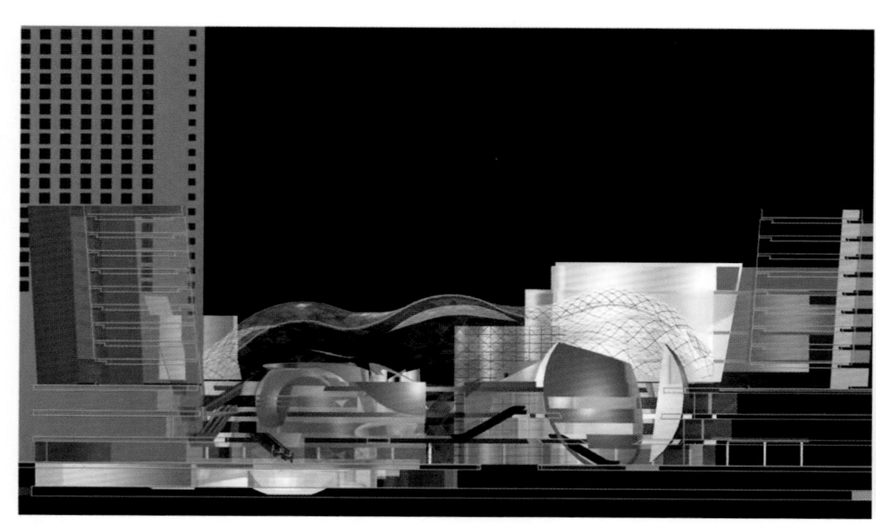

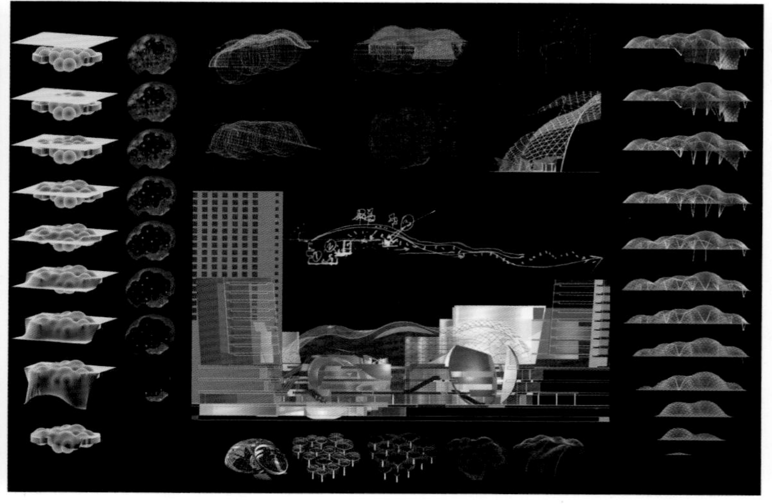

PAWO
SABRA
TORTILLA
REPLAY

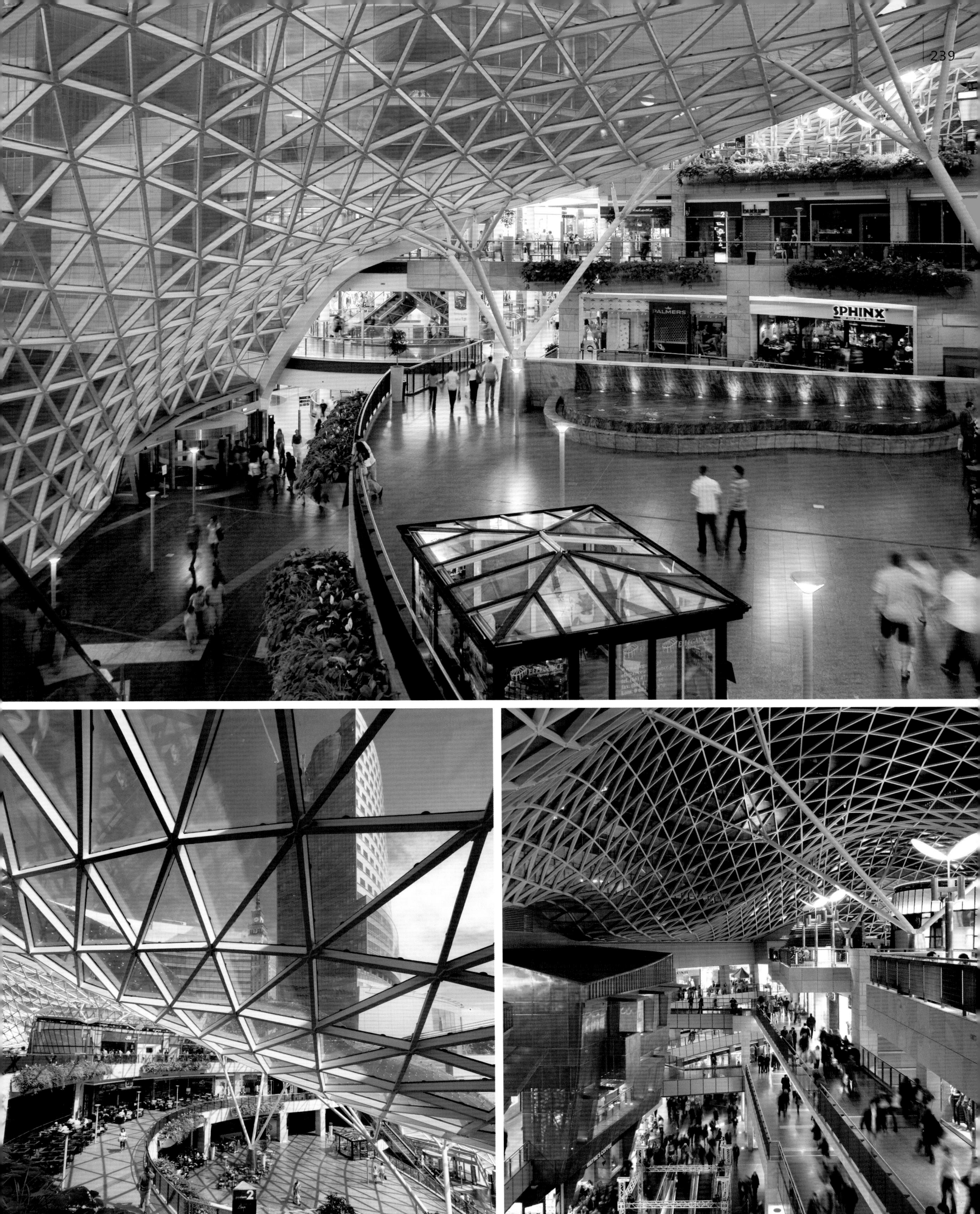
PALMERS
SPHINX

迪拜垂直村落

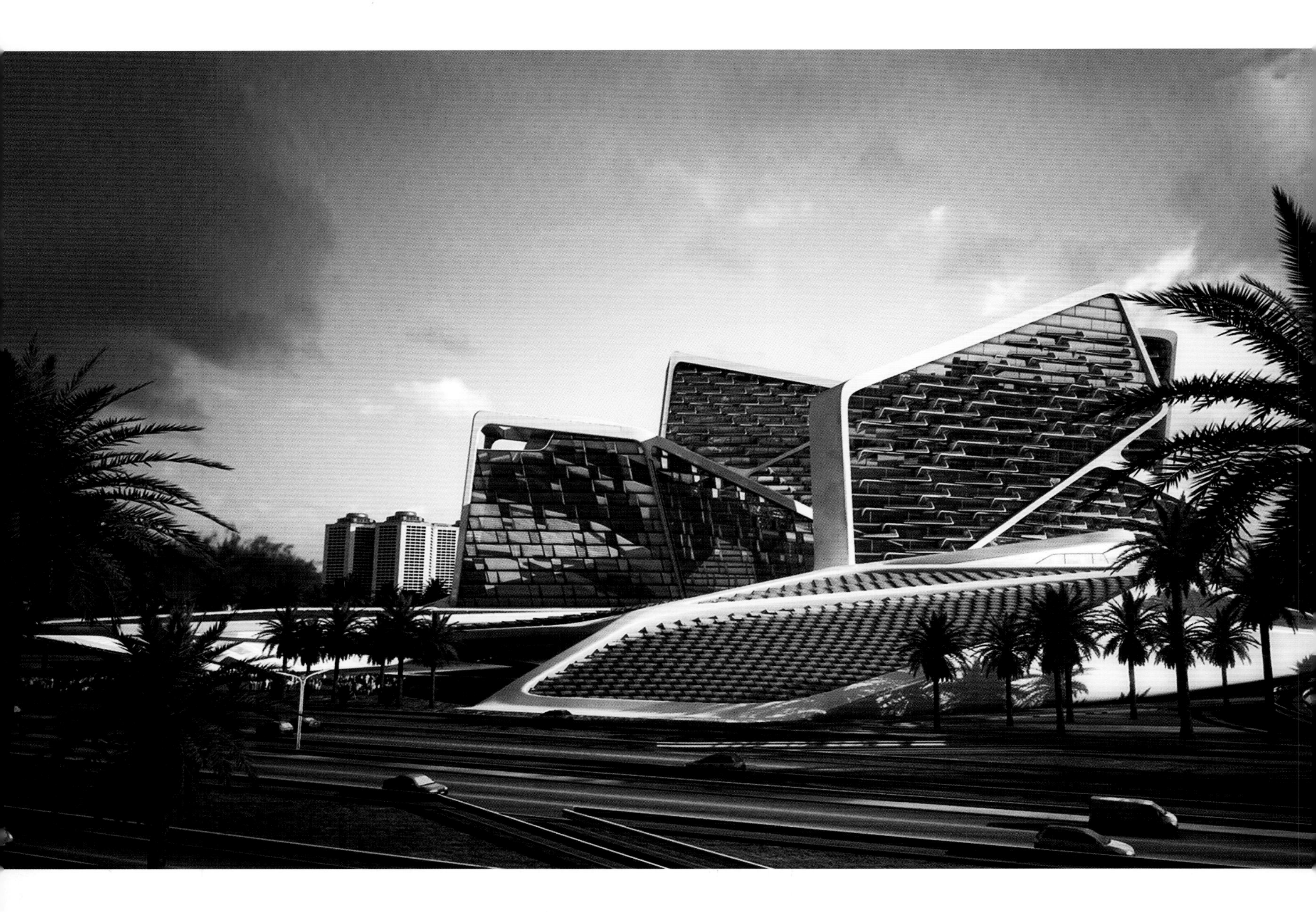

位于迪拜的这座炫目建筑——垂直村落，出自格拉夫特建筑设计事务所（Graft Lab）之手。它是一座多用途的建筑，其中大量的太阳能收集装置可以协调运作，互为补充。建成之后，垂直村有望获得领先能源与环境设计（LEED）金级认证。

垂直村是一座住宅与酒店的综合体。乍看之下，在大楼外表的底部似乎镶嵌了一个个闪耀的几何形池子；但再凑近细看，这座网型的建筑如同炙热沙漠中波光粼粼的浴场般迷人，它能收集太阳的酷热光线，并将其转化为能量使用。

垂直村可以在热带地区将能效发挥到极致：减少日光吸收，最大化太阳能产出。整座建筑中，曲棍球型主体部分的靠北位置可以自行遮蔽，且坐落在东西中轴线上的设计可以减少长角日光的直射。太阳能收集装置的巨型底座位于垂直村建筑的南边末端位置，它被设计为可以自动朝向太阳，以最大化地聚集太阳能。垂直村的顶部有叶状的纹理，可以将太阳能收集区域分割为更小且更易操控的部分。

除了独特的太阳能收集装置外，垂直村的外形看起来也让人感觉颇为震撼。整座建筑物分割和倾斜的方式使得各个单元呈现出独一无二的未来主义观感。

项目地点：阿拉伯联合酋长国迪拜
建筑设计：格拉夫特建筑设计事务所

位置平面图

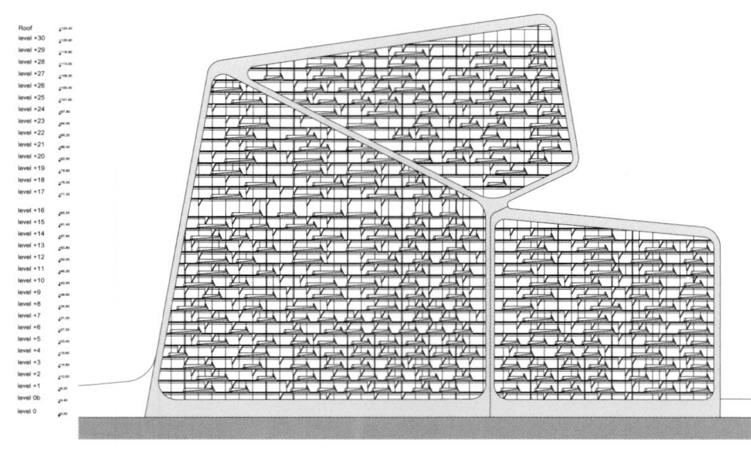

North Tower - North Elevation

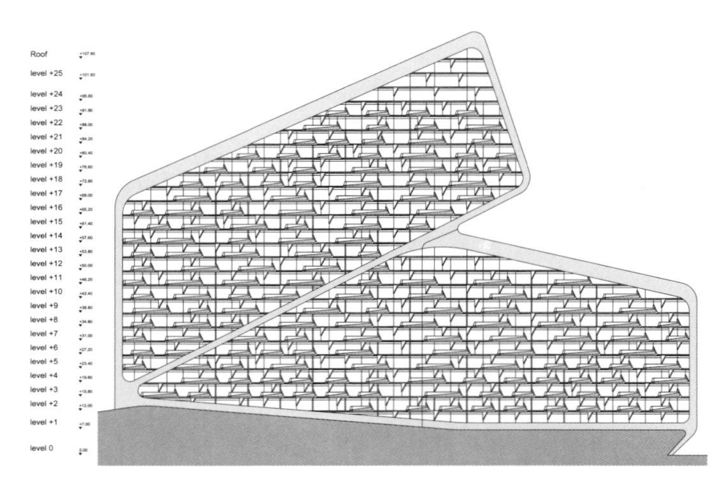

South Tower - South Elevation

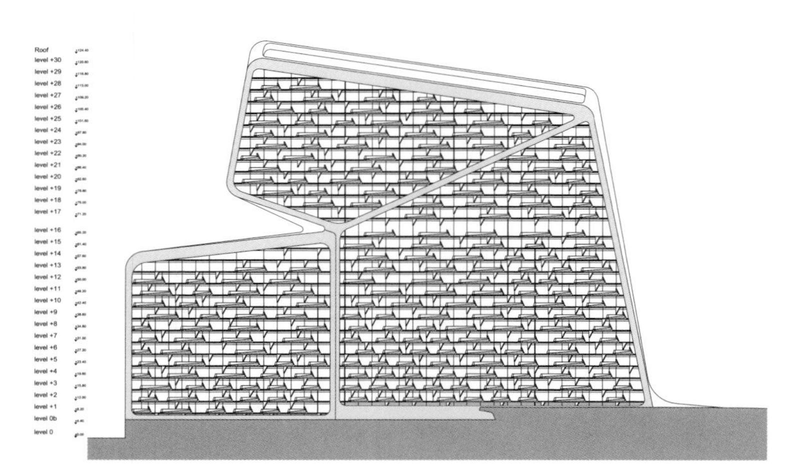

North Tower - South Elevation

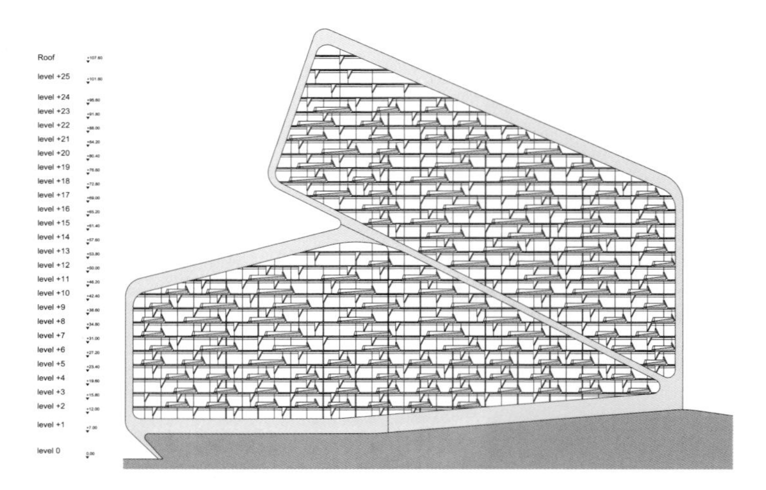

South Tower - North Elevation

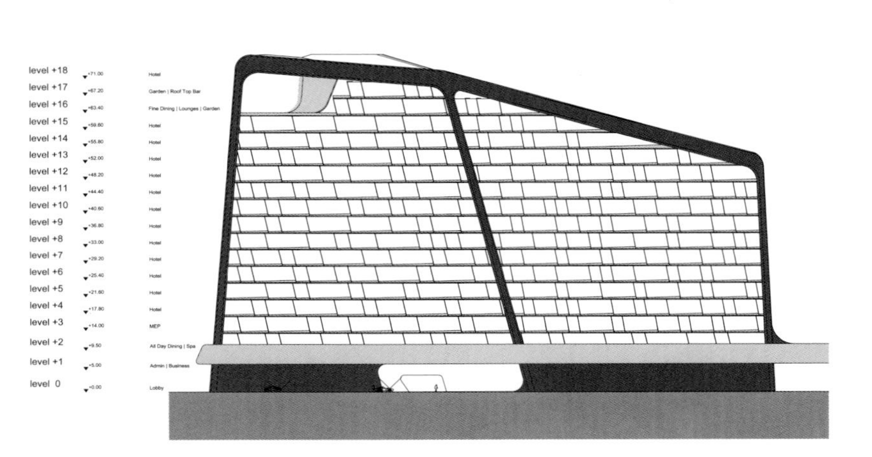

Hotel - South Elevation

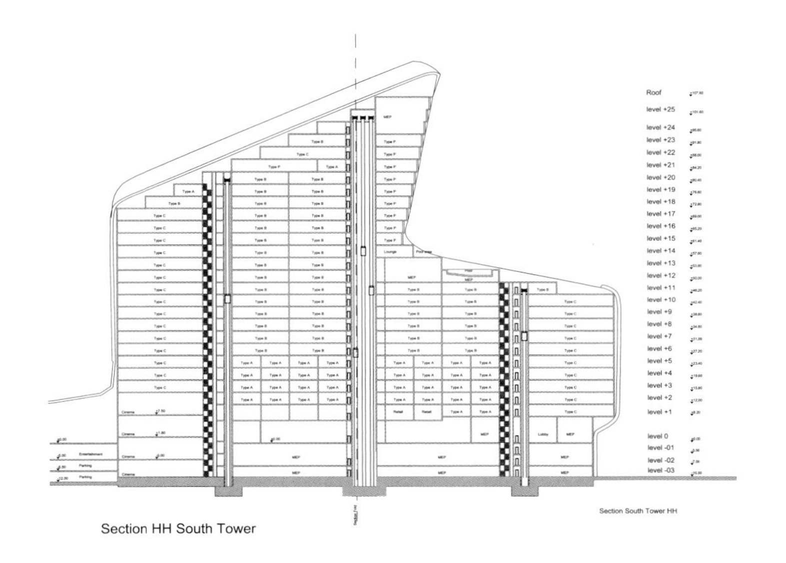

Section HH South Tower

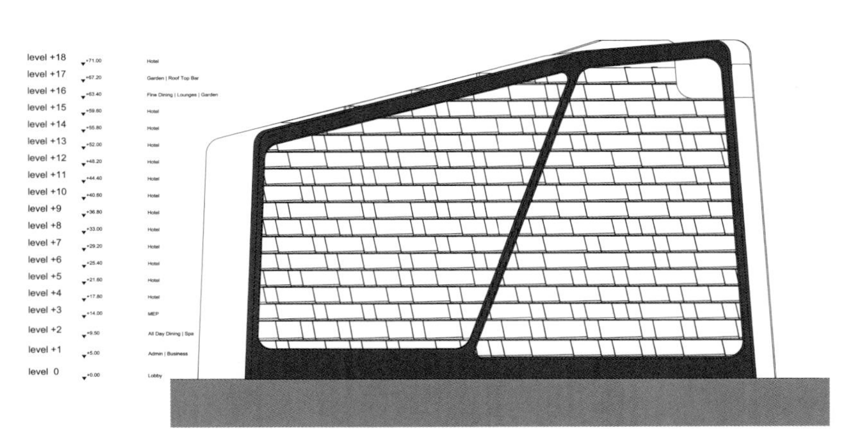

Hotel - North Elevation

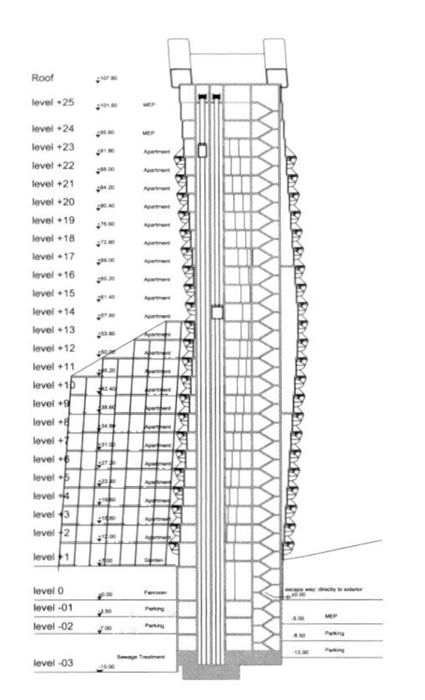

Section CC South Tower

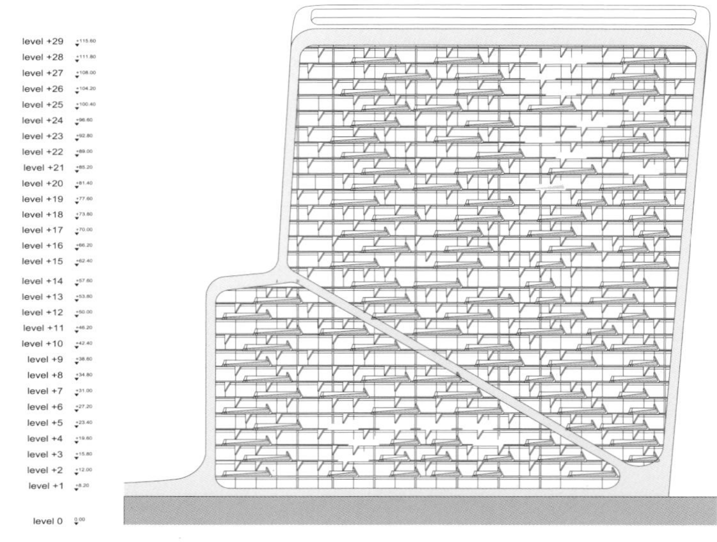

Middle Tower - South Elevation

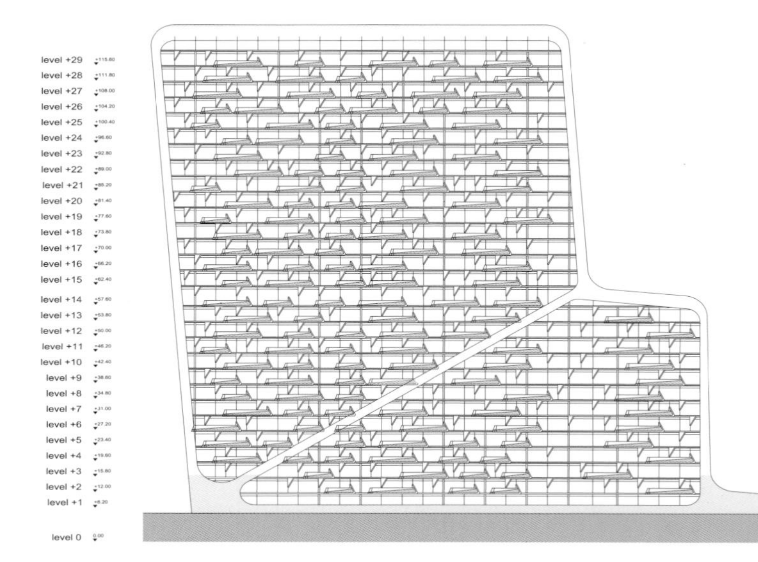

Middle Tower - North Elevation

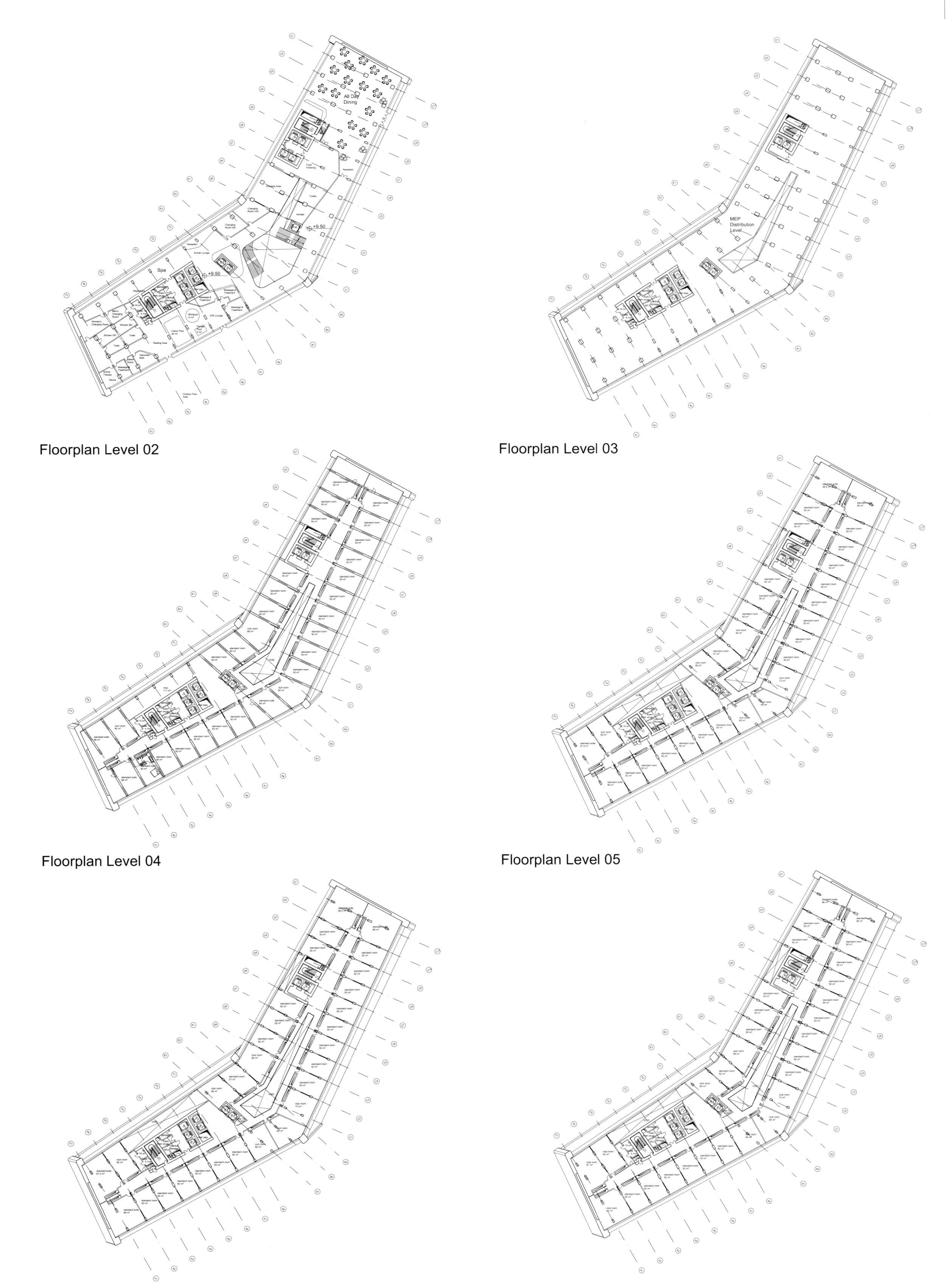

Floorplan Level 02

Floorplan Level 03

Floorplan Level 04

Floorplan Level 05

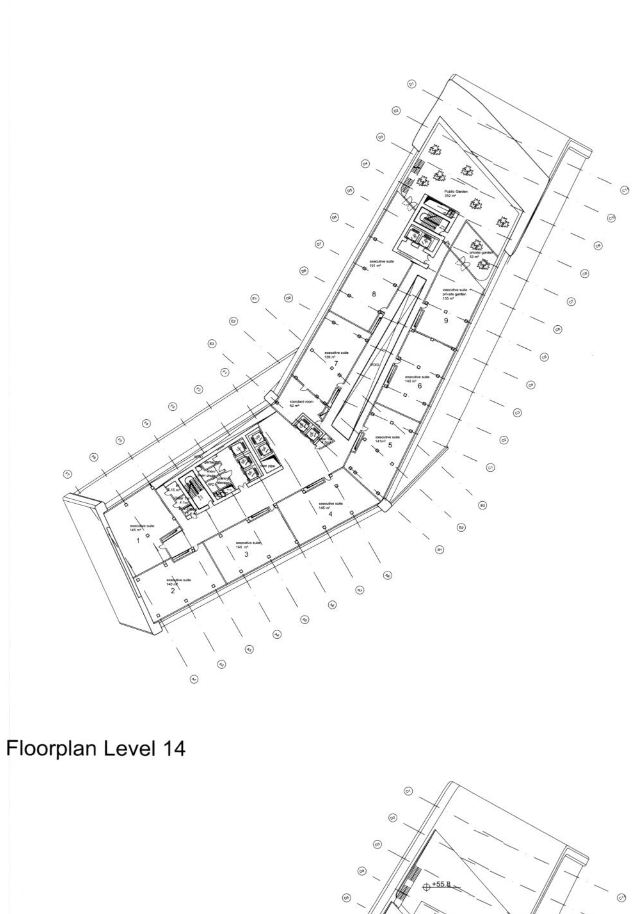

Floorplan Level 14

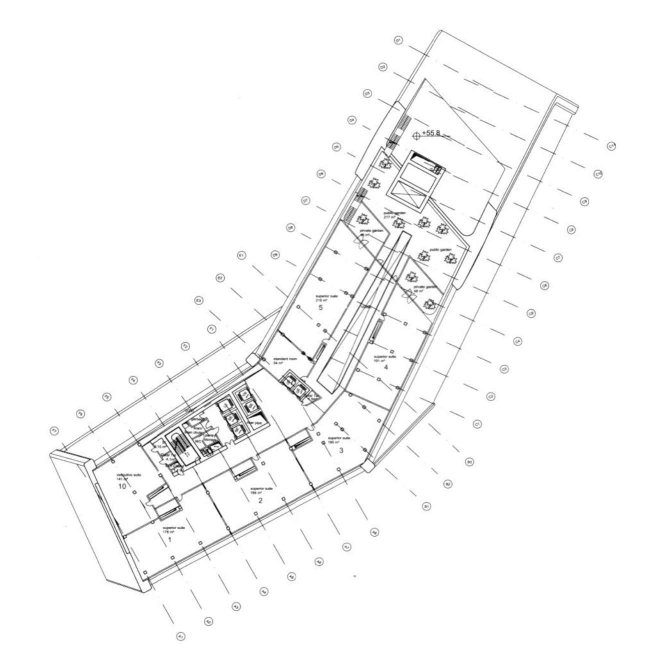

Floorplan Level 15

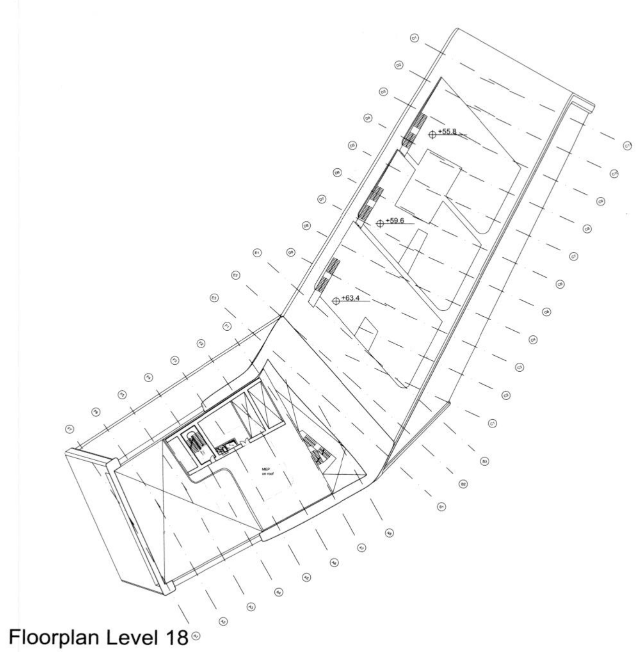

Floorplan Level 16

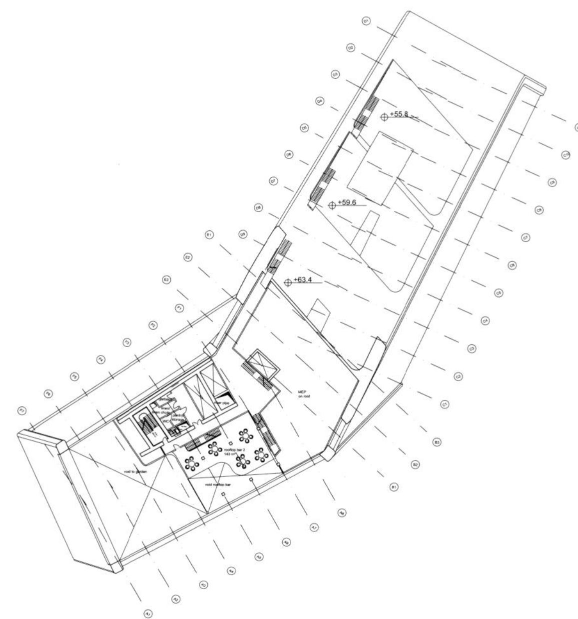

Floorplan Level 17

Floorplan Level 18

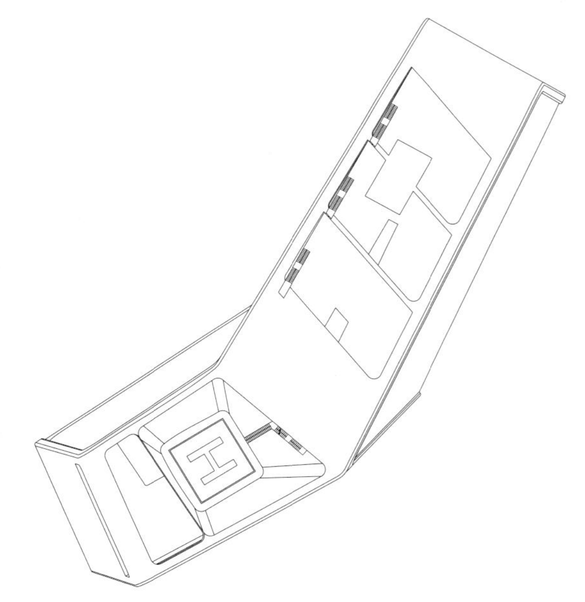

Floorplan Level 19

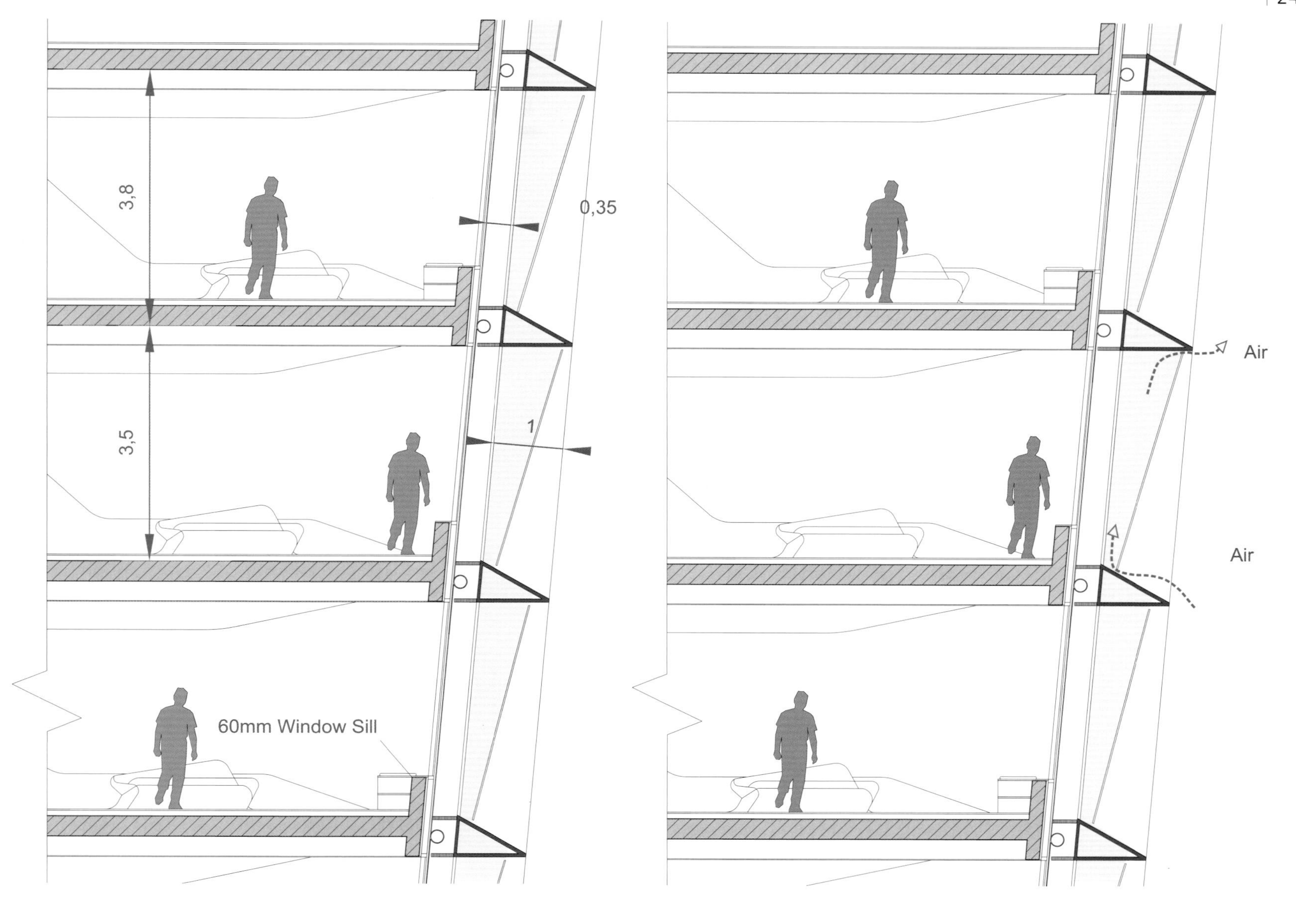
3,8
0,35
3,5
1
60mm Window Sill
Air
Air

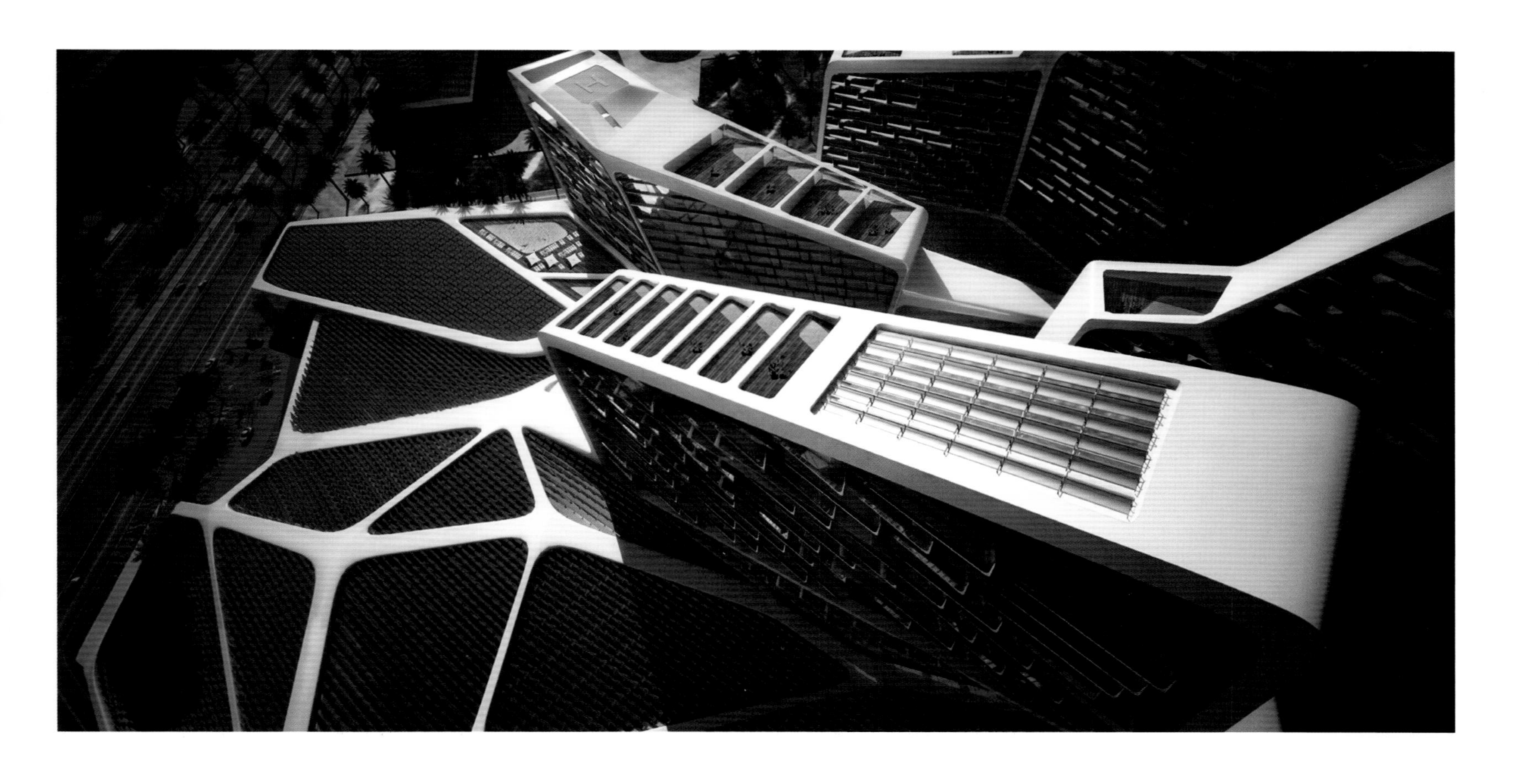

大连恒隆广场

恒隆广场位于大连市核心商业街之一的五四路，毗邻位于中山路上的奥林匹克广场，基地东边是市政府所在地——人民广场，西侧则是星海广场。项目占地面积达63 400 m^2，可提供221 900 m^{2}的购物、餐饮及休闲设施场所。

恒隆广场以独特的设计手法，将象征“年年有余”的中国传统双鲤鱼的形态融入设计概念中，为大连树立一个崭新而富有动态的城市地标。简洁的几何外形构成多个主入口，借此重新编织城市肌理，以加强城市的联系性及整体性。设计者从这座独特城市的环境、建筑和文化中汲取灵感，使建筑与周遭氛围和谐共存。

悬于购物空间之上的空中广场，更充分表现了宏伟而具震撼力的建筑体量。环绕式的回廊贯通整座购物中心，提供顺畅而宽敞的购物空间。

项目以互相紧扣的建筑元素为特色，突显出卓越的前向景观和充满活力的相连中庭。创造出时尚及多元化的休闲体验，更巧妙地演绎恒隆的“66”内地商场品牌。商场内独特的柱梁设计营造了浓郁的艺术氛围，而在商场上盖的室内广场，则以水晶天窗把所有设计元素统一起来。

广场使用超长设计结构，延伸296m，创下大连市的纪录。恒隆以创意设计与精湛建筑技术，成功使用一般只应用于大型基建建设的超长设计，为恒隆广场打造了全新的建筑面貌。秉承对可持续发展物业的理念，恒隆广场采用多项创新环保节能设施，矢志取得由美国绿色建筑协会颁发之“能源及环境设计先锋奖(LEED)——核心及外壳组别”金奖的认证。

项目地点：中国辽宁省大连市
客　　户：恒隆地产
建筑设计：凯达国际
占地面积：63 400 m²

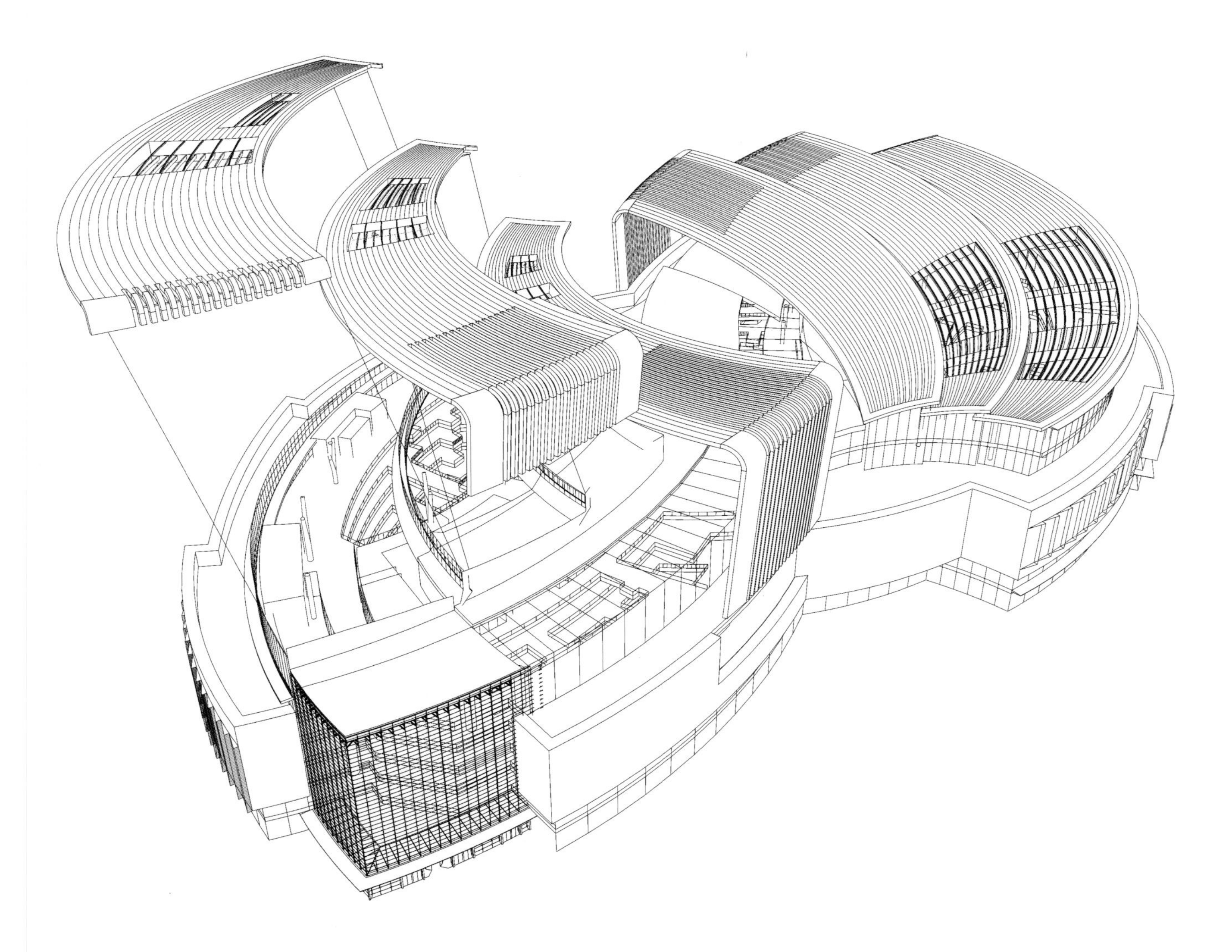

恒隆广场

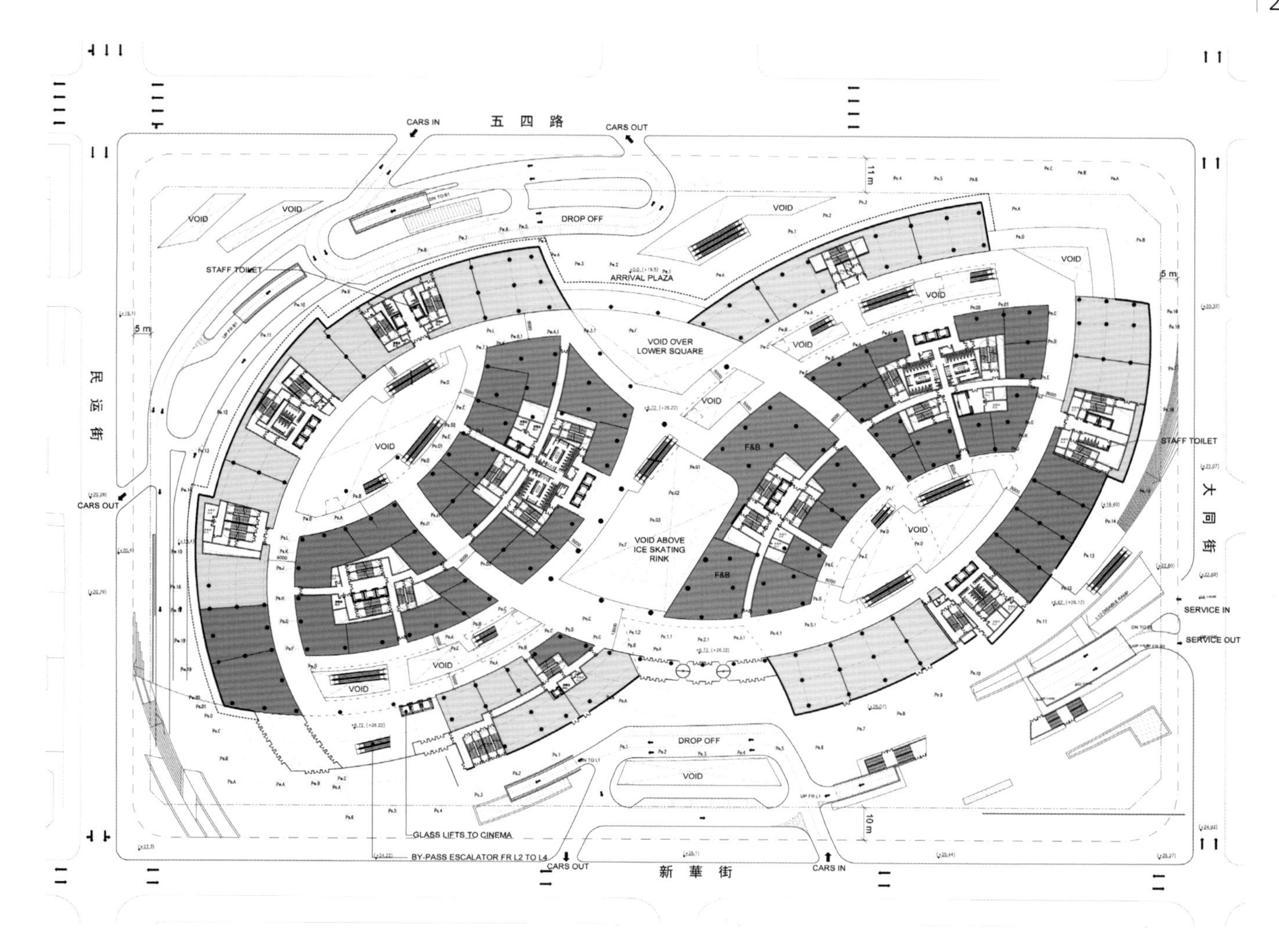

五 四 路
CARS IN
CARS OUT
11 m
VOID
DROP OFF
ARRIVAL PLAZA
STAFF TOILET
5 m
VOID OVER LOWER SQUARE
F&B
VOID ABOVE ICE SKATING RINK
民运街
大同街
SERVICE IN
SERVICE OUT
GLASS LIFTS TO CINEMA
BY-PASS ESCALATOR FR L2 TO L4
10 m
新 華 街

Dior
CERRUTI 1881

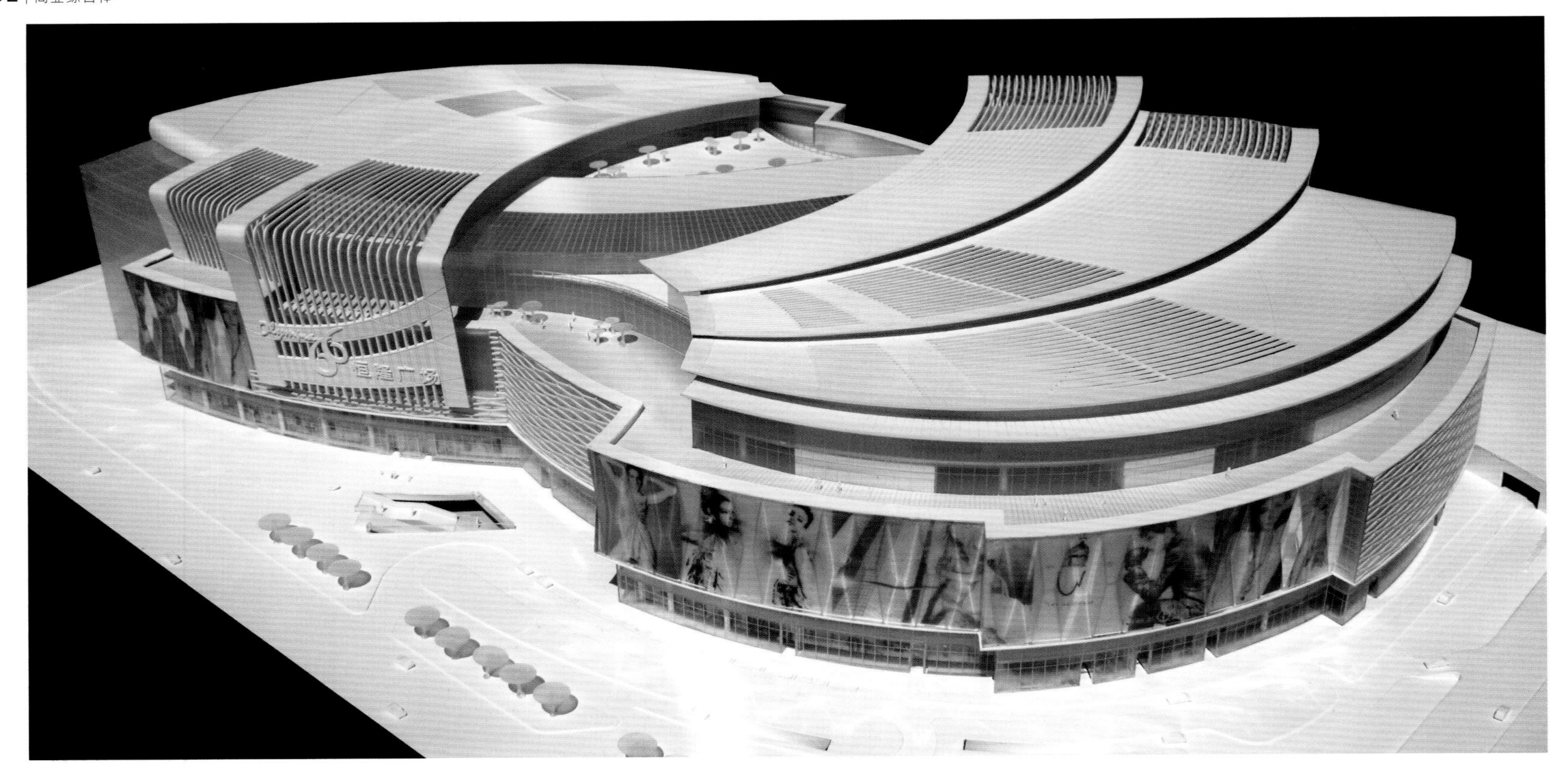

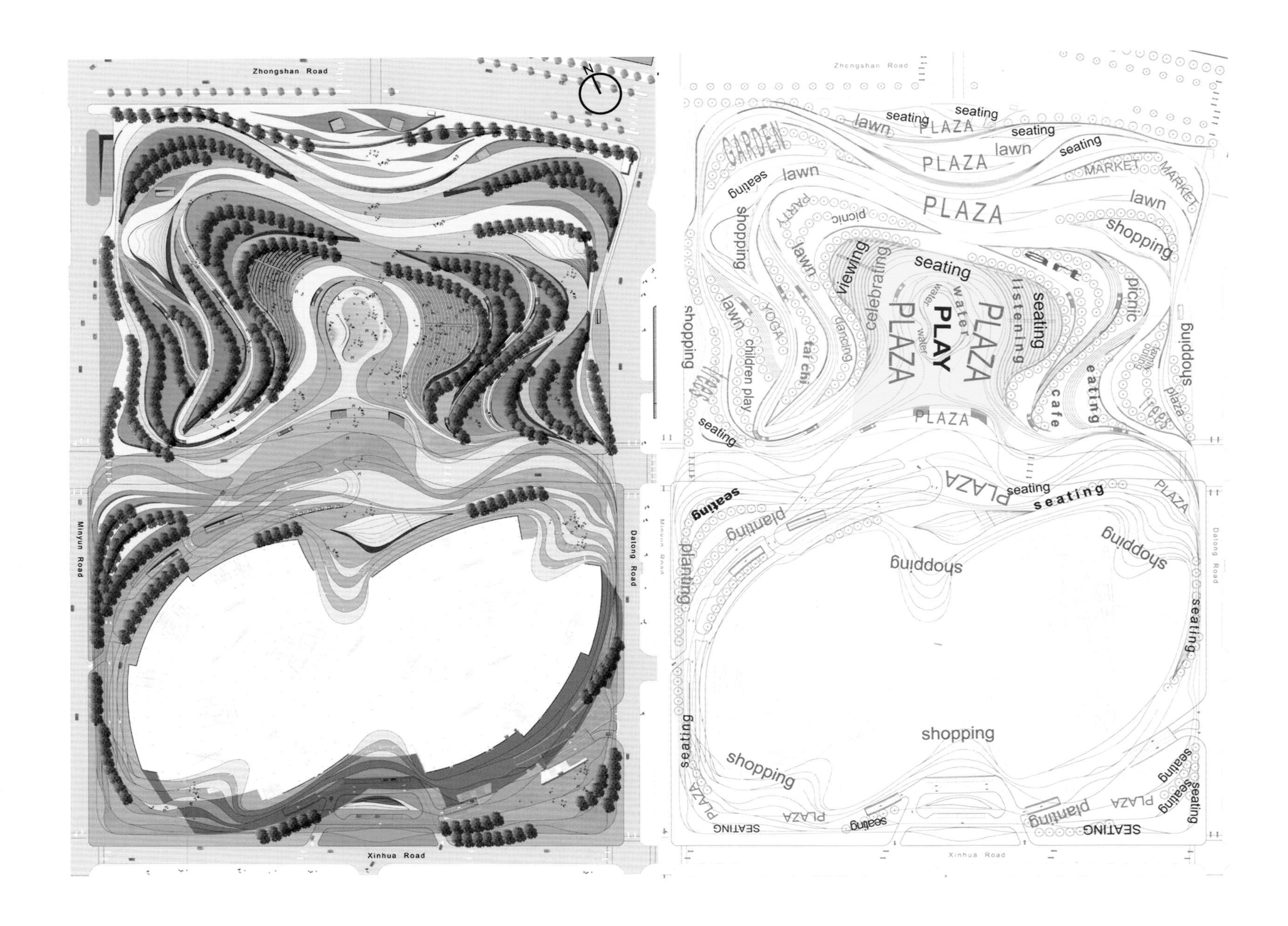
Zhongshan Road
Minyun Road
Dalong Road
Xinhua Road
GARDEN
PLAZA
lawn
seating
MARKET
shopping
picnic
viewing
celebrating
water
PLAY
listening
YOGA
tai chi
dancing
children play
cafe
eating
planting
SEATING

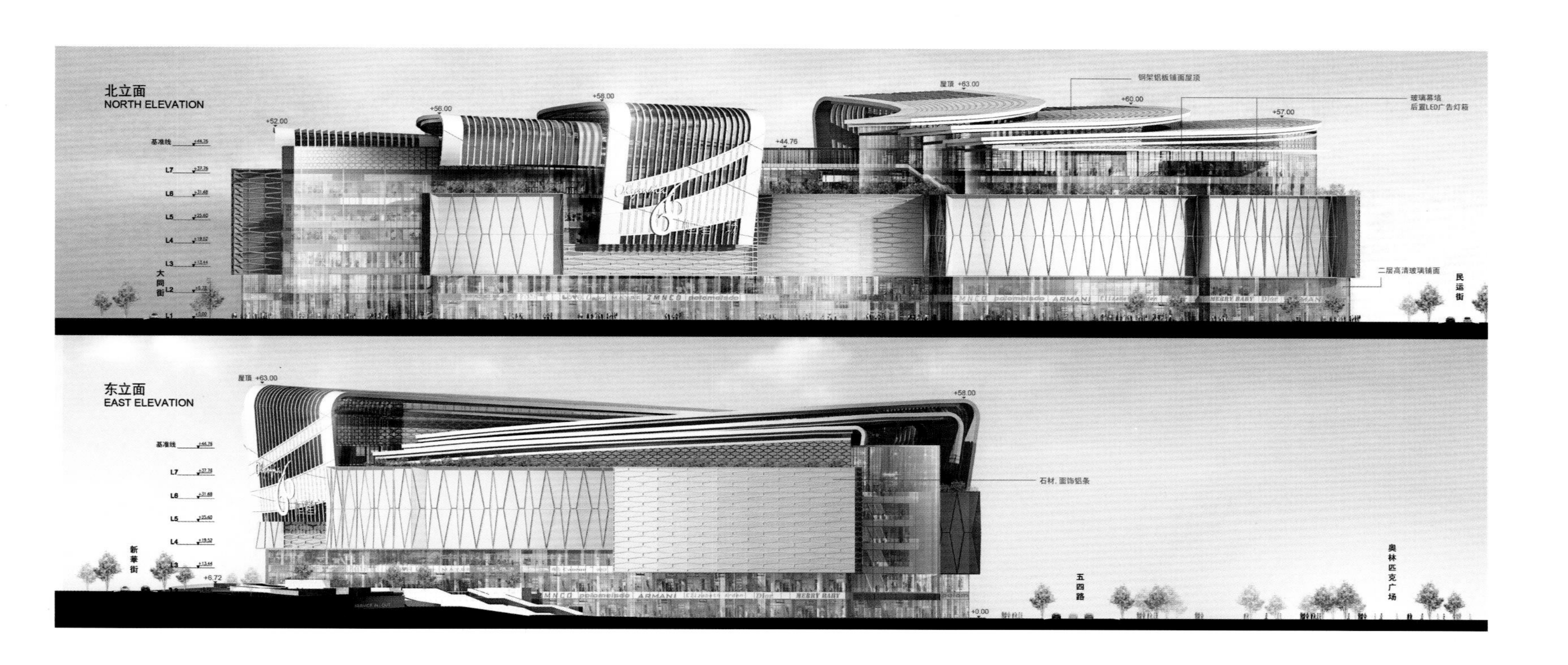
北立面
NORTH ELEVATION
屋顶 +63.00
+58.00
+56.00
+52.00
+44.76
+60.00
+57.00
L7
L6
L5
L4
L3
L2
L1
东立面
EAST ELEVATION
屋顶 +63.00
+56.00
+6.72
+0.00

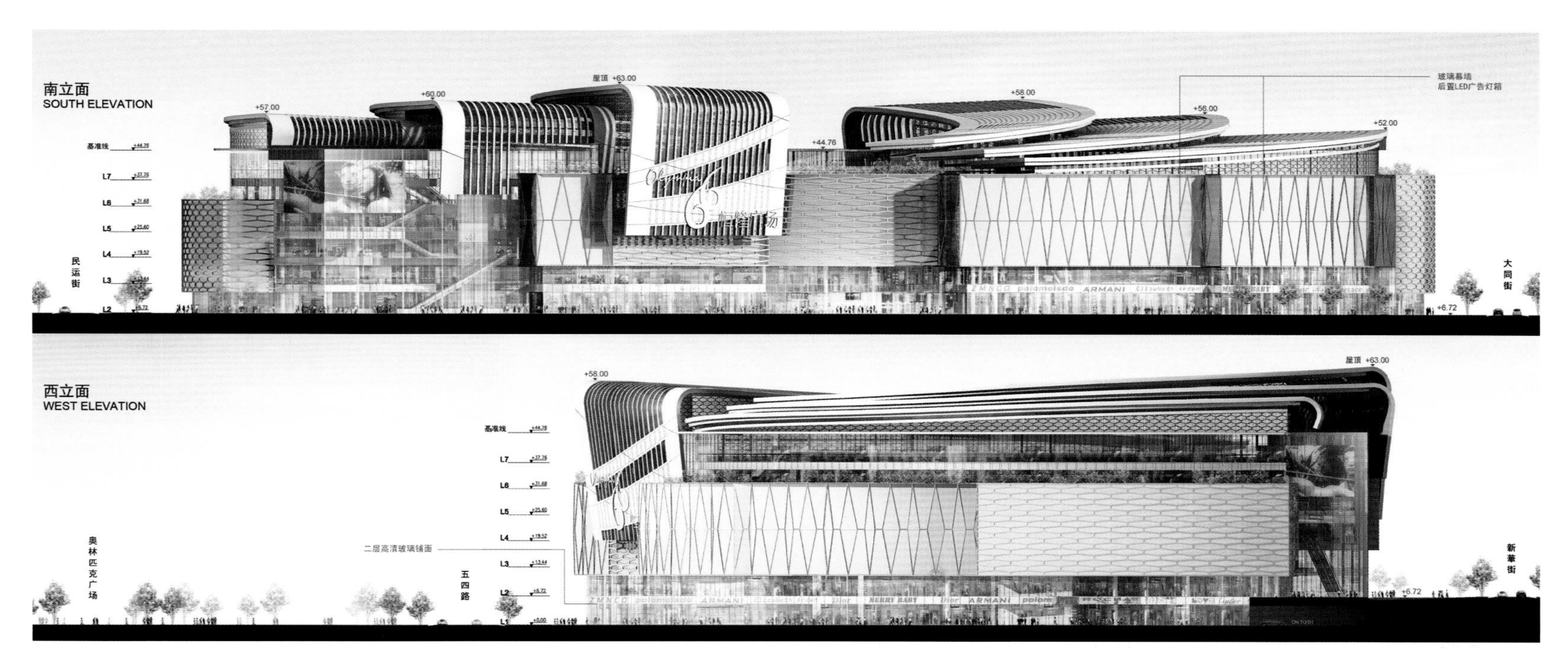
南立面
SOUTH ELEVATION
屋顶 +63.00
+57.00
+60.00
+44.76
+58.00
+56.00
+52.00
+6.72
西立面
WEST ELEVATION
+58.00
屋顶 +63.00
+6.72

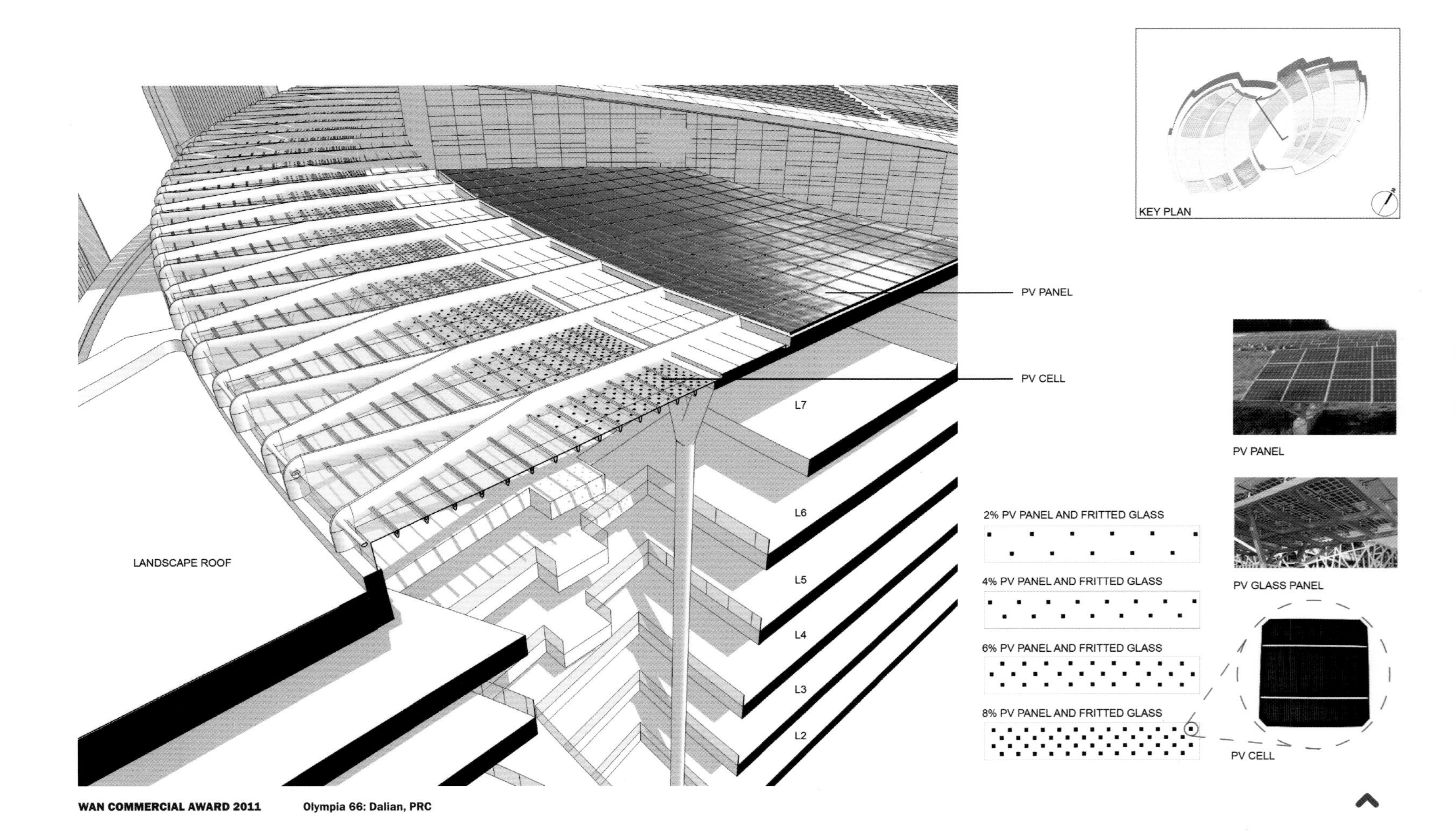
KEY PLAN
PV PANEL
PV CELL
L7
L6
L5
L4
L3
L2
LANDSCAPE ROOF
2% PV PANEL AND FRITTED GLASS
4% PV PANEL AND FRITTED GLASS
6% PV PANEL AND FRITTED GLASS
8% PV PANEL AND FRITTED GLASS
PV PANEL
PV GLASS PANEL
PV CELL

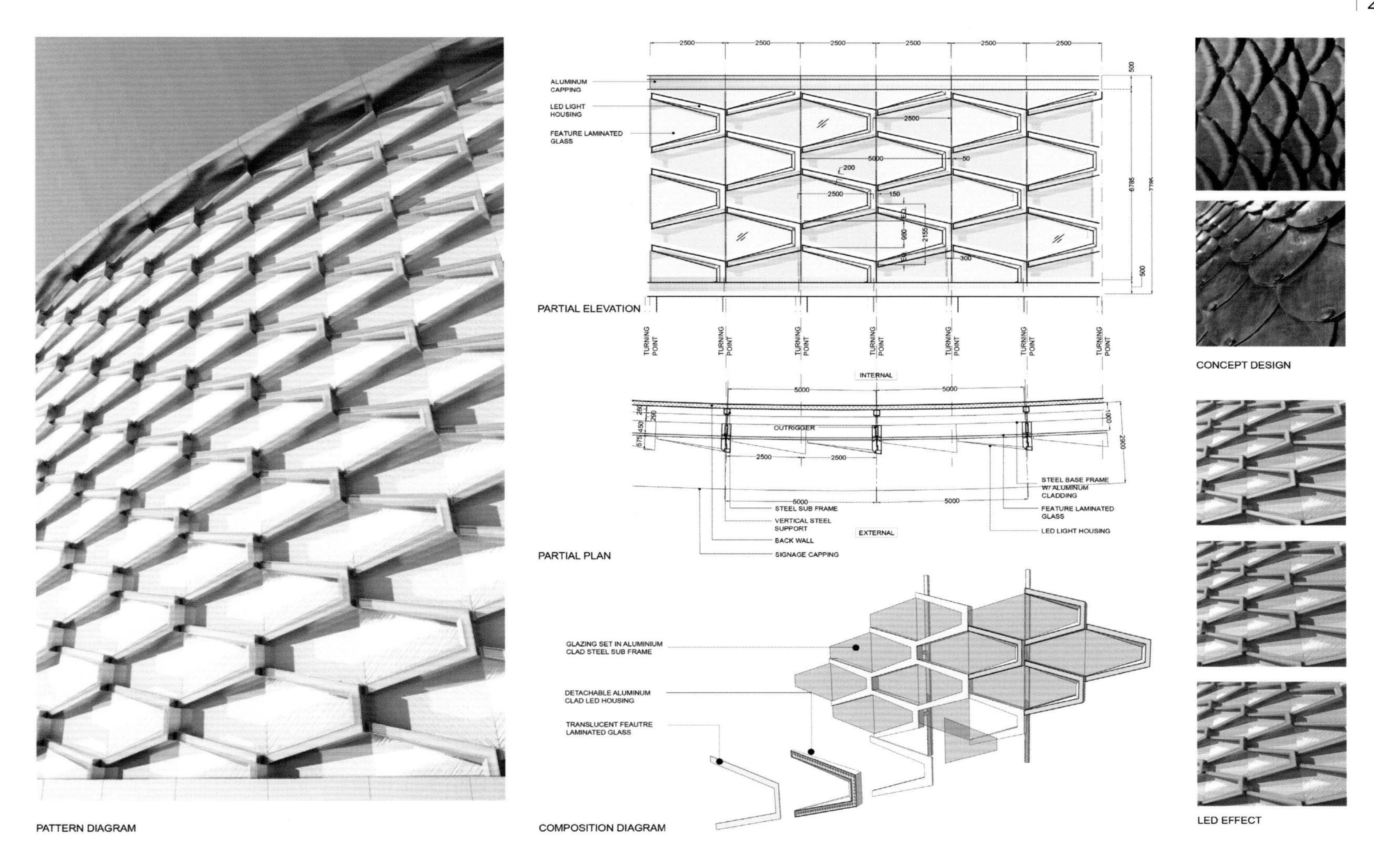

PATTERN DIAGRAM

COMPOSITION DIAGRAM

CONCEPT DESIGN

LED EFFECT

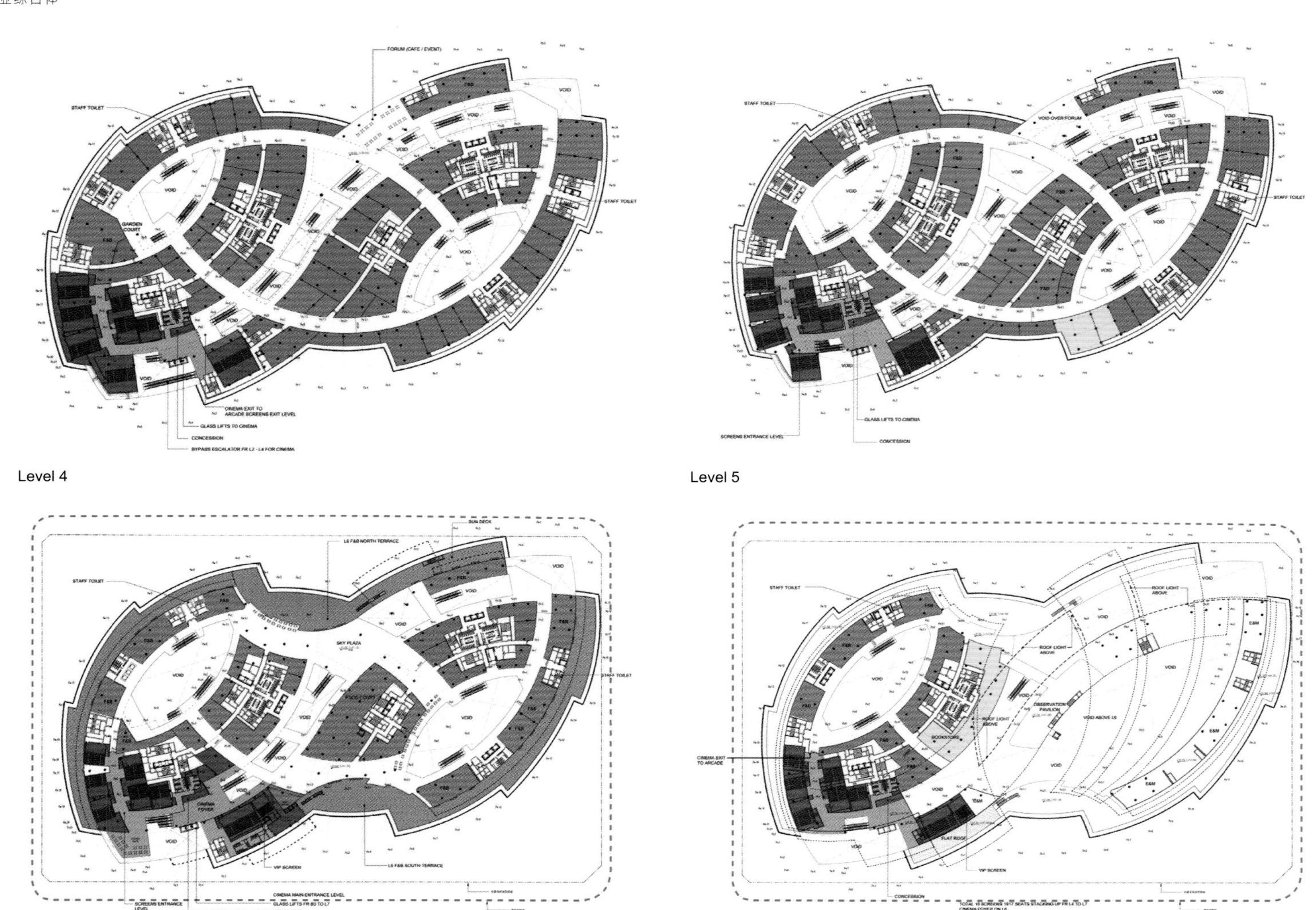

Level 4

Level 5

Level 6

Level 7

louis vuitton

GUCCI

bvlgari

伊斯坦布尔蓝宝石大厦

项目地点：土耳其伊斯坦布尔
建筑设计：土耳其 Tabanlioglu 建筑师事务所
占地面积：11 339 m²
建筑面积：165 169 m²

伊斯坦布尔最高建筑蓝宝石大厦总高 261 m，矗立在伊斯坦布尔最繁华的 CBD 金融街，其立体式生态建筑为都市环境增添了一抹绿色，为繁忙的都市生活增添了一丝自然的恬静，它抱着环保的信念和高科技设计成为了全球 10 大重要建筑之一。而这里无疑也成为了城市最受欢迎的购物中心之一。伊斯坦布尔蓝宝石大厦——和谐生态的“绿色建筑”，人们可以从 261 m 高空花园鸟瞰伊斯坦布尔全景，在伊斯坦布尔的新城市中心，一场生态健康的革命正在悄然兴起。

高智能的商业环境搭配着生态设计，诉说着人类和自然的和谐。蓝宝石大厦就是生态建筑的第一典范，它是伊斯坦布尔甚至是土耳其最高的建筑，是一栋集住宅、商业和娱乐等项目为一体的大厦。建筑与周围的高层建筑和谐共生，同时包含很多自然和环保的元素，如垂直花园等。它不仅是综合活动的中心，更是伊斯坦布尔最高的高尔夫练习场。除了利于现代技术为人们创造出舒适的环境外，还确保了周边便利的交通。建筑外墙包括两个独立的壳体，通过外层的壳体室内能免受阳光和室外的噪音的干扰。这个透明的壳体充当室内室外的隔离区，对结构方案有着积极影响。两个壳体之间的空间则是每个住宅的花园和露台。

伊斯坦布尔蓝宝石大厦是土耳其最高建筑，也是欧洲最高生态大厦，更是伊斯坦布尔首屈一指的优质休闲场所。

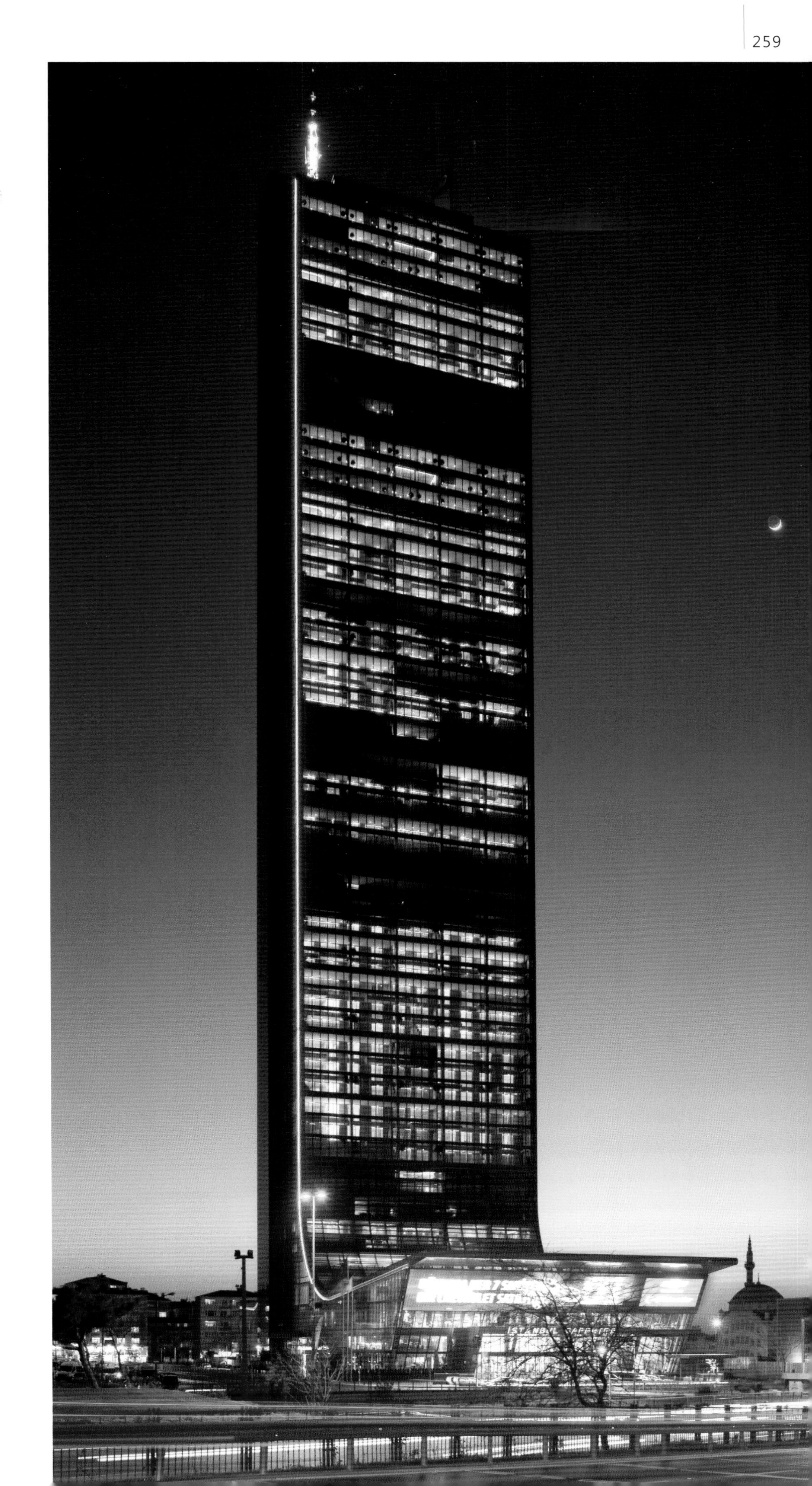

retail ground floor plan

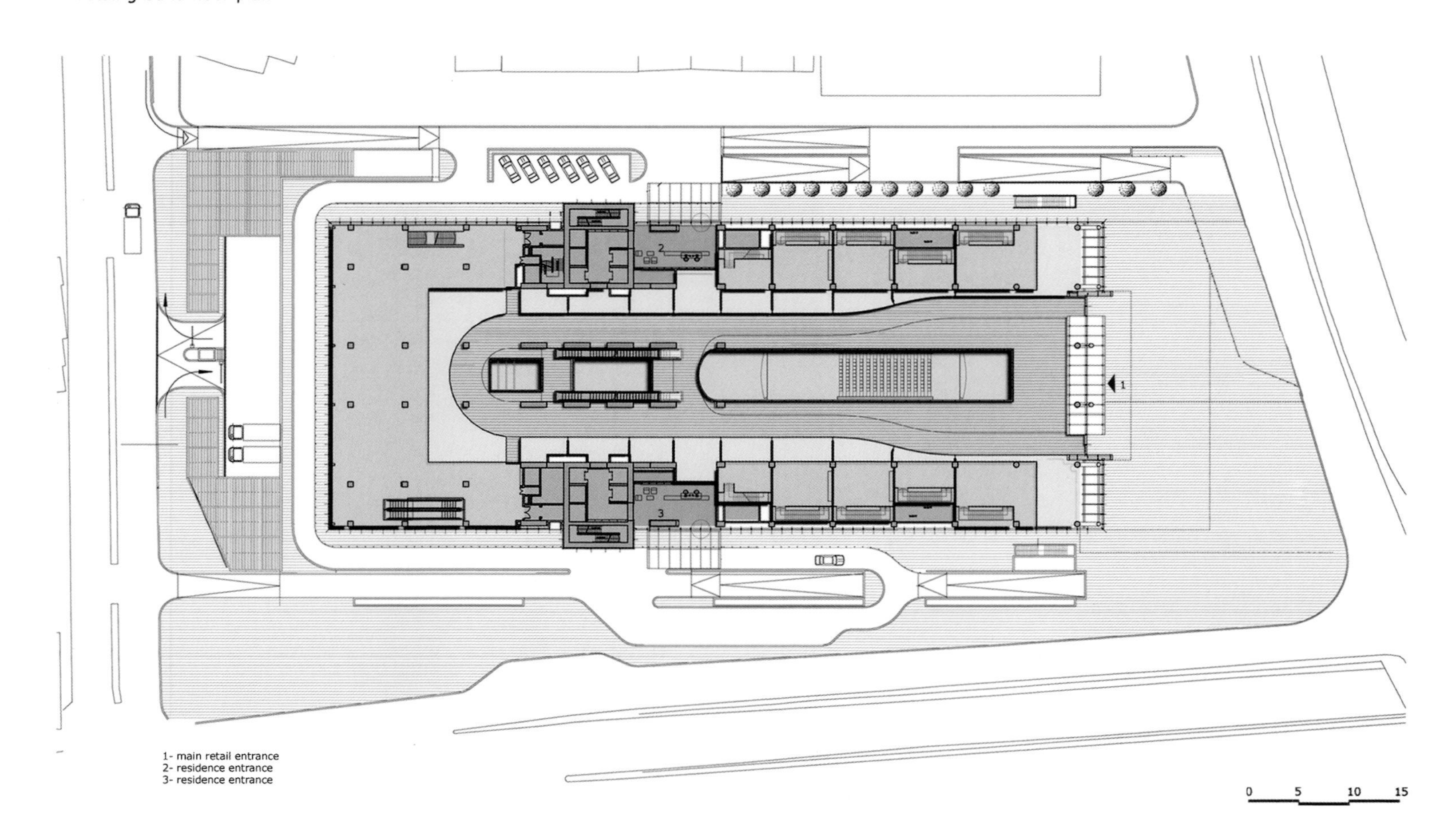

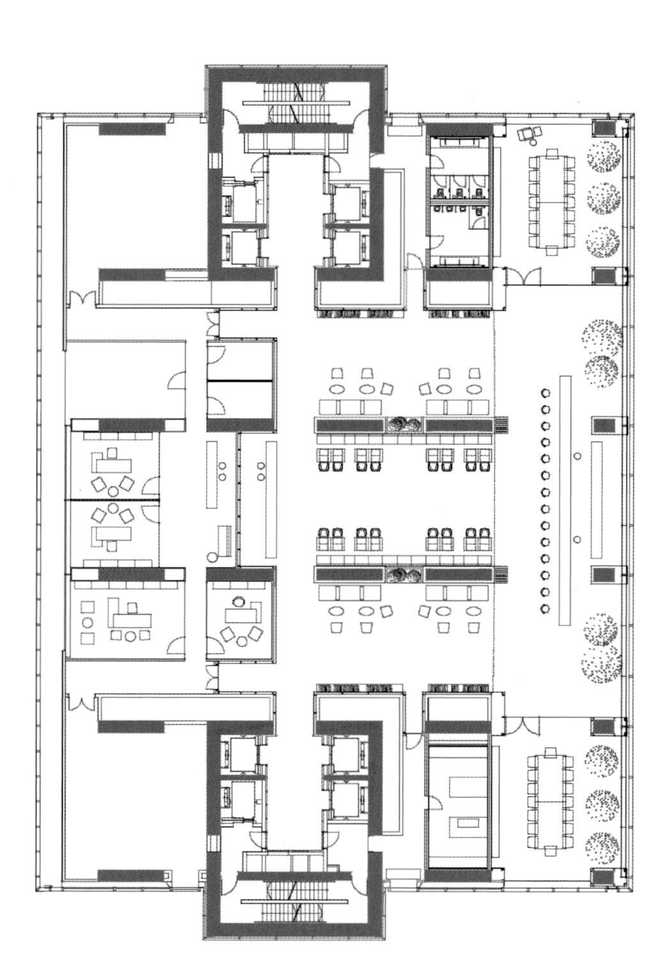

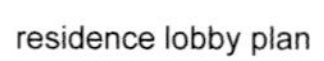
residence lobby plan

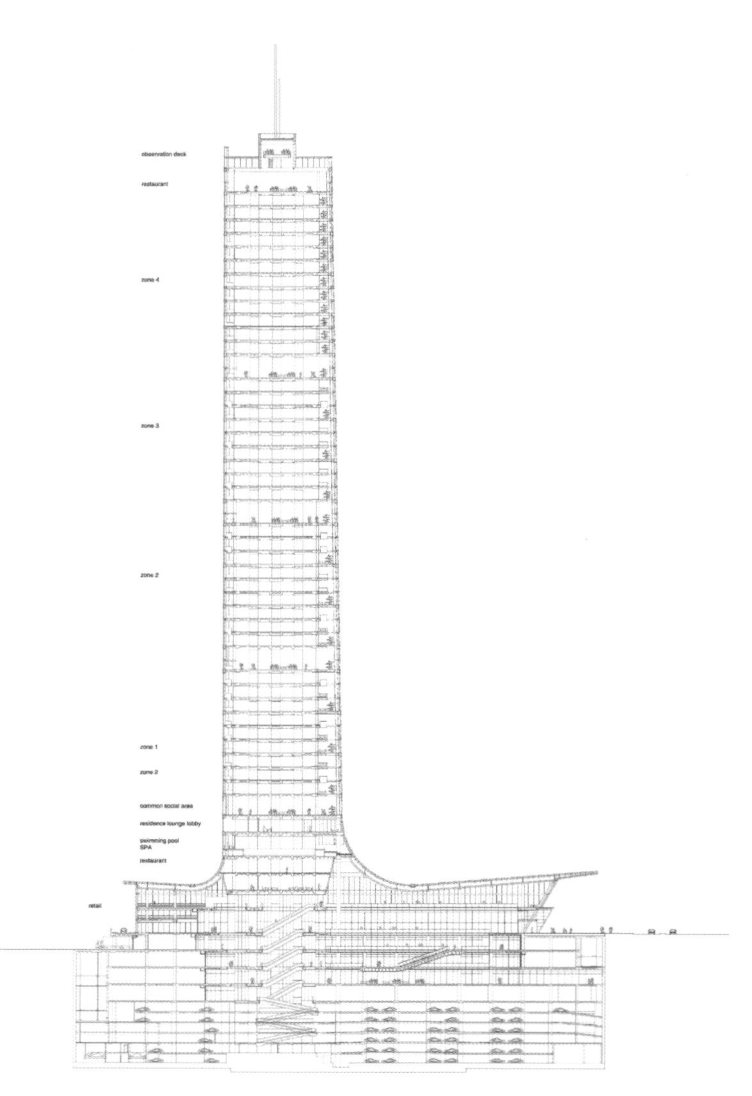

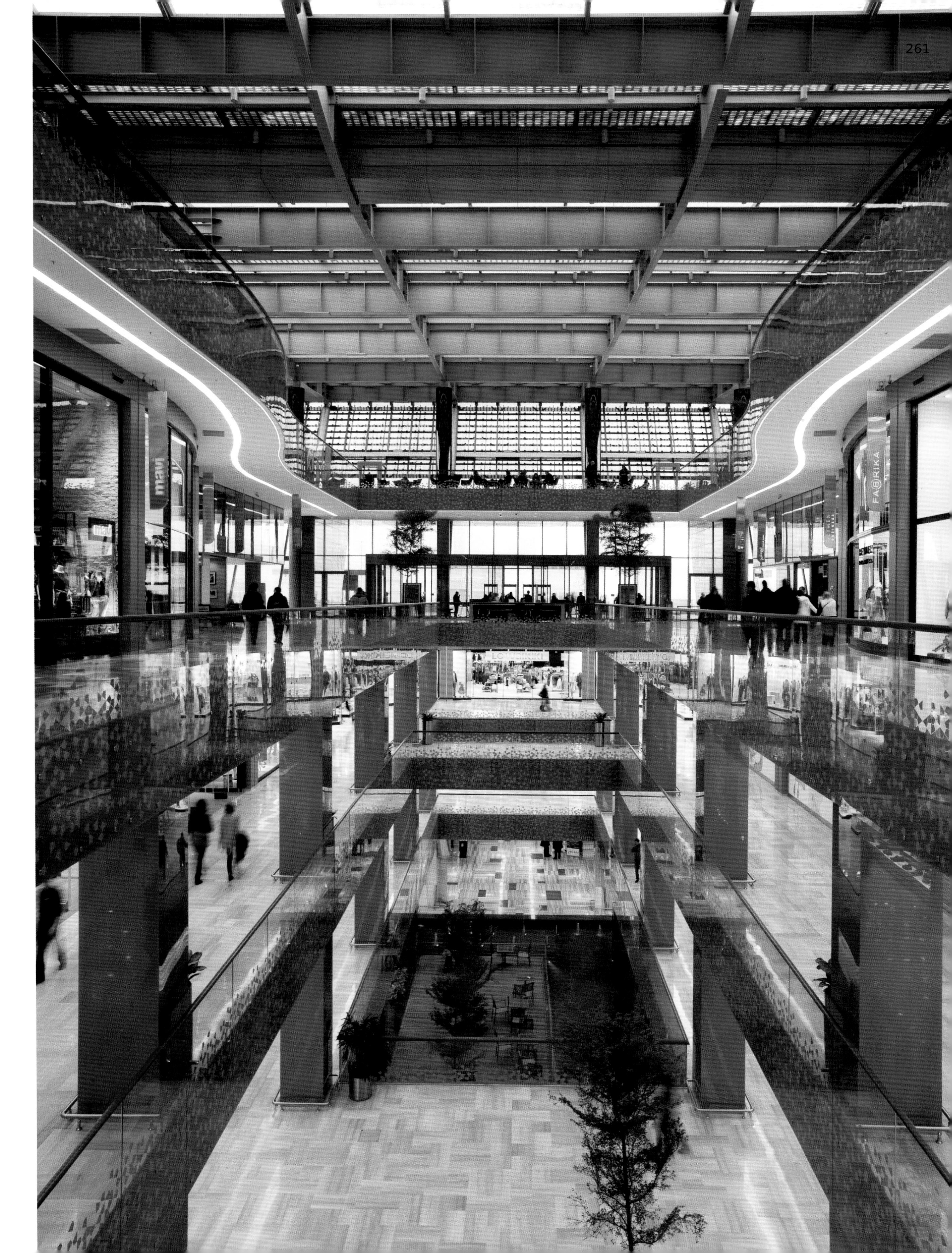
mavi
FABRIKA

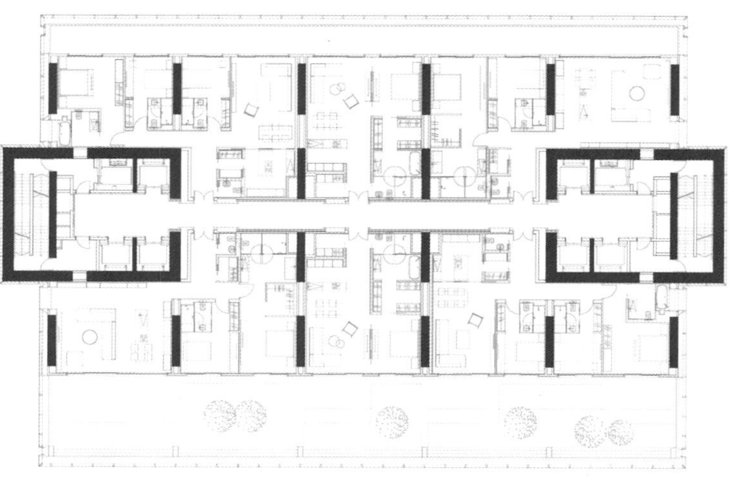

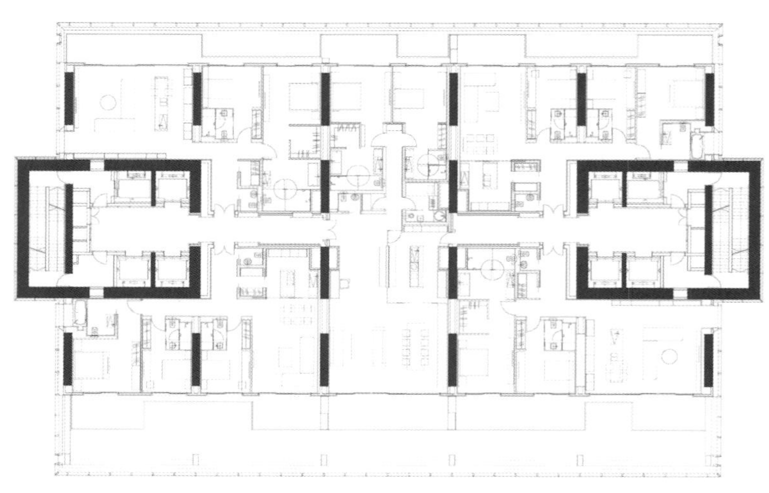

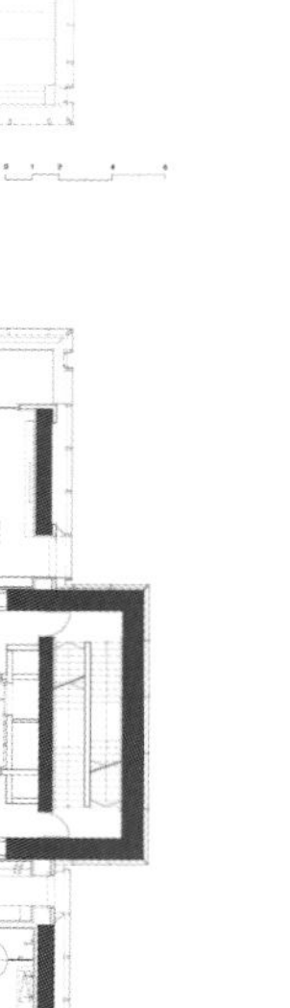

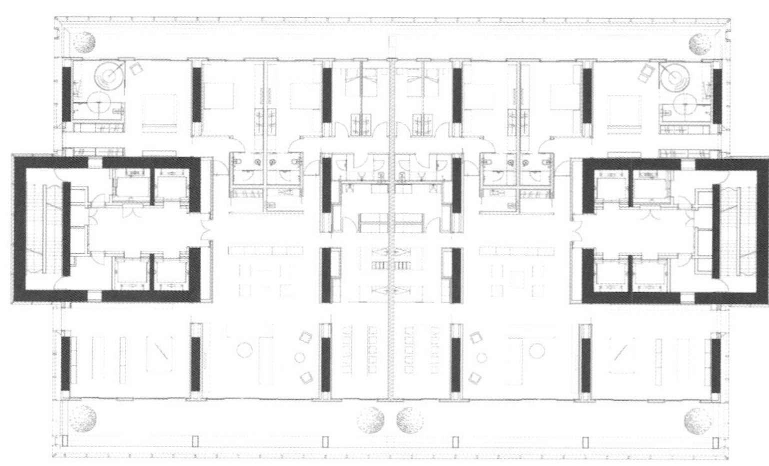

SİMPLEX

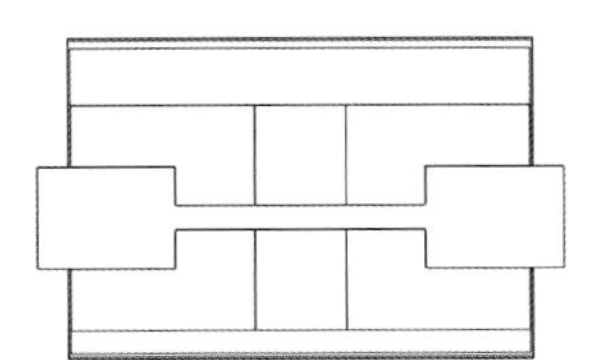

A $4 \times 148m^2$ $2 \times 92m^2$

DOUBLEX

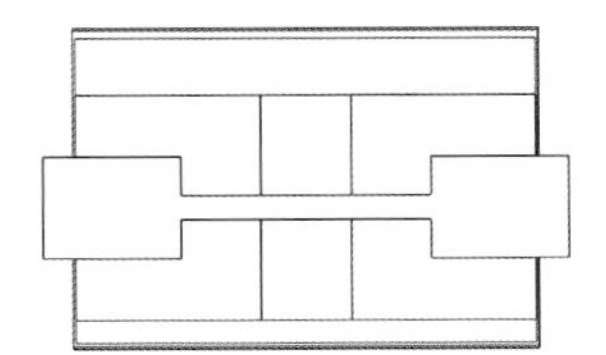

B $4 \times 252m^2$ $2 \times 196m^2$

SİMPLEX

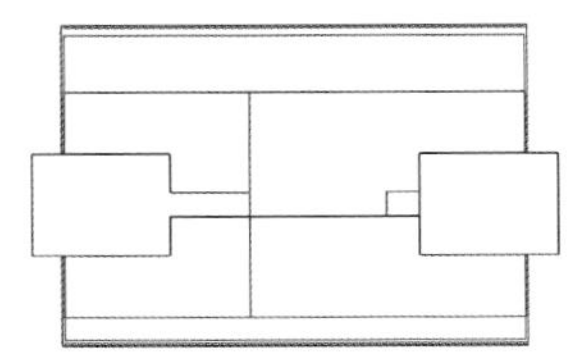

C $1 \times 240m^2$ $1 \times 274m^2$ $2 \times 148m^2$

SİMPLEX

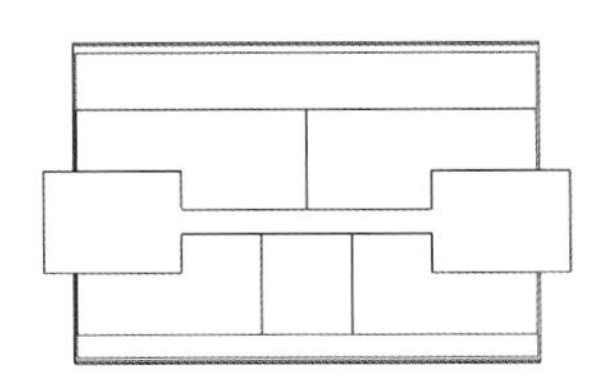

D $2 \times 194m^2$ $2 \times 148m^2$ $1 \times 94m^2$

SİMPLEX

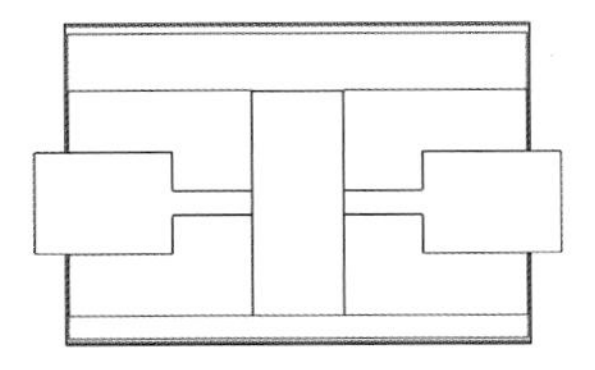

E $4 \times 148m^2$ $1 \times 207m^2$

SİMPLEX

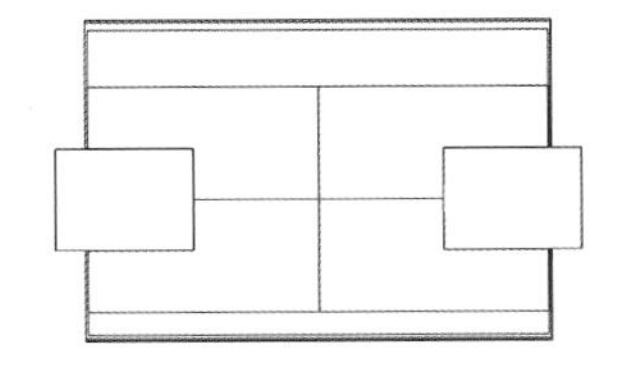

F $4 \times 205m^2$

DOUBLEX

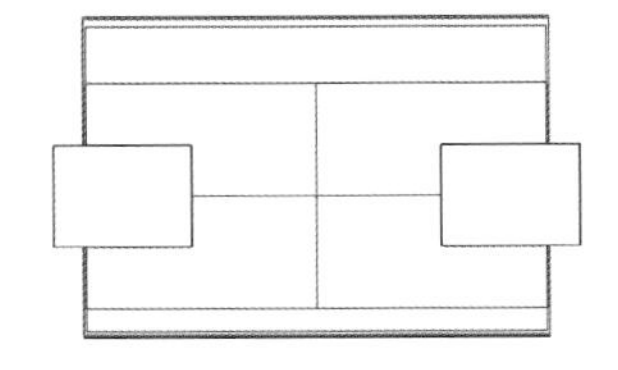

G $4 \times 369m^2$

SİMPLEX

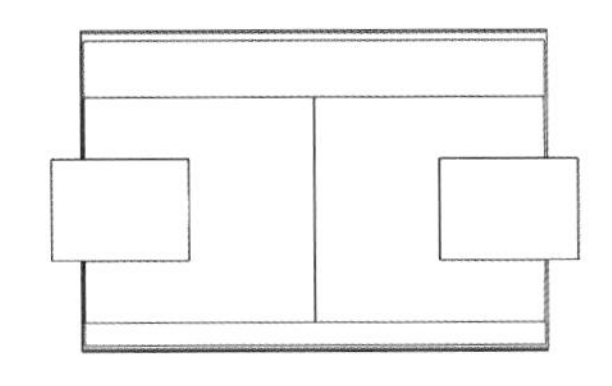

H $2 \times 447m^2$

无锡苏宁广场

JTB

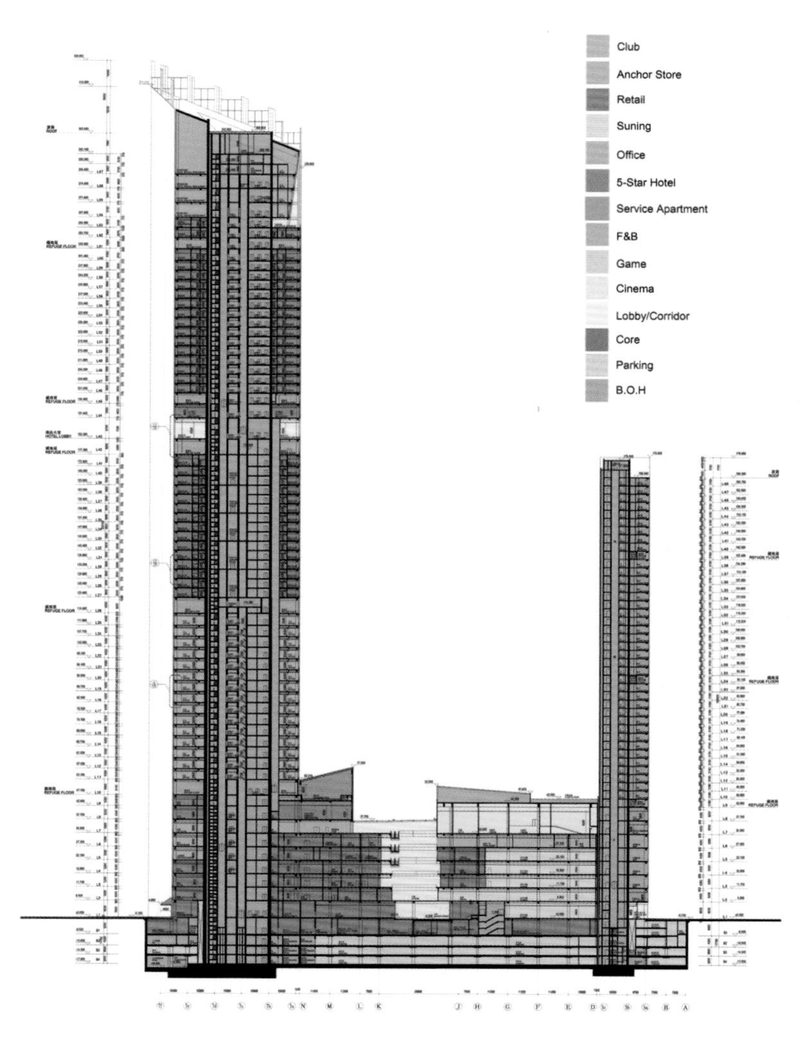

剖面图 -01

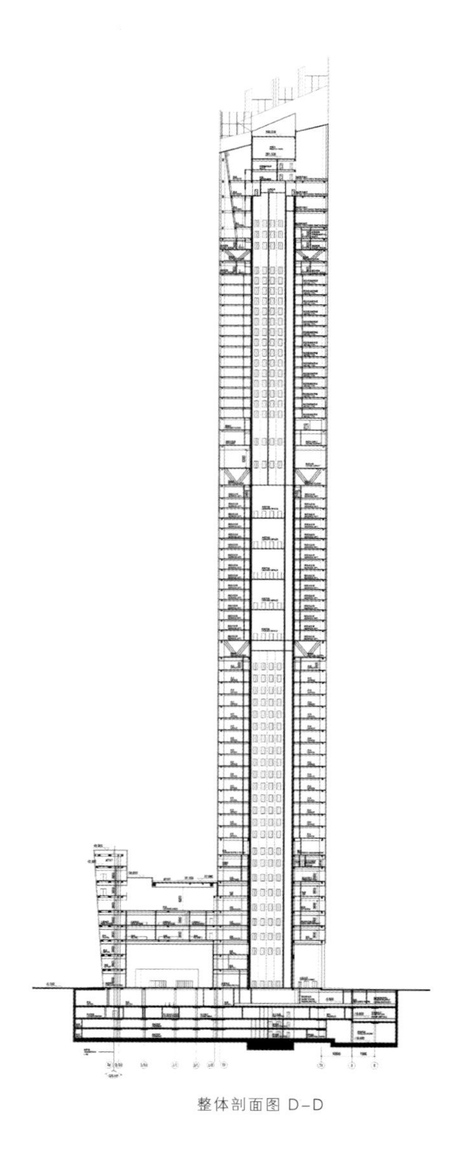

整体剖面图 D–D

无锡苏宁广场项目位于崇安寺步行街东南角，北至人民中路，西至图书馆路，南至秦邦宪故居临崇宁路，东至新生路。主建筑高达 328 m，是双塔楼的经典形象，风格简洁优雅，别具一格。它不仅超越了无锡历史的建筑高度，更在空间上、功能上与这座城市完美相融，全方位给城市生活带来一个完美的升级，是无锡的综合型商业综合体。

无锡苏宁广场项目规模约 320 000m²。项目包括甲级写字楼为 25 634 m²；酒店式公寓面积为 65 216 m²，其中南塔为 40 712 m²（199 户），北塔为 24 504 m²（270 户）；地上商业部分面积为 84 432 m²；五星级酒店 356 间客房。整个项目期望建成无锡市的地标性建筑。

苏宁广场的设计理念是在无锡市中心创造一处城市景观。作为一座高达 328m 的塔楼，其设计和开发结合了当地文化，办公室、服务式公寓及高达 67 层的五星级酒店的设计，都拥有其独特性。酒店 42 楼设有一个艺术化的空中厅堂，餐厅设置在顶楼。其设计理念凸显了现代生活的灵感与当地的历史文化底蕴深厚融合的特点，给宾客一种宾至如归的亲切感。

苏宁一直致力于传递通过现代科技提高生活品质，并将消费者与社会群紧密的联系起来的理念。苏宁广场将这一理念通过建筑来体现，它将极大地增强无锡市民之间的互动，并在更大的区域范围内相互联系，苏宁广场将在同一等级下，提供丰富的功能和空间，这种综合效应产生的力量无疑是世界级的。

整个建筑对无锡来说不仅仅是一个重要的商业枢纽，更将作为一个成功的“绿色环保”实证，这种可持续性的建筑必须包括对城市经济的呼应，以及对城市居民的生活及文化需求的满足。可持续性的绿色设计将成为本设计的亮点之一。

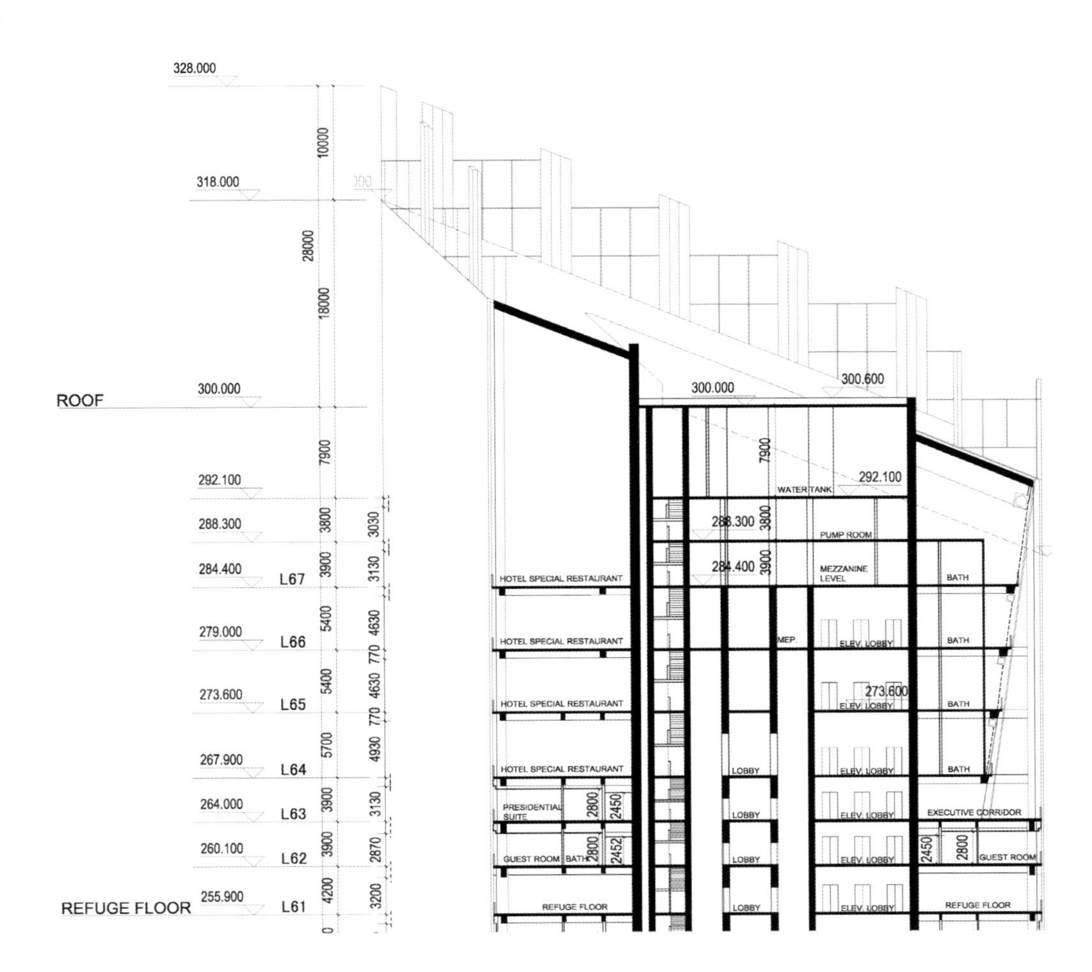

局部剖面图 - 顶部 6-6

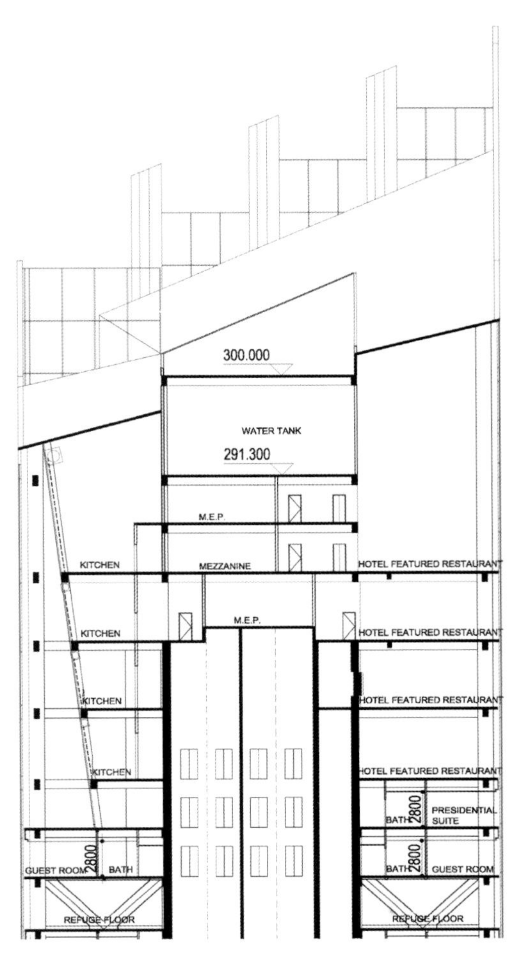

局部剖面图 - 顶部 7-7

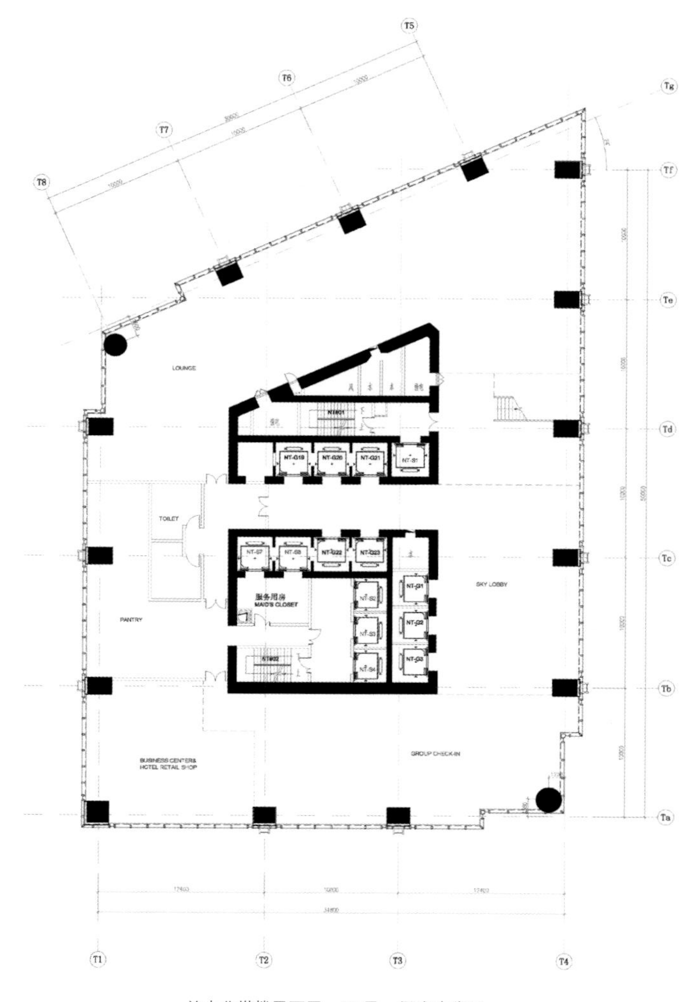

放大北塔楼平面图 -43 层 - 酒店大堂层

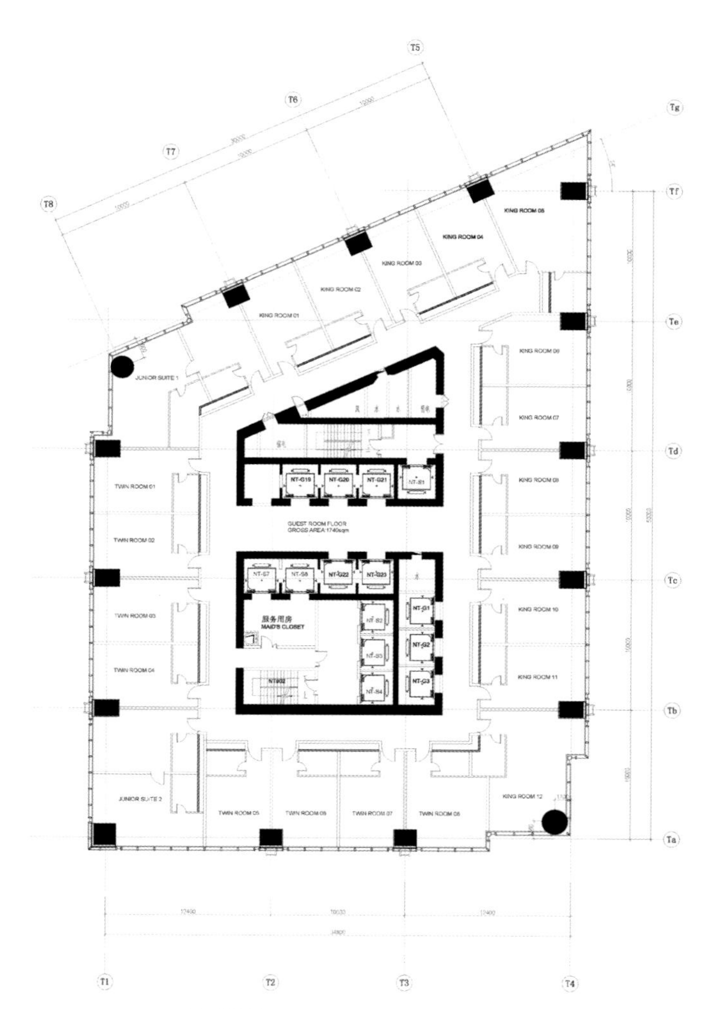

放大北塔楼平面图 -46 层至 55 层 - 酒店客房标准层

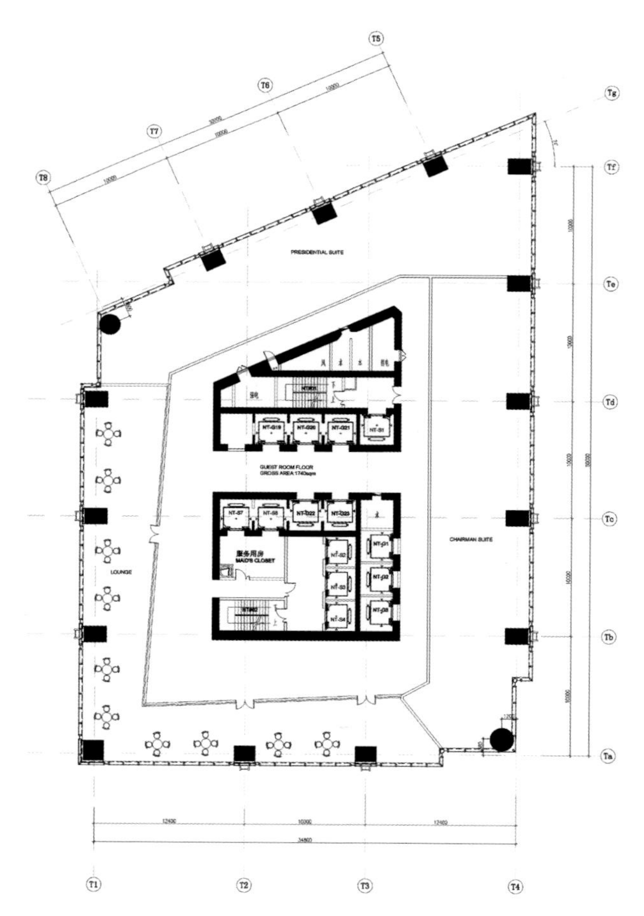

放大北塔楼平面图 -63 层 - 酒店套房层

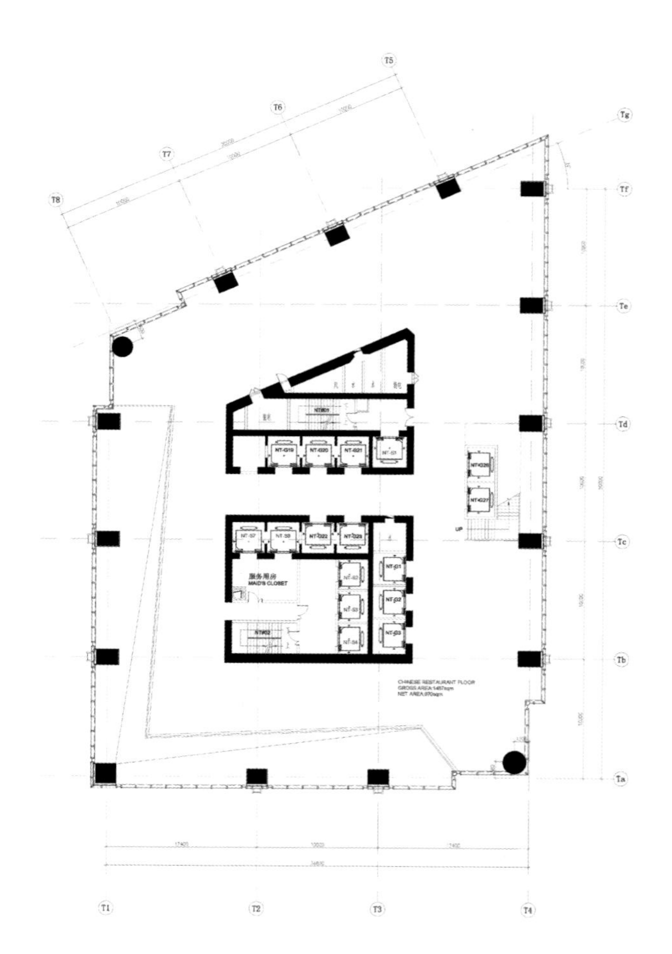

放大北塔楼平面图 -64 层 - 餐饮层

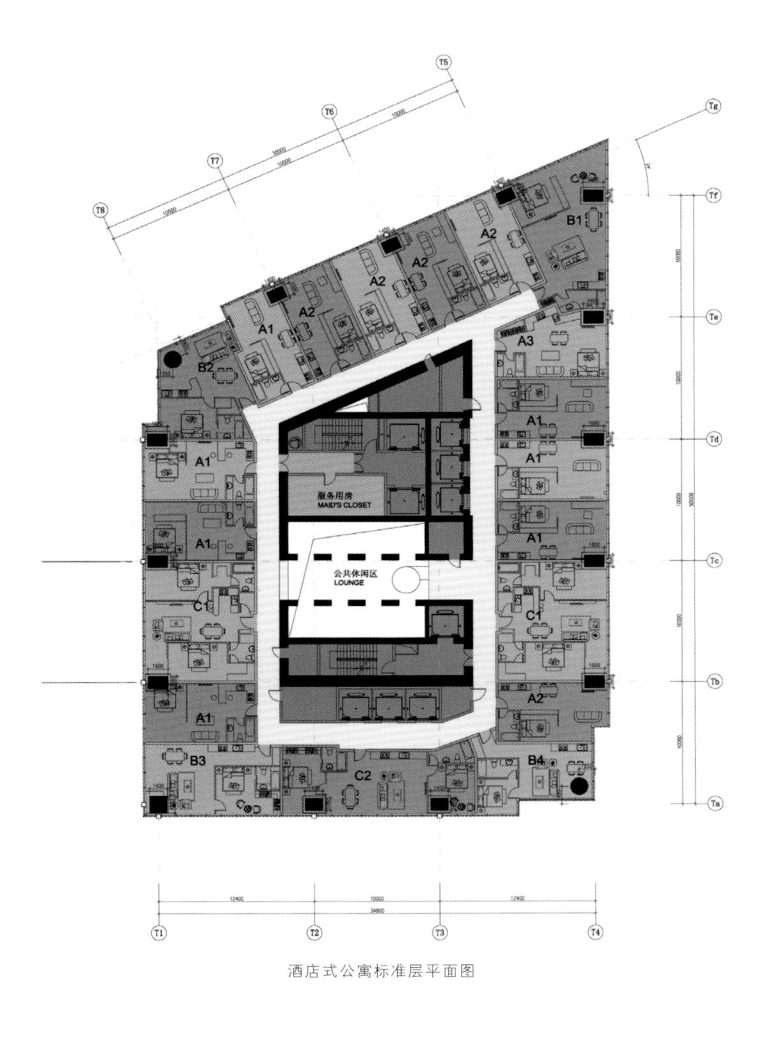

酒店式公寓标准层平面图

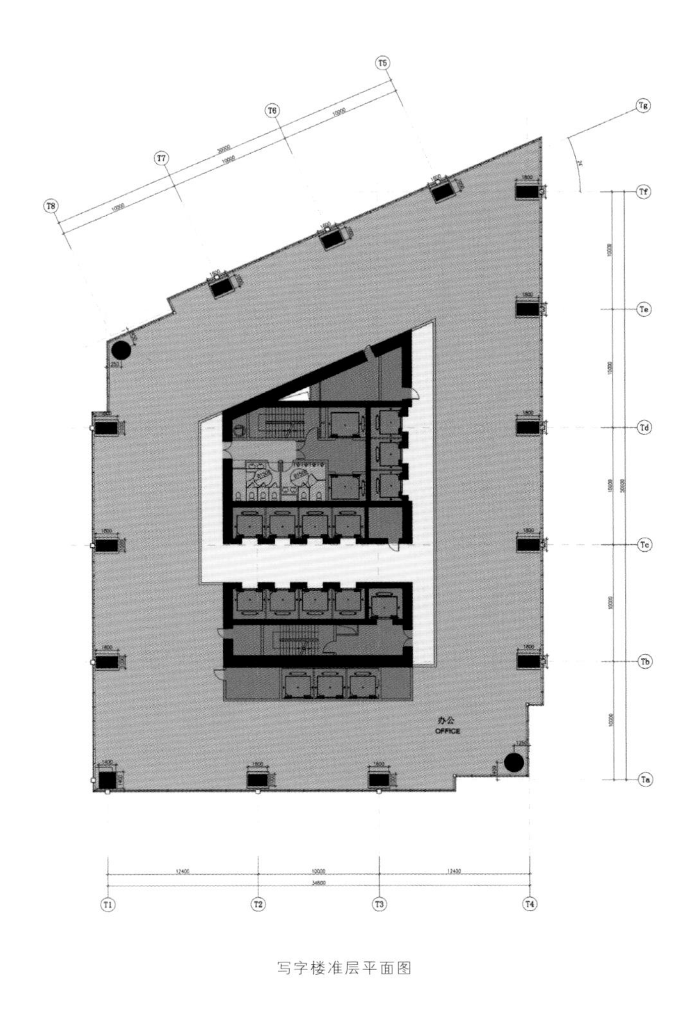

写字楼准层平面图

巴拉亚综合发展商场

项目地点：卡塔尔多哈
建筑设计：RTKL

项目位于卡塔尔首都多哈市，整个建筑体量由一座 26 层的塔楼以及其复杂结构的裙楼组成，建成后将成为多哈这个新兴发展地区的地标性建筑。作为首建的混合使用的大厦，巴拉亚综合发展商场代表了多哈地区现代化进程和未来可持续发展的新标准。该项目不仅仅只是虚有其表，外观和屏幕模式的添加使建筑在气候恶劣的沙漠中具有可持续发展的作用。

巴拉亚综合发展部通过连接公共交通，便利的停车场地和南、西、北三个方位的人行通道，向世人展示了这一位于气候恶劣的沙漠地区上的建筑奇葩。

项目拥有的 4 层零售商圈受益于 RTKL 公认的零售经验。沿用古典的设计风格，北面中庭的大小和比例可以同伦敦的泰特现代美术馆的涡轮大厅相媲美。从东到西的梯田层叠水景垂直相连， 南面略小的东西走向的中心瀑布好像一个多层建筑屏幕位于南区的中心位置而形成一个花园。第三层则是设计有独立餐厅的美食街。

设计团队旨在发现新的设计理念和实现建筑的数字化，项目以结合理论和实践的形式在创新独特设计方面取得了成功。建筑材料通过精心挑选，采用天窗采光技术的高楼大厦，附带大型的屏幕外墙及外部广场，注重可持续发展。设计团队与各领域的专家密切合作，采用最新的 3D 技术和数字化制造方法创建几何模型，使用算术法数字化建模技术具有数字空间领域内最便捷的连接系统。

BARAYA RETAIL CENTRE

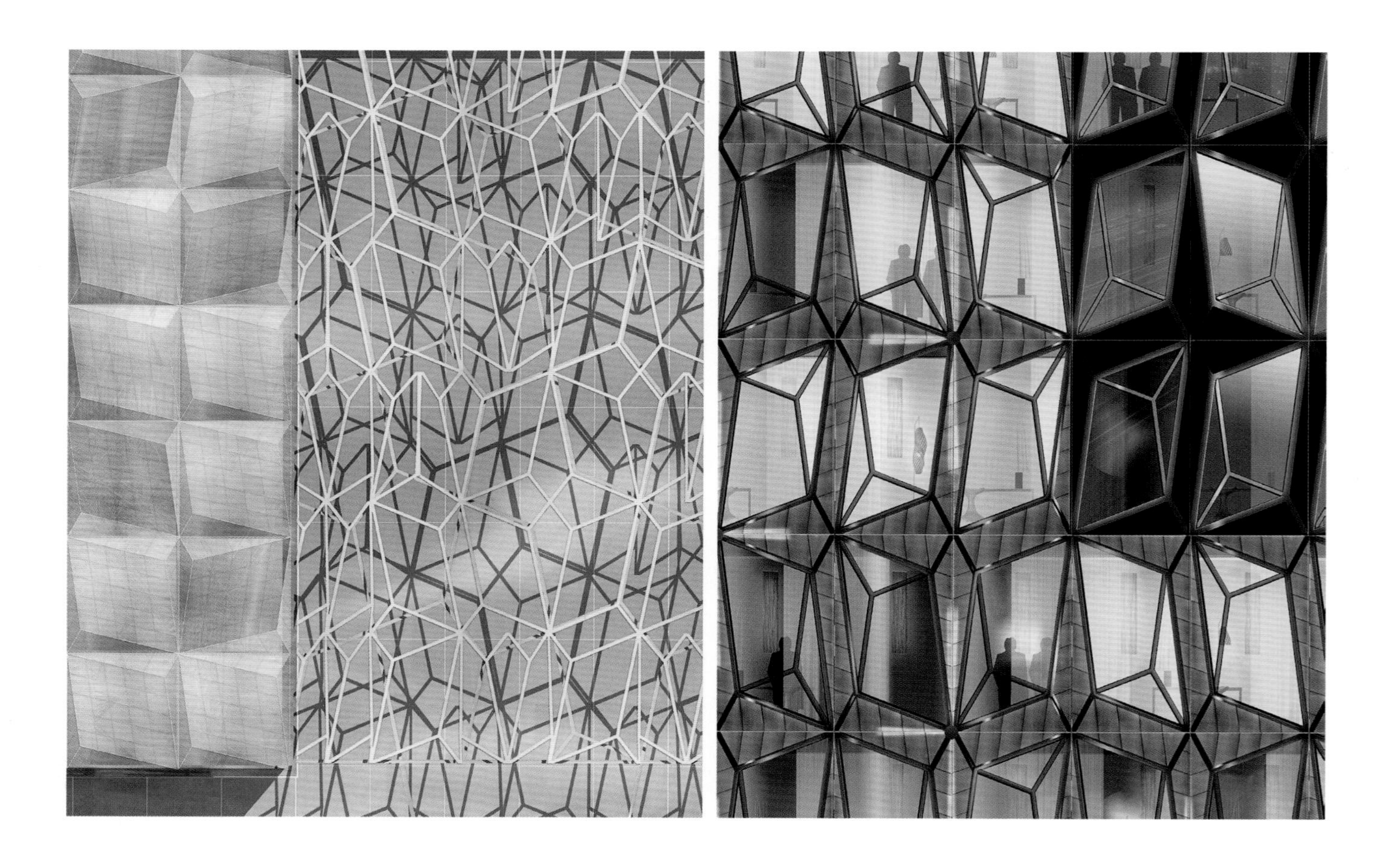

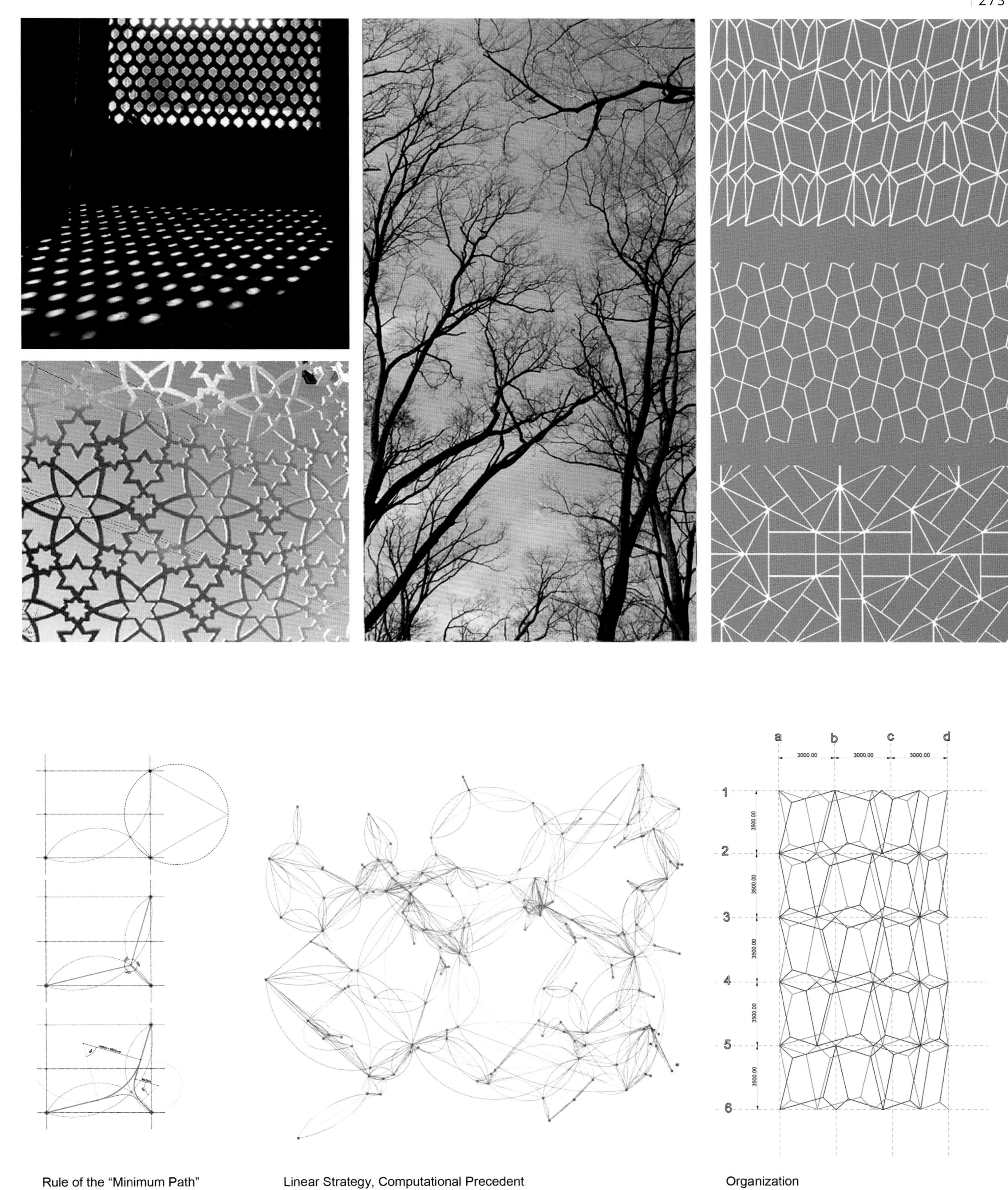

Rule of the “Minimum Path”

Linear Strategy, Computational Precedent

Organization

BASSE
BASSE
Lagermuller

CAFE

首尔大成 D3 城

项目地点：韩国首尔
开 发 商：大成工程建筑公司
建筑设计：捷得建筑事务所公司
建筑执行：Samoo
景观设计：Oikos
占地面积：25 617 m^2
总建筑面积：320 000 m^2

大成 D3 城位于韩国首尔的繁华地带，连接着该城市最繁忙的地铁线，为复合型交通发展提供了一个新标准。这个新的文化和商业空间拥有高级办公楼和酒店、多层的商业零售区、娱乐和文化场所设施， 还有超过 24 280 m^2 的公共景观、公园和购物中心，总面积达 320 000 m^2，是该城市复合型发展的标志之一。

作为首尔的一个步行区，D3 城为人们的基本生活、工作、休息游玩提供各种真实而又充满活力的服务，内设有 6 层共 80 000 m^2 的零售商场，顶楼的演出大厅是整个建筑的中心。 其 42 层高的办公大楼和酒店是该商业区的地标建筑，新的公园将该项目与新道林站连接在一起，再加上 2 幢 51 层高的住宅大楼共同构筑成这一新的都市文化空间。D3 城每年吸引了成千上万的游客，已经成为首尔最热门的观光景点之一。

为了规划出自然和文化共存的高度密集型都市环境，D3 城中加入了韩国传统山水画景观，以巧妙而纵向的设计带出怀旧感。整个项目的突出重点是建筑，有机地形成了灯笼的形状，在夜幕降临之时整个项目外围布满温暖明亮的灯光，迎接游者的到来。另外，人们还可以通过户外的一条小道直接到达灯笼建筑顶部的零售商场，欣赏其中印度山城风格与现代建筑的融合。

D3 城的设计是用自然的笔画构建出都市中的绿洲，重新定义了这片工业区的过去和历史，这是首尔独有的。它通过娱乐、文化和景观来引导行人的活动，进一步完善周边的流通模式。捷得设计的高层办公大楼和酒店大楼是该地区的一个新地标，象征着冲天的劲头和首尔中心的复兴，犹如过去煤炭厂的烟囱帽。

D-CUBE CITY
뮤지컬 맘마미아!
SIEG
codes combine
JCDecaux
제9회 전국 벤처인 넥타이마라톤대회

立面图

立面图

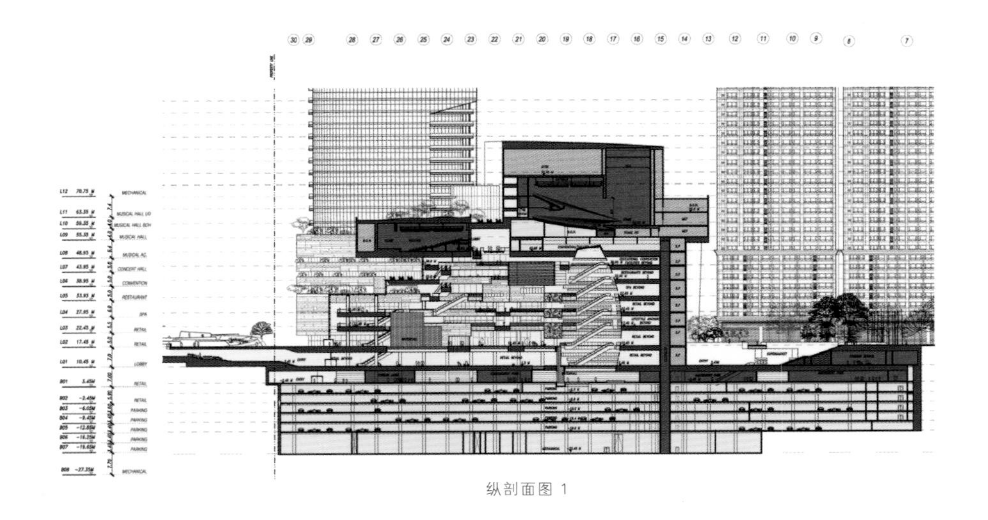

纵剖面图 1

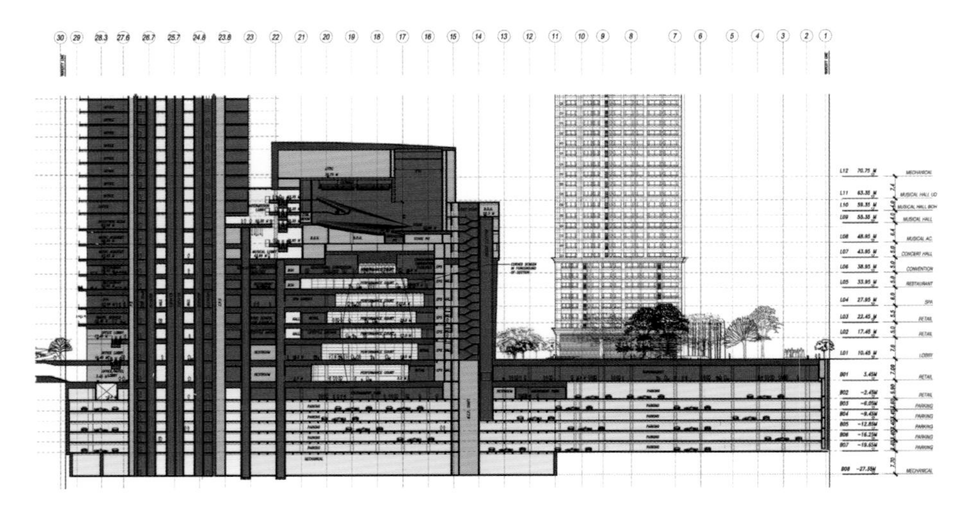

纵剖面图 2

自然始终贯穿环绕整个建筑区，以各种姿态安静地存在着：花园，草坪，室内瀑布，穿过地面的玻璃天窗，这些都有机地形成了空间的流动和发现感。这个项目的可持续发展设计包括光伏控制板，用于植物灌溉的灰水，地热供暖降温，景观美化材料的回收利用。这个文化中心覆盖着绿色的屋顶，带有 1 277 座的表演大厅和 420 座的活动空间。还有一个共享的大堂大厅和户外花园广场，从那儿可以眺望到城市的北部。在文化空间的层与层之间环绕着由旋律节奏组成的新的公共音乐花园——万花花园将临近的新道林站和 D3 的地面入口连接起来，从而与对面的道林河建立起自然的连接。

正是因为景观和以行人为导向的各种因素纵向延伸，它们也同样横渡过地面以下的空间。B02 层被设计为一个地下花园和活动空间，成为一个娱乐楼层，成为另一个与站台广场和公园连接的场所。这个区域主要面向青年，设有食物园、Korean Jang、“甜蜜城堡”、面条博物馆和娱乐设施。

大成 D3 城的设计中既饱含着韩国文化的活力，也体现人们渴望重新激发自然意境的公共文化。它为都市社会活动提供了一个新标准，使人们逐渐地融入到周边的自然和都市环境中。

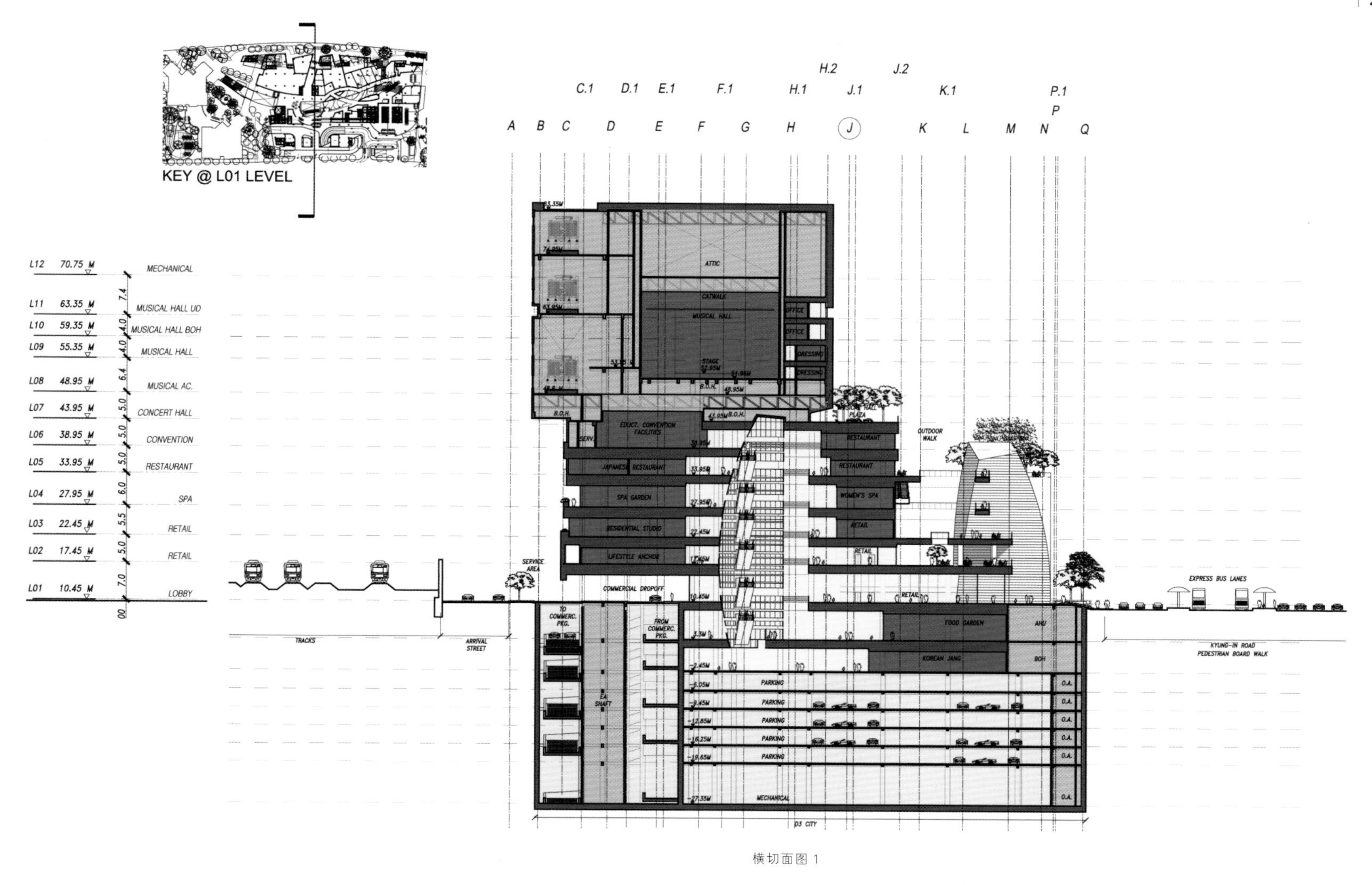
KEY @ L01 LEVEL
L12 70.75 M MECHANICAL
L11 63.35 M MUSICAL HALL UD
L10 59.35 M MUSICAL HALL BOH
L09 55.35 M MUSICAL HALL
L08 48.95 M MUSICAL AC.
L07 43.95 M CONCERT HALL
L06 38.95 M CONVENTION
L05 33.95 M RESTAURANT
L04 27.95 M SPA
L03 22.45 M RETAIL
L02 17.45 M RETAIL
L01 10.45 M LOBBY
ATTIC
MUSICAL HALL
OUTDOOR WALK
RESTAURANT
JAPANESE RESTAURANT
SPA GARDEN
RESIDENTIAL STUDIO
LIFESTYLE ANCHOR
COMMERCIAL DROPOFF
EXPRESS BUS LANES
TRACKS
ARRIVAL STREET
FOOD GARDEN
KOREAN JANG
PARKING
MECHANICAL
KYUNG-IN ROAD PEDESTRIAN BOARD WALK
横切面图 1

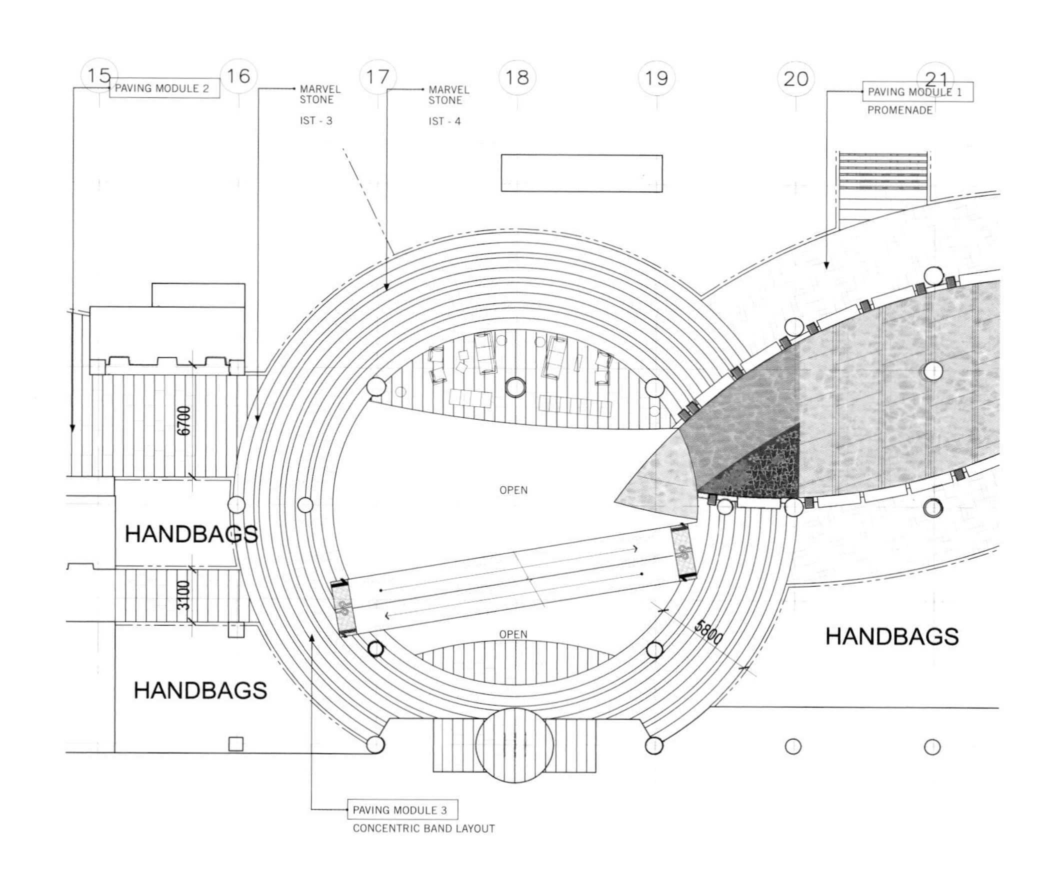
PAVING MODULE 2
MARVEL STONE
IST - 3
MARVEL STONE
IST - 4
PAVING MODULE 1
PROMENADE
6700
3100
5800
OPEN
OPEN
HANDBAGS
HANDBAGS
HANDBAGS
PAVING MODULE 3
CONCENTRIC BAND LAYOUT

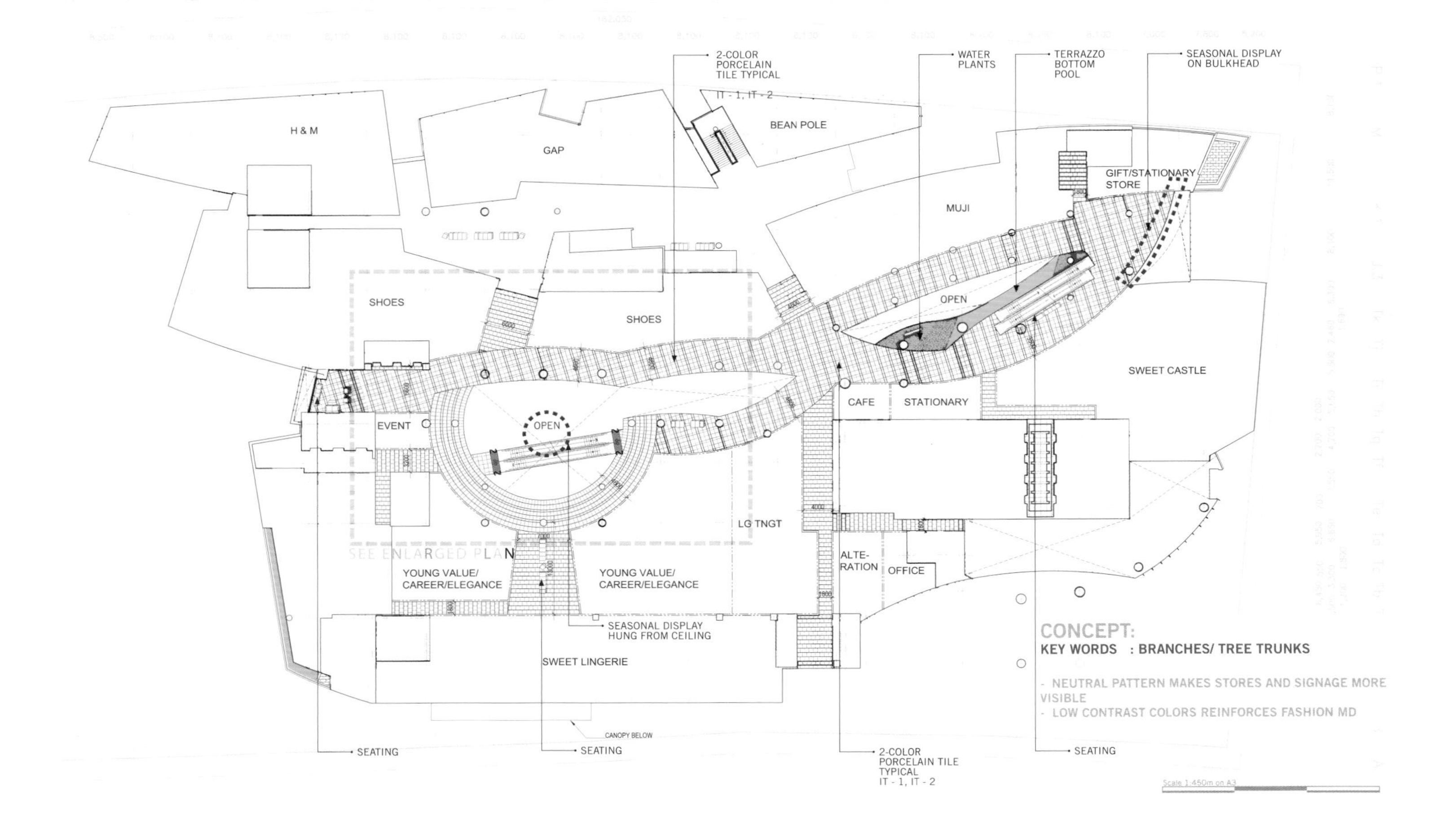

2-COLOR PORCELAIN TILE TYPICAL
IT - 1, IT - 2
WATER PLANTS
TERRAZZO BOTTOM POOL
SEASONAL DISPLAY ON BULKHEAD
H & M
GAP
BEAN POLE
GIFT/STATIONARY STORE
MUJI
SHOES
SHOES
OPEN
SWEET CASTLE
CAFE
STATIONARY
EVENT
OPEN
LG TNGT
SEE ENLARGED PLAN
YOUNG VALUE/ CAREER/ELEGANCE
YOUNG VALUE/ CAREER/ELEGANCE
ALTE- RATION
OFFICE
SEASONAL DISPLAY HUNG FROM CEILING
SWEET LINGERIE
CANOPY BELOW
SEATING
SEATING
2-COLOR PORCELAIN TILE TYPICAL
IT - 1, IT - 2
SEATING
CONCEPT:
KEY WORDS : BRANCHES/ TREE TRUNKS
- NEUTRAL PATTERN MAKES STORES AND SIGNAGE MORE VISIBLE
- LOW CONTRAST COLORS REINFORCES FASHION MD

The Coffee Bean

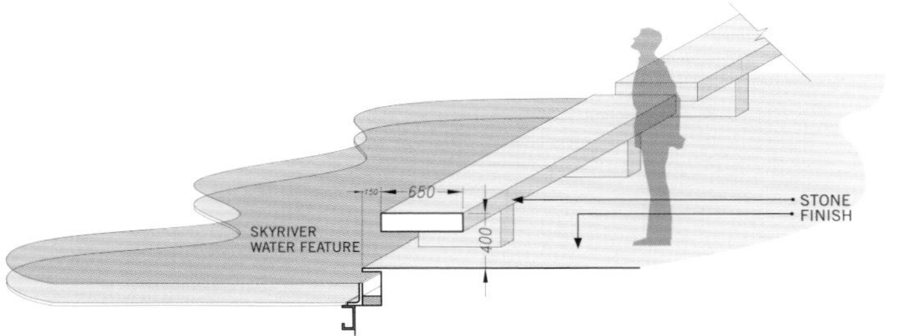

CONDITION 1 - AT BENCH, NO GUARDRAIL

GETTY CENTER, LOS ANGELES

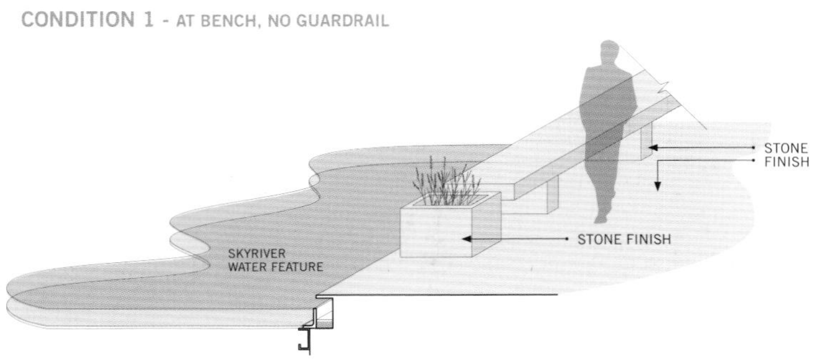

CONDITION 2 - PLANTER TO BENCH TRANSITION

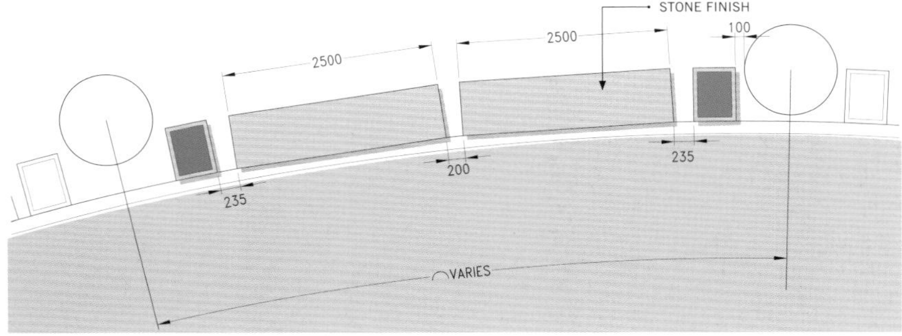

DETAIL PLAN

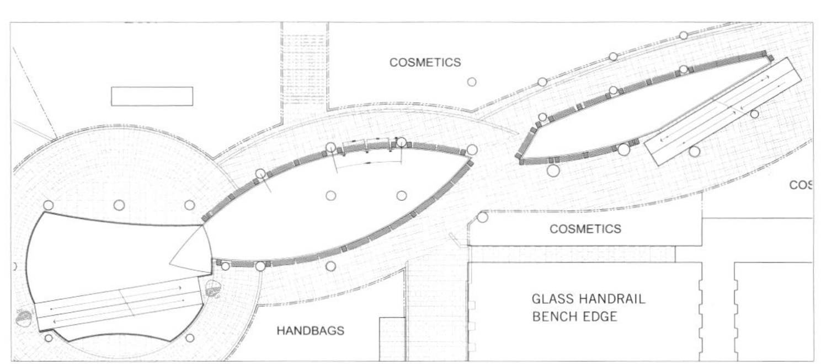

PLANTER AND BENCH PLACEMENT PLAN

avenue 662
D-CUBE CITY

北京富力城

项目地点：中国北京市
总建筑面积：191 000 m^2

富力城是北京最大、最成功的住宅项目之一。客户支持商业综合体作为富力城的一部分是基于对 3 大元素的考量，包括：181 300 m^2 的零售商；50 600 m^2 的 A 级办公室，并且办公室顶层五楼为 R&T 北京总部；由马里奥集团运营操作的面积达 58 900 m^2 拥有 539 间客房的五星级酒店。这三个要素组合成沿长度超过 650 m 的临街设计，使富力城成为总面积为 191 000 m^2 的综合用途发展用地。

很多因素导致该项目的建造极具挑战性，如汽车通道和出口处，上升下降处都纳入在一个狭长的约 40 m 深的地面。项目的核心部分被巧妙地定位在办公室和酒店大楼，办公室及酒店大楼呈现的对角线就好像敞开的大门。

办公室和酒店以联合的形式存在，两者被道路分隔，以确保交通畅通无阻。零售商场位于狭长的位置，这意味着租户组合区域需要精心设计，不论是纵向设计还是横向设计都要确保消费者可以自由地在六层之间移动。为确保良好的能见度通过加入一系列的大型中庭空间和私人的小空间是很重要的。那样消费者可以很容易地找到自己周围的通道，此外还可利用丰富的自然灯光。所有因素组合在一起促成这一成功的商场设计方案。

设计师在长为 650 m 的位置找到灵感，即设计一句标志性的广告词。设计限于两种材料和色彩——明亮的银

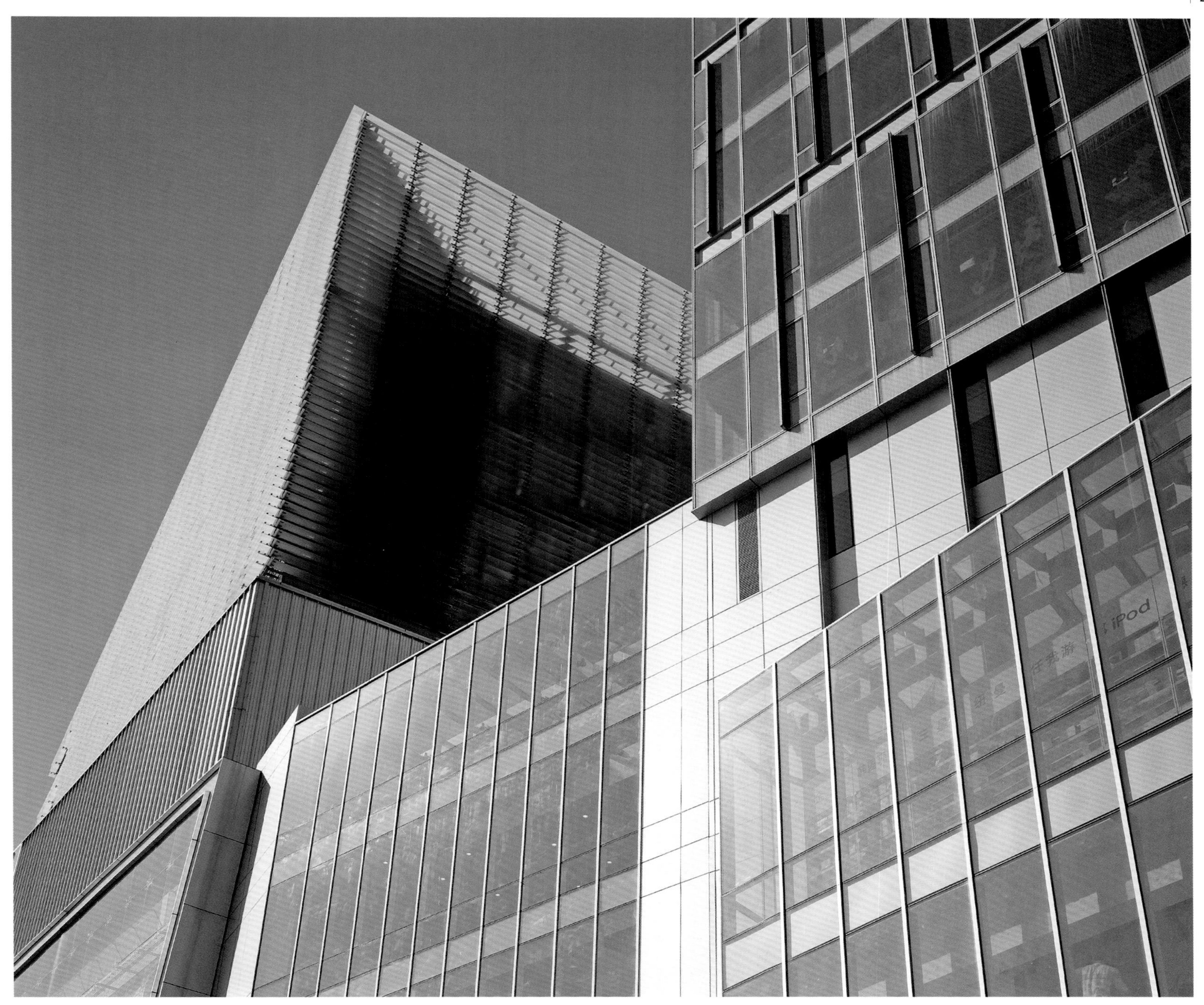

色与连贯的金属板和玻璃，都使用简洁的、迷人的几何形状和线条，与对照的形式和材料的一致性。建筑的总体构造呈超大的圆柱形状。

建筑锥形的斜边，在形式上相互照应，对角线缝在建筑高度上的运用营造出有两座斜塔的错觉。预留给业主作为其总部办公大楼的顶层四楼层，采用玻璃幕墙嵌入前面中庭的方式形成了一个巨大的天窗连接所有的四个层次。建筑立面是一面连接的玻璃幕墙，玻璃幕墙装了绝缘的双层玻璃，即中空玻璃。这些中空玻璃都像低辐射、自动内置的穿孔百叶窗，可以提高能源效率和热舒适。

零售商场顶楼是一个特殊的区域，这里设有餐厅和酒吧。整个结构被水平方向的玻璃鳍包围，这是本商场最别具一格的特征。尤其是在夜间，由于 LED 照明灯的作用使整个建筑设计增添了别样的魅力。

adidas
SONY

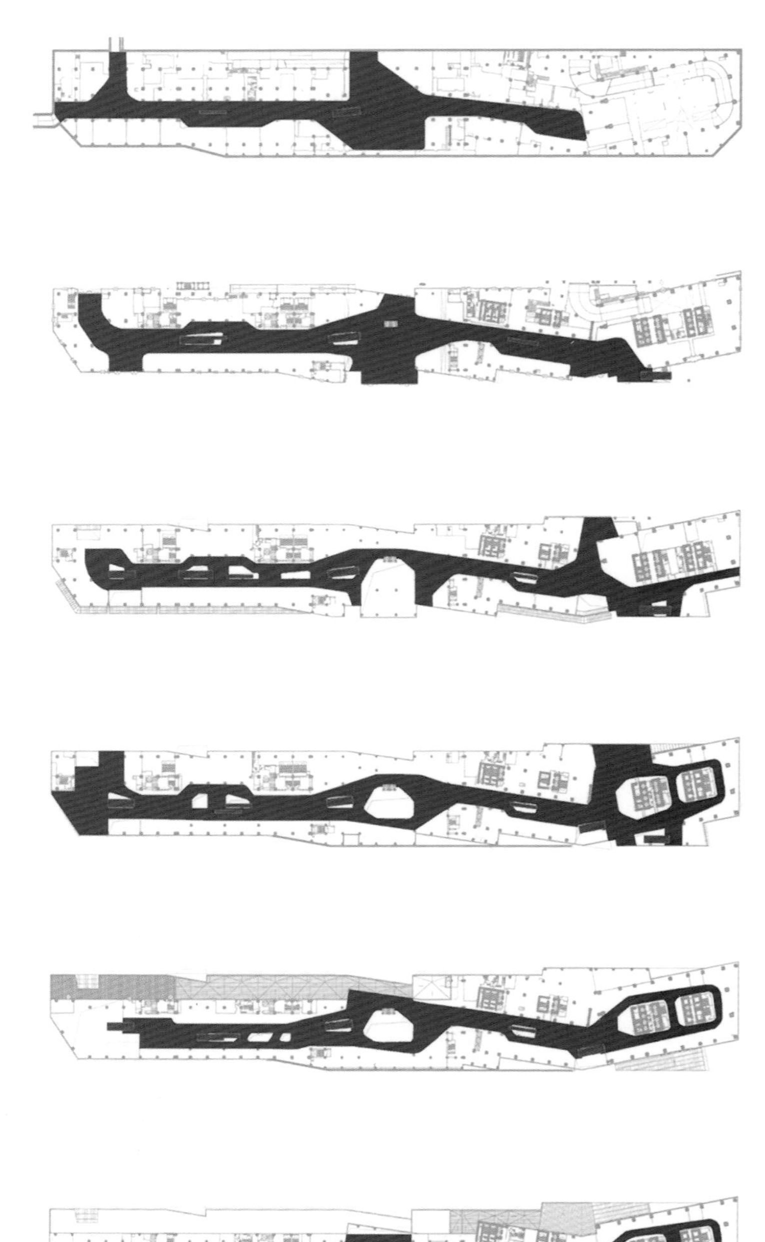

CELINE
CHANEL
SPORTMAX

库图佐维斯基

项目地点：俄罗斯莫斯科市
建筑设计：凯达国际

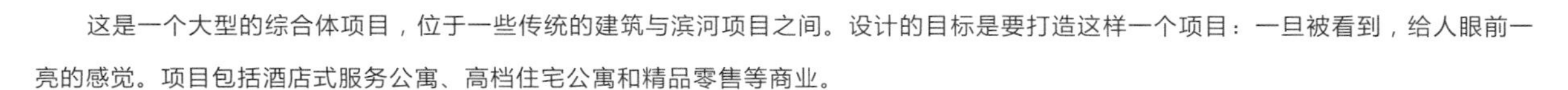

这是一个大型的综合体项目，位于一些传统的建筑与滨河项目之间。设计的目标是要打造这样一个项目：一旦被看到，给人眼前一亮的感觉。项目包括酒店式服务公寓、高档住宅公寓和精品零售等商业。

项目设计借机与周围的街区互相呼应，对传统的莫斯科进行了现代演绎。南面的住宅以最适宜的角度和姿态与冬日相融。商店、餐饮中心与景观城市公园混合，更使得该项目在这片区域与众不同。

建筑外形呈末端开口的马蹄形，既延续了现有空间的城市结构也解放了地平面。项目的住宅区高度限制在 70 m 以内，建筑面积将近 380 000 m^2，而南端仅 40 m 高。

建筑体量的结构由两股力量定义，建筑本身的双翼向地面层靠近，由北向南越来越低，直到可用阳台与空中花园部分，两股力量的抗衡才得以缓和。这些双翼都位于南向观景廊的末端，像水晶冰一样，与之前的建筑形成鲜明的对比，引人注目。

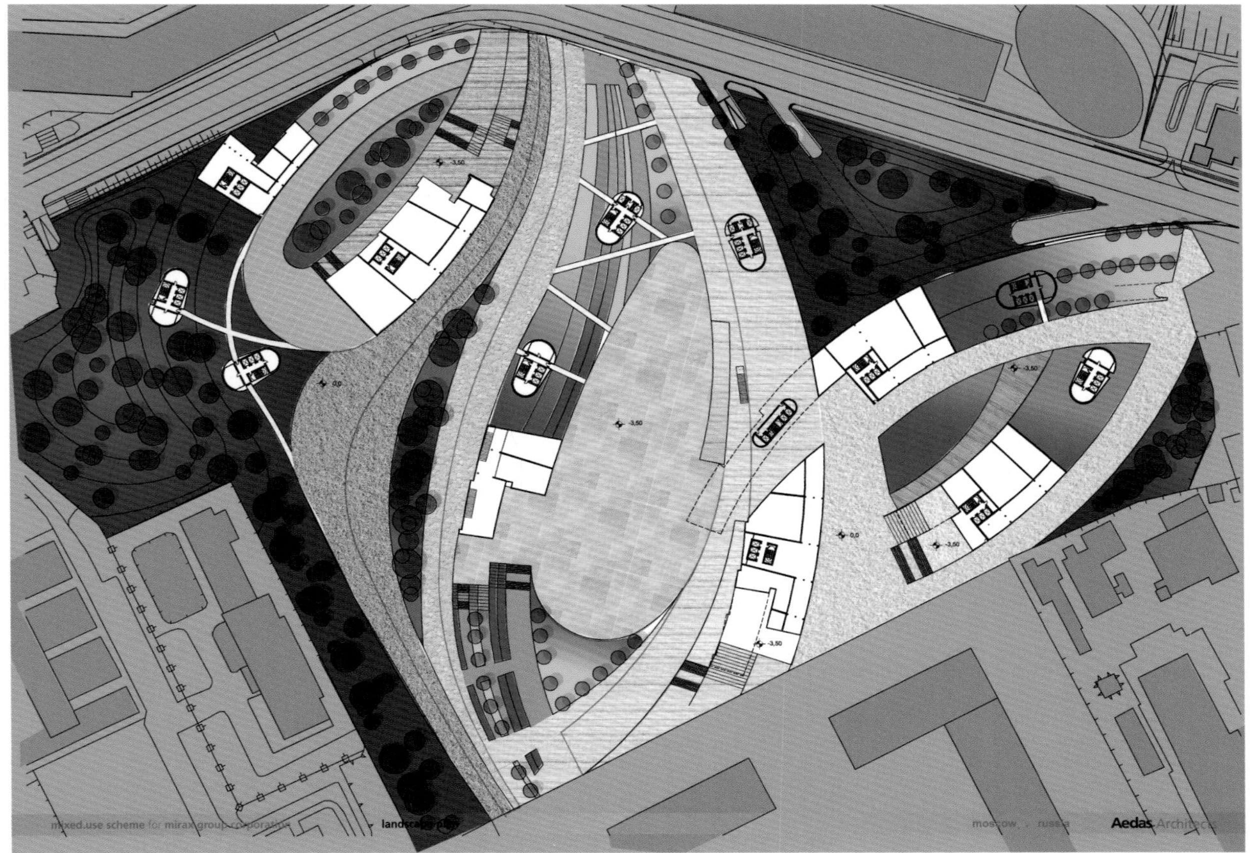

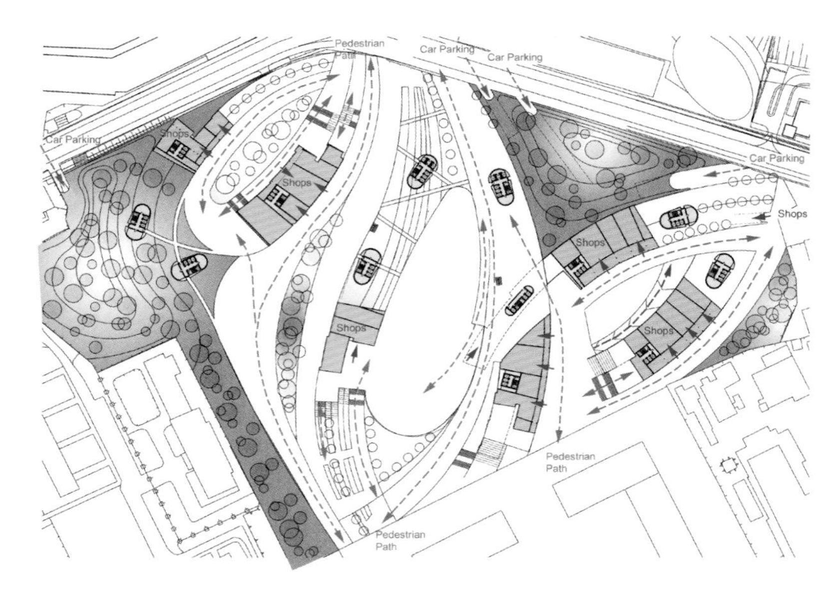
Pedestrian Path
Car Parking
Car Parking
Car Parking
Shops
Car Parking
Shops
Shops
Shops
Shops
Shops
Pedestrian Path
Pedestrian Path

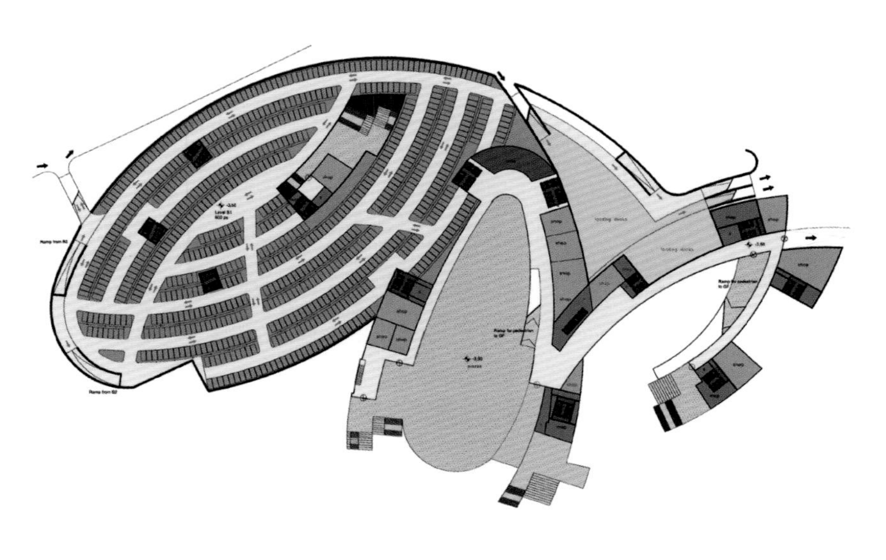

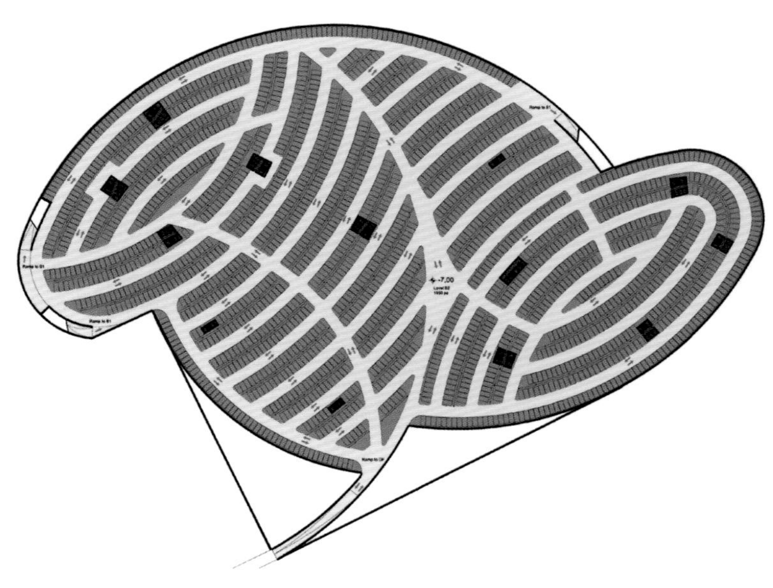

Residential Vertical Circulation
Public Vertical Circulation
Public Stairs to Garden Restaurant

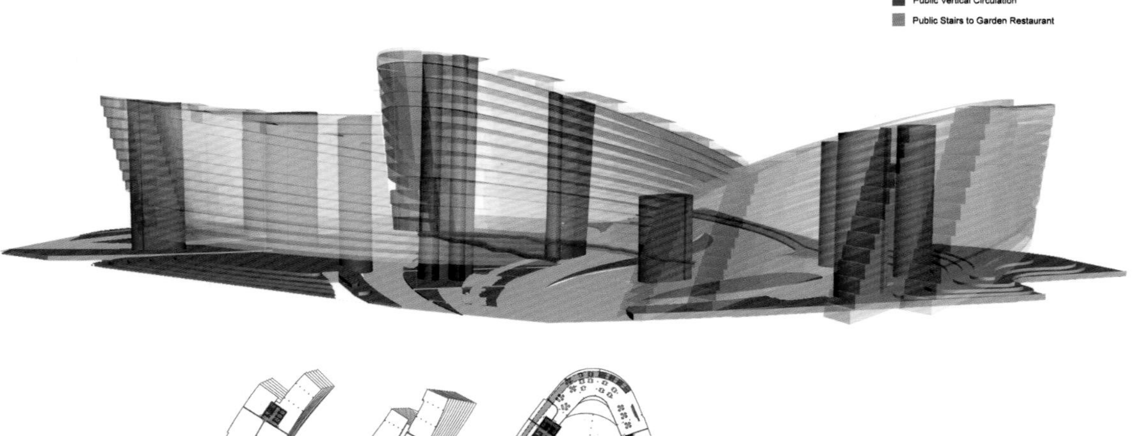

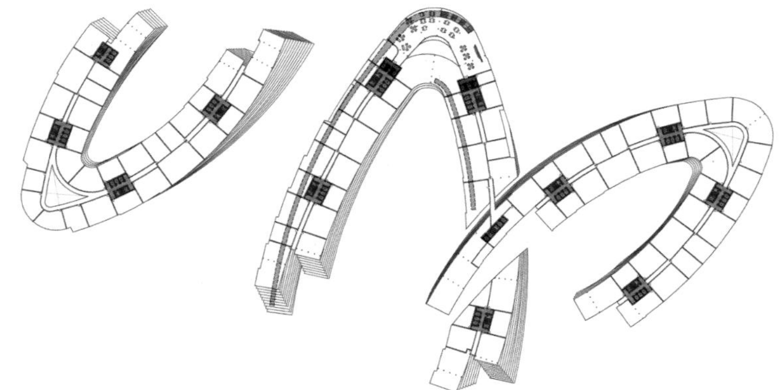

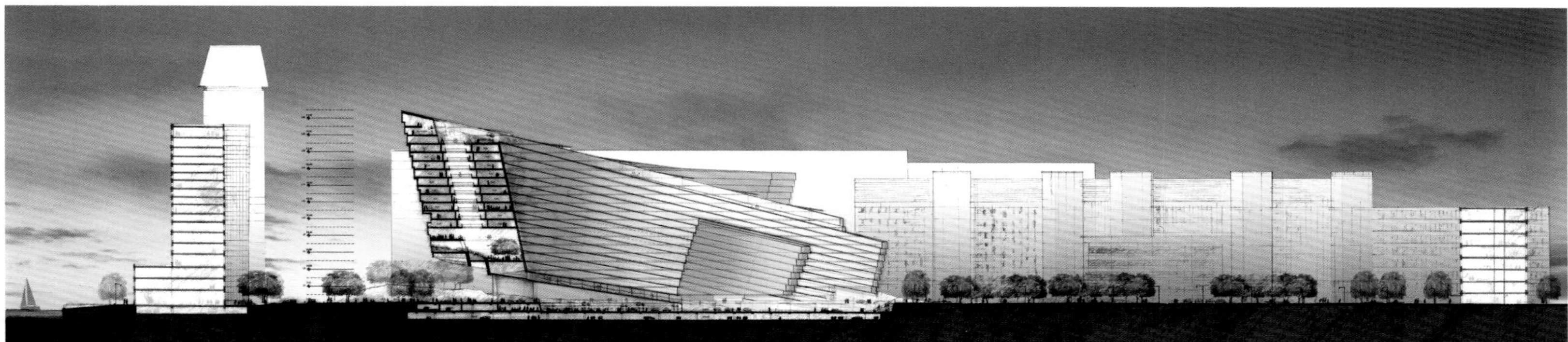

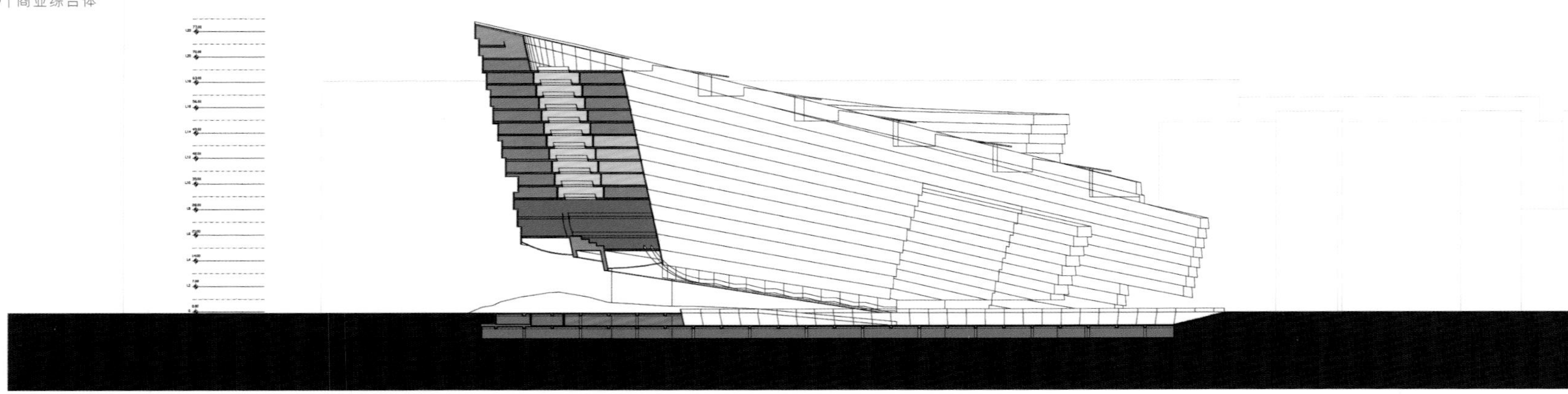

剖面图

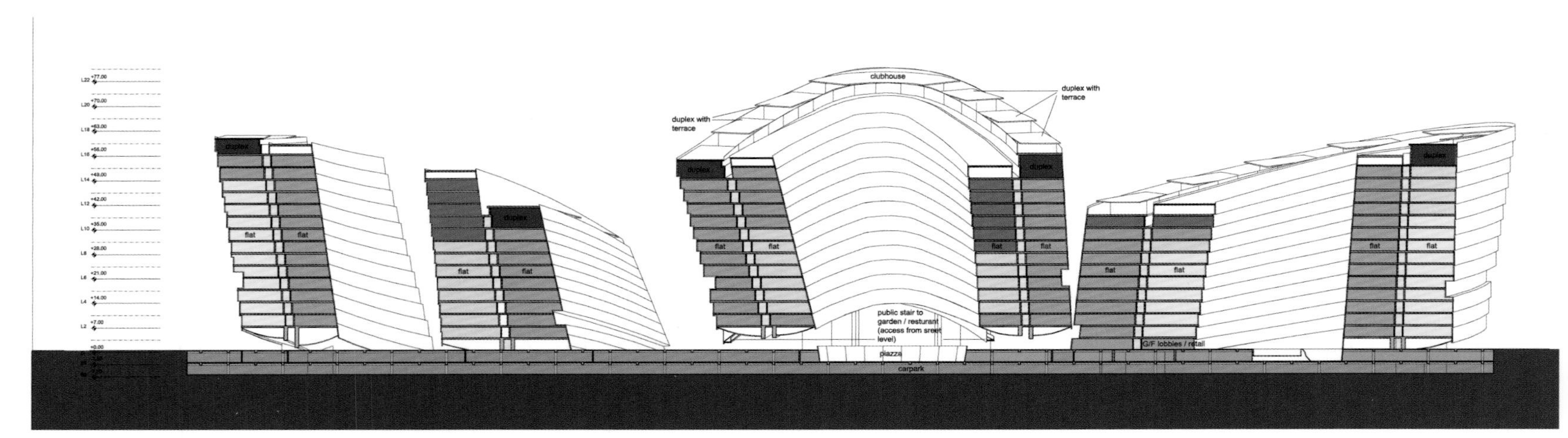

clubhouse
duplex with terrace
duplex with terrace
duplex
duplex
duplex
duplex
duplex
flat
flat
flat
flat
flat
flat
flat
flat
flat
flat
flat
flat
public stair to garden / resturant (access from street level)
plazza
G/F lobbies / retail
carpark

剖面图

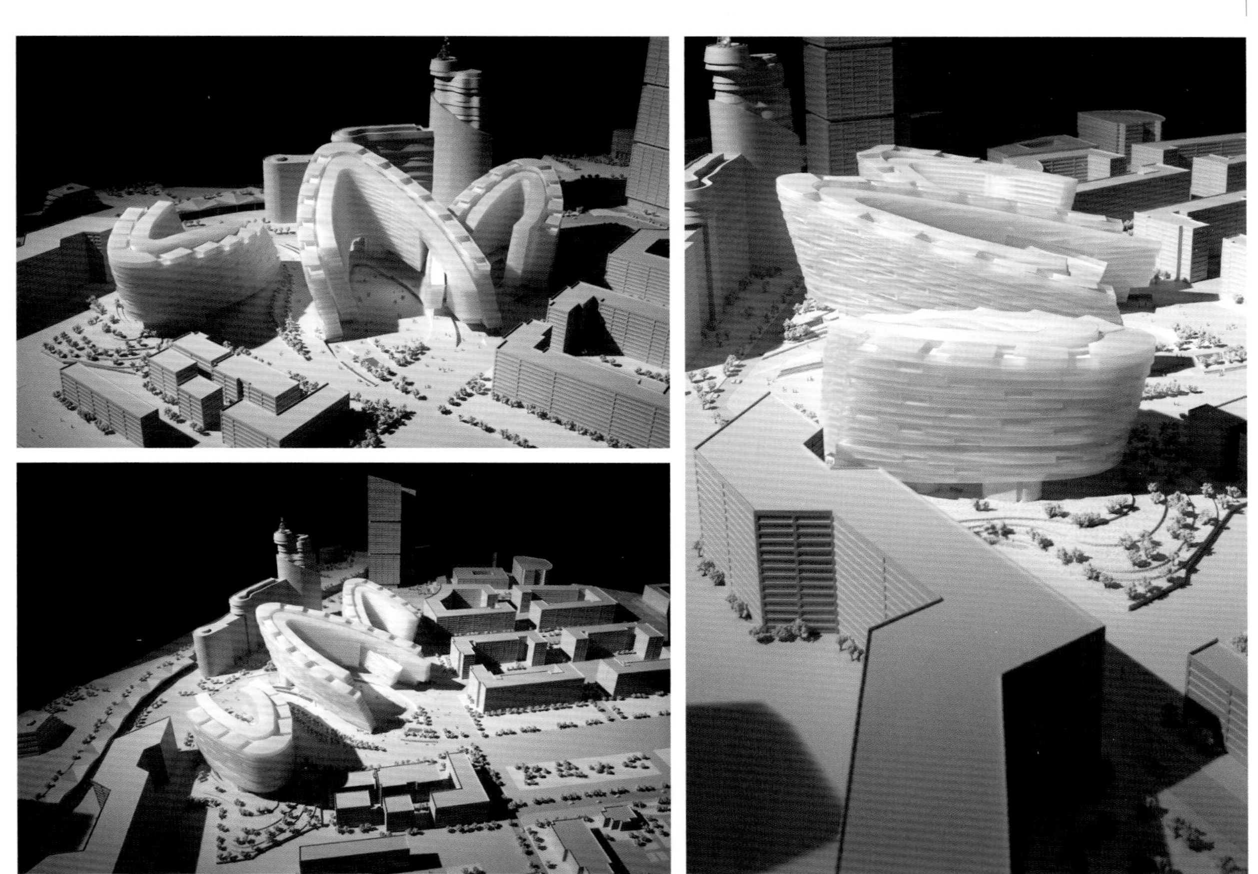

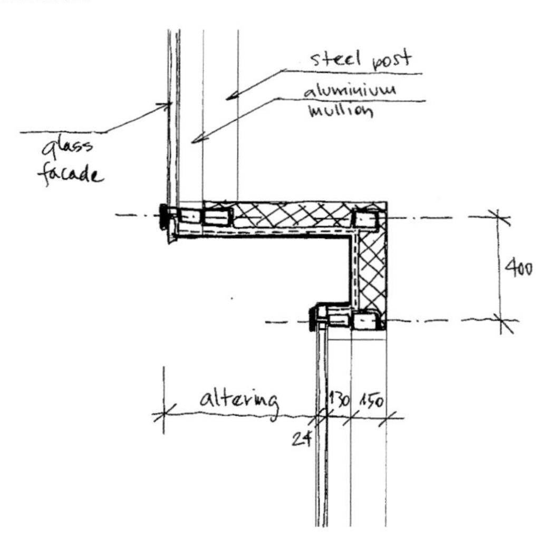

DETAIL A (without operable window)

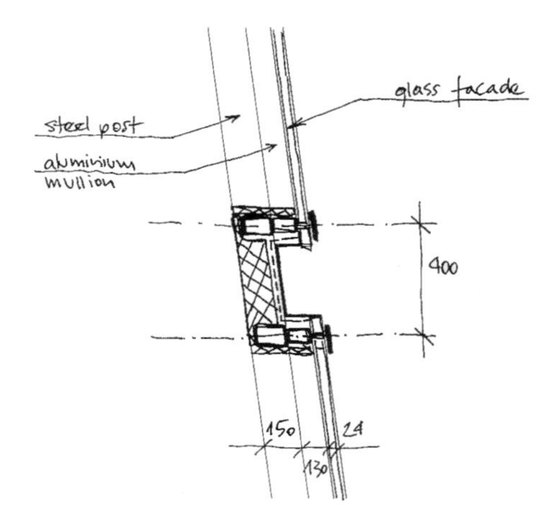

DETAIL B (without operable window)

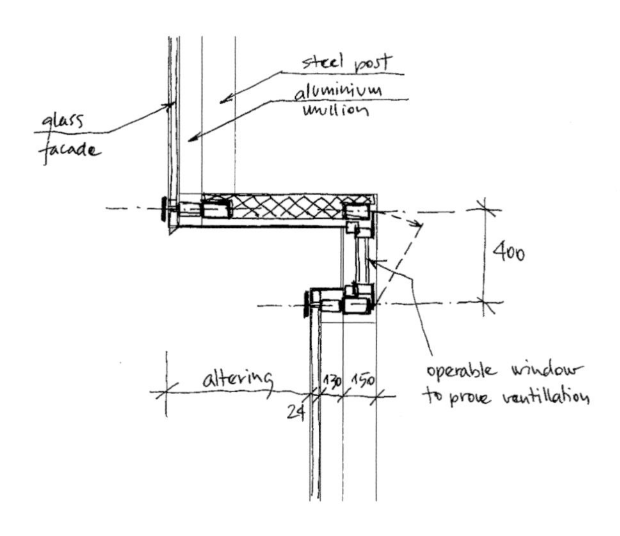

DETAIL A (with operable window)

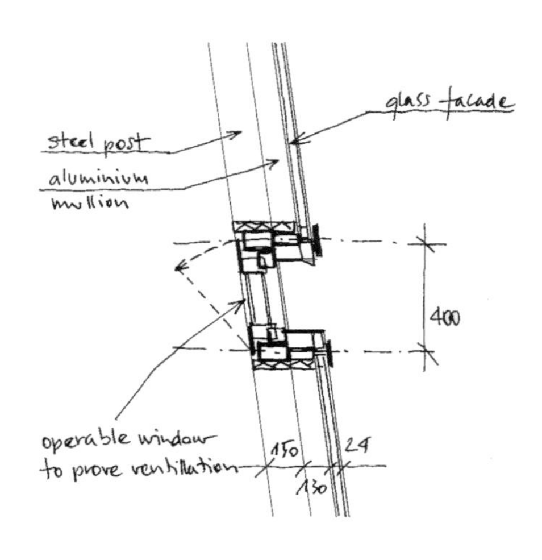

DETAIL B (with operable window)

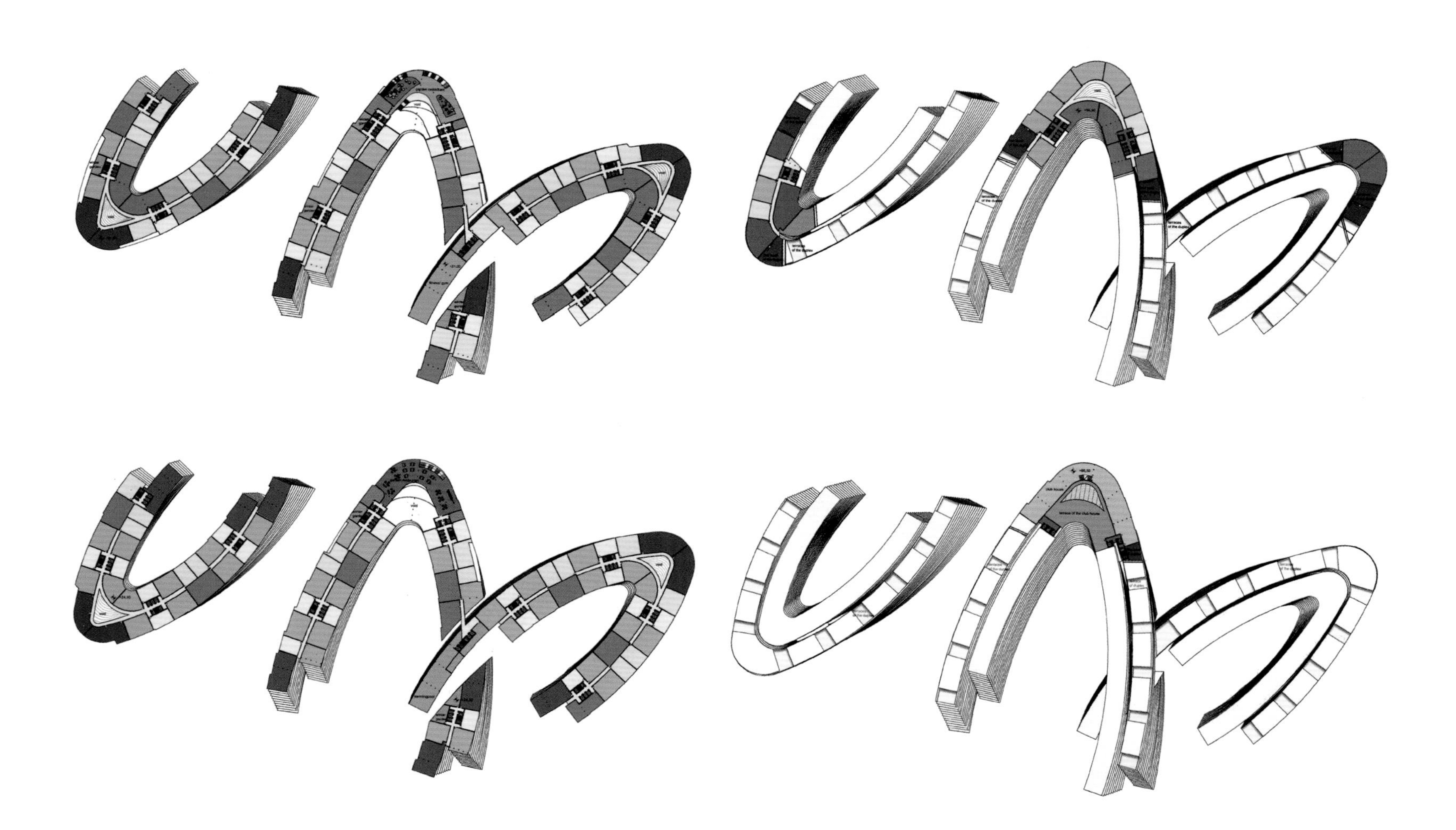

Pfohe 商城

PFOHE MALL
outlet
BILLA
outlet
LEADER STORE
ЕТАЖ 3
cop. copine
ITALGOLD

项目地点：保加利亚瓦尔纳市
建筑设计：斯洛文尼亚 Dizarh 工作室

Pfohe 商城位于保加利亚东北部的港口城市瓦尔纳市，是该地区第一个现代化的商业中心。它结合了各种公共设施和商店，餐馆和娱乐场所。整个基地介于市中心和三个住宅小区之间，具有良好的区位优势。

由于建筑用地中心区有一处深集水区，因此在进行规划的时候将该项目与地道连接被分为两大块。地下两层被设计成停车场，地上三层作为商业用途，第四层包括快餐店和娱乐场所。木镶板与该物业的绿化地带协调一致，提升了建筑物热情的氛围。

在建筑空间的把握上，该项目的设计团队紧紧抓住了 Pfohe 商城的公共性特点，营造了适合商业的宽敞空间，同时灵活地处理了与市中心建筑之间的区别和联系，让整个建筑与周边环境“和而不同”。室内设计的基本理念是使用简单的材料以创建一个把游客的注意力引向商店橱窗。这一公共空间中的所有元素，给顾客创造一个没有使用过多装饰的简洁而又舒适的印象。

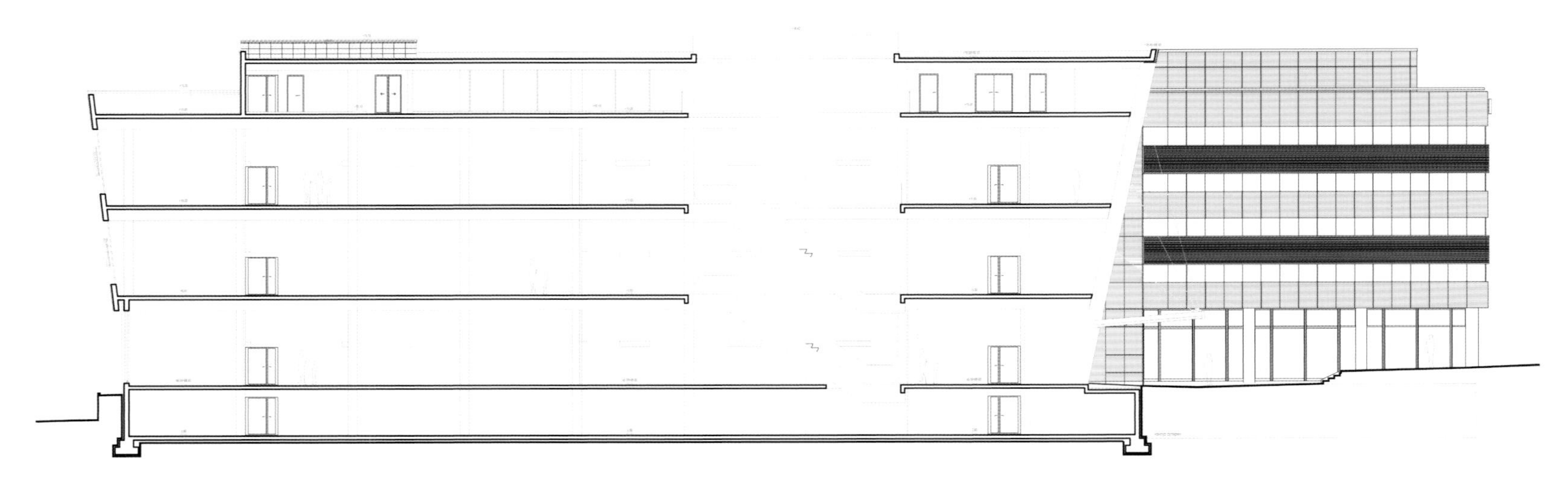

剖面图

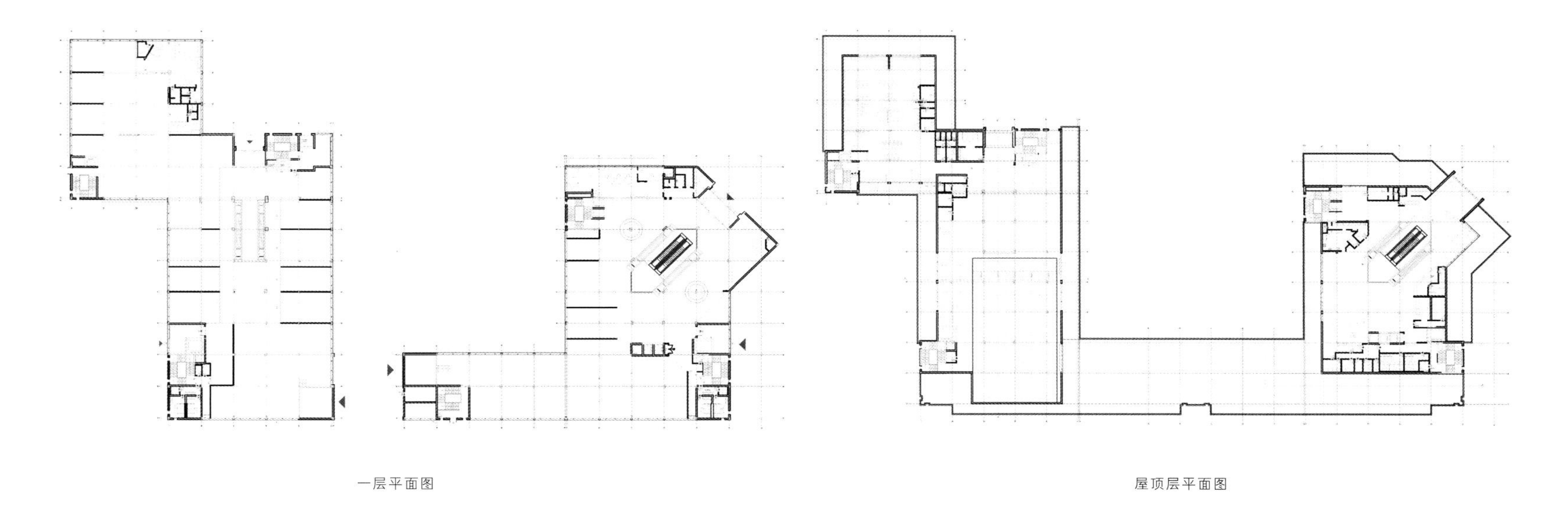

一层平面图

屋顶层平面图

outlet

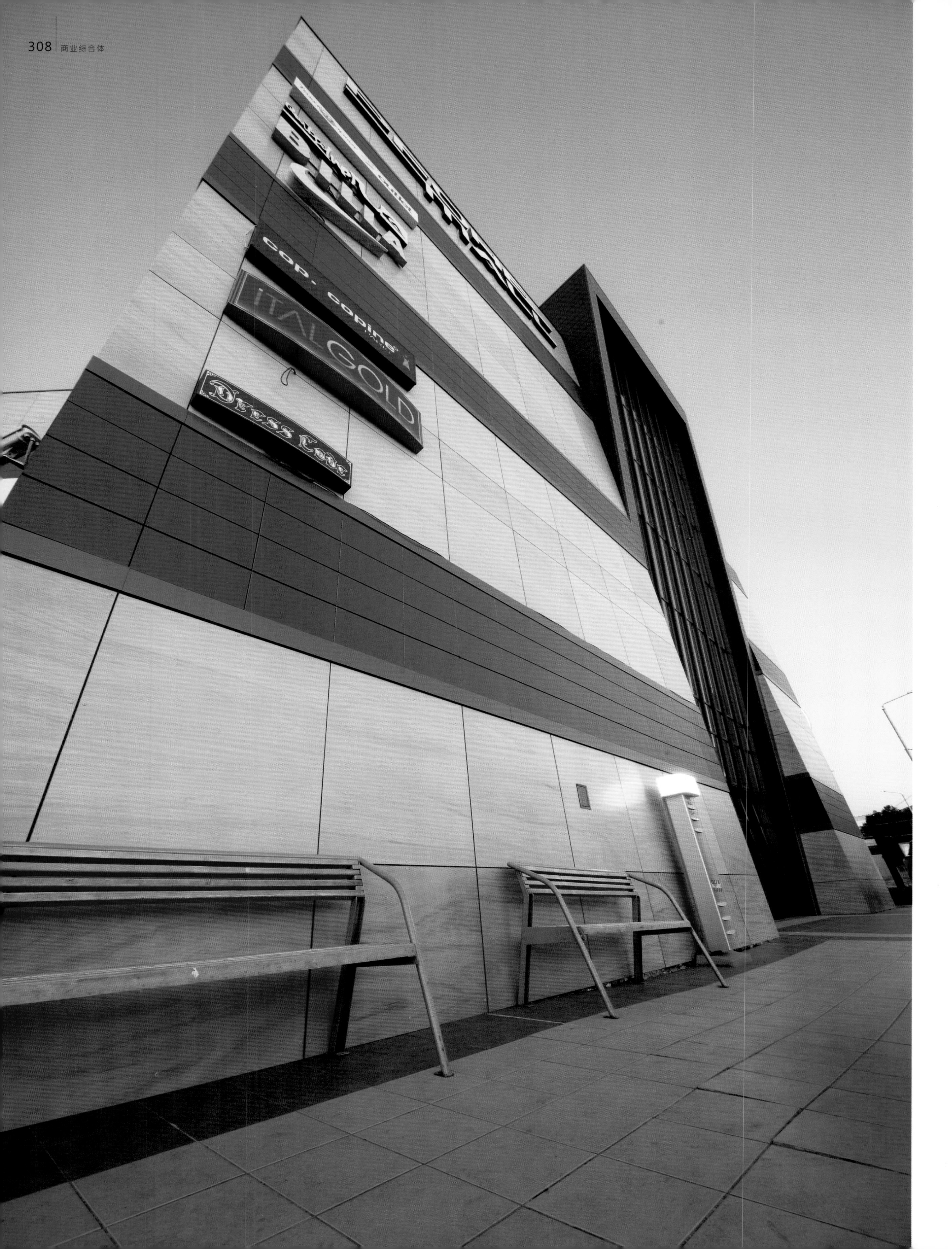
cop. copine
ITALGOLD
Dress Code

MEX
BOX

COFFEE REPUBLIC
COFFEE REPUBLIC
COFFEE REPUBL
GALDINI
GALDINI
uni G Las

Animato center
music
video
books

北京北苑北辰

项目地点：中国北京市
开 发 商：北京北辰实业股份有限公司北辰置地分公司
结构及环境工程：中国电子工程设计院 （CEEDI）
建筑设计：凯达国际
设 计 师：安得宝
占地面积：2 525 m²
建筑面积：161 780 m²

该项目位于北京五环区，临近奥林匹克公园区。其西面为一个大型休闲公园及其他文化设施，东面则是大街及新增设的地铁站。项目环抱了该地段的自然环境优势，将地段的资源发挥的淋漓尽致。北面的文娱带为区内提供最丰富的零售及商业活动并与总规划中的通道相连，而东南面则与规划中的火车站相通。

项目规划的两座 25 层高的办公大楼，坐落于 7 层高的大型平台上。两座办公大楼的大堂，位于地面楼层，为使用者提供最佳便利。大型平台作零售用途，为消费者提供休闲消费体验。商厦与住宅大厦分占地段的两边。楼高 100m 的商厦位于街道交汇点，为该地段的地标，而西南方交汇点的住宅大厦则面向公园及南面的阳光。大厦的天窗让阳光穿过大厦直达地面，视觉上强调了北面、南面及西面的入口；主要商户设置于大楼下部。

项目中最主要的特点是商场中尤如大峡谷般细长的中庭设计，有别于一般着重豪华享受的商业空间，其旨在为消费者提供一个文化式的购物享受。项目设计希望尽量将建筑物与周围环境融合，故此商场开有数个出入口，让消费者可以悠然进出。而中庭亦设计成项目外公园以至北京市的延伸，这个设计促进了自然与人为环境、城市与个人的无障碍交流。

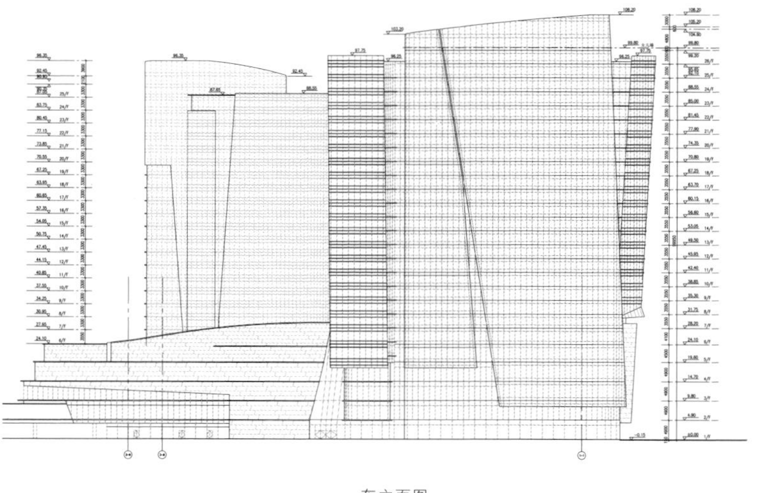

东立面图

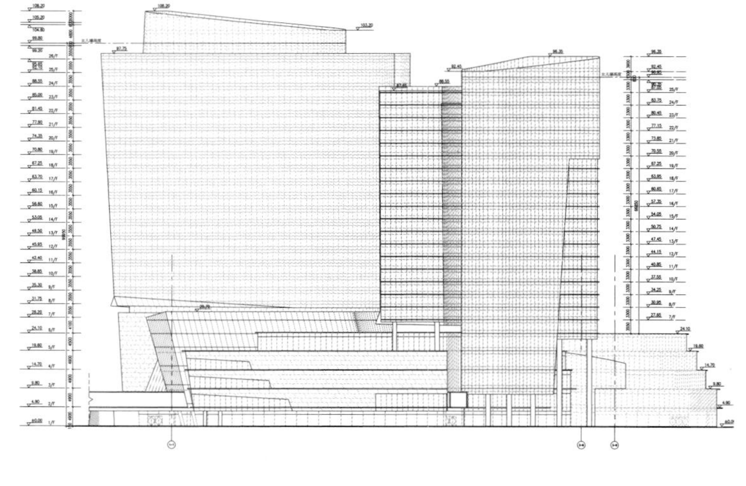
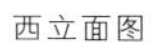

西立面图

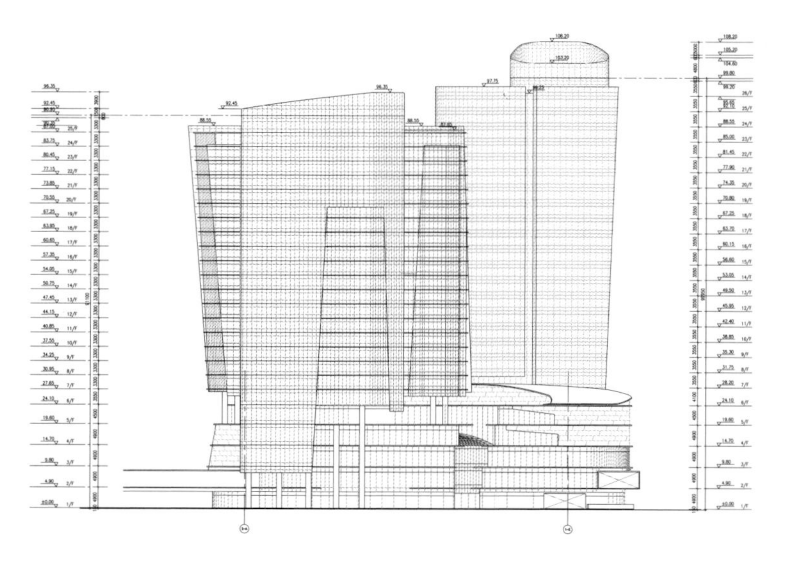

南立面图

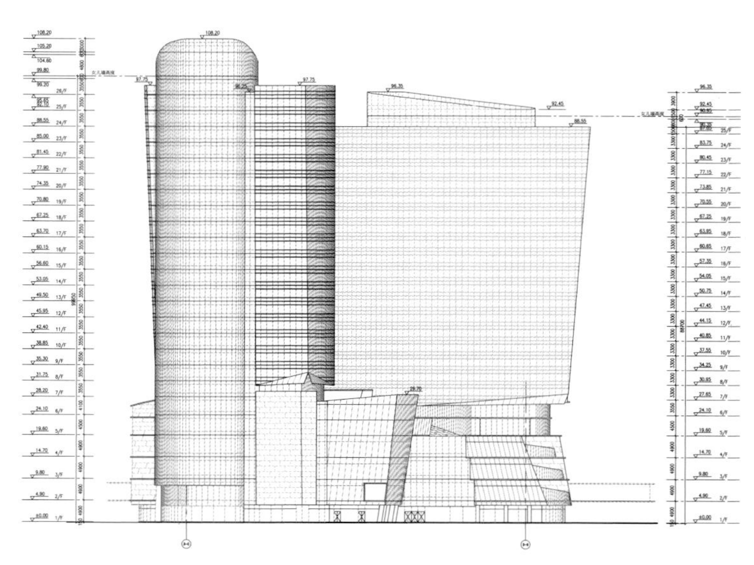

北立面图

外墙与平台玻璃的设计——商业大楼的外墙采用了 LOW-E 低辐射镀膜玻璃，平台层则运用了夹层玻璃，为室内环境提供稳定的室温及声量控制。玻璃表面同时亦添加了反光涂层，进一步减少太阳热量的吸收，减低空调负荷。

与高架地铁站连接的天桥——新建的行人天桥，将项目与东南角的高架地铁站连接，同时亦带动了主人流，贯穿整个中庭到平台的另一边。不规则形状设计的天窗，将室外的阳光引入中庭内，提供良好的自然采光，减少对电力照明的依赖。

起伏有致的天窗设计——天窗的设计呈现一种起伏的动态，一直延伸到地面。天窗的支架，由立体的桁架结构支撑，再由三角形的玻璃单元组合而成，让最大幅度的阳光能照入室内。

悬臂式桥梁——零售平台设计成独立的石卵，由桥梁互相连接。桥梁设于不同楼层的不同位置，而钢造的桁架让桥梁可以架空而不需要垂直支撑。

扭曲的外观和倾斜的表面——外墙设计采用了许多扭曲而倾斜的立面。正因为这个独特设计，结构运用了倾斜的支柱及转换横梁，取代了传统的横竖梁柱结构，让建筑物可以呈现更具弹性的形态。

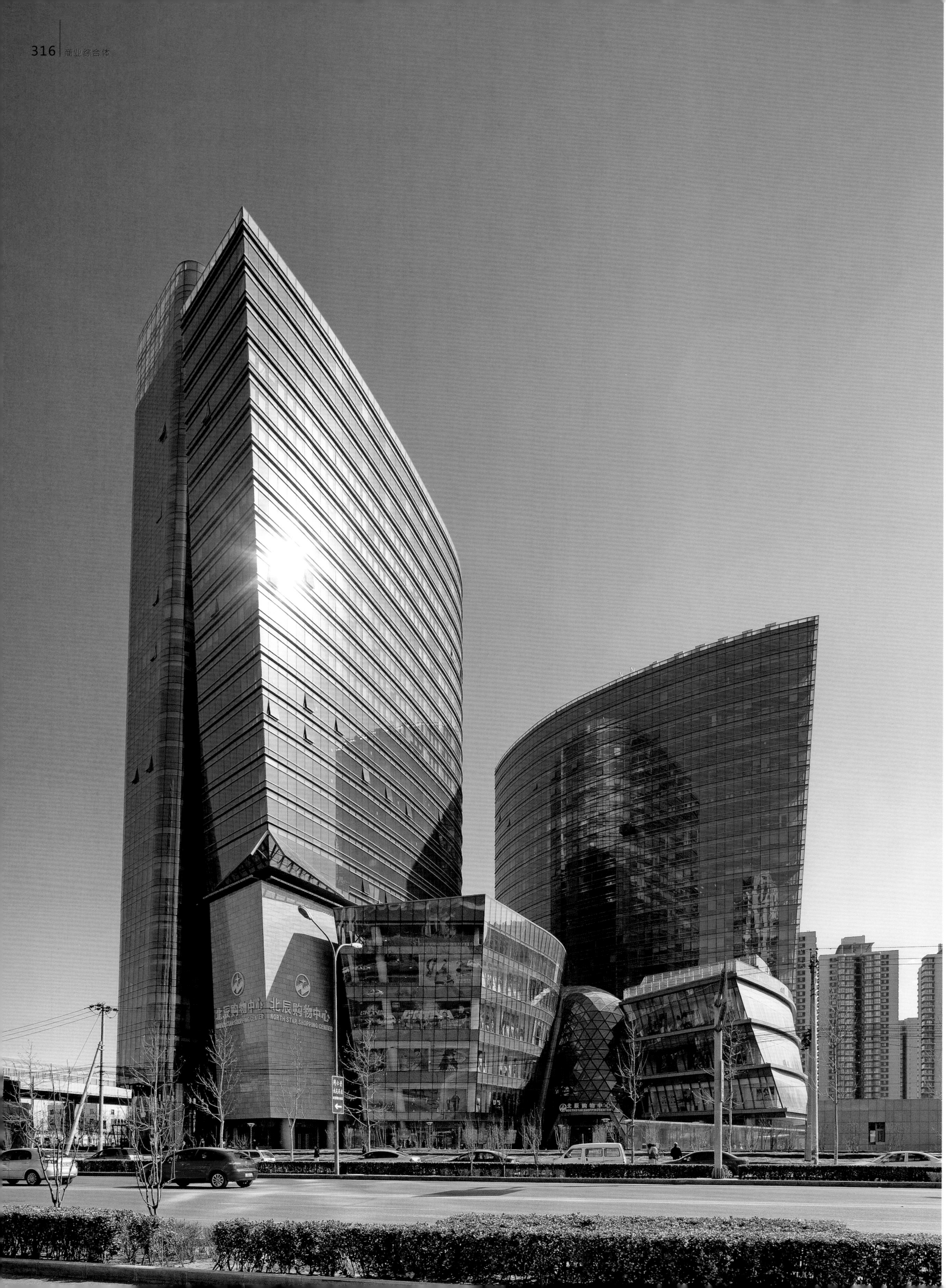

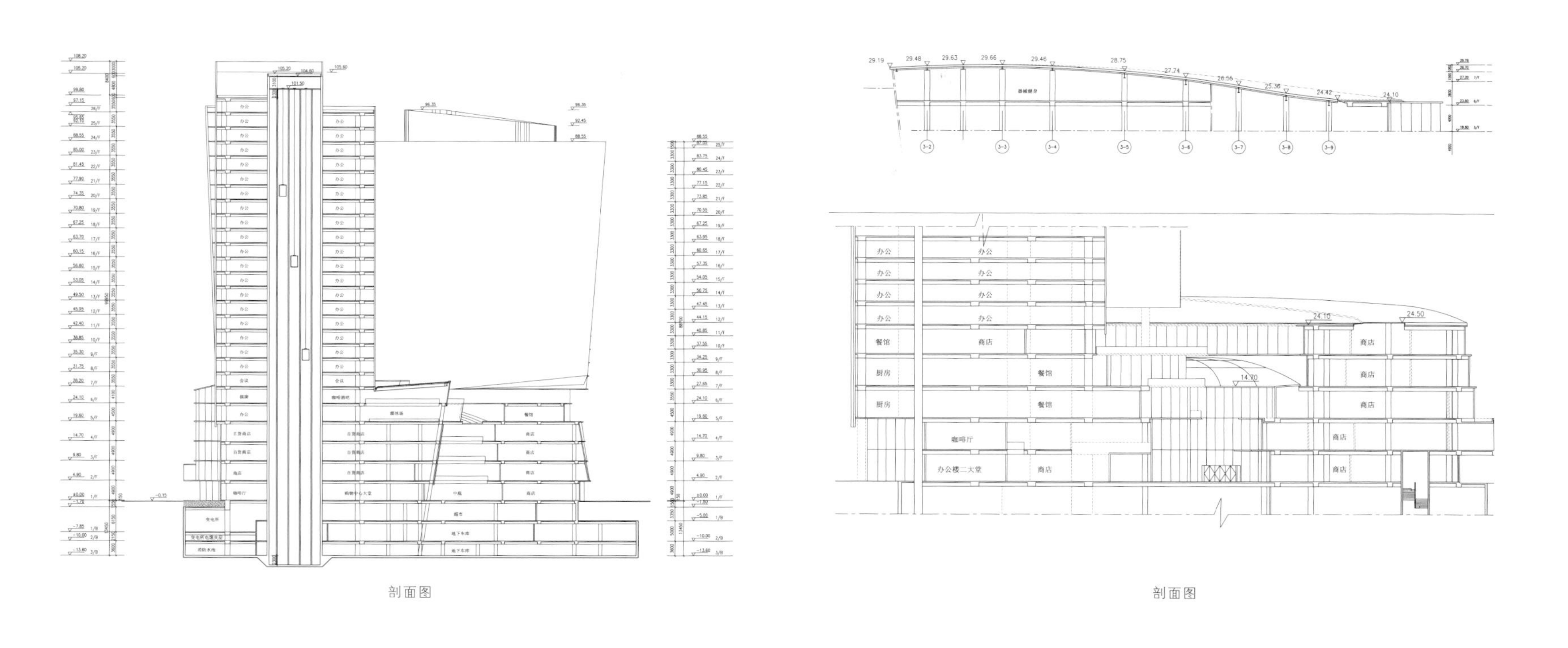

剖面图

剖面图

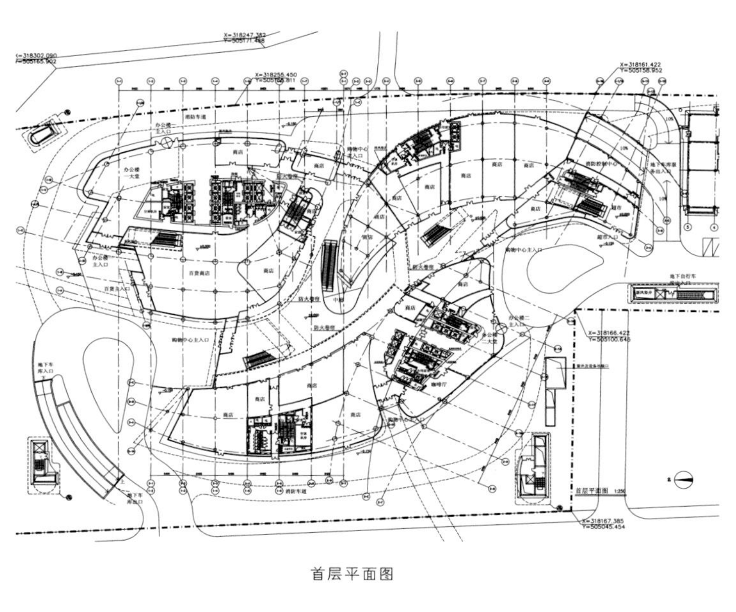

首层平面图

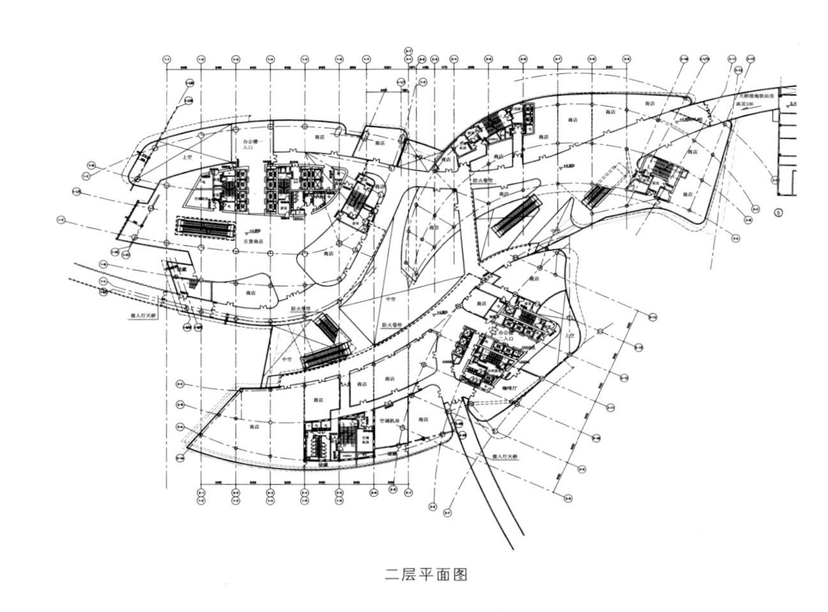

二层平面图

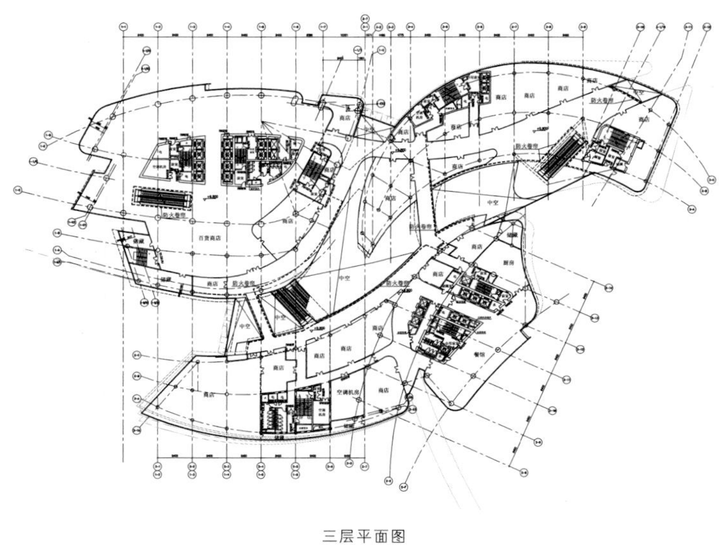

三层平面图

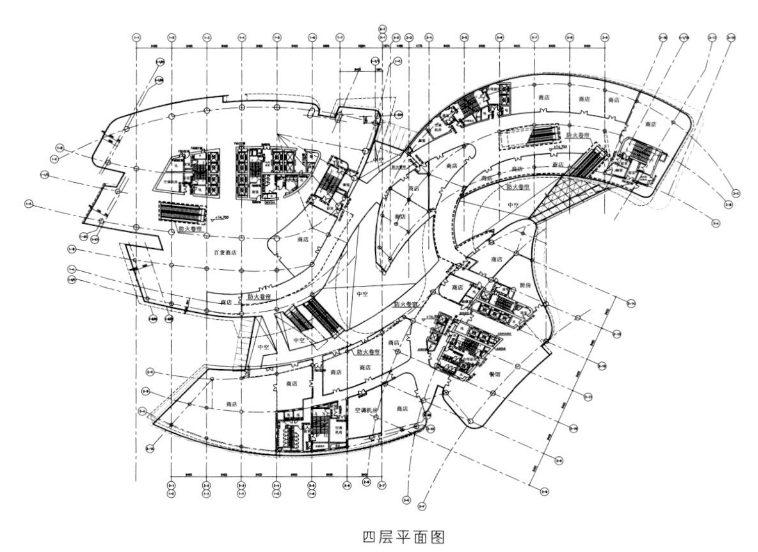

四层平面图

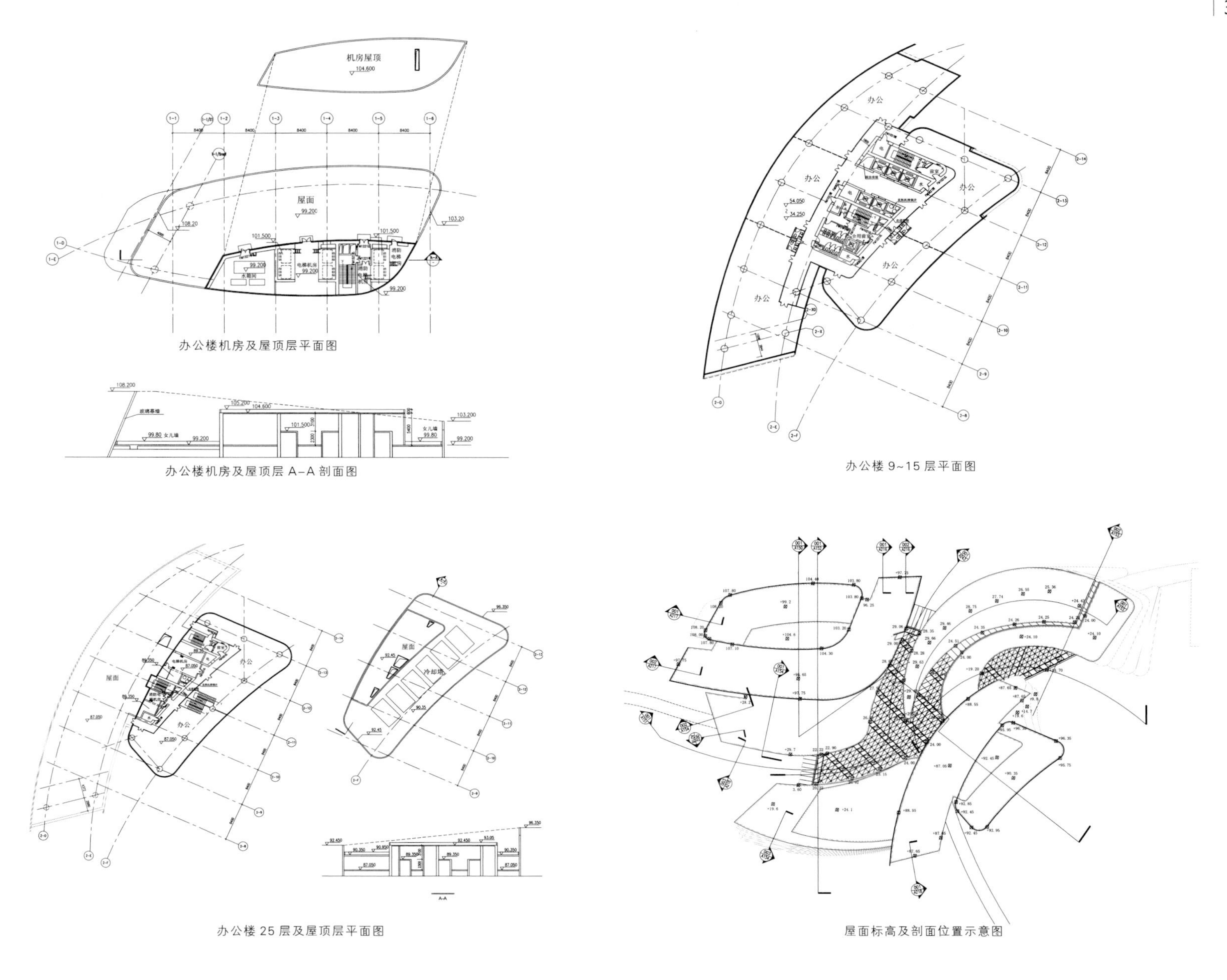

办公楼机房及屋顶层平面图

办公楼机房及屋顶层 A–A 剖面图

办公楼 9~15 层平面图

办公楼 25 层及屋顶层平面图

屋面标高及剖面位置示意图

LANDI

Reminovka 项目

项目地点：哈萨克斯坦阿拉木图市
建筑设计：凯达国际

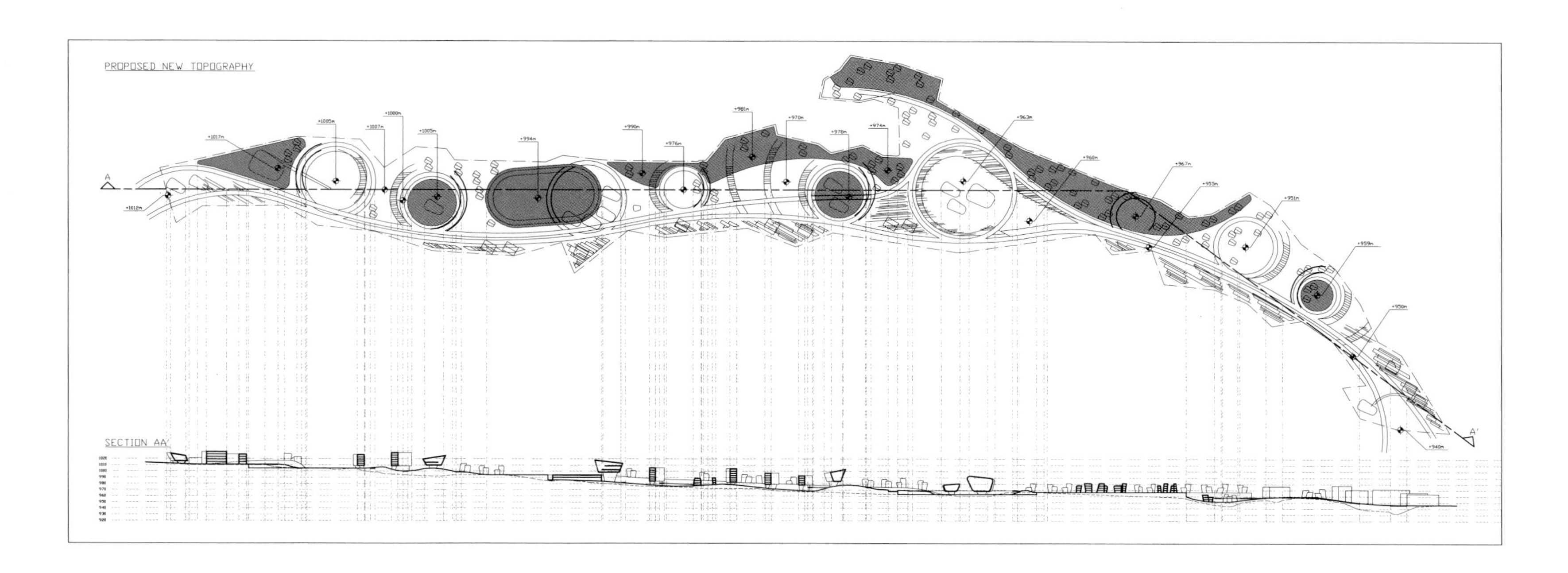

该项目位于阿拉木图市边缘，Reminovka 项目为阿拉木图市界定不规则城市边缘的一部分。原来有一条河流流经该地，但如今河流干涸，这里便作为城市建筑蔓延地。该规划项目长达 2 000 m，宽 100 m，以阿拉木图市境内国家公园以及 6 000 m 高的山峰作为背景，如何将三者结合很有挑战性。

该综合项目旨在支持住宅小区，商业及零售中心位置必须非常接近。认识到这一关键点，设计师将这一地区 70% 的土地发展为住宅小区，办公建筑的面积占 20%，零售商场及学校的面积分别占 6% 和 4%。

减少机动车辆为住宅小区预留更多的开放空间非常重要，为达到此目的，办公楼作为控制网关被设立在基地东部狭窄的两端，为处于城市边缘地区的区域提供保护外沿。教育设施以及商业中心分布在中心地区，由于建筑密度大，如此分布同郊区的冷清形成鲜明的对比，可增强社区的活力。社区内的开放空间通过步行街以及单车道与商业中心紧密相连。住宅小区内的联排别墅模块亦会唤起住客对过去河流以及冰河时代的美好回忆。

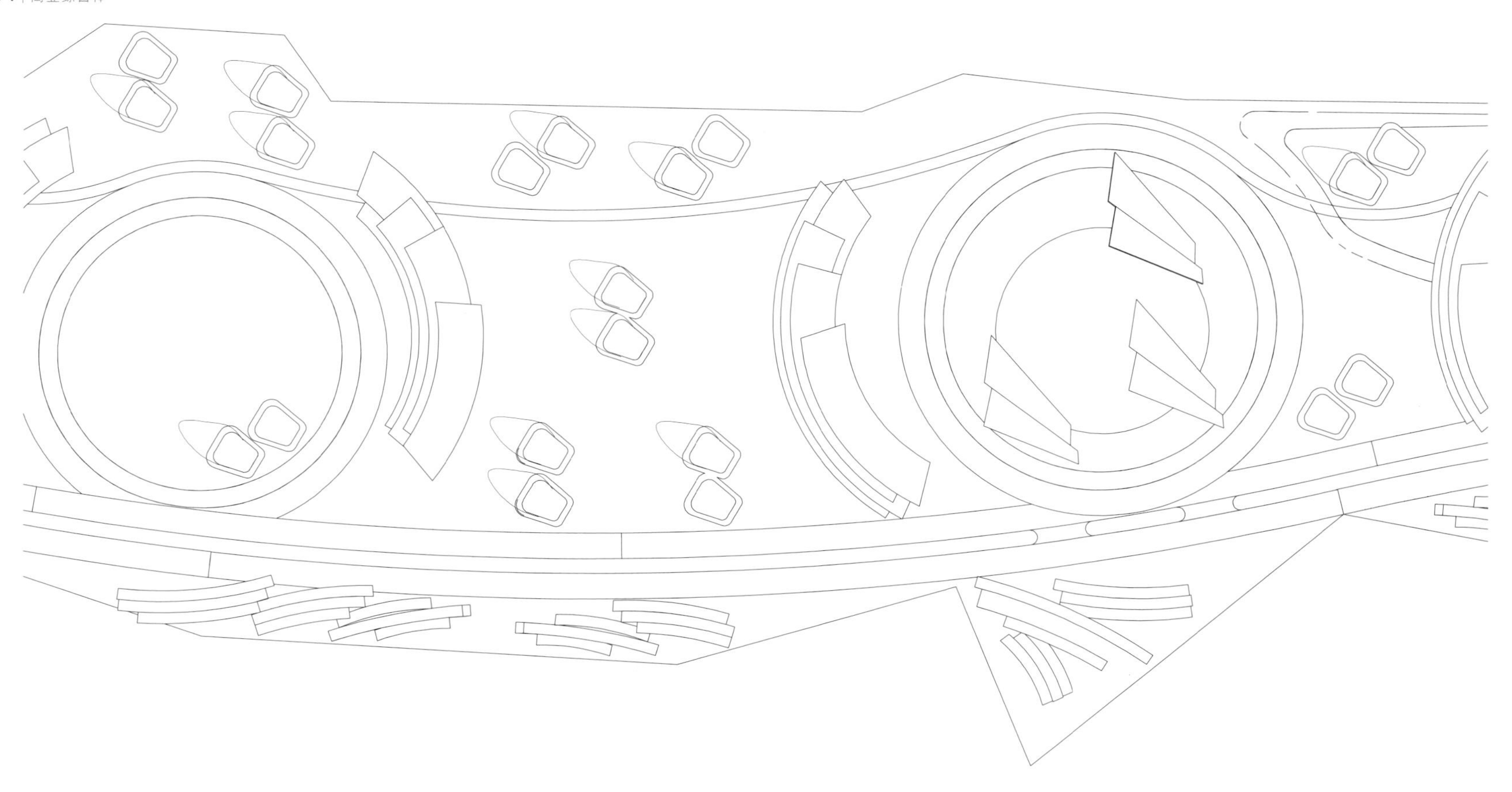

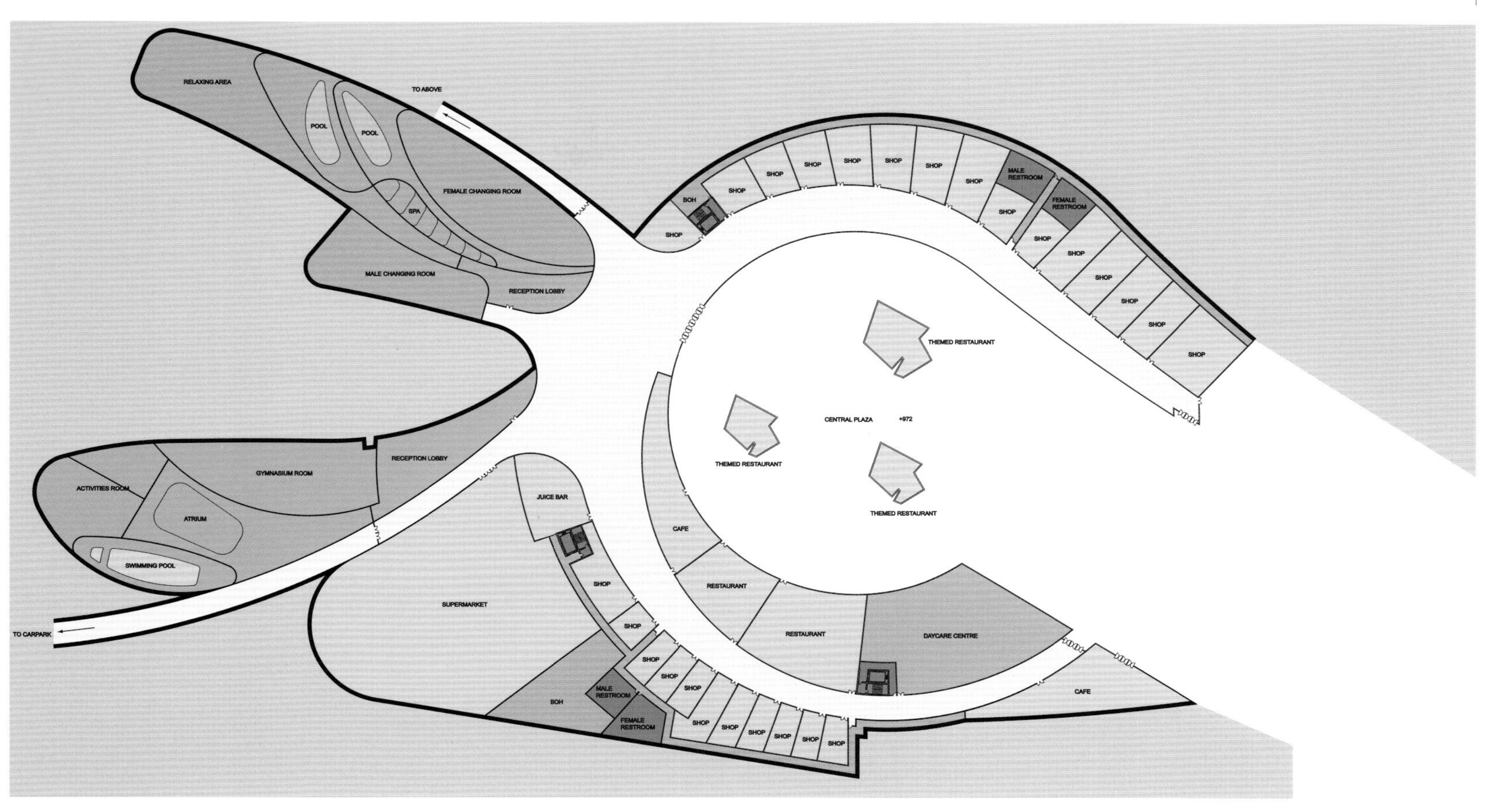
RELAXING AREA
TO ABOVE
POOL
POOL
FEMALE CHANGING ROOM
SPA
MALE CHANGING ROOM
RECEPTION LOBBY
SOH
SHOP
MALE RESTROOM
FEMALE RESTROOM
THEMED RESTAURANT
CENTRAL PLAZA
+972
THEMED RESTAURANT
THEMED RESTAURANT
RECEPTION LOBBY
GYMNASIUM ROOM
ACTIVITIES ROOM
ATRIUM
SWIMMING POOL
TO CARPARK
JUICE BAR
CAFE
SUPERMARKET
RESTAURANT
RESTAURANT
DAYCARE CENTRE
CAFE
SOH
MALE RESTROOM
FEMALE RESTROOM

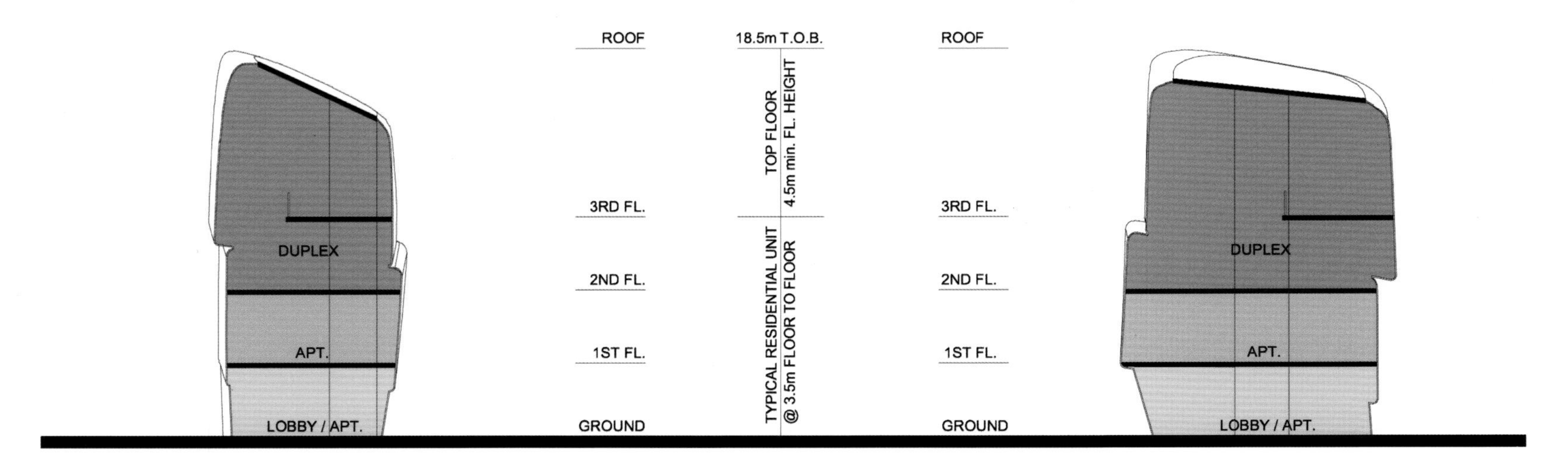

RESIDENTIAL BLOCK

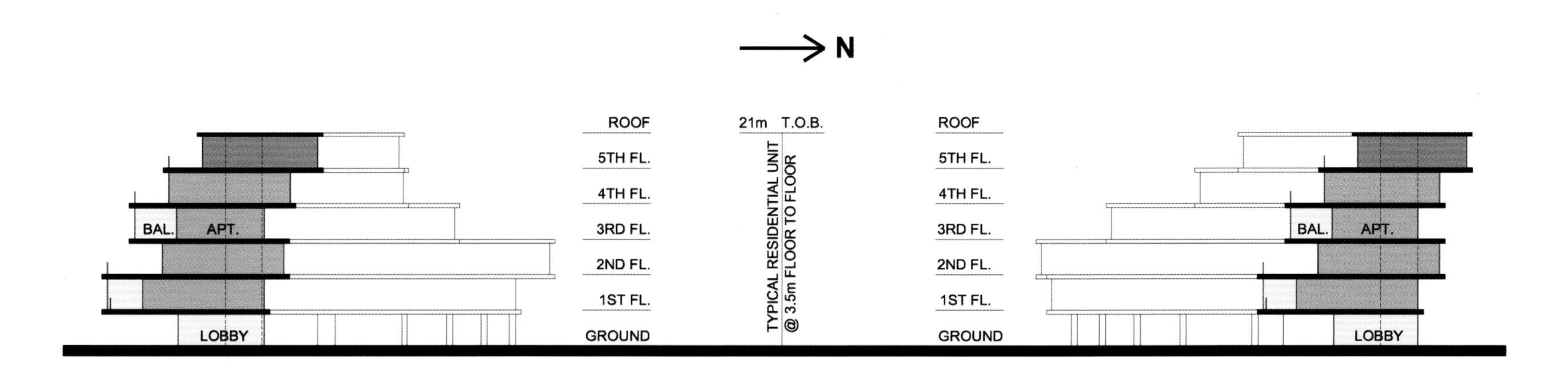

RESIDENTIAL BAR A

RESIDENTIAL BAR B

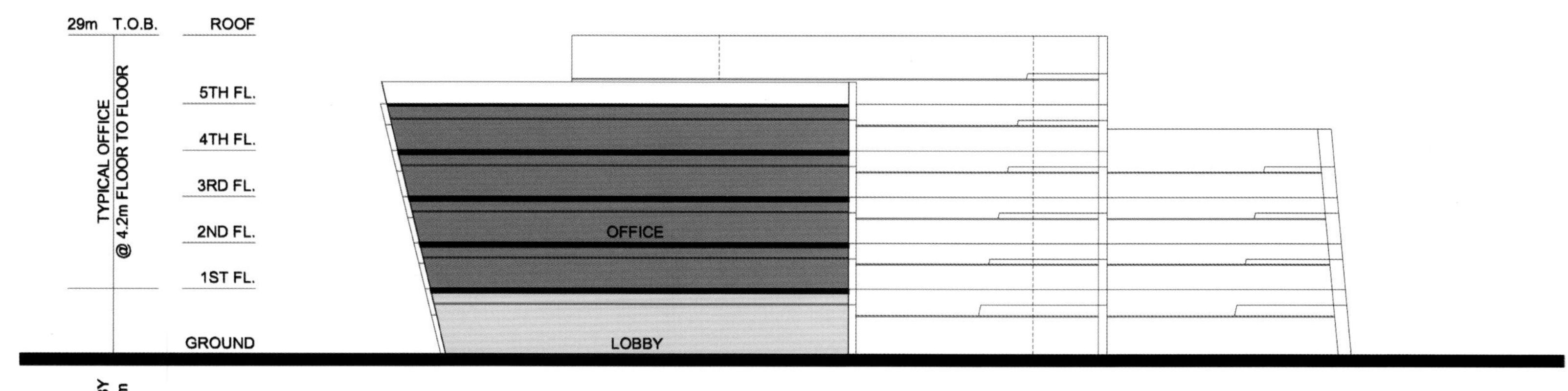

TYPICAL OFFICE BUILDING

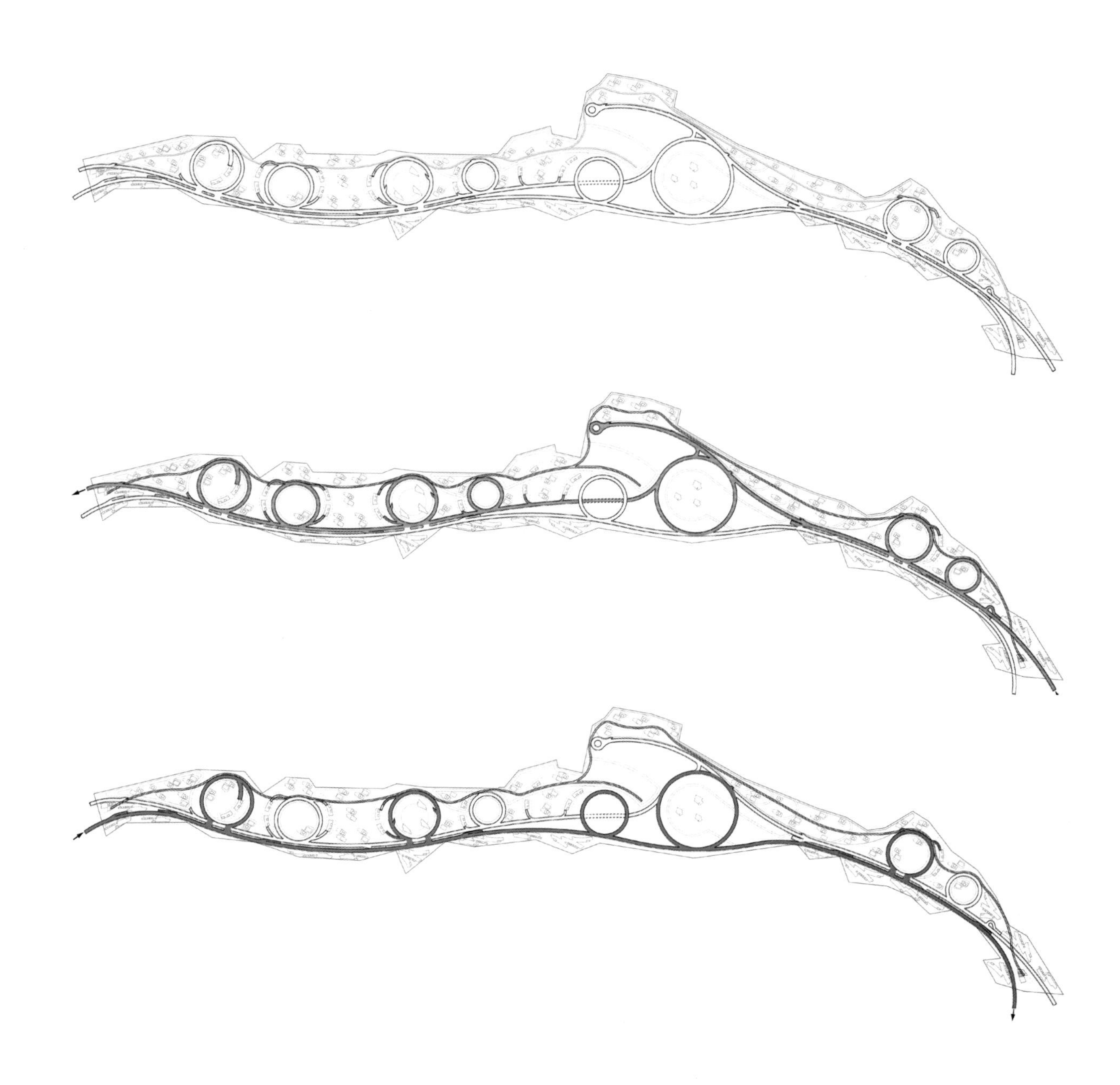

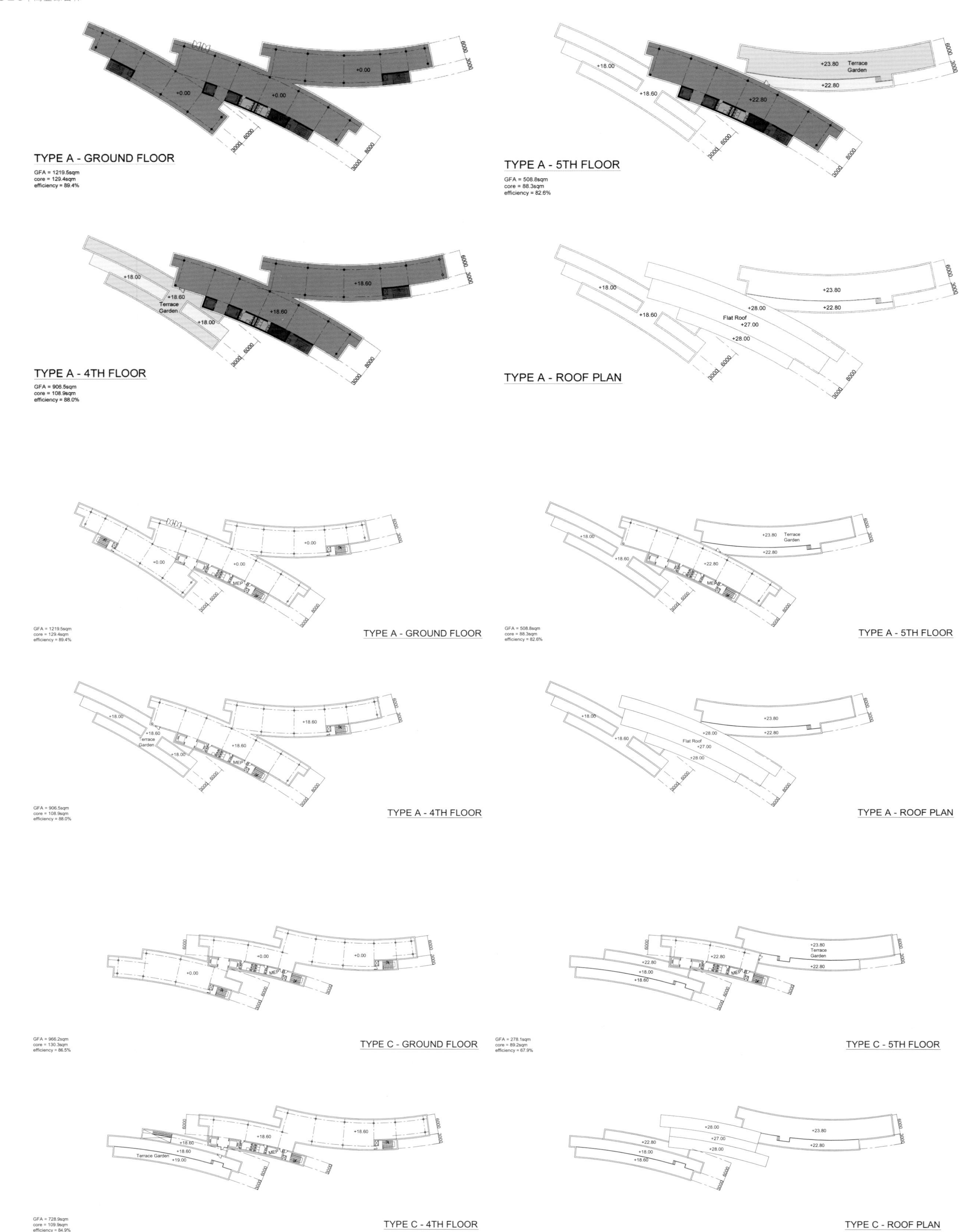
TYPE A - GROUND FLOOR
GFA = 1219.5sqm
core = 129.4sqm
efficiency = 89.4%
TYPE A - 5TH FLOOR
GFA = 508.8sqm
core = 88.3sqm
efficiency = 82.6%
Terrace Garden
TYPE A - 4TH FLOOR
GFA = 906.5sqm
core = 108.9sqm
efficiency = 88.0%
Terrace Garden
TYPE A - ROOF PLAN
Flat Roof
TYPE A - GROUND FLOOR
TYPE A - 5TH FLOOR
TYPE A - 4TH FLOOR
TYPE A - ROOF PLAN
TYPE C - GROUND FLOOR
TYPE C - 5TH FLOOR
TYPE C - 4TH FLOOR
TYPE C - ROOF PLAN

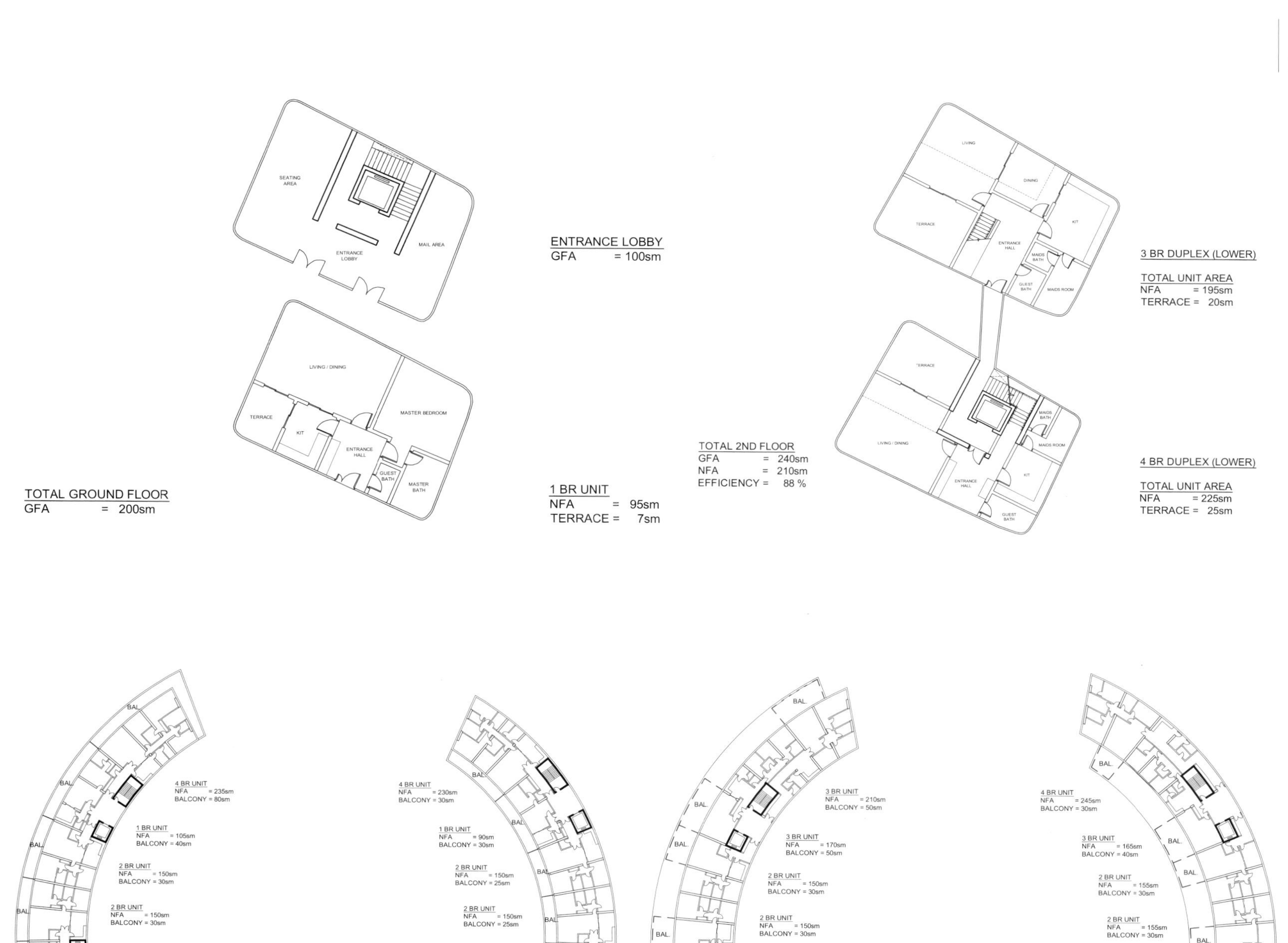
SEATING AREA
ENTRANCE LOBBY
MAIL AREA
ENTRANCE LOBBY
GFA = 100sm
LIVING / DINING
TERRACE
KIT
ENTRANCE HALL
MASTER BEDROOM
GUEST BATH
MASTER BATH
TOTAL GROUND FLOOR
GFA = 200sm
1 BR UNIT
NFA = 95sm
TERRACE = 7sm
LIVING
DINING
TERRACE
KIT
ENTRANCE HALL
MAIDS BATH
GUEST BATH
MAIDS ROOM
3 BR DUPLEX (LOWER)
TOTAL UNIT AREA
NFA = 195sm
TERRACE = 20sm
TERRACE
LIVING / DINING
ENTRANCE HALL
MAIDS BATH
MAIDS ROOM
KIT
GUEST BATH
TOTAL 2ND FLOOR
GFA = 240sm
NFA = 210sm
EFFICIENCY = 88 %
4 BR DUPLEX (LOWER)
TOTAL UNIT AREA
NFA = 225sm
TERRACE = 25sm
4 BR UNIT
NFA = 235sm
BALCONY = 80sm
1 BR UNIT
NFA = 105sm
BALCONY = 40sm
2 BR UNIT
NFA = 150sm
BALCONY = 30sm
2 BR UNIT
NFA = 150sm
BALCONY = 30sm
1 BR UNIT
NFA = 105sm
BALCONY = 40sm
3 BR UNIT
NFA = 205sm
BALCONY = 40sm
RESIDENTIAL BAR A
GFA = 1080sm
NFA = 940sm
EFFICIENCY = 87 %
1ST FLOOR
4 BR UNIT
NFA = 230sm
BALCONY = 30sm
1 BR UNIT
NFA = 90sm
BALCONY = 30sm
2 BR UNIT
NFA = 150sm
BALCONY = 25sm
2 BR UNIT
NFA = 150sm
BALCONY = 25sm
1 BR UNIT
NFA = 90sm
BALCONY = 30sm
3 BR UNIT
NFA = 210sm
BALCONY = 35sm
RESIDENTIAL BAR B
GFA = 1060sm
NFA = 915sm
EFFICIENCY = 86 %
3 BR UNIT
NFA = 210sm
BALCONY = 50sm
3 BR UNIT
NFA = 170sm
BALCONY = 50sm
2 BR UNIT
NFA = 150sm
BALCONY = 30sm
2 BR UNIT
NFA = 150sm
BALCONY = 30sm
1 BR UNIT
NFA = 95sm
BALCONY = 30sm
2 BR UNIT
NFA = 160sm
BALCONY = 35sm
ROOF
RESIDENTIAL BAR A
GFA = 1060sm
NFA = 925sm
EFFICIENCY = 87 %
2ND FLOOR
4 BR UNIT
NFA = 245sm
BALCONY = 30sm
3 BR UNIT
NFA = 165sm
BALCONY = 40sm
2 BR UNIT
NFA = 155sm
BALCONY = 30sm
2 BR UNIT
NFA = 155sm
BALCONY = 30sm
1 BR UNIT
NFA = 90sm
BALCONY = 25sm
3 BR UNIT
NFA = 180sm
BALCONY = 30sm
ROOF
RESIDENTIAL BAR B
GFA = 1155sm
NFA = 1000sm
EFFICIENCY = 87 %

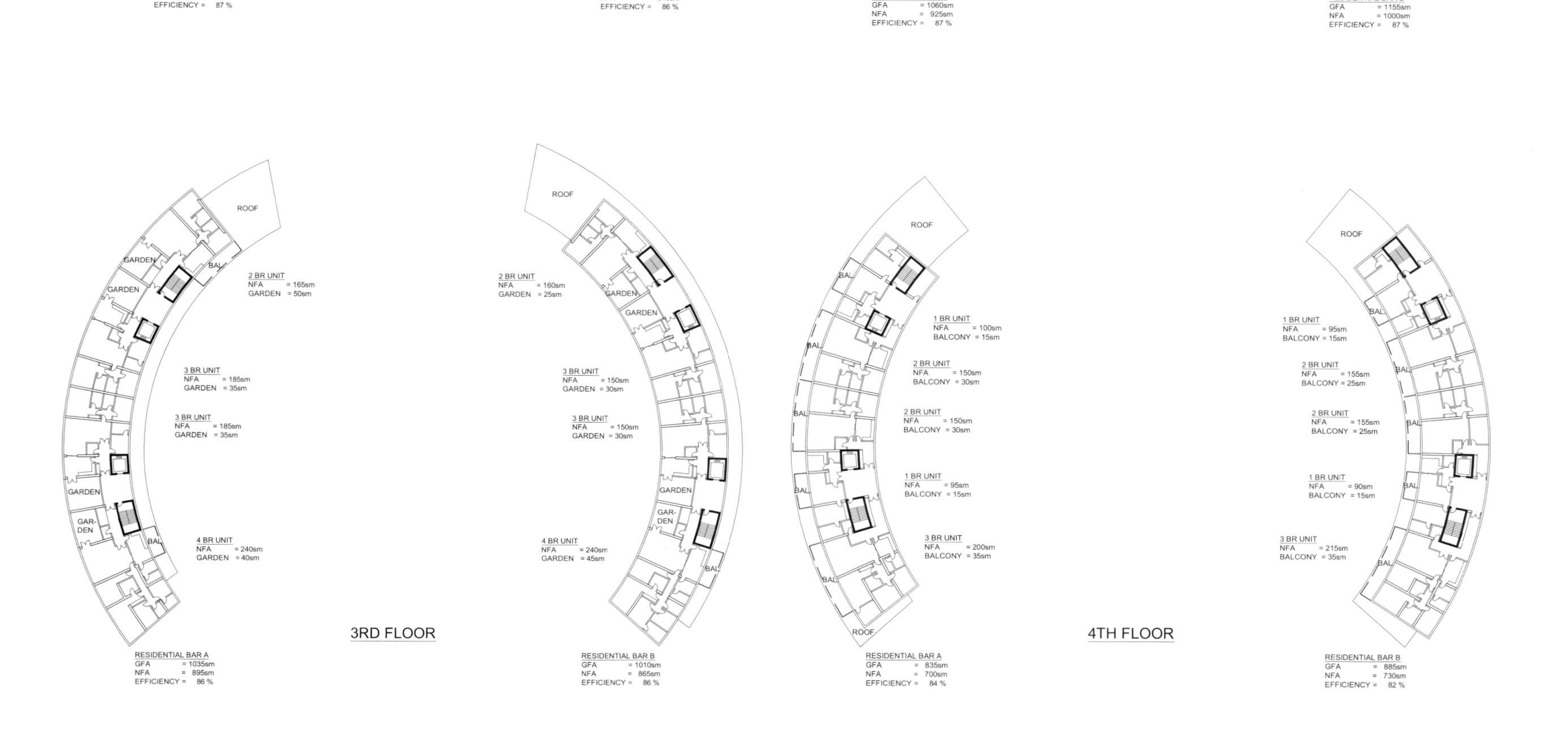
ROOF
2 BR UNIT
NFA = 165sm
GARDEN = 50sm
3 BR UNIT
NFA = 185sm
GARDEN = 35sm
3 BR UNIT
NFA = 185sm
GARDEN = 35sm
4 BR UNIT
NFA = 240sm
GARDEN = 40sm
RESIDENTIAL BAR A
GFA = 1035sm
NFA = 895sm
EFFICIENCY = 86 %
3RD FLOOR
ROOF
2 BR UNIT
NFA = 160sm
GARDEN = 25sm
3 BR UNIT
NFA = 150sm
GARDEN = 30sm
3 BR UNIT
NFA = 150sm
GARDEN = 30sm
4 BR UNIT
NFA = 240sm
GARDEN = 45sm
RESIDENTIAL BAR B
GFA = 1010sm
NFA = 865sm
EFFICIENCY = 86 %
ROOF
1 BR UNIT
NFA = 100sm
BALCONY = 15sm
2 BR UNIT
NFA = 150sm
BALCONY = 30sm
2 BR UNIT
NFA = 150sm
BALCONY = 30sm
1 BR UNIT
NFA = 95sm
BALCONY = 15sm
3 BR UNIT
NFA = 200sm
BALCONY = 35sm
RESIDENTIAL BAR A
GFA = 835sm
NFA = 700sm
EFFICIENCY = 84 %
4TH FLOOR
ROOF
1 BR UNIT
NFA = 95sm
BALCONY = 15sm
2 BR UNIT
NFA = 155sm
BALCONY = 25sm
2 BR UNIT
NFA = 155sm
BALCONY = 25sm
1 BR UNIT
NFA = 90sm
BALCONY = 15sm
3 BR UNIT
NFA = 215sm
BALCONY = 35sm
RESIDENTIAL BAR B
GFA = 885sm
NFA = 730sm
EFFICIENCY = 82 %

盐城苏宁广场

项目地点：中国江苏省盐城市
客　　户：苏宁置业集团有限公司
建筑设计：RTKL

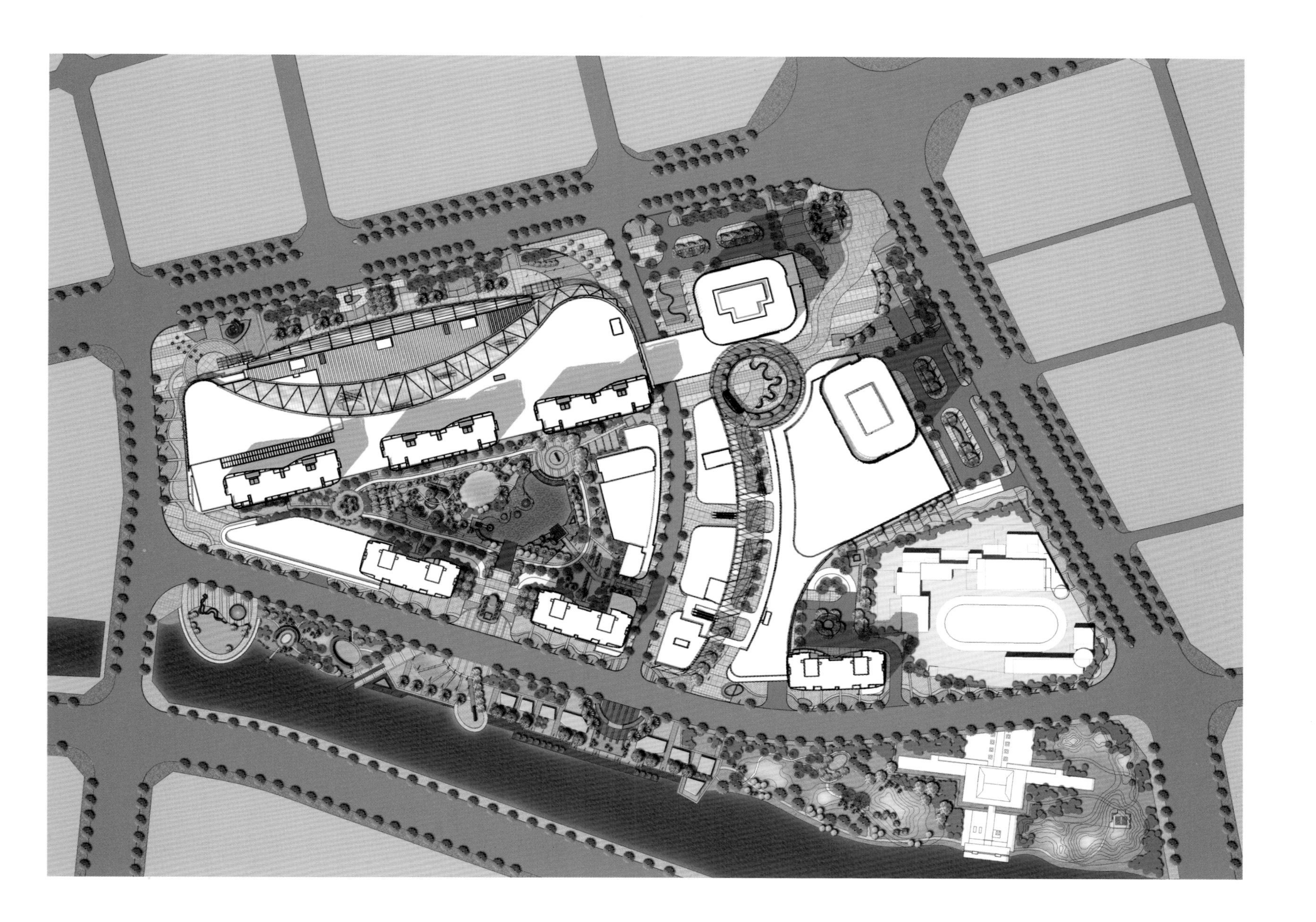

项目位于江苏省盐城的市中心核心地带，建军中路和解放北路交口。作为江苏省面积最大的城市，盐城在新一轮的城市发展中已经成为江苏省北部的重点发展城市。受业主委托，RTKL 致力于打造盐城的标志性开发项目。为随后而来的周边商圈大规模的建设提供范本。整个项目融合了现代城市多种典型功能，是一个名副其实的综合功能开发项目。作为占地超过 80 000 m^2 的大型社区，容纳有大型室内商业、室外步行街、办公、酒店、酒店公寓以及住宅等多种业态共计约 550 000 m^2 面积。

该项目整体分为三个区域，分区明确，且合作紧密。东部地块以挺拔的双塔占据重要街角，高端办公及酒店营造出城市顶级商务氛围。其围合而成的下沉广场则巧妙地成为城市活动空间，项目形象展示与活跃的商业气氛相结合。以此为轴，南侧步行街，西侧大型商场与地下商业各自深入地块。西侧商场占据重要街面，南侧则利用河景，商业和住宅创造出宜人的居住环境。

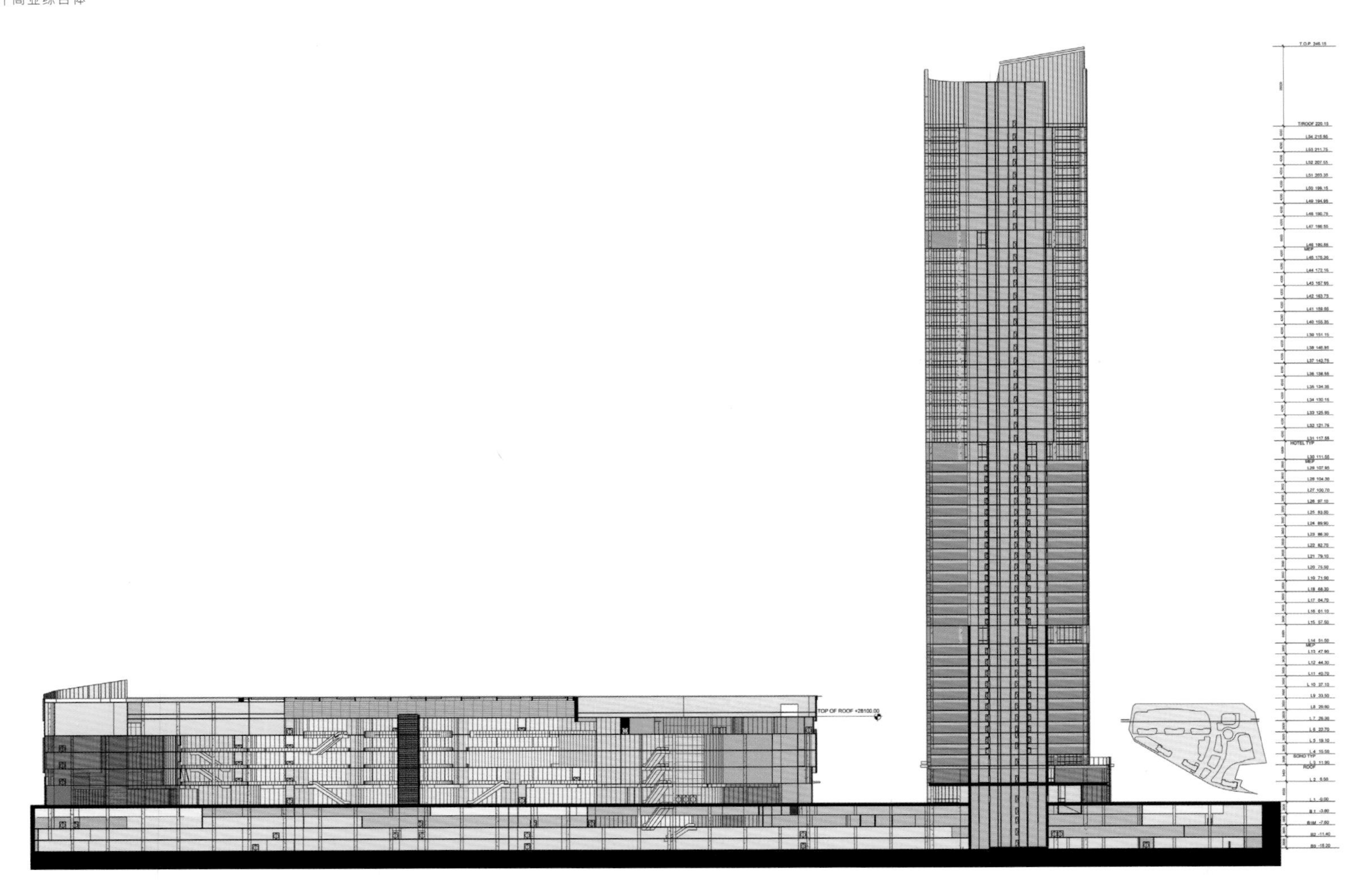

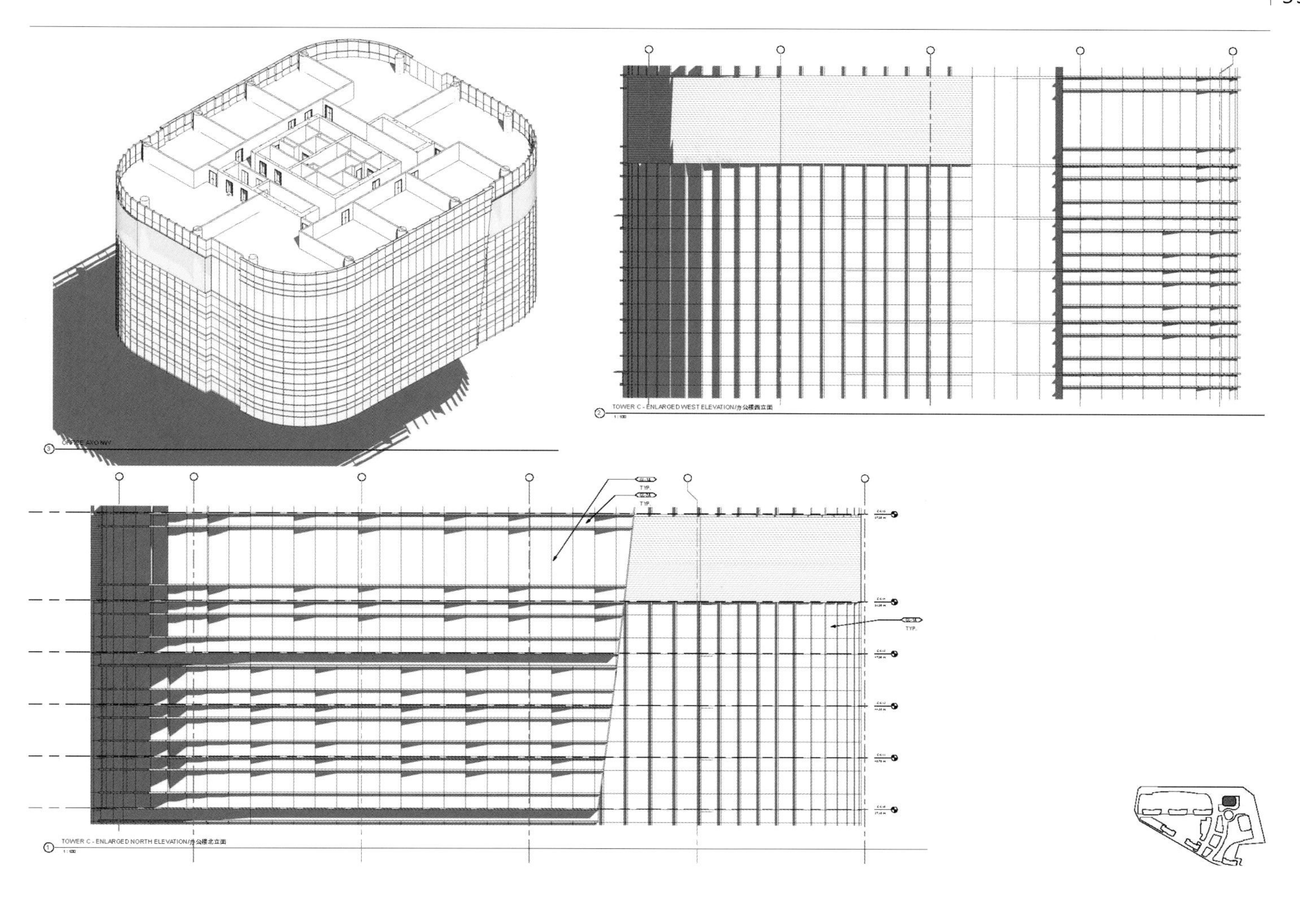
TOWER C - ENLARGED WEST ELEVATION/办公楼西立面
1 : 100
TYP.
TYP.
TYP.
TOWER C - ENLARGED NORTH ELEVATION/办公楼北立面
1 : 100

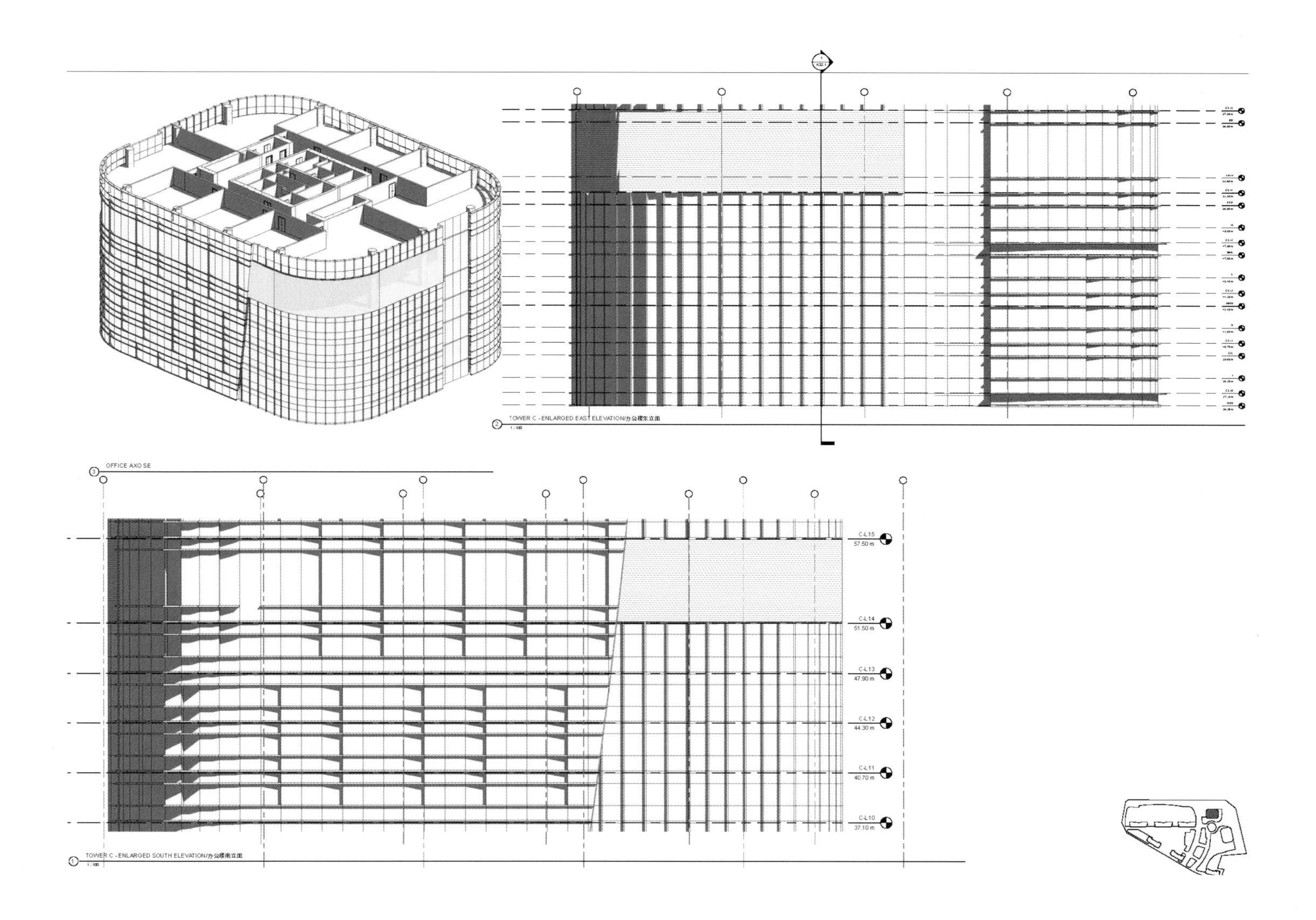
TOWER C - ENLARGED EAST ELEVATION/办公楼东立面
1 : 100
OFFICE AXO SE
C-L15
57.50 m
C-L14
51.50 m
C-L13
47.90 m
C-L12
44.30 m
C-L11
40.70 m
C-L10
37.10 m
TOWER C - ENLARGED SOUTH ELEVATION/办公楼南立面
1 : 100

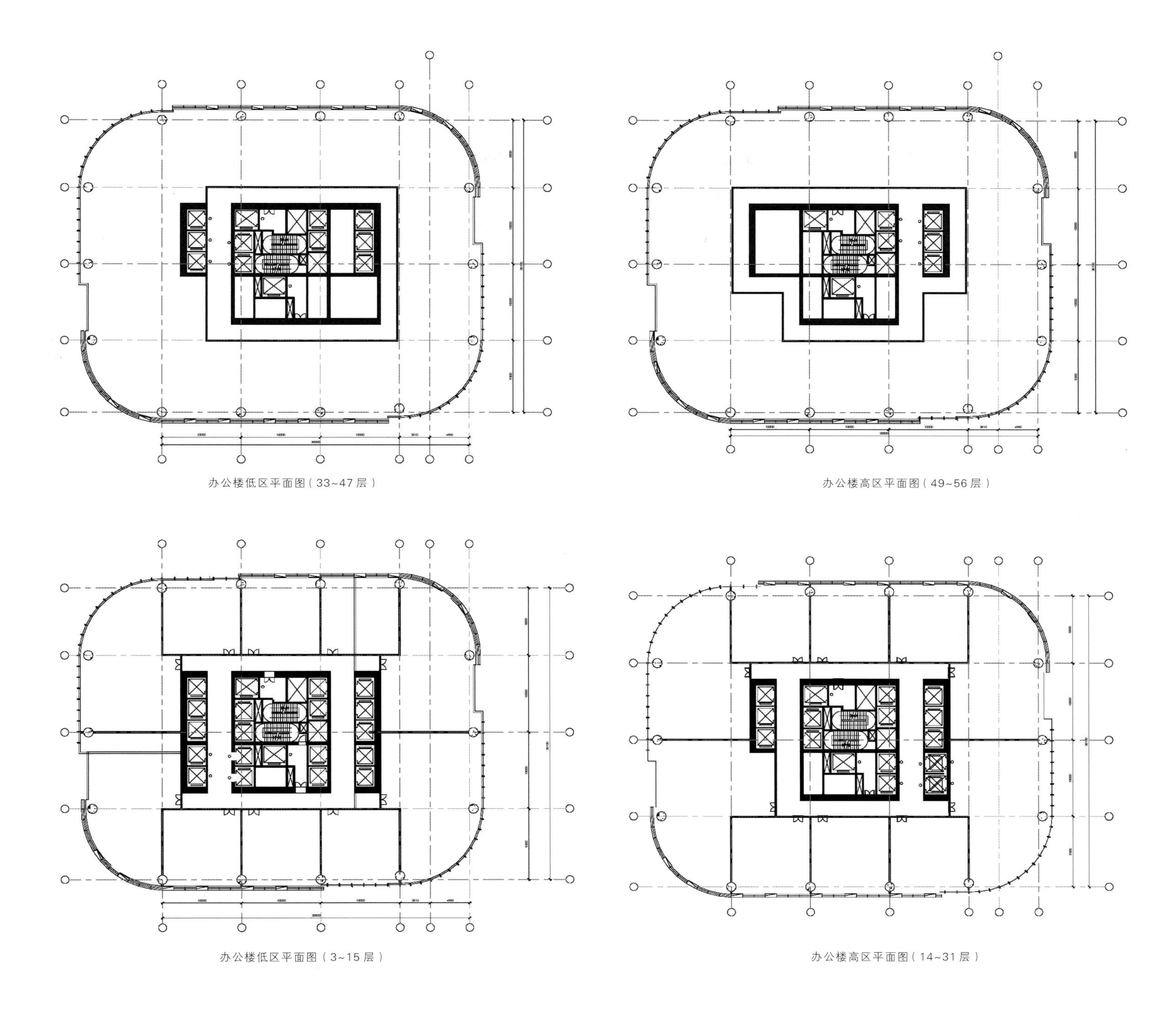

办公楼低区平面图（33~47层）

办公楼高区平面图（49~56层）

办公楼低区平面图（3~15层）

办公楼高区平面图（14~31层）

天津阳光城

项目地点：中国天津市
建筑面积：3 175 350 m²
建筑设计：RTKL

该项目位于中国天津市南开区，由商业及住宅两个区组成。项目包含一家拥有 300 间客房的五星级酒店以及高层公寓建筑、住宅大楼、临近酒店的高端办公楼，以及融入高档购物娱乐休闲区的办公楼、剧院。

天津阳光城的灵感来源于神秘而奇幻的水晶球。想知道水晶洞穴内包含何种惊喜与奇迹，进入洞穴或者打破洞穴是唯一的方式。其活跃的外观造型、联合的建筑楼群、别具一格的酒店建筑，与一条带领游客通往充满世界高端零售商店以及世界级饭店和咖啡馆的私密通道形成鲜明的对比。

项目分析了当前与未来城市发展的重要联系、城市基础设施建设之间的必然联系以及自然环境之间的联系，通过分析，设计师们得出城市街景的想法，将该项目设计成水晶球式构造。外壳起保护层的作用保护着内部构造，内部零售商场的边缘像珠宝一样产生有趣的、互动的空间，方便游客探索他们的通道。城市街景的概念创造了可渗透的购物环境，在这样的环境下，漫步于步行街的游客们欣赏美景的同时还能享受购物以及娱乐带来的美好体验。

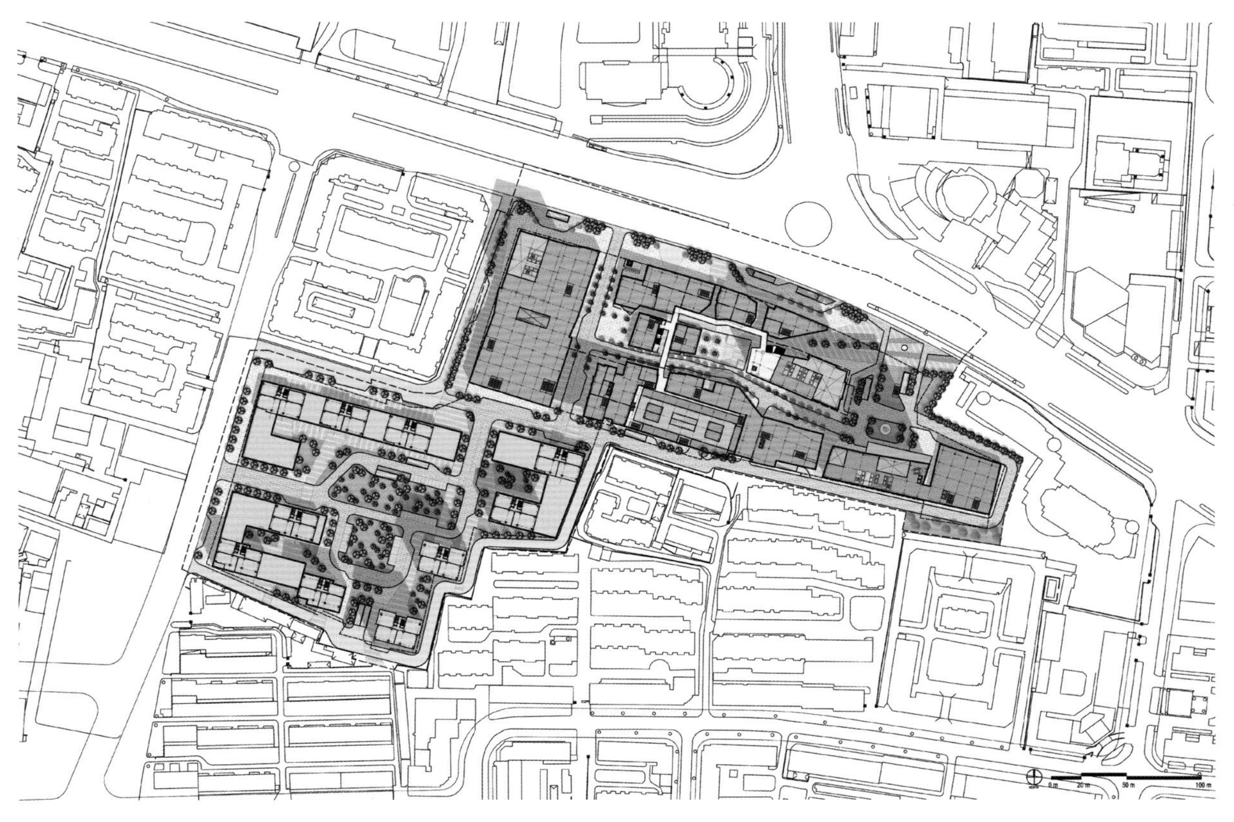

总平面图

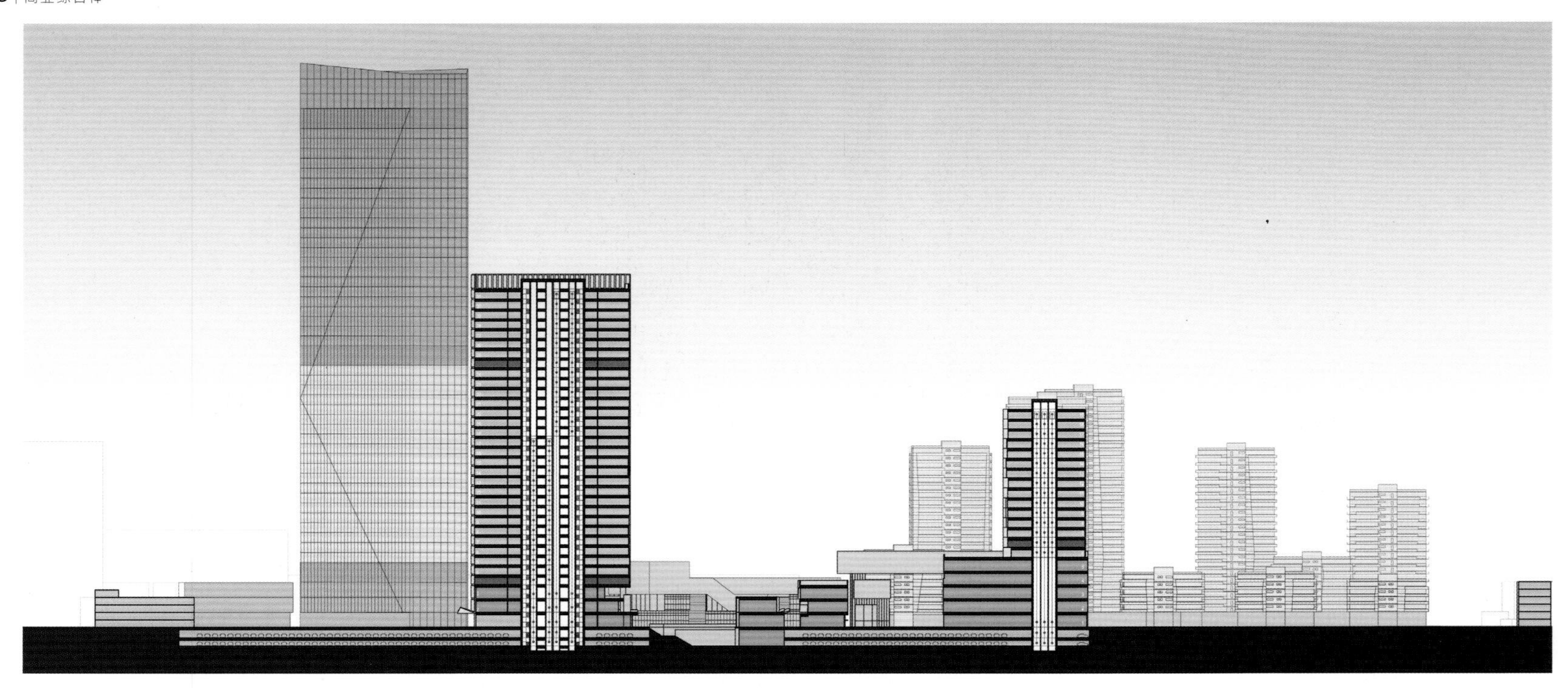

UNI
QLO
ZARA
ZARA
THEATRES

CHANEL
PRADA
UNIQLO
MUJI
无印良品
BOSS
HUGO BOSS

UNI
QLO
macy's

U-Bora Tower 综合发展项目

项目地点：阿拉伯联合酋长国迪拜
建筑设计：凯达国际
建筑面积：228 515 m^2

U-Bora Tower 坐落于中东迪拜商业湾中心的综合发展项目，其设计力图平衡项目的三大发展用途，即办公楼、住宅及商场，以充分发挥用地潜力，造就发展机会。

U-Bora Tower 综合发展项目既能满足不同方面的需要，又能让办公、住宅及商场三部分互相平衡发展，发挥优势互补的作用，充分展现用地的澎湃动力。项目的建筑设计简约曲折而富有动感，将成为商业湾卓尔不凡的新建设，为该区树立建筑新典范。

U-Bora 办公楼高 250m，矗立于商业湾建设的主轴，独特的设计使这座办公楼成为轴线，为整个发展项目的重心。主轴对街与 462m 高的 Burj Alam 平排而立的是另外两座塔楼，形同迈入项目的门坎。塔楼座向在地面楼层便作了 90 度的转向，这样令办公空间可俯瞰未来向海的观景走廊及外围已有的建设。塔楼 4 个面向随着高度的上升而与三维空间结构结合，并扭向不同角度，

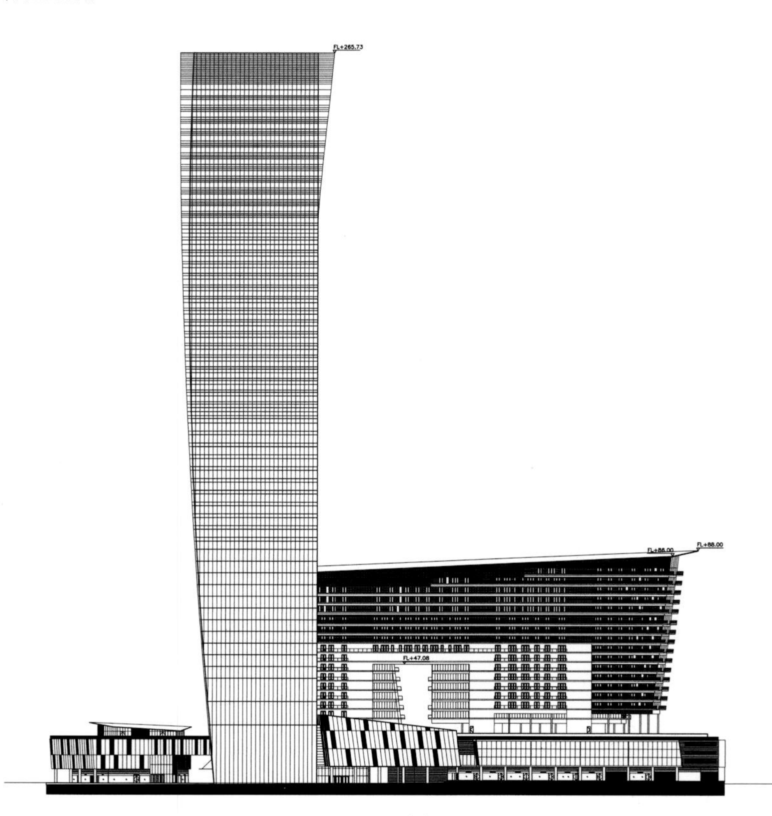

北立面图

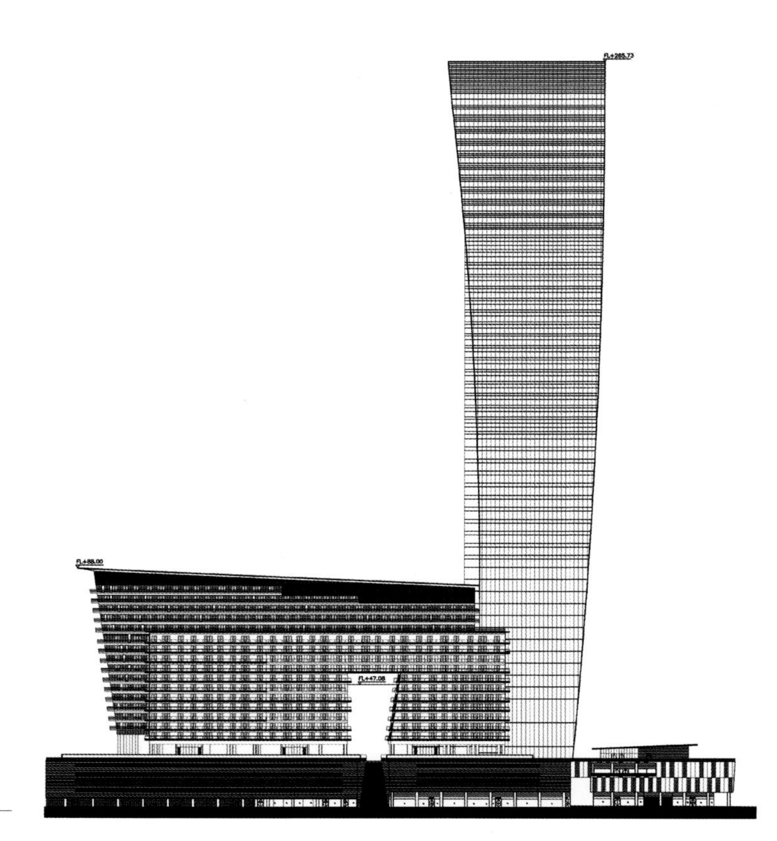

南立面图

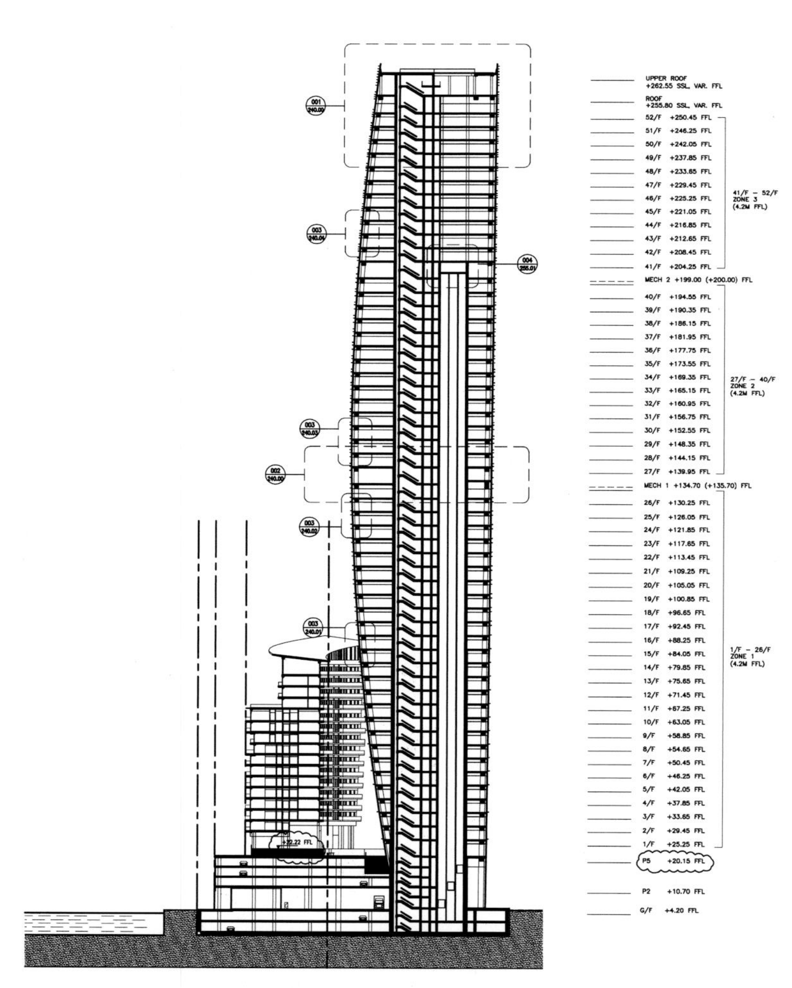

剖面图

使视野更宽广。塔楼的北立面着重向海的观景，南立面则望向项目用地内的住宅部分及用地依傍的海景，西立面同样向海，而东立面则眺望对街的塔楼。此外，办公楼各楼层的面积亦随着高度上升而增加，为办公空间带来更辽阔的景观。

住宅楼设计成相连长型的建筑体，其高度由塔楼一边的 12 层至西边的 16 层，这样铺排可令更多住户享有开阔海景。住宅楼并不与其它毗连的塔楼比高，相反它矮矮地蹲伏着，紧贴着南面的海景。其设计和位置，则可令七成住户面向海景，其余的小户型向北，远眺大型平台花园。

项目用地的第三部分商场，此部分的重点是要令项目整合商业湾的全面总体规划，以巩固发展用地在主轴的重要位置。塔楼由隅角处淡出，取而代之的是广场空间，毗连 4 层高的小型购物中心，带旺这个集结交通、人流及绿化的汇聚点。

项目的三个部分由面积 10 000 m^2 的公共绿化带贯穿连接，使三部分彼此互通。办公塔楼各边均有两道精雕的楼梯，沿楼梯而上再经第三条通道，穿过住宅楼内的大闸门，便可往下到南面的海边。

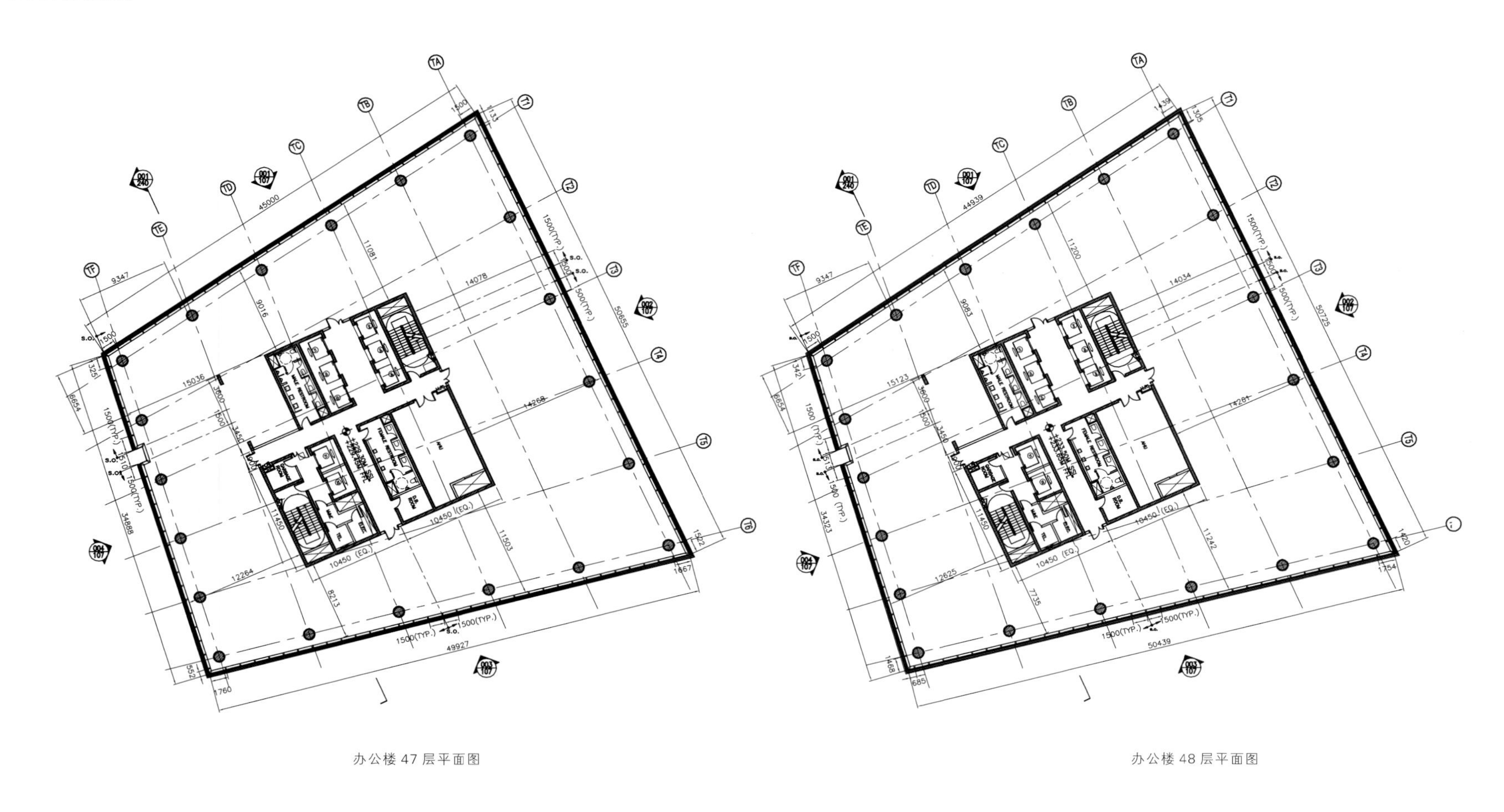

办公楼 47 层平面图

办公楼 48 层平面图

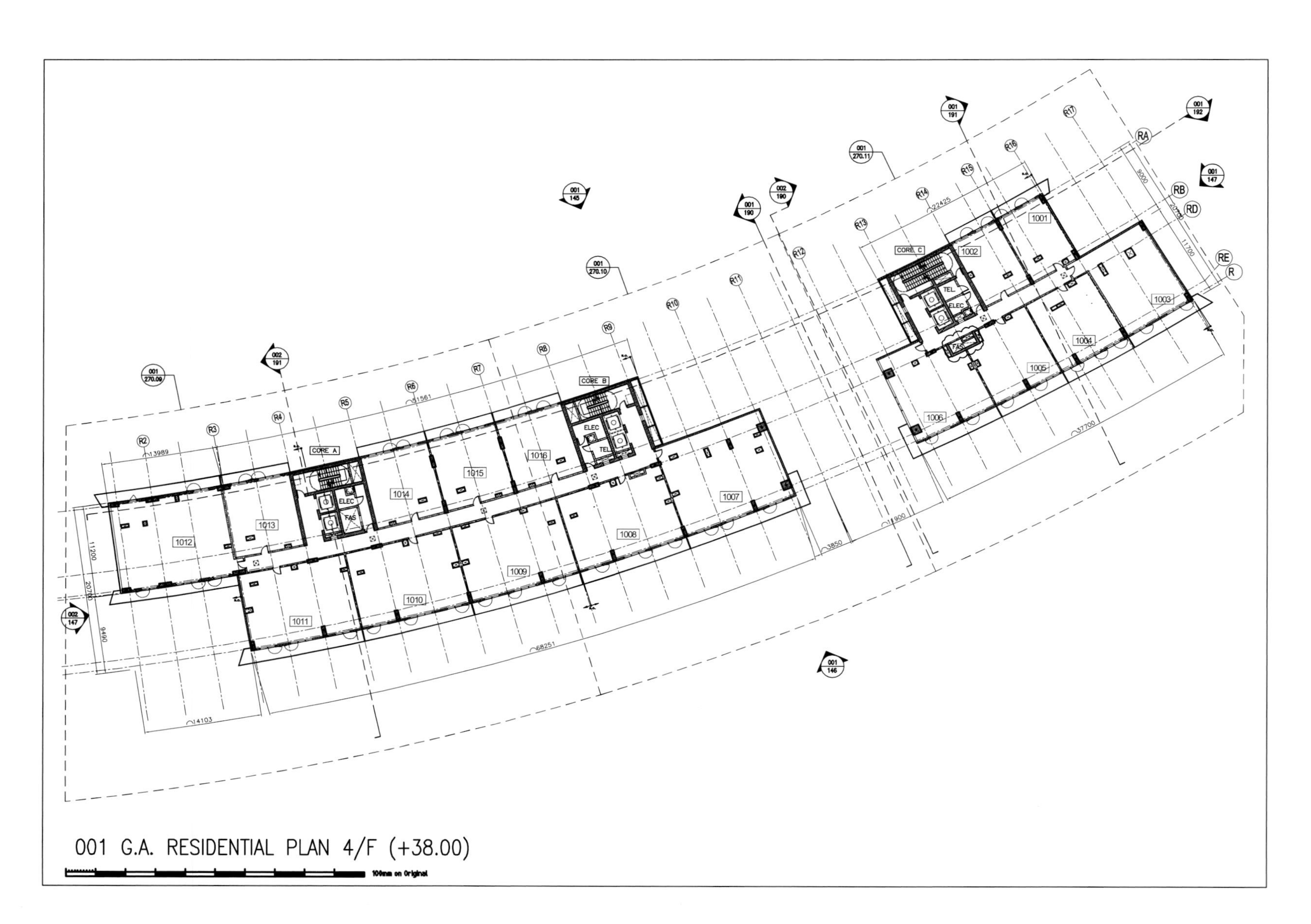

芝罘时尚城

项目地点：中国上海市
设计公司：RTKL

以时尚潮流为风向标的艺罘时尚城中城将成为中国上海时尚产业新的腹地。这里建有各类设计工作室、设计学校、商业展览场地、办公大楼、零售商店、展览馆、设计艺术馆，此外还建有两家酒店，所有的这些建筑设施都按照多循环模式联系在一起。

编织是一种古老的艺术形式，将不同的颜色、不同的质地的材料结合在一起，形成统一的架构。利用编织的概念将建筑的功能和用户跨越过地形和截面的限制联系在一起，同时也将整个 570 000 m^2 的场地从东到西连接起来。

中心河公园作为整个项目的心脏地带，自东至西在各个不同功用的、别具一格的建筑之间穿梭过渡。多层次的绿植屋顶、景观设计和穿插其中的道路演绎出这个校园般架构的经纬，勾画强调了地块周边拼接起来的现代都市生活。

设计师通过在都市大背景建筑形式下构建适当密度、适中规模以及富有差异性的项目，达到建设城中城的目的，同时还利用整个过渡网络或节点，将不同的建筑进行拼凑和联系。

设计的目的之一就在于创造可持续利用的都市空间和建筑形式，同时保持城市建筑背景与城市居住者之间一致的关系，使他们可以享受在家门口自由散步的愉悦。同时，在不影响现有居住环境的前提下，外部游览者可以轻松感受到这里与众不同的景色。毫无疑问，地块周边区域将具备享受的优先权，这不仅将建筑对周边的影响降到最低，同时也将这一地区重新进行健康和可持续的定位，为周边社区呈现出一个全新的、与其紧密相关的建筑身份，而这一点正是国内正在经历快速发展建设的地区所缺失的。

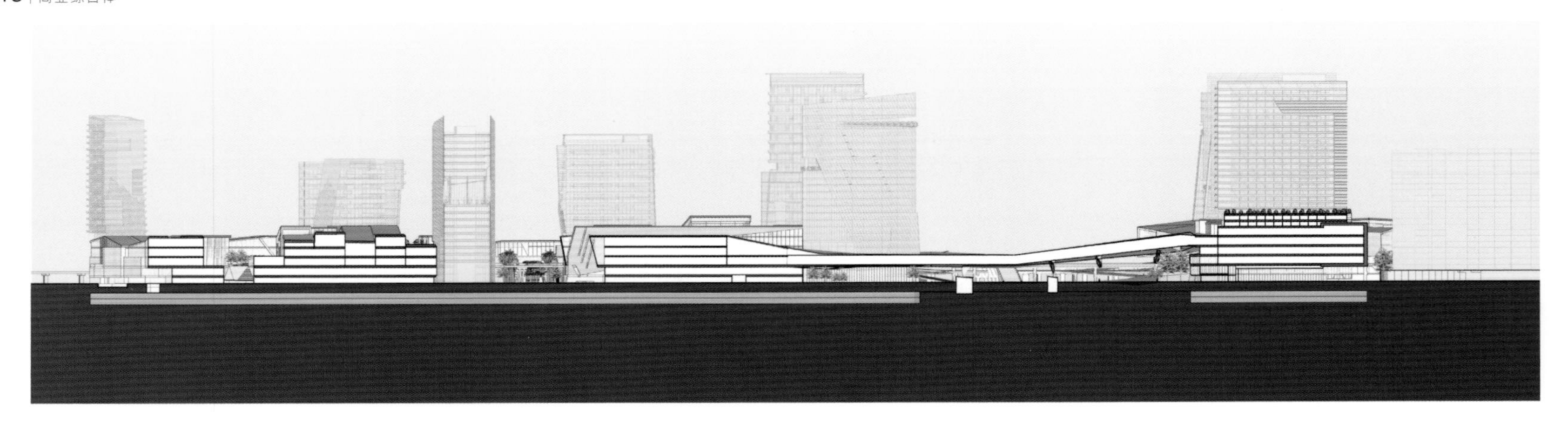

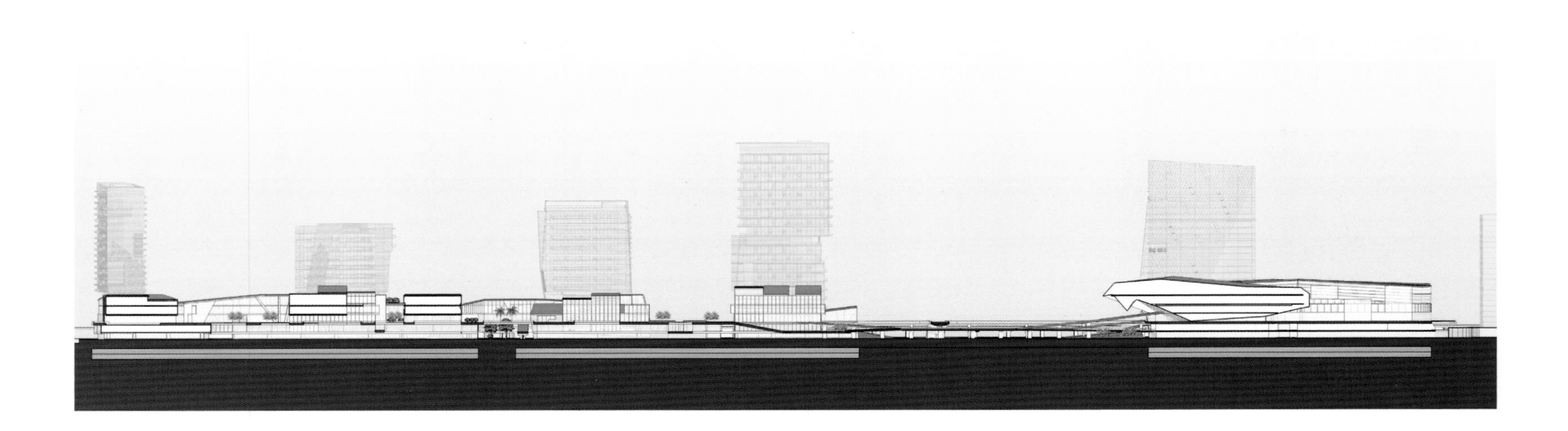

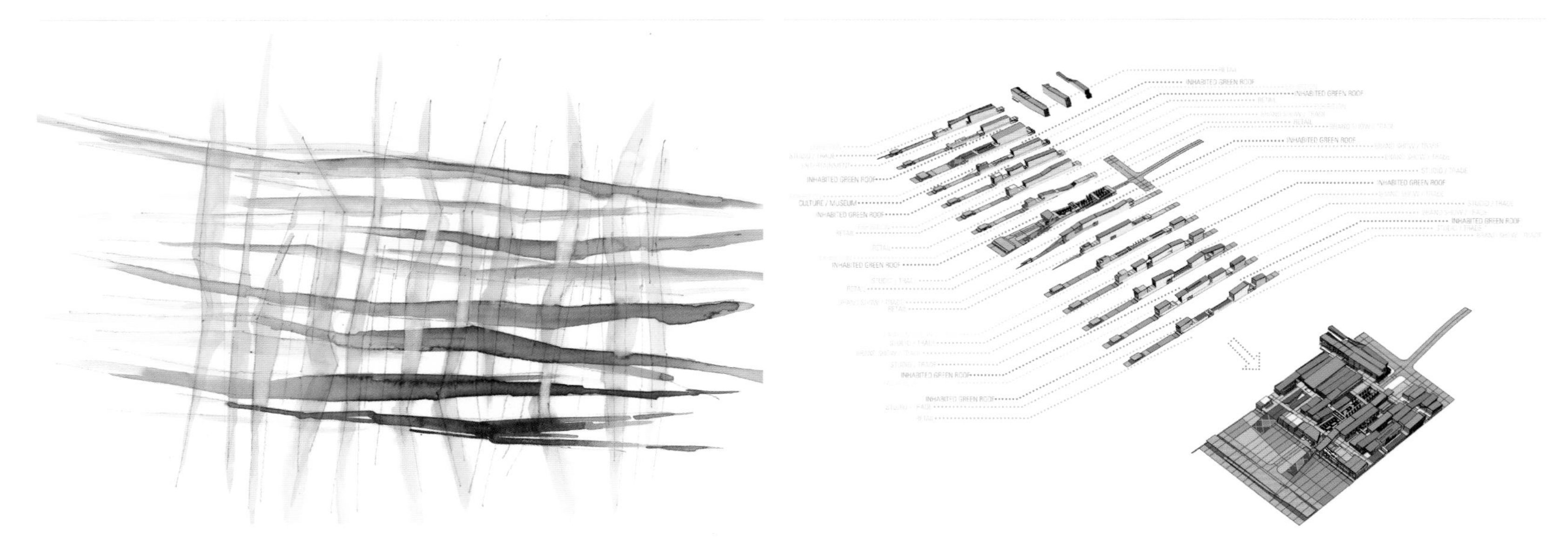
INHABITED GREEN ROOF
CULTURE / MUSEUM
INHABITED GREEN ROOF

Woven site

大邱市现代商城

项目地点：韩国大邱市
客　　户：现代开发公司
建筑设计：RTKL
占地面积：53 000 m^2
摄　　影：RTKL/David Whitcomb

现代商城位于韩国大邱市，是韩国东南地区面积最大、品牌最多的商场。历经超过三年的设计和建造过程，这座占地 53 000 m^2，令人期待已久的 11 层体量的现代商城终于对民众开放了。由于商场内所有的室内设计都是从现代这一品牌出发的，所以从第一周开始这一新的商场便开始记录利润。

现代希望借助设计公司的设计理念革新其传统和正规的方式，促使其产生一种由标准设计向高端甚至奢侈的方式转变。设计思路包括通过创造两个不同的建筑立面来实现移位的想法，其中一面是正统的石质基墙，另一面是极富生机的玻璃景观墙。 同字母 H 相同的外观，体现在项目的休息室、客户服务中心和引导标识这几个方面。

起初，品牌本身应该是一致的外观，但是设计组创造了非同凡响的客户体验。年轻时尚区充满新鲜感和生命力，而家居用品及奢侈品区则采用浅而明亮的色彩，这样就传达了一种更精致的高档消费情调。设计团队通过设计餐厅、顶楼游乐场以及拥有 600 座的大礼堂和小吃区，丰富了消费者的购物体验。室内设计与娱乐休闲场所结合形成了一个以社区为导向的空间，而不仅仅是一场购物之旅，这样就促使人们花更多的时间去享受这份美好的购物体验。

SITE PLAN

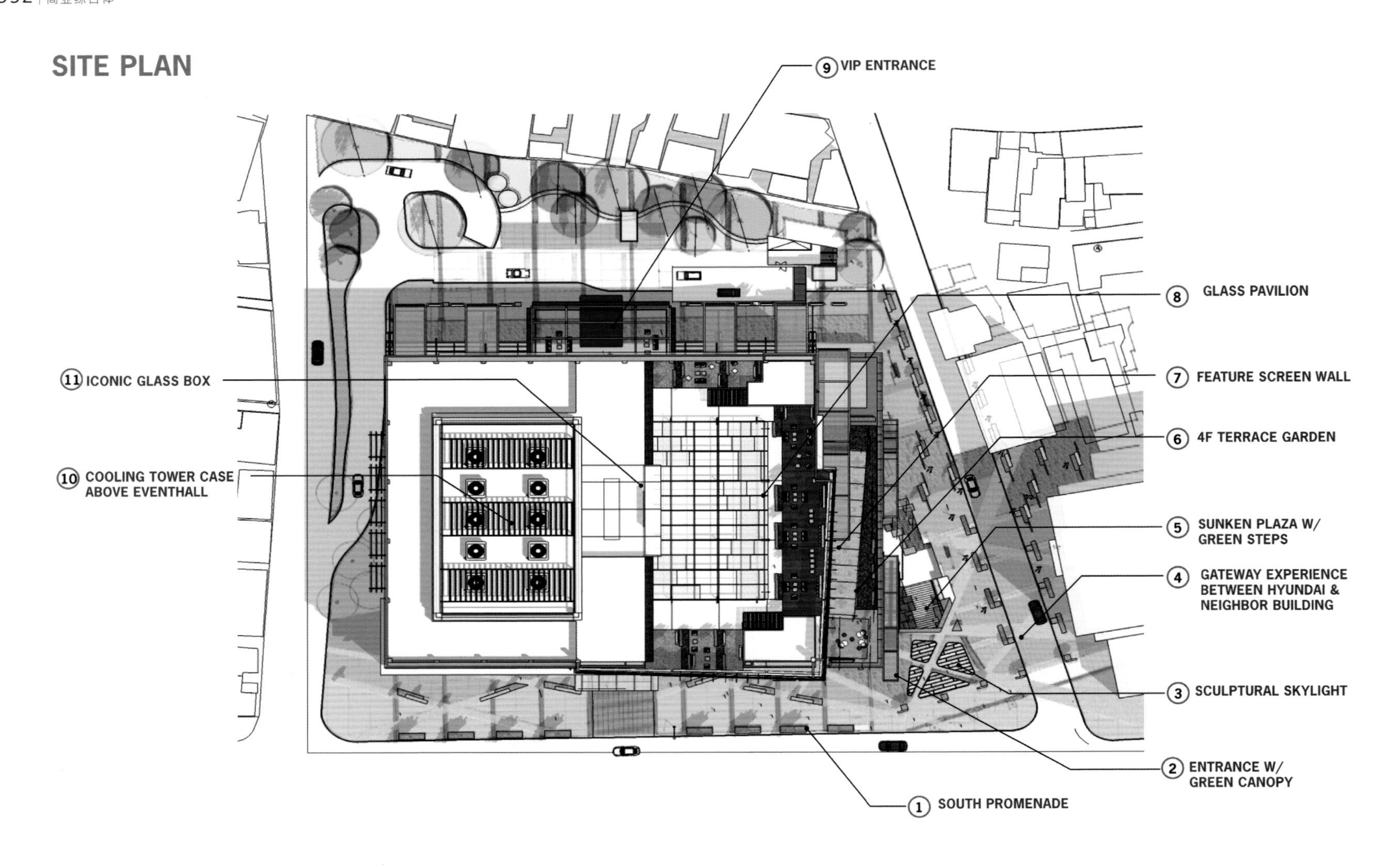

9 VIP ENTRANCE
8 GLASS PAVILION
7 FEATURE SCREEN WALL
6 4F TERRACE GARDEN
5 SUNKEN PLAZA W/ GREEN STEPS
4 GATEWAY EXPERIENCE BETWEEN HYUNDAI & NEIGHBOR BUILDING
3 SCULPTURAL SKYLIGHT
2 ENTRANCE W/ GREEN CANOPY
1 SOUTH PROMENADE
11 ICONIC GLASS BOX
10 COOLING TOWER CASE ABOVE EVENTHALL

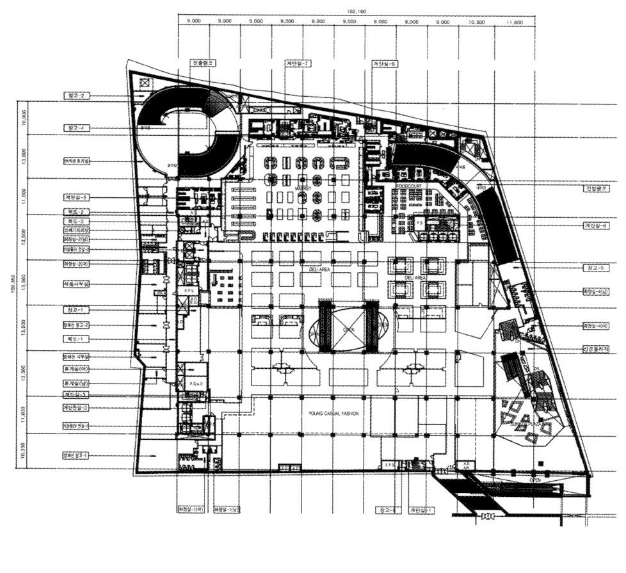

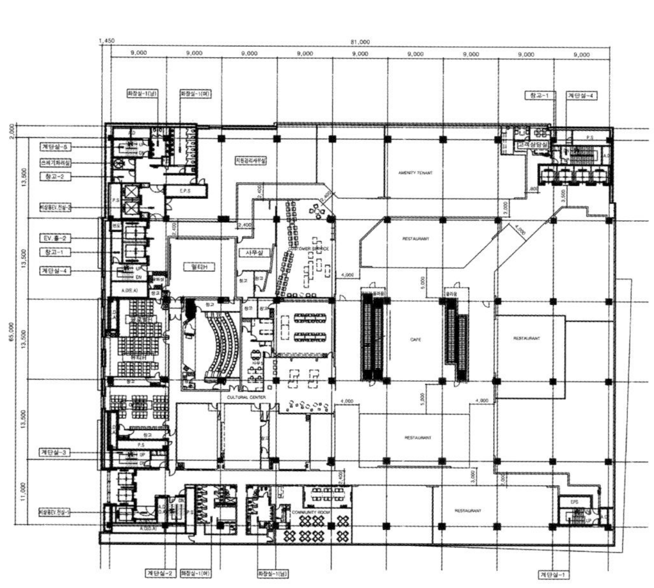

ESTEE LAUDER

Chef Avenue
Chef Avenue
Chef Avenue